有色金属领域
系列教材

矿山工程机械

第 2 版

黄开启　古莹奎　编著

化学工业出版社

·北京·

内容简介

本书从我国金属矿山企业生产的特点和工程实际出发，系统介绍了矿山工程机械的工作原理、基本结构、主要性能参数与计算、操作使用、维护保养与检修以及常见故障分析与处理方法。全书分4篇共13章。第一篇为钻孔机械，包括岩石的机械破碎原理、凿岩机、凿岩钻车、潜孔钻机和牙轮钻机；第二篇为装载机械，包括装载机、单斗挖掘机；第三篇为矿山运输与矿井提升机械，包括矿山运输机械、带式输送机和矿井提升设备；第四篇为矿山辅助设备，包括矿山排水设备、矿井通风设备与矿山压气设备。

本书为高等学校机械工程（矿山机械方向）、采矿工程、安全工程、水利水电工程等专业学生的教材，也可作为矿业工程及其他相关专业的研究生教材，还可作为矿山企业生产技术人员及管理人员的参考书或培训教材。

图书在版编目（CIP）数据

矿山工程机械／黄开启，古莹奎编著． -- 2版． --北京：化学工业出版社，2024.11． -- ISBN 978-7-122-46781-2

Ⅰ.TD4

中国国家版本馆CIP数据核字第20249WF149号

责任编辑：刘丽宏 文字编辑：张　宇
责任校对：宋　玮 装帧设计：刘丽华

出版发行：化学工业出版社
　　　　（北京市东城区青年湖南街13号　邮政编码100011）
印　　装：北京云浩印刷有限责任公司
787mm×1092mm　1/16　印张22¼　字数560千字
2025年3月北京第2版第1次印刷

购书咨询：010-64518888　　　　　　售后服务：010-64518899
网　　址：http://www.cip.com.cn
凡购买本书，如有缺损质量问题，本社销售中心负责调换。

定　　价：58.00元　　　　　　　　版权所有　违者必究

前 言

矿山开采是为国民经济持续发展和科学技术进步提供基础性原材料的重要支撑产业，矿山工程机械是保障矿山企业正常生产活动的命脉。矿山开采是一项庞大而复杂的系统工程，涉及的设备种类和工艺环节众多，各种设备的型号、规格、性能等差异悬殊。科学而合理地进行矿山工程机械的选型、运行与维护保养，是提高设备可靠性、产能和效率，提升矿山企业安全技术水平和经济效益的重要手段。

"矿山工程机械"课程是一门为机械工程（矿山机械方向）、采矿工程等专业学生开设的专业基础课。根据机械工程、采矿工程（非煤）等专业人才培养目标和专业特点，本书紧扣矿山机械的发展趋势，注重基本概念、基本原理和基础知识，密切联系矿山生产实际，坚持理论与实际相结合的原则，主要内容以当前主流的矿山机械为例，重点介绍了矿山机械的工作原理、基本结构、主要性能参数与计算、操作使用、维护保养与检修以及常见故障分析与处理方法，并介绍了各类矿山机械的发展前沿，为矿床资源开发确定最佳开采工艺方案和矿山工程机械设备选型提供必要的基础知识。

为适应采矿工艺连续作业和高效开采的要求，随着机-电-液一体化、微电子技术、人工智能等技术的快速发展，矿山工程机械正朝着大型化、自动化和智能化方向发展，如凿岩机器人、无人驾驶矿用自卸车已在一些矿山中开始工程应用。因此，本书编写时融入了当前矿山工程使用的先进的机械设备和技术。考虑到教学用书内容的系统性和知识的完备性，本书在第一版的基础上，在凿岩钻车中增加了凿岩机器人的内容，在矿山运输机械中增加了露天矿自卸车无人驾驶技术等内容。

本书由黄开启、古莹奎编著，黄开启负责编写了绪论、第1篇第1章、第2篇、第3篇，古莹奎负责编写了第4篇；全书的统稿工作由黄开启负责。

本书的出版得到了江西理工大学的支持和兄弟院校同行的帮助，同时在编写过程中，参考了一些文献，在此一并致以衷心感谢。

由于编者之水平有限，在内容和编排上的不足之处，敬请读者批评指正。

编著者

目 录

第一篇　钻孔机械

第1章　岩石的机械破碎原理　002

1.1　岩石的物理力学性质 …………… 002
1.2　岩石的可钻性与可挖性 ………… 004
1.3　岩石的机械破碎过程 …………… 007

第2章　凿岩机　011

2.1　凿岩机概述 ……………………… 011
2.2　凿岩钎具 ………………………… 013
2.3　气动凿岩机 ……………………… 018
2.4　气动凿岩机主要性能参数的
　　　计算 ……………………………… 031
2.5　气动凿岩机的使用与维修 ……… 041
2.6　液压凿岩机 ……………………… 047
复习思考题 …………………………… 061

第3章　凿岩钻车　062

3.1　凿岩钻车的应用和分类 ………… 062
3.2　掘进钻车 ………………………… 063
3.3　采矿钻车 ………………………… 075
3.4　钻车的使用与维护 ……………… 082
3.5　凿岩机器人 ……………………… 084
复习思考题 …………………………… 094

第4章　潜孔钻机　095

4.1　潜孔钻机概述 …………………… 095
4.2　潜孔钻机的结构 ………………… 096
4.3　潜孔钻机的工作参数与选型 …… 111
4.4　潜孔钻机的使用与维修 ………… 115
复习思考题 …………………………… 121

第5章　牙轮钻机　122

5.1　牙轮钻机概述 …………………… 122
5.2　牙轮钻机的结构 ………………… 125

5.3 牙轮钻机工作参数计算 ………… 133
5.4 牙轮钻机常见故障及处理 ………… 136
复习思考题 ……………………………… 136

第二篇　装载机械

第 6 章　装载机　　138

6.1 装载机概述 …………………… 138
6.2 装载机的结构 ………………… 140
6.3 轮式装载机总体参数设计与
　　 计算 …………………………… 149
6.4 装载机的使用维护及故障排除 …… 155
6.5 装岩机 ………………………… 160
复习思考题 ……………………………… 166

第 7 章　单斗挖掘机　　167

7.1 挖掘机概述 …………………… 167
7.2 机械式单斗挖掘机 …………… 168
7.3 机械式单斗挖掘机的使用维修及故障
　　 排除 …………………………… 180
7.4 液压挖掘机 …………………… 186
复习思考题 ……………………………… 204

第三篇　矿山运输与矿井提升机械

第 8 章　矿山运输机械　　206

8.1 矿用重型自卸汽车 …………… 206
8.2 露天矿自卸车无人驾驶技术 …… 225
8.3 准轨电机车 …………………… 236
复习思考题 ……………………………… 248

第 9 章　带式输送机　　249

9.1 带式输送机的传动原理及其
　　 应用 …………………………… 249
9.2 带式输送机的结构 …………… 251
9.3 带式输送机的使用与维修 …… 263
复习思考题 ……………………………… 265

第 10 章　矿井提升设备　　266

10.1 矿井提升设备概述 …………… 266
10.2 矿井提升设备结构 …………… 269

10.3 矿井提升设备使用与维修 ……… 287　　复习思考题 ……………………………… 294

第四篇　矿山辅助设备

第 11 章　矿山排水设备　　296

11.1 概述 …………………………… 296　　11.4 水泵的使用与维修 …………… 309
11.2 离心式水泵的结构 …………… 299　　复习思考题 ……………………………… 312
11.3 排水设备的选择与计算 ……… 305

第 12 章　矿井通风设备　　313

12.1 矿井通风设备概述 …………… 313　　12.4 通风机的使用与维修 ………… 324
12.2 通风机的结构 ………………… 316　　复习思考题 ……………………………… 330
12.3 通风机的选型计算与布置 …… 320

第 13 章　矿山压气设备　　331

13.1 概述 …………………………… 331　　13.4 压气设备的故障诊断与维护 …… 344
13.2 活塞式空压机的结构与调节 …… 334　　复习思考题 ……………………………… 349
13.3 空压机主要技术参数计算 ……… 341

参考文献　　350

第一篇　钻孔机械

第1章　岩石的机械破碎原理
第2章　凿岩机
第3章　凿岩钻车
第4章　潜孔钻机
第5章　牙轮钻机

第 1 章
岩石的机械破碎原理

教学目标

（1）了解矿石的物理力学性质及其对矿山机械设备性能与选用的影响；
（2）理解并掌握岩石的可钻性与可挖性；
（3）掌握机械破岩原理及其过程；
（4）了解钻孔机械的类型及其适用范围。

1.1 岩石的物理力学性质

岩石是由固体相、液体相和气体相组成的多相体系。岩石物理性质是指岩石由于其固体相的组分和三相之间的比例关系及其相互作用所表现出来的性质。而岩石在受到外力作用下所表现出来的性质称为岩石的力学性质。岩石的物理力学性质受岩石的类型、赋存条件、成因和组成成分影响，并影响钻孔和采装机械的工作效率和能耗。

（1）容重

容重也称为重度，是指单位体积原岩（包括岩石中孔隙体积）的重量。岩石的容重取决于组成岩石的矿物成分、孔隙大小以及含水量。重度可在一定程度上反映出岩石的力学性质的优劣，通常岩石容重愈大，其力学性质愈好。

（2）碎胀性

碎胀性是指岩石破碎后其总体积增大的性质。岩石破碎后的体积与破碎前的原岩体积之比称为岩石的碎胀系数或松散系数，用符号 K_s 表示。岩石的碎胀性对采装、运输设备的选型有较大影响，松散系数 K_s 是确定挖掘机生产率的重要因素，其值取决于岩石的类型。

（3）强度

岩石在各种载荷作用下，达到破坏时所能承受的最大应力称为岩石的强度，它是岩石抵抗机械破坏的能力。岩石的强度受岩石的孔隙度、异向性和不均匀性的影响而变化很大。一般地，岩石的抗压极限强度 σ_c 最大，抗剪强度 σ_s 次之，抗拉强度 σ_t 最小，其大小有如下关系：$\sigma_t = (1/10 \sim 1/150)\sigma_c$，$\sigma_s = (1/8 \sim 1/12)\sigma_c$。因此，岩石处于受拉伸或剪切状态下更有利于破碎岩石。

(4) 硬度

硬度是指岩石抵抗尖锐工具侵入其表面的能力，是比较各种岩石软硬的指标。岩石的硬度取决于岩石的结构、组成颗粒的硬度及其形状与排列方式等，岩石的硬度越大，则凿岩越困难。一般使用两种不同矿物互相刻划的方法来比较它们的相对硬度，标准矿物的摩氏硬度分为 10 级，按从小到大排列，依次是滑石、石膏、方解石、萤石、磷灰石、长石、石英、黄玉、刚玉、金刚石。

(5) 弹性

当撤除所受外力后，岩石恢复原来形状和体积的性能称为弹性。弹性使岩石在遭受冲击力时产生弹性变形而不易破碎，因此岩石的弹性越强则钻孔越困难。

(6) 脆性

岩石在外力作用下仅产生极小的变形就发生破坏的性能称为脆性。在冲击载荷作用下，脆性较大的岩石消耗于岩石的变形功小，岩石易于破碎，易于进行钻孔。

(7) 研磨性

在工作过程中岩石磨损钻头、铲齿等工具使之变钝的能力称为岩石的研磨性，用单位压力下工具移动单位长度后被磨损的体积来表示。研磨性是一种工具的相对磨损形式，它贯穿于整个机械作业过程中，表现为钻头或刃齿逐渐被磨钝，磨损面逐渐增大，机械钻速逐渐降低。研磨性一方面增加了钻头的消耗，研磨性越大对凿岩工作越不利，同时也降低了钻孔效率和钻头寿命，增加了钻孔成本。含坚硬颗粒多且孔隙较大的岩石，其研磨性也大。

(8) 稳定性

稳定性是指岩体开挖后，矿岩暴露一定面积的自由面而不塌陷的性能，用岩石允许暴露面积大小与暴露时间长短来表征。

(9) 坚固性

坚固性是指矿岩抵抗综合外力（锹、镐、机械破碎以及爆破等）的性能。岩石的坚固性表征了岩石机械破碎的多因素综合作用，是岩石抵抗拉压、剪切、弯曲和热力等作用的综合表现，其中岩石的硬度、强度和脆性起着主要作用。通常用坚固性系数 f 表示，一般根据岩石的单轴极限抗压强度 σ_c 的大小近似确定，即 $f = \dfrac{\sigma_c}{10}$，单位 MPa。

对于某一具体类型岩石，应选用与其坚固性系数相匹配的钻孔设备。通常按照岩石的坚固性系数将岩石分成若干个等级。我国采用普氏分级法将常见岩石按其坚固性系数分为 20 级，同时还按照岩石的坚固性程度分成 10 个等级，见表 1-1。但普氏分级法比较笼统粗糙，只能大体上反映岩石破碎的难易程度，而不能表示岩石破碎的规律。

表 1-1 岩石的普氏分级表

等级	坚固性	岩石	f
Ⅰ	最坚固岩石	最坚固、细致和有韧性的石英岩和玄武岩，其他各种最坚固的岩石	≥20
Ⅱ	很坚固岩石	很坚固的花岗岩质页岩，石英斑岩，很坚固的花岗岩矽质生岩，比上级稍软的石英岩，最坚固的砂岩和石灰岩	15

续表

等级	坚固性	岩石	f
Ⅲ	坚固岩石	致密的花岗岩和花岗岩质岩石,很坚固的砂岩和石灰岩,石英质矿脉岩,坚固的砾岩,最坚固的铁矿	10
Ⅲa	坚固岩石	坚固的石灰岩,不坚固的花岗岩,坚固的砂岩,大理石和白云岩,黄铁矿	8
Ⅳ	颇坚固岩石	一般的砂岩,铁矿	6
Ⅳa	颇坚固岩石	砂质页岩,页岩质砂岩	5
Ⅴ	中等岩石	坚固的黏土质岩石,不坚固的砂岩和石灰岩	4
Ⅴa	中等岩石	各种不坚固的页岩,致密的泥灰岩	3
Ⅵ	颇软弱岩石	软弱的页岩,很软弱的石灰岩,白垩,岩盐,石膏,冻结土壤,无烟煤,普通泥灰岩,破碎的页岩,胶结砾石,石质土壤	2
Ⅵa	颇软弱岩石	碎石质土壤,破碎的页岩,凝结成块的砾石,碎石,坚固的煤,硬化的黏土	1.5
Ⅶ	软弱岩石	致密的黏土,软弱的烟煤,黏土质土壤	1
Ⅶa	软弱岩石	轻砂质黏土,黄土,砾石	0.8
Ⅷ	土质岩石	腐殖土泥煤,轻砂质土壤,湿砂	0.6
Ⅸ	松散性岩石	砂,山麓沉积物,细砾石,松土,采下的煤	0.5
Ⅹ	流动性岩石	流沙,沼泽土壤,含水黄土及其他含水土壤	0.3

注:1. 表中的岩石坚固性系数可以是岩石在所有不同方面相对坚固性的表征,其在采矿中的意义在于:①开采时的采掘性;②浅孔和深孔钻孔时的凿岩性等。

2. 在分级表中所指出的数字是针对某一类岩石的,而不是对此类岩石中个别岩石而言的,因此,在特定的情况下,f 值的确定须慎重。

1.2 岩石的可钻性与可挖性

1.2.1 岩石的可钻性

岩石的可钻性表示钻头在钻进过程中破碎岩石的难易程度,常用机械钻速作为衡量岩石可钻性的指标,单位是 m/h。岩石的可钻性是合理选择钻进方法、钻头规格及钻进的依据,是制定钻孔生产定额、编制钻孔生产计划的基础,也是考核生产效率的依据。

由于影响岩石可钻性的因素较多,科研工作者从不同角度提出了各自的分级方法及相应的评价指标,根据所用的分级评价原则不同,可以得到不同的分级。目前,岩石的可钻性分级方法主要有:按凿碎比功分级;按岩石的 A、B 值分级;按岩石硬度、切削强度和磨蚀性分级;按点荷强度分级;按断裂力学指标分级;按岩石的主要声学指标分级;按最小体积比能分级;按岩石的单轴抗压强度分级等方法。本章仅介绍前三种分级方法。

(1) 按凿碎比功分级

在现场或实验室内采用实际或缩小比例的微型模拟钻头钻孔试验,并以钻速、钻一定深度炮眼所需的时间和钻头的磨损量、凿碎比功等指标来表示岩石的可钻性。这些指标不仅取决于岩石本身的性质，还取决于所采用的钻孔方法、钻机形式、钻具、钻孔工艺参数（冲击力、冲击频率、转数、轴压）、钻孔参数（孔径、孔深、角度）和清除岩粉方式等钻孔条件。因此，为比较不同岩石的可钻性，必须规定一个统一的钻孔条件，称为标准钻孔条件。

为固定钻孔条件和方便快速地确定出岩石的可钻性，东北大学设计出了一种岩石凿测器。该凿测器锤重为4kg，落高为1m，采用直径为（40±0.5）mm的一字形钻头，镶YG-11（CK013型）硬合金片，刃角为110°，每冲击一次转动角度为15°。测定时，每种岩样冲击480次，每24次清除一次岩粉。冲击完成后，计算比功耗和用带有专用卡具的读数显微镜读出钎刃两端向内4mm处的磨钝宽度，作为岩石可钻性和磨蚀性分级的指标。用以下两项指标来衡量岩石的可钻性。

① 凿碎比功。

$$\alpha = \frac{A}{V} = \frac{NA_0}{\frac{\pi D^2}{4} \times \frac{H}{10}} \tag{1-1}$$

式中 α——凿碎比功（是指凿碎单位体积岩石所消耗的功），J/cm³；
A——每次冲击功，J，实际试验中 $A=40$J；
V——破碎岩石体积，cm³；
A_0——落锤单次冲击功，J/次，试验中 $A_0=39.2$J/次；
N——总冲击次数，次；
D——孔径，cm，孔径约比钻头直径大1mm，因此 $D=4.1$cm；
H——冲击480次后的净孔深度，cm。

因此，$\alpha=14550/H$。只要用深度卡尺量取净孔深 H 后，便可求出 α 值的大小。按凿碎比功的不同，岩石可钻性共分成七级，见表1-2。

表1-2 岩石凿碎比功分级

级别	Ⅰ	Ⅱ	Ⅲ	Ⅳ	Ⅴ	Ⅵ	Ⅶ
凿碎比功/J·cm⁻³	<190	200～290	300～390	400～490	500～590	600～690	>700
可钻性	极易	易	中等	中难	难	很难	极难

② 钎刃磨钝宽度。钎刃磨钝宽度用 b 表示，是指落锤冲击480次后，钎刃上从刃锋两端各向内4mm处的磨钝宽度平均值。钎刃磨钝宽度用读数显微镜和专用卡具量取。按钎刃磨钝宽度，岩石的磨蚀性共分成三级，见表1-3。

表1-3 岩石磨蚀性分级

级别	1	2	3
钎刃磨钝宽度/mm	<0.2	0.3～0.6	>0.7
磨蚀性	弱	中	强

综合表示岩石可钻性时，用罗马数字表示岩石凿碎比功的等级，用右下标阿拉伯数字表示岩石的磨蚀性，如Ⅲ₁即表示该岩石为中等可钻性的弱磨蚀性。

(2) 按岩石的 A、B 值分级

岩石钻进会导致钻头的磨损，但岩石钻进的难易程度与钻头磨损（岩石的研磨性）没有固定关系，不能用单一的指标表示。故采用双指标来表示岩石的可钻性，即按岩石的 A、B

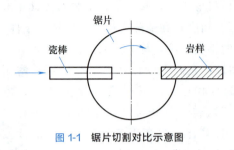

图 1-1 锯片切割对比示意图

值分级，A 值表示岩石的钻进难易程度，而 B 值则表示岩石的研磨性。

① A 值测量原理。如图 1-1 所示，用金刚石锯片同时切割直径相同的耐酸瓷棒（比较标准）与岩样，以它们的切割深度比来表示用金刚石磨削的难易程度，即 A 值。岩样的切割深度大于瓷棒，说明岩样的磨削难度低于瓷棒。岩样的切割深度较瓷棒大得越多，岩样的 A 值也较瓷棒低得越多。这样，岩样的可钻性 A 值是以瓷棒的标准进行对比（不是以锯片为标准）。测量出切槽深度，用式(1-2) 计算岩样可钻性 A 值。

$$A = \frac{L_P}{L_R} \times 8 \tag{1-2}$$

式中　L_P——在瓷棒上切割出来的槽的深度，cm；

L_R——在岩样上切割出来的槽的深度，cm。

将深度比值乘以 8，目的是把瓷棒的可钻性系数 A 值定为 8，因为估计瓷棒与 12 级分级法的 8 级岩石可钻性相当。

② B 值测量原理。用"微钻对比法"测量 B 值，其实质是用微型钻头以恒速并按"耐酸瓷砖→岩样→耐酸瓷砖"顺序钻进，并用精密天平测量出钻进后的钻头磨损值，以式(1-3) 计算 B 值。

$$B = \frac{F_Z}{F_C} \tag{1-3}$$

式中　F_Z——钻进岩样后的钻头磨损值，cm；

F_C——钻进瓷砖后的钻头磨损平均值，cm。

采用极速钻进是为了消除时效对岩粉粒度与岩粉量的影响。用钻进瓷砖时的两次钻头磨损平均值计算 B 值，是为了消除钻头性能变化的影响。

(3) 按岩石硬度、切削强度和磨蚀性分级

硬度又称作接触强度，岩石硬度一般利用圆柱形平底压模压入的方法来测定，此时岩石的硬度值按式(1-4) 计算。

$$H = \frac{\sum P}{n S_P} \tag{1-4}$$

式中　P——压模底部岩石发生完全破碎，即脆性破碎形成凹坑时的载荷，N；

n——测定次数，次；

S_P——压模底面积，cm^2。

硬度分为静硬度和动硬度两种，利用冲击载荷测定出的硬度称为动硬度。

实验研究表明，钻孔时在一定范围内提高冲击速度，硬度的增加比较缓慢，但超过该范围后继续提高冲击速度，硬度将迅速增大。在硬度缓慢增加阶段内，比能耗不仅没有增大，反而有所下降，这是因为在该阶段内提高冲击速度，岩石塑性变形减小所节约的能量大于硬度增大所需增加的能量；在硬度迅速增大阶段内，比能耗将迅速增加。从能量观点来看，比能耗可用来判断岩石的可钻性，而比能耗又取决于岩石硬度及其塑性性质。当冲击速度相同时，硬度大的岩石的比能耗一般较大。由于冲击载荷较难测定，故通常利用静硬度来判断岩石的可钻性。

旋转凿岩时，钻头在轴向静载荷作用下切入岩石，同时在旋转产生的切削力作用下切削岩石（牙轮钻头例外）。切削一定宽度和厚度岩石所需切削力称为切削强度。因为压入和切削时，岩石破坏的主要形式都是剪切破坏，所以硬度高的岩石，切削强度也高。但旋转凿岩时，岩石的可钻性不仅取决于硬度或切削强度，还取决于岩石的磨蚀性。

在钻孔过程中，由于钻头不断受到岩石表面的磨损而变钝，钻速就会不断下降。这种情况在旋转凿岩时更为严重。磨蚀性除与岩石硬度有关外，还与造岩矿物的硬度、岩石组构等因素有关。除岩石磨蚀性外，钻头磨损的快慢还与钻头形状、几何尺寸、钻头材料、钻孔工艺参数、岩粉颗粒大小以及清除岩粉的方式等因素有关。

1.2.2 岩石的可挖性

岩石的可挖性是指原岩或岩堆（机械破碎或爆破破碎的爆堆）可被挖掘机、装载机等采装设备挖掘的特性，表征了原岩或岩堆可被挖掘的难易程度，是一个受多种因素影响的岩石挖掘难易的总概念。根据被挖对象的存在状态，岩石的可挖性分为原岩的可挖性与岩堆的可挖性。通常，采矿工程中挖掘或采掘工作是对爆破破碎后的爆堆按采掘带宽度分区段进行。

挖掘机铲斗的挖掘阻力 F_s 取决于被爆破岩石的松散程度、块度大小以及岩块的强度和容重 γ。如图 1-2 所示，挖掘阻力 F_s 随松散系数 K_s 的下降而显著增大，当岩石的容重和块度增加时，挖掘阻力 F_s 成比例增大，说明岩石的松散性、容重和块度对挖掘阻力都有较大的影响。其中，d_p 为岩堆块体的平均尺寸，单位 cm。

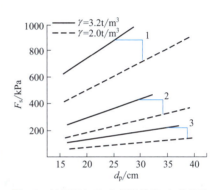

图 1-2 挖掘阻力 F_s 与爆堆块度 d_p 的关系
1—$K_s=1.05$；2—$K_s=1.2$；3—$K_s=1.4$

1.3 岩石的机械破碎过程

为了设计和选用更高性能的钻孔设备和钻具，必须了解机械凿岩时岩石破坏的过程和规律。但迄今为止，人们对于岩石的机械破碎过程了解得还不够深入，尚没有形成统一认识的机械破岩理论。根据凿岩作用的特点，机械凿岩原理可分为冲击作用、旋转作用和旋转冲击联合作用，相应的机械凿岩方法有三种，即冲击式凿岩、旋转式凿岩和旋转冲击联合式凿岩（见图 1-3）。

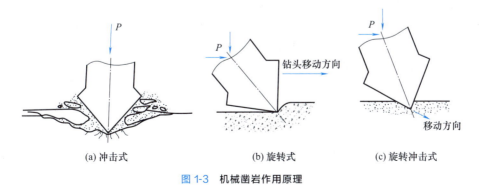

图 1-3 机械凿岩作用原理

1.3.1 冲击式凿岩的岩石破碎过程

冲击式凿岩是向钻头施加一个垂直于岩石表面的冲击力,在这个冲击力作用下钻头切入并破碎岩石。破碎岩石的过程就是在岩石表面下方形成破碎漏斗的过程,如图1-4所示。在岩石中形成破碎漏斗的顺序[图1-3(a)、图1-4]为:①破坏岩面不规整处;②弹性变形;③在钻头下面形成破碎岩石区;④沿曲线轨迹形成碎片;⑤重复这个过程,直至总作用力或总能量全部被利用为止。

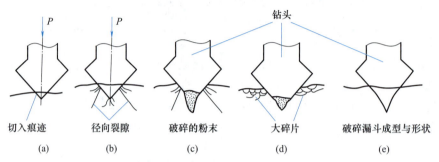

图1-4 冲击式凿岩时破碎漏斗的形成与岩石破碎过程

作用于孔底壁上的流体压力会严重影响漏斗的形成。流体压力低时,漏斗以脆性破坏方式形成,破碎的岩屑从漏斗溅出[见图1-5(a)]。流体压力高时,钻液使碎屑保留在漏斗内,当钻头钻入岩石时会产生一系列平行的裂隙[见图1-5(b)]。这种高流体压力减小了破碎漏斗的尺寸,使钻头下面的碎屑重复粉碎。

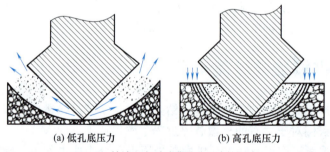

图1-5 钻液压力对破碎漏斗形成的影响

钻头在低流体压力状态下钻进时,每形成一次碎片,其刃齿上的作用力-钻进深度曲线就产生一次振荡(见图1-6)。AB段形成破碎区,点B处形成碎片。在BC段,碎片从漏斗内向外溅出,破碎区塌落,从而使刃齿上的作用力减小。重复这个过程,继而在点D、E处又会形成碎片。EF段表示当刃齿上的作用力撤销后所发生的弹性回跳。在高压力状态下,由于钻液使碎屑保留在破碎漏斗内,所以刃齿上的作用力-钻进深度曲线显得平滑。在这种情况下,AB段形成破碎区,而BC段则形成一系列的平行裂隙。

冲击式凿岩的凿岩速度可用式(1-5)计算。

$$v = \frac{fV_0}{F} \tag{1-5}$$

式中 v——冲击式凿岩速度,cm/min;

f——冲击频率，次/min；

V_0——平均每冲击一次所排除的岩石体积，cm^3；

F——钻孔的断面积，cm^2。

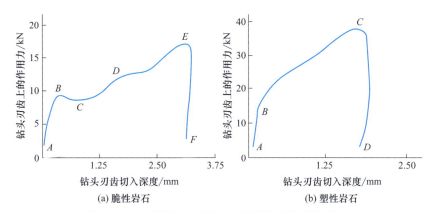

(a) 脆性岩石　　(b) 塑性岩石

图 1-6　钻头刃齿上的作用力与钻进深度曲线（石灰岩）

试验表明，冲击式凿岩钻机的凿岩速度与传递给岩石的能量大致成正比关系，因此考虑到冲击一次所排除的岩石体积难以确定，可引入岩石的比能参数，用式(1-6)近似地计算凿岩速度。

$$v = \frac{fE_P e}{FE} \tag{1-6}$$

式中　E_P——活塞的冲击能，J；

　　　e——冲击能传给岩石的效率；

　　　E——破碎单位体积岩石所需的比能，J/cm^3。

冲击式凿岩钻机的冲击频率在 25~50Hz 之间，冲击能量为 20~140J，活塞回程时钻头转动 15°~30°。在最优轴推力钻进情况下，$e \approx 70\% \sim 90\%$。

1.3.2　旋转式凿岩的岩石破碎过程

旋转式凿岩的特点是同时向钻头施加一个扭转力和一个固定的轴向力，钻头呈螺旋线形向前运动，并破碎其前方的岩石，如图 1-7 所示。

图 1-7　旋转式凿岩作业示意图

旋转式凿岩中多刃旋转切削钻头的切削作用是一个不连续的过程，如图 1-8 所示，在形成大碎片以后钻头继续向前移动,不断破碎岩石和形成小碎片,直至钻头足以"咬掉"岩石,从而再一次形成大碎片为止。如此重复不断地切削破碎岩石。

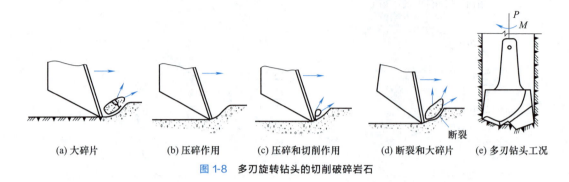

图 1-8　多刃旋转钻头的切削破碎岩石

多刃旋转切削钻头的凿岩速度按式(1-7) 计算。

$$v = zhn \tag{1-7}$$

式中　z——钻刃数目,片;
　　　h——切削深度,cm;
　　　n——转速,r/min。

对于中硬岩,多刃旋转切削钻头的凿岩速度随推压力增大而迅速增加,并呈近似线性的关系。但由于钻头磨损很快,目前还只适合在较软的岩石中钻进。

在机械凿岩方法中,还有旋转冲击式凿岩,其特点是在对钻头施加一个旋转力之外还间歇地向钻头施加轴向冲击力,使钻头与岩石表面成一定的倾角向岩石内钻进。

第 2 章 凿岩机

 教学目标

（1）了解凿岩钎具的种类、结构和应用；
（2）掌握气动凿岩机的冲击配气结构及其工作原理；
（3）了解液压凿岩机的配油结构及其工作原理；
（4）根据凿岩机的现场工作条件和应用环境，能正确选用凿岩机。

2.1 凿岩机概述

金属矿山开采普遍采用凿岩（钻孔）后爆破成形的钻爆法，即利用凿岩机械在待开挖的岩石工作面上钻凿出一定深度和孔径的爆破孔，然后装入炸药引爆，再将崩落下的岩石用装岩机械运走，便形成井巷隧道的初形，然后喷锚支护、稳定地层，实现凿岩和掘进，成为供车辆行走或引水通过的隧道。钻爆法作业循环包括凿岩（钻孔）、装药、爆破、出碴、喷锚支护等过程。如图 2-1 所示。

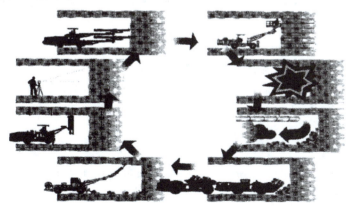

图 2-1 钻爆法作业循环示意图

2.1.1 凿岩机的凿岩原理

坚硬岩石的凿岩（钻孔）作业一般使用凿岩机。其根据使用的动力源不同，分为气动凿岩机和液压凿岩机。现代矿山中多使用将一台或多台凿岩机连同自动推进器一起安装在特制的机械臂或钻架上，并配有行走机构的凿岩钻车，实现机械化、自动化凿岩（钻孔）作业。

凿岩机的凿岩原理为冲击旋转式，其凿岩原理见图 2-2。在气（或液压）缸两腔压力差的作用下，活塞 1 在气缸中往复运动产生冲击载荷，并冲击钎杆 2 尾部而破碎岩石，活塞在回程时带动钎杆转动一定角度。活塞每冲击一次，钎杆就转动一次，凿岩机凿岩过程中需要对其施加一定的轴推力，从而实现凿岩推进，如此循环进行钻孔（凿岩）作业。凿岩机冲击旋转凿岩的过程为跃进式破岩，在钻头底部产生承压核，进而在冲击旋转作用下形成破碎漏斗。

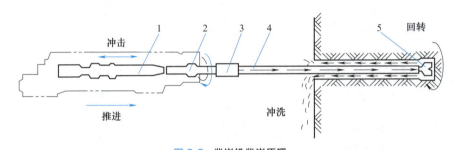

图 2-2 凿岩机凿岩原理
1—活塞；2—钎尾；3—接杆套；4—钎杆；5—钎头

钻杆是凿岩机的工作装置，钻杆由钎尾、钎杆和钎头（钻头）以及接杆套等部分组成。

凿岩设备的发展历史较久，1844 年生产出第一台气动凿岩机；20 世纪 70 年代，液压凿岩机开始投入使用，并迅速占领了大部分国内外市场，与此同时，电动凿岩机、内燃凿岩机也有了较大的发展。

按照冲击钎尾和转动钎头所用的驱动动力不同，凿岩机可分为气动凿岩机、液压凿岩机、内燃凿岩机和电动凿岩机四种类型。

气动凿岩机是以压缩空气为驱动动力。这种凿岩机目前在国内应用最广，可在采矿、土建工程、铁路、水利和国防工程中进行凿岩作业。

液压凿岩机是以高压液体为驱动动力。这种凿岩机动力消耗少，能量利用率高，可提高凿岩机的性能和加快凿岩的速度。

内燃凿岩机是以小功率内燃机为驱动动力。其优点是自身带有动力机构，使用灵活，适用于野外、山地以及没有其他能源的地方进行凿岩作业。

电动凿岩机是以电动机为驱动动力，并通过机械的方法将电动机的旋转运动转化为锤头周期性地对钎尾做冲击运动。电动凿岩机的动力单一，效率较高。

2.1.2 冲击旋转式凿岩原理

冲击旋转式凿岩原理如图 2-3 所示。首先利用锤头周期性地给钻头一个轴向冲击力 F，在这个冲击力的作用下，使钻头凿入岩石一个深度 τ，其破碎岩石面积为 Ⅰ-Ⅰ，为了形成一个圆形炮孔，钻头每冲击一次之后就旋转一个角度 β，然后再进行新的冲击，相应的破碎面积为Ⅱ-Ⅱ，如此重复。在两次冲击之间留下来的扇形岩瘤，将借钎头切削刃上产生的水平分力 T 剪碎，重复运动，即形成一个具有一定深度的圆形炮孔。为保证钻头持续有效地进行凿岩作业，还必须把凿岩过程中形成的粉尘及时从炮孔中排出。

在凿岩过程中，凿岩机的活塞以一定速度冲击钎尾（或钎杆）时，由于作用时间极短（几十微秒内），在互相撞击部分，作用力由零骤增至几十千牛，再经几百微秒又重新下降到零。因此，已不能用牛顿定律来研究它，冲击的能量是以应力波的形式进行传递的。钎尾（钎杆）端部受到冲击后，如果钎头与孔底之间在应力波达到时已接触良好，则大部分能量将以压应力波形式进入岩石，使凿入区的应力状态迅速提高，完成钎头凿入岩石的过程，仅有一小部分作为拉应力波反射回去。

国内外学者大量的理论分析和试验研究表明，缓和的入射波形比陡起的波形有较高的凿入效率。细长的活塞，入射波幅低而作用时间长；短粗的活塞，入射波幅高而作用时间短。因此细长活塞比短粗活塞的凿入效率高。这也是液压凿岩机的凿岩速度高于同量级气动凿岩机的理论依据。

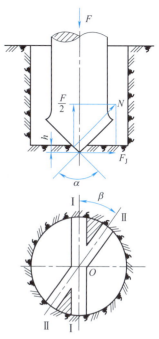

图 2-3 冲击凿岩原理及受力分析

为了取得较高的凿入效率，钎头必须与孔底岩石保持良好的接触。此外，为了克服活塞前冲时使凿岩机的机体产生后坐力现象，必须对凿岩机施加轴推力。钻孔时，如果推力过大，势必既增加了回转阻力，又加大了钎头的磨损；推力过小，则钎头跳离孔底，使入射波到达钎头时，不能有效地将冲击能量传递给岩石，影响凿入效率，且钎杆内反射回的拉应力波增大，使钎杆寿命降低；另外机体后坐，导致活塞行程减小，使冲击能下降，凿岩速度降低。因此，在一定的条件下，把接近最高凿岩速度而又使钎头磨损最小的轴推力称为最优轴推力。

2.2 凿岩钎具

通常把凿岩机使用的凿岩工具称为钎具（含钎尾、钎杆、钎头等），把潜孔钻机等钻凿大孔径的工具称为钻具（含钻杆、钻头等）。因为它们对凿岩速度有较大影响，所以只有正确选择钎（钻）具，才能充分发挥凿岩机的效率。

2.2.1 钎具的组成与分类

2.2.1.1 钎具的组成

手锤打眼所用的凿岩工具俗称为钎子，现用浅孔凿岩工具也习惯上称为钎子，一根钎子至少由钎头 6、钎杆 4 和钎尾 2 构成（如图 2-4 所示）。

钎尾插入凿岩机转动套筒内，通过它把冲击能量、回转扭矩和冲洗介质传递给钎杆和钎头。钎肩的作用是限制钎尾的长度和防止钎尾从套筒中脱出。钎尾的端面必须平整光滑，质量好，保持适当的硬度和良好的韧性。钎杆把钎尾传来的冲击能量、回转扭矩和冲洗介质传给钎头。钎杆也需要有较高的强度和刚度，而且要吸振。钎头承受由钎尾和钎杆传来的冲击

图 2-4 钎子的结构（整体钎）

1—钎尾端面；2—钎尾；3—钎肩；4—钎杆；5—冲洗孔；6—钎头

能量、回转扭矩和冲洗介质，在孔底直接破碎岩石，并回转变换凿岩位置，以及排除岩屑。钎尾、钎杆、钎头的形式与尺寸应与凿岩机的类型、凿岩参数，以及岩石性质等相适应。钎具不但经受反复的冲击力作用（产生多次拉压交变应力），还要承受扭矩、弯曲、摩擦与磨损，以及冲洗介质的腐蚀等作用，其工作条件是异常复杂与恶劣的。因而在各种采掘作业中，钎具的消耗量是很大的。所以对钎具的结构、材料、制造工艺以及使用技术进行综合研究，以提高其破碎岩石的有效性和使用寿命，具有非常重要的意义。

中深孔凿岩因炮孔较深，使用一根钎杆已不可能，必须用连接套（接杆套）把多根钎杆连接起来，使钎杆长度满足钻凿炮孔的要求，这种钎具称接杆钎，如图 2-5 所示。

图 2-5 接杆钎（分体钎子）

1—钎尾；2—连接套；3—钎杆；4—钎头

2.2.1.2 钎头的类型与适用范围

钎头是直接破碎岩石的，是钎具的重要组成部分。根据钎头所镶嵌的硬质合金的形状不同，钎头分为刃片钎头、球齿钎头和复合片齿钎头三大类。

(1) 刃片钎头

刃片钎头根据布置形式分为一字型、三刃型、十字型、X 型等，如图 2-6(a)～(f) 所示（我国所使用的）。此种钎头的优点是：①整体坚固性好，可钻凿任何种类的岩石；②寿命长；③合金利用率较高，合金片残留刃高，可降至 8mm 以下，且可回收利用。其缺点是：①最大直径受限制（一字型、三刃型不大于 45mm，十字型不大于 64mm，X 型一般不大于 89mm）；②钎刃受力与磨损不均匀，导致钎刃外缘破岩效率低而磨损快，钎刃中心部分则原地重复破碎岩石，磨损缓慢；③修磨频繁，造成总的凿岩效率低，工人劳动强度大。现在许多工业发达国家已淘汰了一字型。

(2) 球齿钎头

其一般按照齿数来划分，如 3 齿、4 齿……22 齿等。图 2-6(g)～(i) 所示为其中三种。它是 20 世纪 70 年代伴随液压凿岩机而迅速发展起来的。这是因为液压凿岩机能提供强大而平缓的冲击能量，使单齿体积较小、齿冠较钝的球齿钎头和单片体积较大、刃锋锐利的片状钎头一样，都能够有效地凿岩。其优点是：

① 布齿自由，可根据凿孔直径和破岩负荷大小，合理确定边齿、中齿的数目、位置；

② 破岩效率高，既可有效地消除破岩盲区，又避免了岩屑重复破碎；

③ 不修磨寿命长，重磨工作量小；

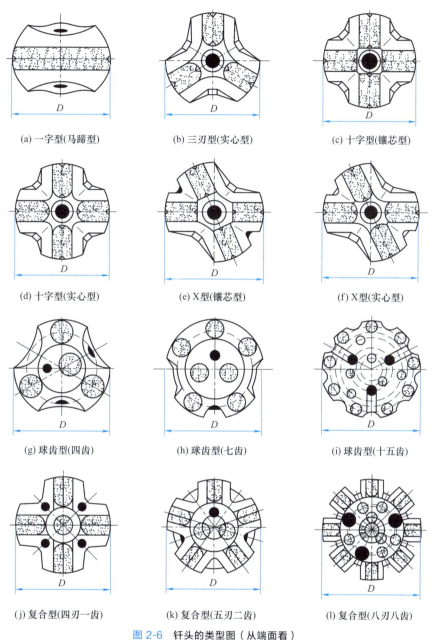

(a) 一字型(马蹄型)　　(b) 三刃型(实心型)　　(c) 十字型(镶芯型)

(d) 十字型(实心型)　　(e) X型(镶芯型)　　(f) X型(实心型)

(g) 球齿型(四齿)　　(h) 球齿型(七齿)　　(i) 球齿型(十五齿)

(j) 复合型(四刃一齿)　　(k) 复合型(五刃二齿)　　(l) 复合型(八刃八齿)

图 2-6　钎头的类型图（从端面看）

注：直径范围 32～127mm，锥体或螺纹连接。

④ 钎头直径不受限制。

其缺点有：

① 边齿承受弯曲应力，抗冲击能力低；

② 外缘钢体接触矿岩，抗径向磨损能力低；

③ 不适用于单轴抗压强度 $\sigma_D \geqslant 350\text{MPa}$ 的极坚韧矿岩。

(3) 复合片齿钎头（简称复合钎头）

复合钎头分为三刃一齿型、四刃一齿型、五刃三齿型、八刃八齿型等，见图 2-6(j)～

(1)。它保存并发扬了刃片钎头和球齿钎头的优点，同时又避免其缺点。其特点是：

①整体坚固性好，边刃与中齿均承受压应力，刃锋尖锐，可钻凿任何岩石；②众多边刃外侧直接接触孔壁岩石，抗径向磨损能力强；③边刃与中齿受力与磨损均匀，钝化周期较长；④钎头直径不受限制；⑤边刃可用小规格砂轮修复，且合金磨损量小，重磨损量小，重磨费用降低；⑥使用寿命长，约为同直径刃片钎头或球齿钎头寿命的2倍以上；⑦合金有效利用率高，残留刃齿可回收利用。建议配备经过技术培训的专职钎头修磨工。

2.2.1.3 钎头与钎杆的连接

活钎头与钎杆间的连接应满足钎头的拆卸与安装简单方便、易于加工制造、连接紧固可靠，以及能量传递效率较高等要求。活杆头常用的连接形式有螺纹连接和锥体连接两种。采用螺纹连接的钎头结构可分为两种：

① 钎头具有阳（外）螺纹，借助连接套与钎杆连接；

② 钎头具有阴（内）螺纹，直接与具有阳（外）螺纹的钎杆连接。

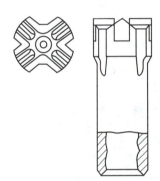

图 2-7 钎杆与钎头螺纹连接

后者用得较多，如图2-7所示。结构上的特点是阴螺纹中径要比阳螺纹中径略大，在安装好后具有0.25mm以上的间隙，使其在冲击力作用下有一定变形的可能。

常用的螺纹形式有波形螺纹、反锯齿形螺纹和梯形螺纹，螺纹的旋向为左旋（即与凿岩机回转机构的旋转方向相反）。

也有采用锥体连接的钎头。其连接属于过盈配合，钎杆的锥体压入钎头的锥孔中，利用接触面的摩擦力来传递冲击力和扭矩，使二者不致产生松动和滑脱。锥体连接加工简易、坚固耐用，故小直径钎头广泛使用此种连接。锥体连接的参数和精度对连接质量有重要影响。锥角越小，连接性越好，但拆卸性越差。我国的标准是：钎头直径小于等于35mm的采用4.8°锥角，直径在36～43mm的采用7°锥角，直径在45mm以上的采用12°锥角。

2.2.1.4 钎尾

钎尾的作用是将凿岩机活塞的冲击能量传递给钎杆，继而传给钎头，包括整体钎尾和分体钎尾两种，如图2-9所示。分体钎尾按供水方式可分为中心供水和旁侧供水两种。

钎尾结构有三种形式。图2-8(a) 所示为气腿式凿岩机使用的带钎肩的六角形断面钎尾；

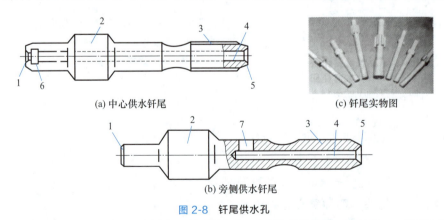

图 2-8 钎尾供水孔

1—活塞冲击端面；2—钎耳；3—螺纹；4—钎尾供水孔；5—钎杆接触面；6—密封槽；7—钎尾供水孔

图2-8(b)所示为导轨式凿岩机使用的带凸台的圆形断面钎尾；图2-8(c)所示为无钎肩伪六扇形断面尾。

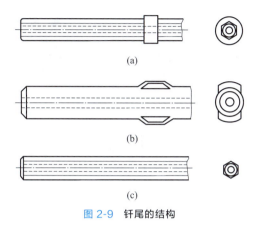

图2-9 钎尾的结构

钎尾应进行淬火，其端面硬度保持在48～53HRC为最合适，过硬将会严重损伤活塞的端头部分，使活塞端头严重碎裂；若钎尾过软，则易于被活塞墩粗而不易从凿岩机中拔出。

2.2.2 钎头的使用与维修

2.2.2.1 钎头的合理使用

选择适合现场具体岩石条件的钎头（包括类型、直径、质量等）是用好钎头的前提，现如今各国家对每种钎具适用的凿岩条件都有比较明确的范围。

选好钎头之后，合理地操作、使用和维护就是影响钎头寿命的关键。操作者除遵守操作规程外，要特别注意调节轴推力，尽可能保持在最优范围内。这样不但使凿岩速度加快，且延长钎具寿命。凿岩过程中，注意保持冲洗水的水压和水量，以便保证孔底干净，以减少钎头磨损，并可减少卡钎事故，提高凿岩效率。对于螺纹连接的钎头，必须对螺纹部分经常用润滑油加以润滑，以便于拆卸钎头，并可保持不受腐蚀。锥形连接的钎头不要用敲打的方法拆卸钎头，应使用拔钎器。在钻进过程中，发现钎头合金片（齿）有破裂或折断时，应立即停机，吹净孔内粉尘，取出合金碎块。遗留在孔内的任何碎块都会毁坏新换的钎头。

2.2.2.2 钎头的修磨

钎头的状况对凿岩机的凿岩速度影响很大，钎头合金刃（齿）用钝后，就需要修磨，以延长其使用寿命，并保持有效地凿岩。

因一字型钎头在矿山中将逐渐被淘汰，故不再赘述。

(1) 十字型、X型钎头的修磨

用样板在距钎刃外缘5mm处测量钝台宽度，如果超过规定值，就要修磨。十字型钎头测量与修磨情形，如图2-10所示。

修磨时为避免局部过热，钎刃的前端要有充足的冷却液，并不断转换钎头的修磨位置。修磨后，钎刃在$D/10$处应保留0.5mm的旧钝台。尽量避免把钎刃磨斜，若有斜度，以不超过15°为限。

修磨十字型、X型钎头，可以利用成型砂轮改装现用砂轮机，也可购置专用钎头磨床。

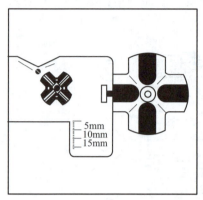 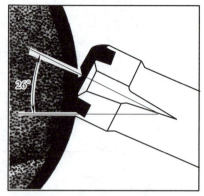

图 2-10　用样板测量钝台（左图），用成型砂轮修磨十字型钎头（右图）

（2）球齿钎头修磨

初创时的球齿钎头，是不需修磨的。凿岩试验表明：$\phi 35\sim 43mm$ 锥体连接三、四、五、六齿和 $\phi 45mm/\phi 50mm$ 螺纹连接六、七、九齿的钎头，即使不修磨，其综合技术经济效果（特别是在缩短凿岩时间和改善工人劳动条件方面）已经十分明显。但是，由于球齿钎头在结构参数、材质、固齿工艺等方面的技术进步，它已具备了修磨条件。为了发挥它的潜能，使球齿钎头的优越性得以更充分地发挥，所以钎头修磨已成为必要，但其修磨的间隔时间为刃片钎头的 3～5 倍。球齿钎头上的球齿表面磨损情况如图 2-11 所示，周边齿的磨损比较严重，钝台为不对称椭圆形（图 2-11 右上）；中间齿较轻，磨损后为圆形（图 2-11 左上），钝台宽度为 b，磨钝的标准是 b 不大于球齿直径 d 的 1/20。修磨时，为了恢复球齿表面形状和圆弧半径，要将球齿上部分硬质合金 2 磨去（见图 2-11）。

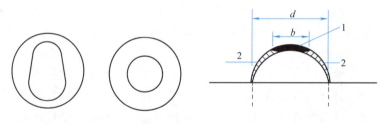

图 2-11　球齿的磨损与修磨

1—球齿磨损部分；2—修磨部分；
d—球齿直径；b—钝台宽度

2.3　气动凿岩机

气动凿岩机结构简单、工作可靠、使用安全，其较早大量用于金属矿，主要有以下几种类型。

① 手持式凿岩机：质量较小（20kg 左右）、功率较小，但手持作业劳动强度大，钻孔速度慢，所钻孔径不超过 40mm，孔深不超过 3m，主要用于钻浅孔和二次爆破作业，如 YT-23、YT-26 等。

② 气腿式凿岩机：采用气腿支撑和推进，可减轻劳动强度，提高钻孔效率，适用于开凿孔深 2~5m、孔径 34~42mm，或带有一定倾角的软岩、中硬岩及硬岩炮眼，如 YT-24、7655、YT-26、YT-28、YT-29、YTP-26 等型号的凿岩机。

③ 伸缩式（上向式）凿岩机：其轴向气腿与主机安装在同一纵向轴线上并连成一体，可将其立于地面进行操作，专用于钻凿 60°~90° 的向上的炮孔，一般质量为 40kg 左右，钻孔深度为 2~5m、孔径为 36~48mm，如 YSP-45、01-45 等型号的凿岩机。

④ 导轨式（柱架式）凿岩机：质量大，钻孔效率高，要安装在钻车或架柱的导轨上使用，可显著减轻劳动强度，改善作业条件，适用于坚硬岩石中孔径 40~80mm、孔深 5~10m 的炮孔凿岩作业，如 YG-40、YG-65、YG-80 及 YGZ-90 等型号。

国产气动凿岩机的技术特征见表 2-1。

表 2-1 国产气动凿岩机主要技术特征

项目\型号	YT-23	YT-24	YT-27	YT-28	YT-29A	YSP-45	YG-40	YG-80	YGZ-90
质量/kg	24	24	27	28	26.5	44	36	74	90
全长/mm	628	678	668	690	659	1420	680	900	883
工作气压/MPa	0.49	0.49	0.49	0.49	<0.63	0.49	0.49	0.49	0.49~0.69
气缸直径/mm	76	70	80	75	82	95	85	120	125
活塞行程/mm	60	70	60	70	60	47	80	70	62
冲击功/J	58.8	58.8	63.7	68.6	78	68.6	102.9	176.4	196
冲击频率/Hz	35	30	36.7	33.3	>37	>45	26.7	30	33.3
耗气量/(m³·min⁻¹)	<3.2	<2.9	<3.3	3.5	<3.9	<5	5	8.1	11
扭矩/Nm	>14.7	>12.74	>18	>14.7	>17	>17.64	37.24	98	117.6
水压/MPa	0.19~0.29	0.29	0.19~0.29	0.3	0.19~0.29	0.29~0.49	0.39~0.59		
钻孔直径/mm	34~38	34~42	34~45	34~42	34~45	35~42	40~55	50~75	50~80
钻孔深度/m	5	5	5	5	5	6	15	40	30
钎尾尺寸/mm	H22.2×108					φ32×97	φ38×97		
最大轴推力/kN	1.57	1.02	1.57	2	2	—			
配气阀形式	环状活阀	碗状控制阀			蝶形阀	环状活阀	碗状控制阀		无阀
注油器型号	FY-200A	FY-250	FY-200B	FY-250		专用			
气腿型号	FT-160A	FT-140	FT-160B	FT-160A	FT-60B/D	专用推进器			
生产厂家	①	②	③	②	④	①	②		⑤

①沈阳风动工具厂；②天水风动工具厂；③陕西合阳风动工具公司；④沈阳阿特拉矿山设备公司；⑤南京战斗机械厂。

2.3.1 气动凿岩机的结构组成

气动凿岩机类型很多，但其结构组成基本相同。它们都包括冲击配气机构、回转（转钎）机构、排粉系统、润滑系统、推进机构和操作机构等。而它们之间的主要区别在于冲击配气机构和回转（转钎）机构。

2.3.1.1 冲击配气机构

冲击配气机构是气动凿岩机最主要的机构，由配气机构、气缸、活塞以及气路等组成。凿岩机活塞的往复运动以及它对钎子的冲击是凿岩机的主要功能。活塞的往复运动是由冲击配气机构实现的。因而配气机构制造质量和结构性能的优劣，直接影响活塞的冲击能、冲击频率和耗气量等主要技术指标。配气机构有三种，即从动阀式、控制阀式和无阀式。

(1) 从动阀式配气机构

在这种配气机构中，从动阀位置的变换是依靠活塞在气缸中做往复运动时，压缩的余气压力与自由空气间的压力差来实现配气阀换向的，缺点是灵活性较差。其主要有球阀（目前已被淘汰）、环状阀（如 7655、YT-23 和 YSP-45 型）、蝶状阀（如 YT-25 型）。

(2) 控制阀式配气机构

在这种配气机构中，阀的位置变换是依靠活塞在气缸中往复运动时，在活塞端面打开配气口之前，经由专用孔道引进压气推动配气阀来实现的。其优点是动作灵活、工作平稳可靠、压气利用率高、寿命长；缺点是形状复杂，加工精度要求较高。

控制阀又分为碗状阀（YT-24、YT-28 型气腿式凿岩机和 YG-40、YG-80 型导轨式凿岩机）和柱状阀两种。

(3) 无阀配气机构

此类凿岩机没有独立的配气机构（没有配气阀），是活塞在气缸中往复运动时，依靠活塞位置的变换来实现配气的。它又可分为活塞配气和活塞尾杆配气两种。YT-26 型凿岩机和 YZ-90 型外回转导轨式凿岩机均采用活塞尾杆无阀配气机构。

无阀配气机构的优点是结构简单，零件少，维修方便；能充分利用压气的膨胀功，耗气量小；换向灵活，工作平稳可靠。不足之处是气缸、导向套和活塞的同心度要求高，制造工艺性较差。

2.3.1.2 回转（转钎）机构

气动凿岩机常用的回转机构有内回转和外回转两大类。内回转凿岩机是当活塞做往复运动时，借助棘轮机构使钎杆做间歇转动。内回转的转钎机构有内棘轮转钎机构（用于手持式、气腿式、上向式凿岩机，YG-40 型凿岩机）和外棘轮转钎机构（用于 YG-80 等型号凿岩机）两种，外回转的转钎机构是由独立的气（风）马达带动钎杆做连续回转（YGZ-90 型凿岩机用此）。

2.3.2 YT-23 型凿岩机

YT-23 型凿岩机可分解成柄体、气缸和机头三大部分。这三个部分用两根长螺杆 57 连成一体。凿岩时，将钎杆插到机头的钎尾套 23 中，并借助钎卡 24 支持。凿岩机操作手柄及气腿伸缩手柄集中在缸盖上。冲洗炮孔的压力水是气水联动的，只要开动凿岩机，压力水就会沿着水针进入炮孔冲洗岩粉，并冷却钎头。图 2-12 为 YT-23 型凿岩机的内部构造图。

2.3.2.1 冲击配气机构工作原理

YT-23 型凿岩机采用凸缘环状阀配气机构（图 2-13），其工作原理如下：

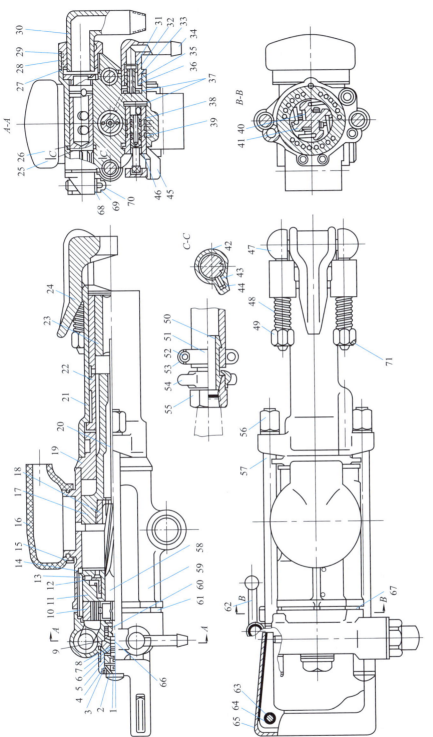

图 2-12 YT-23 型气腿式凿岩机内部构造

1—簧盖；2—弹簧；3、27—卡环；4—注水阀体；5、8、9、26、32、35、36、66—密封圈；6—注水阀；7、29—垫圈；10—棘轮；11—阀柜；12—配气阀；13—销；14—阀套；15—喉箍；16—消声罩；17—活塞；18—螺旋母；19—导向套；20—水针；21—机头；22—转动套；23—钎尾卡；24—柄体；25—定位销；30—气管弯头；31—进水阀；33—螺栓；34—水管接头；37—胶环；38—换向阀；39—胀环；40—塔形弹簧；41—螺旋阀；42—塞堵；43—定位卡；44—弹簧；45—调压阀；46—弹性定位环；47—钎卡螺栓；48—进水阀套；49、53、69—钎卡弹簧；50—螺帽；51—卡子；52—螺栓；54—蝶形螺母；55—管接头；56—长螺杆螺母；57—长螺杆；58—螺旋棒；59—气缸；60—水针垫；61、67—密封套；62—操纵把；63—销钉；64—扳机；65—手柄；68—弹性垫圈；70—紧固销；71—挡环

① 活塞冲程，即冲击行程。它是指活塞由缸体的后端向前运动到打击钎尾的整个过程。冲程开始时，活塞在左端，阀在极左位置。当操纵阀转到机器的运转位置时，从操纵阀孔 1 来的压气经缸盖气室 2、棘轮孔道 3、阀柜孔道 4、环形气室 5 和配气阀前端阀套孔 6 进入缸体左腔，而活塞右腔则经排气口与大气相通。此时，活塞在压气压力作用下迅速向右运动，直至冲击钎尾。当活塞的右端面 A 越过排气口后，缸体右腔中余气受到活塞的压缩，其压力逐渐升高。经过回程孔道，右腔与配气阀的左端气室 7 相通，于是气室 7 内的压力亦随着活塞继续向右运动而逐渐增高，有推动阀向右移动的趋势。当活塞的左端面 B 越过排气口后［图 2-13(a) 所示］，缸体左腔即与大气相通，此时，配气阀在两侧压力差的作用下，阀迅速右移，并与前盖靠合，切断了通往左腔的气路。与此同时，活塞借惯性向右运动，并冲击钎尾，冲击结束，开始回程。

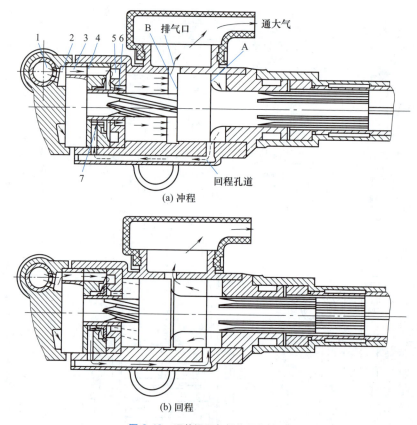

图 2-13 环状阀配气机构配气原理
1—操纵阀气孔；2—缸盖气室；3—棘轮孔道；4—阀柜孔道；5—环形气室；
6—配气阀前端阀套孔；7—配气阀的左端气室；A—活塞右端面；B—活塞左端面

② 活塞回程，即返回行程。开始时，活塞及阀均处于极右位置。这时，压气经由缸盖气室 2、棘轮孔道 3、阀柜孔道 4 及阀柜与阀的间隙、气室 7 和回程孔道进入缸体右腔，而缸体左腔经排气口与大气相通，故活塞开始向左运动。当活塞左端面 B 越过排气口后，缸体左腔余气受活塞压缩，压迫配气阀的右端面，随着活塞向左移动，逐渐增加压力的气垫也有推动阀向左移动的趋势。而当活塞的右端面 A 越过排气孔后［如图 2-13(b) 所示］，缸体右腔即与大气相通，气压骤然下降，同时气室 7 内的气压也骤然下降，配气阀在两侧压力差

的作用下被推向左边与阀柜靠合，切断通往缸体右腔的气路和打开通往缸体左腔的气路，此刻活塞回到了缸体左端，结束回程。压气再次进入气缸左腔，开始下一个工作循环。

2.3.2.2 转钎机构工作原理

YT-23 型凿岩机的转钎机构如图 2-14 所示。螺旋棒 3 插入活塞大端内的螺旋母中，其头部装有四个棘爪 2。这些棘爪在塔形弹簧（图中未画出）的作用下，抵住棘轮 1 的内齿。棘轮用定位销固定在气缸和柄体之间而不能转动。转动套 5 的左端有花键孔，与活塞上的花键相配合，其右端固定有钎尾套 6。钎尾套 6 内有六方孔，六方形的钎尾插入其中。整个转钎机构贯穿于气缸及机头中。

由于棘轮机构具有单方向间歇旋转特征，故当活塞冲程时，利用活塞大头上螺旋母的作用，带动螺旋棒 3 沿图 2-14 中虚箭头所示的方向转动一定角度。棘爪在此情况下，处于顺齿位置，它可压缩弹簧而随螺旋棒转动。当活塞回程时由于棘爪处于逆齿位置，它在塔形弹簧的作用下，抵住棘轮内齿，阻止螺旋棒转动。这时，由于螺旋母的作用，迫使活塞在回程时沿螺旋棒上的螺旋槽依图 1-12 中实线所示的方向转动，从而带动转动套 5 及钎尾套 6，使钎子 7 转动一个角度。这样活塞每冲击一次，钎子就转动一次。钎子每次转动的角度与螺旋棒螺纹导程及活塞运动的行程有关。

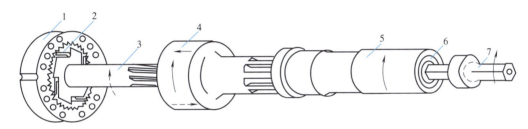

图 2-14　YT-23 型凿岩机的转钎机构

1—棘轮；2—棘爪；3—螺旋棒；4—活塞；5—转动套；6—钎尾套；7—钎子

－－▶冲程时各零件动作方向；——▶回程时各零件动作方向

这种转钎机构的特点是合理地利用了活塞回程的能量来转动钎子，具有零件少、凿岩机结构紧凑的优点。其缺点是转钎扭矩受到一定限制，螺旋母、棘爪等零件易磨损。

2.3.2.3 炮孔的吹洗及强吹装置

YT-23 型凿岩机采用凿岩时注水加吹气和停止冲击时强力吹扫两种吹洗方式。凿岩机正常工作中，冲程时有少量压气沿螺旋棒与螺旋母之间的间隙经活塞和钎杆中心孔进入炮孔底部；回程时也有少量压气沿活塞花键槽进入钎杆中心孔到炮孔底部与冲洗水一道排除孔底的岩粉。此外，这些少量压气可防止冲洗水倒流入凿岩机的气缸内。

(1) 吹洗机构

YT-23 型凿岩机气水联动冲洗机构的特点是接通水管后，凿岩机一开动，即可自动向炮孔中注水冲洗；凿岩机停止工作，又可自动关闭水路，停止供水。吹洗机构安装在柄体后部，由操纵阀手柄控制。

(2) 强吹气路

当向下凿岩或炮孔较深时，聚集在孔底的岩粉较多，如不及时排除，就会影响正常凿岩作业。这时需扳动操纵阀到强吹位置（图 2-15），使凿岩机停止冲击，注水水路切断，强吹气路接通，从操纵阀孔 1 进入大量压气，经气路 2、3、4、5、6 进入钎杆中心孔 7，到孔底强吹，把岩粉排除。为了防止强吹时活塞后退导致从排气孔漏气，在气缸左腔钻有小孔 8，小孔 8 与强吹气路相通，使压气进入气缸左腔，保证强吹时，活塞处于封闭排气孔的位置，防止漏气和影响强吹效果。

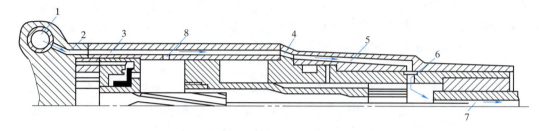

图 2-15 YT-23 凿岩机强吹气路

1—操纵阀孔；2—柄体气孔；3—气缸气道；4—导向套孔；5—机头气路；
6—转动套孔；7—钎杆中心孔；8—强吹时平衡活塞气孔

凿岩结束时，为了使孔底干净，提高爆破效果，还需强力吹气，以便将孔底岩屑和泥水排除。

2.3.2.4 凿岩机的支承及推进机构

为了克服凿岩机工作时产生的后坐力，并使活塞冲击钎尾时钎头抵住孔底岩石，以提高凿岩效率，必须对凿岩机施加适当的轴推力。轴推力是由气腿提供，同时气腿还起着支承凿岩机的作用。

图 2-16 表示钻水平炮孔时，气腿凿岩机的推进及支承原理。气腿用连接轴与凿岩机铰接起来，气腿的顶尖支持在底板上，其轴心线与底板成 α 角。此时，如气腿对凿岩机的作用力为 R，则可将 R 分解为：水平分力　　　$R_H = R\cos\alpha$

垂直分力　　　$R_V = R\sin\alpha$

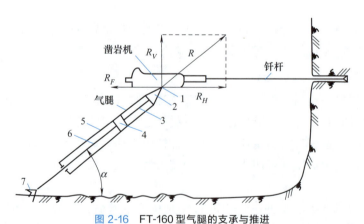

图 2-16 FT-160 型气腿的支承与推进

1—连接轴；2—架体；3—气针；4—活塞；5—气缸；6—伸缩管；7—顶叉

R_H 的作用，一是平衡凿岩机工作时产生的后坐力，即 R_F；二是对凿岩机施以适当的轴推力，使凿岩机获得最大的凿岩速度。因此，必须保证 $R_H \geqslant R_F$。R_V 的作用在于平衡凿岩机及钎杆的重力。凿岩时，随着炮孔的加深，凿岩机不断前进，气腿的支承角 α 逐渐减小。从图 2-16 所示力的分解中可以看出，气腿对凿岩机的支承力逐渐减小，而对凿岩机的轴推力则逐渐增大，因此，在凿岩过程中，要调节气腿的角度及进气量，使凿岩机在最优轴推力下工作，以充分发挥机器的效率。

YT-23 型凿岩机采用 FT160 型气腿，如图 2-17 所示。这种气腿有三层套管，即外管 10、伸缩管 8 及气管 7。外管的上部与架体 2 用螺纹连接，下部安装有下管座 11。伸缩管的上部装有塑料碗 5，垫套 6 和压垫 4，下部安装有顶叉 14 和顶尖 15。气管安装在架体 2 上。气腿工作时，伸缩管沿导向套 12 伸缩，并以防尘套 13 密封。

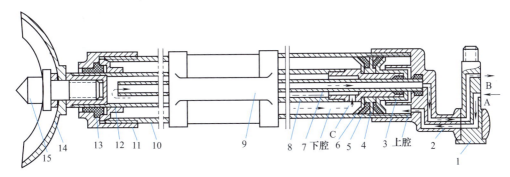

图 2-17　FT160 型气腿的构造

1—连接轴；2—架体；3—螺母；4—压垫；5—塑料碗；6—垫套；7—气管；8—伸缩管；
9—提把；10—外管；11—下管座；12—导向套；13—防尘套；14—顶叉；15—顶尖

FT-160 型气腿用连接轴 1 与凿岩机铰接在一起。连接轴上开有气孔 A、B，与凿岩机的操纵机构相沟通。从凿岩机操纵机构来的压气从连接轴气孔 A 进入，经架体 2 上的气道到达气腿上腔，迫使气腿做伸出运动。此时，气腿下腔的废气，按虚线箭头所示路线，经伸缩管上的孔 C，气管 7 和架体 2 的气道，由连接轴气孔 B 至操纵机构的排气孔排入大气。当改变操纵机构换向阀的位置时，气腿做缩回运动，其进、排气路线与上述气腿做伸出运动时正好相反。

2.3.2.5　操纵机构

YT-23 型凿岩机有三个操纵手柄，分别控制凿岩机的操纵阀、气腿的调压阀及换向阀。这三个阀构成了气腿凿岩机的操纵机构。三个操纵手柄都装在柄体上，集中控制，操作方便。

(1) 凿岩机操纵阀

图 2-18 所示为凿岩机操纵阀的构造，A-A 剖面中的 a 孔是沟通配气装置和气缸的气孔，共有两个；B-B 剖面中的 b 孔，作用是当凿岩机停止冲击时进行小吹气；B-B 剖面中的 c 孔是凿岩机停止工作时进行强力吹气的气孔，其断面积大于 b 孔。

图 2-19 表示操纵阀的五个位置：

位置 0——停止工作，并停气、停水。

位置 1——轻运转，注水、吹洗。图 2-17 中的 a 孔部分被接通。

位置 2——中运转，注水、吹洗。a 孔接通面积稍大一些。

位置 3——全运转，注水、吹洗。a 孔全部接通。

位置 4——停止工作，停水，强力吹洗。此时图 2-18 中的 a 孔不通，c 孔接通强力吹洗气路。

强力吹洗后，手柄再回到0位。

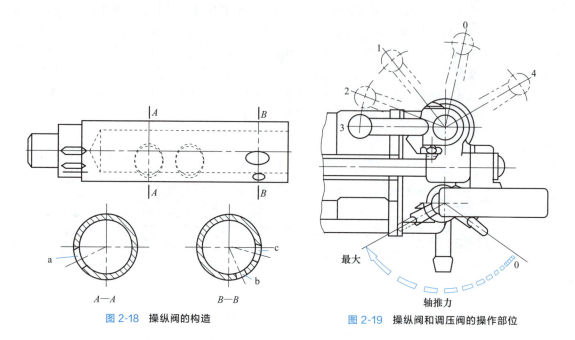

图 2-18 操纵阀的构造

图 2-19 操纵阀和调压阀的操作部位

(2) 气腿调压阀及换向阀

这两个阀组合在一起，分别用两个手柄控制。它们都是用来控制气腿运动的。二者相互配合，但又互相独立。调压阀控制气腿的运动，调节气腿的轴推力，以适应凿岩机在各种不同条件下对轴推力的不同要求。换向阀的作用，除配合调压阀使气腿运动外，还控制气腿的快速缩回动作。

2.3.2.6 凿岩机及气腿的润滑

凿岩机及气腿内的所有运动零件，都需要润滑，方可保证机器的正常作业和延长机器的使用寿命。现代凿岩机的润滑，一般均是在进气管上连接一个自动注油器，实现自动润滑。

YT-23型凿岩机的润滑采用 FY-200A 型自动注油器，它的构造如图 2-20 所示。

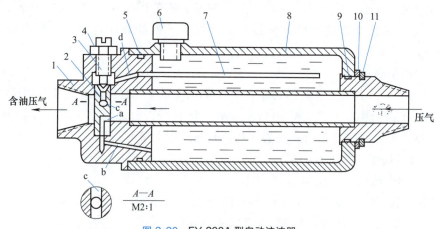

图 2-20 FY-200A 型自动注油器

1—管接头；2—油阀；3—调油阀；4—螺帽；5,9—密封圈；
6—油堵；7—油管；8—壳体；10—挡圈；11—弹性挡圈

该注油器的容量为 200mL,可供凿岩机工作两小时。当凿岩机工作时,压气沿箭头方向进入注油器后,一部分压气顺孔 a 经孔 b 进入壳体 8 内,对润滑油施加一定压力。同时,由于孔 c 的方向与气流方向相垂直,故在高速气流的作用下,在孔 c 的孔口产生一定负压(吸力),使壳体内有一定压力的润滑油沿油管 7 和孔 d 流到 c 的孔口,被高速压气气流带走,形成雾状,送至凿岩机及气腿内部,润滑各运动零件。油量的大小,可用调油阀 3 进行调节。

YT-23 型凿岩机的润滑油耗油量一般调到 2.5mL/min 左右。

2.3.3 导轨式凿岩机

导轨式凿岩机质量较大,工作时一般需要安装在凿岩钻车或凿岩柱架上。导轨式凿岩机均配备有专用的推进机构,以提供凿岩机工作时所需要的合理轴压力和推进动力。本节将介绍两类代表性的导轨式凿岩机的基本结构及冲击配气原理。

2.3.3.1 YG-40 型轻型导轨式凿岩机

YG-40 型凿岩机用于采矿场凿岩作业,可钻水平、垂直等各角度的钻孔,孔径为 40~55mm,孔深达 15m。YG-40 型凿岩机要与 FJZ-25 型凿岩柱架配套使用(见图 2-21),亦可安装在凿岩钻车上,用于巷道和隧道掘进作业。

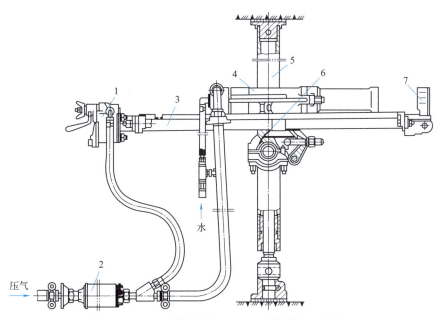

图 2-21 YG-40 型凿岩机与 FJZ-25 型凿岩柱架配套使用
1—推进气马达;2—自动注油器;3—导轨;4—凿岩机;5—立柱;6—横臂;7—卡钎器

采场凿岩作业时,凿岩机安装在导轨(亦称滑架)上(见图 2-21 中的 3),导轨安装于柱架的横臂上,横臂可沿立柱上下移动和绕立柱转动,导轨亦可沿横臂移动或绕横臂转动,由此可使凿岩机在工作面上钻凿不同位置和不同倾角的钻孔。工作时,横臂可固定在立柱的适当位置上,从而调整导轨达到恰当的作业高度。转子式气马达驱动丝杠构成了凿岩机的推进机构。

（1）冲击配气原理

YG-40 型凿岩机采用碗状控制阀配气机构，配气阀由阀柜、碗状阀和阀盖组成（图 2-22）。碗状控制阀依靠活塞往返运动时，在打开排气口之前使压气经专门的气孔推动配气阀变换位置，从而实现气路换向和活塞冲击行程与返回行程的交替。

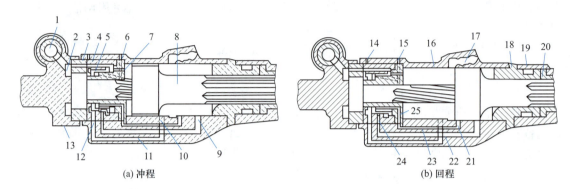

图 2-22 碗状控制阀配气原理

1—操纵阀；2—柄体气室；3—棘轮；4—阀柜；5—碗状阀；6—阀盖；7—冲程气孔；8—活塞；
9,10,11—缸体气道；12—阀柜气孔；13—柄体；14,15—排气小孔；16—缸体；17—排气孔；
18—导向套；19—机头；20—转动套；21—气孔；22,23—缸体气道；24—回程气孔；25—阀盖气孔

冲击行程［见图 2-22(a)］：冲程开始时，活塞及配气阀均处于极左位置，压气经操纵阀、柄体气室、内棘轮和阀柜气道进入阀柜气室，随即压气经阀盖冲程气孔进入气缸后腔，推动活塞向前运动，气缸前腔气体从排气孔排出。当活塞凸缘关闭排气孔和气孔 21 并打开气孔 10 时，压气经气孔 10、缸体气道 11、阀柜气孔进入碗状阀的左端面。同时气缸前腔被活塞压缩的空气经气道 9、缸体气道 22 和回程气孔到达碗状阀 5 的左端面，碗状阀在两路压气共同作用下向右移动，关闭阀盖冲程气孔，使回程气孔与压气接通。气阀右侧的气体由阀盖和缸体上的排气小孔排出，以减少配气阀变位移动阻力。与此同时，活塞 B 断面打开排气孔后气缸左腔与大气相通，活塞依靠惯性猛力冲击钎尾，冲程结束。

返回行程［见图 2-22(b)］：回程开始时，活塞及配气阀均处于极右位置，压气从阀柜气室经回程气孔、缸体气道 22 和气道 9 进入气缸前腔，推动活塞向后运动，气缸后腔的气体由排气孔排出。当活塞凸缘关闭排气孔和气孔 10，并打开气孔 21 时，压气经气孔 21、缸体气道 23 和阀盖气孔 25 到达碗状阀的右端面。同时，气缸后腔被活塞压缩的空气经阀盖冲程气孔到达碗状阀的右端面。碗状阀在两路气压共同作用下向左移动，关闭回程气孔，使阀盖冲程气孔与压气接通，碗状阀左侧的气体从阀盖和缸体上的排气小孔排出，以减少配气阀变位移动阻力。与此同时，活塞打开排气孔，气缸右腔与大气相通，活塞依靠惯性继续向后移动，直至因左腔气垫作用而停止运动，回程结束，随即又开始冲程。

YT-24、YT-28、YG-80 等型号的凿岩机也采用控制阀配气机构。YG-40 型凿岩机的转钎机构和 YT-23 型凿岩机的相同。

（2）推进机构

YG-40 型凿岩机使用的是转子式自动推进器，这类推进器由叶片转子式气马达、行星减速装置和传动丝杠等组成，如图 2-23 所示。气马达的推进行程为 1m。通过气马达操作手柄可以变换凿岩机的推进方向，调节凿岩机的推进速度。

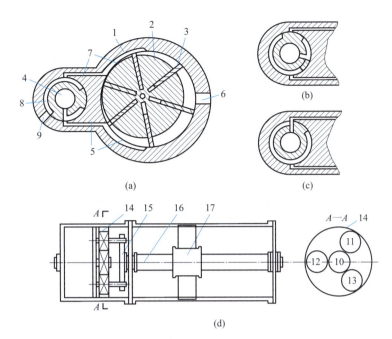

图 2-23 转子式气马达自动推进器

1—气缸；2—偏心转子；3—叶片；4—节气阀；5，7—通路；6—排气孔；8—节气阀环形通路；
9—辅助排气孔；10—太阳轮；11~13—行星轮；14—内齿轮；15—转动板；16—丝杠；17—螺母

转子式自动推进器的工作原理：压气由节气阀通过通路进到气缸的下半部，推动叶片带动偏心转子逆时针方向旋转。当叶片转过排气口后，缸内废气由排气口排到大气中。当叶片继续转动时，处于其中的余气将从通路7、节气阀环形通路和辅助排气孔排入大气中。当节气阀转动90°[见图2-23(b)]时，即停止向气缸中进压气，气马达则停止转动。当节气阀再转动90°[见图2-23(c)]时，压气将沿通路7进到气缸的上半部，因此转子将顺时针方向旋转。

工作时，为使叶片随时都能抵住缸壁，在经通路5或7向气缸内进气的同时，都有一小部分压气经过专用的通路和左右端盖上的半月形凹槽分别进入叶片根部，从而将叶片推出抵住缸壁。

螺母与凿岩机固定在一起。当转子转动时，旋转运动经行星减速机构减速后，经转动板带动丝杠（借助花键）旋转，从而实现凿岩机推进运动。

2.3.3.2　YGZ-90型外回转导轨式凿岩机

YGZ-90型气动凿岩机用于钻凿中深炮孔，其采用的独立外回转转钎机构，增大了回转力矩，从而可对凿岩机施加更大的轴推力，提高了单纯的凿岩速度（转钎速度可调节）。这种转钎机构独立于冲击机构，取消了棘轮、棘爪等零部件，降低了零件的磨损，延长了凿岩机的使用寿命。

YGZ-90型凿岩机采用无阀配气机构，不仅减少了阀柜、配气阀等加工精度要求高的零部件，而且充分利用了压气膨胀做功，从而减少了耗气量。YGZ-90型外回转导轨式凿岩机由气马达、减速器、机头、缸体和柄体五个主要部分组成。机头、缸体、柄体用两根长螺杆连接成一体，气马达和减速器用螺栓固定在机头上，钎尾由气马达经减速器驱动。

YGZ-90 型凿岩机属重型导轨式凿岩机,与 CTC-14.2、CTC-700 型凿岩钻车或 TJ-25 圆盘式凿岩柱架配套使用,适用于井下采矿场或中小型露天采矿场,可在中硬及以上岩层中凿岩,适用巷道断面为 2.5m×2.55m 到 3m×3m,孔径为 50～80mm,有效孔深可达 30m。

YGZ-90 型凿岩机采用无阀配气机构,其冲击配气原理如图 2-24 所示。当操纵阀打后,压气经气管进入缸盖气室,由活塞尾部的配气杆和相应的通路将压气导入气缸的后腔或前腔,推动活塞做高速往复运动,不断撞击钎尾。在活塞运动过程中,前腔、后腔中余气经排气口排入大气。

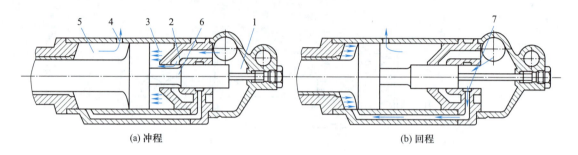

图 2-24 YGZ-90 型凿岩机无阀配气原理
1—缸盖气室;2—后腔进气孔;3—后腔;4—排气孔;5—前腔;6—活塞配气杆;7—前腔进气孔

冲击行程:当活塞处于冲程开始位置时[见图 2-24(a)],压气由缸盖气室经活塞配气杆的颈部进入气缸后腔中,推动活塞加速向前运动。而气缸前腔则与大气相通,前腔余气经排气孔排入大气中。当活塞运动到配气杆将后腔进气孔堵住后,后腔即不再进气。后腔中的压气开始膨胀做功,推动活塞继续向前运动。当活塞前端面关闭排气孔后前腔中的余气被压缩,此时后腔中的压气继续膨胀做功,直到活塞后端面打开排气孔为止。当活塞后端面打开排气孔后,配气杆的后端面即打开了通往气缸前腔的进气孔,压气开始进入前腔。这时后腔与大气相通,余气经排气孔排入大气。活塞依惯性克服前腔中的压气阻力向前运动,冲击钎尾,完成冲程。

返回行程:当活塞冲击钎尾后,在前腔中压气压力和冲击反跳力共同作用下,活塞加速退回[图 2-24(b)]。当配气杆关闭前腔进气孔后即停止向前腔进气。前腔的压气开始膨胀做功,推动活塞向后运动。在关闭排气孔之后,后腔的余气被压缩。当活塞前腔与排气孔相通后,配气杆亦打开后腔进气孔,压气开始进入后腔。此时前腔余气排入大气,压力降低,活塞依靠惯性克服阻力继续向后运动,直到速度降低到零,回程终了。随后,活塞在后腔中压气作用下又开始下一个冲程。

死点与启动阀:在无阀配气机构中,有时会出现前后腔进气孔和排气孔恰好被配气杆和活塞所关闭的状态,此时活塞所处的位置被称为"死点",致使凿岩机无法启动。为此在配气机构中需要设置一个启动阀(见图 2-25)。当活塞处于死点位置时,压气将经过后腔进气孔和气孔 3 进入气缸后腔推动活塞向前运动,将其推开"死点"位置,完成启动。由于启动阀前后两端面积大小不等,压气作用其前后端面后将产生一定的压力差,则启动阀在此压力差作用下克服弹簧的阻力迅速前移将气孔 3 堵住。因此在正常工作时,气孔 3 是常闭的。当切断压气气路时,启动阀将在弹簧作用下恢复原状,即打开气孔 3 的位置。

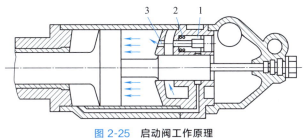

图 2-25　启动阀工作原理
1—启动阀；2—弹簧；3—气孔

YT-26 型凿岩机也采用与 YGZ-90 型凿岩机一样的无阀配气机构。

YGZ-90 型凿岩机转钎机构是由独立的可逆齿轮式气马达驱动，然后经过两级齿轮传动带动转动套转动。转动套与钎尾挡套借牙嵌离合器相互啮合，因此当气马达工作时即可带动钎杆转动。传动的最大扭矩为 117.6Nm，钎杆转动速度可在 0～250r/min 之间任意调节。

2.4　气动凿岩机主要性能参数的计算

气动凿岩机主要性能参数包括凿岩机的冲击能、冲击频率（冲击功率为冲击能与冲击频率之乘积）、回转速度、回转扭矩、耗气量等（合理轴推力为其工作参数）。对这些性能参数的计算方法有多种，如线性方程法、分段计算法、非线性仿真法、总系数法等。为说明凿岩机各参数间的关系和简单计算方法，本节只介绍简单的总系数法，并在下列假设条件下简化：

① 凿岩机处于水平状态工作，故可不计活塞与钎子重力的影响；
② 气缸中推动活塞的压力用平均指示压力表示；
③ 每次进入凿岩机的压气量是个常量；
④ 冲程时，活塞运动的初速度为零，然后做等加速运动；
⑤ 不计因钻孔深度增加而钻具质量增加对活塞反弹速度的影响；
⑥ 忽略各运动件间的摩擦阻力。

2.4.1　冲击能

这里指的是单次冲击能，在某种程度上它能表明凿岩机工作的能力。图 2-26 表示气动凿岩机性能参数计算示意图。

冲程时，作用在活塞左端面上的力 F_1（N）为

$$F_1 = p_i A_1 = c_1 p_0 A_1 = \frac{\pi}{4}(D^2 - d_1^2) c_1 p_0 \tag{2-1}$$

式中　p_i——冲程时后腔中压气的平均指示压力，Pa；
　　　c_1——凿岩机冲程时的构造系数（见表 2-2）；
　　　p_0——压气管网压力，Pa；
　　　A_1——气缸后腔中压气的有效作用面积，m^2；
　　　D——气缸内径，m；

d_1——螺旋棒平均直径（对于外回转凿岩机 $d_1=0$），m。

活塞的冲击能 $E(\mathrm{J})$ 为

$$E=F_1\lambda S=\frac{\pi}{4}(D^2-d_1^2)c_1p_0\lambda S \tag{2-2}$$

式中　S——活塞的设计行程，m；

　　　λ——活塞行程系数，一般为 $0.85\sim0.9$。

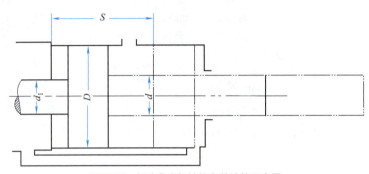

图 2-26　气动凿岩机性能参数计算示意图

由式(2-2) 可知，凿岩机的冲击能与活塞冲程的有效面积、行程和压气供气压力成正比。

同理，回程时作用在活塞右端面上的力 $F_2(\mathrm{N})$ 为

$$F_2=p'_iA_2=\frac{\pi}{4}(D^2-d^2)c_2p_0 \tag{2-3}$$

式中　p'_i——活塞回程时，前腔中的平均指示压力，Pa；

　　　A_2——回程时，压气在前腔中的有效作用面积，m^2；

　　　d——活塞杆直径（对于潜孔冲击器 $d=0$），m；

　　　c_2——凿岩机构造系数（见表2-2）。

表 2-2　气动凿岩机构造系数

系数	从动阀配气	控制阀配气	系数	从动阀配气	控制阀配气
c_1	0.52	0.62	K_1	1.15	1.0
c_2	0.26	0.40			

2.4.2　冲击频率

冲击频率系指活塞每秒或每分钟冲击钎尾的次数。为了计算冲击频率，首先应计算出活塞运动的加速度和一次循环所需时间。冲程时，活塞在力 F_1 的作用下，其冲程加速度 $a_1(\mathrm{m/s}^2)$ 为

$$a_1=\frac{F_1}{m_p} \tag{2-4}$$

式中　m_p——活塞质量，kg。

活塞冲程所需时间 $t_1(\mathrm{s})$ 为

$$t_1=\sqrt{\frac{2\lambda S}{a_1}}=\sqrt{\frac{2\lambda m_p S}{c_1p_0A_1}} \tag{2-5}$$

回程的时间与气缸中压气压力、钎子质量、岩石性质及活塞冲击钎尾后的反弹现象等有

关，难以用计算方法求出。通常用冲程时间乘以系数 K_1 来表示回程时间 t_2，即

$$t_2 = K_1 t_1 \tag{2-6}$$

式中　K_1——回程时间与冲程时间的比例系数，其值与凿岩机的配气方式有关（见表 2-2）。

此外，还应考虑活塞从回程到开始冲程，有一短暂的停滞时间 t_3，将其折算成冲程时间，即

$$t_3 = K_2 t_1 \tag{2-7}$$

所以活塞一个冲程循环时间 T(s) 为

$$T = t_1 + t_2 + t_3 = (1 + K_1 + K_2)\sqrt{\frac{2\lambda m_p S}{c_1 p_0 A_1}} \tag{2-8}$$

则活塞冲击频率 f(Hz) 为

$$f = \frac{1}{T} = \frac{1}{1+K_1+K_2}\sqrt{\frac{c_1 p_0 A_1}{2\lambda m_p S}} = K_f \sqrt{\frac{c_1 p_0 A_1}{2\lambda m_p S}} \tag{2-9}$$

式中，$K_f = \dfrac{1}{1+K_1+K_2}$，其值一般在 0.32～0.42 之间，初步设计时一般可取 0.37。从动阀配气 K_f 取低值，控制阀配气 K_f 取较高值。

由式(2-9) 可看出，在一定的压气压力下，冲击频率与活塞直径成正比，与活塞行程和质量的平方根成反比。

2.4.3　钎子转速（回转速度）

对于内回转凿岩机来说，钎子的转动是借助螺旋棒转钎机构实现的，这种转动是间断进行的（即只在回程时）。钎子转速的大小可以通过活塞回程时转动的角度 β 来计算。图 2-27 为螺旋棒展开图。

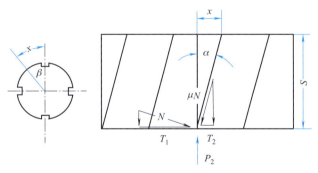

图 2-27　螺旋棒展开图

从图 2-27 可以看出，当螺旋棒轴线方向移动距离 S（行程）时，螺旋棒（或活塞）即将转动一个角度 β，而其对应的弧长 x 为

$$x = \lambda S \tan\alpha \tag{2-10}$$

与此弧长相对应的螺旋棒（或活塞）转动角 β 为

$$\beta = \frac{180}{\pi} \times \frac{2x}{d_1} = \frac{360}{\pi d_1}\lambda S \tag{2-11}$$

式中　α——螺旋棒导角，一般为 4°左右；

d_1——螺旋棒平均直径，单位与 x 相同（m 或 cm）。

因此，如果活塞的冲击频率为 f，则钎子每分钟转数 n_0（r/min）为

$$n_0 = \frac{60f\beta}{360} = \frac{60fS\tan\alpha}{\pi d_1} \tag{2-12}$$

由式(2-12)可看出，钎子转角与活塞实际行程（λS）成正比，与螺旋棒导角 α 的正切值成正比。

2.4.4 转矩（回转扭矩）

内回转凿岩机转矩大小，取决于回程时压气对活塞的作用力 F_2（N），以及螺旋棒的导角 α。

转矩值关系到凿岩机运转的稳定性。转矩过小，容易引起卡钎现象，特别是在节理发达的岩石中更为明显。转矩过大，则会增加凿岩机的结构尺寸和重量。实践经验表明，对于浅孔凿岩，孔径为 40mm 左右的气腿凿岩机的设计转矩以 12～20Nm 为宜；对于中深孔接杆凿岩的导轨式凿岩机，转矩应在 35Nm 以上。

由图 2-27 可知，活塞回程时，由于棘爪的作用，螺旋棒不能转动，F_2［见式(2-3)］必须克服各运动副间的阻力，才能使活塞沿着螺旋方向带动钎子转动。

根据图中的力学关系有

$$F_2 = N\sin\alpha + \mu N\cos\alpha = N(\sin\alpha + \mu\cos\alpha)$$

所以
$$N = \frac{F_2}{\sin\alpha + \mu\cos\alpha} \tag{2-13}$$

促使活塞转动的圆周力 T_1 和阻力 T_2 分别为

$$T_1 = N\cos\alpha \qquad T_2 = \mu N\sin\alpha$$

扭转力 T 应为

$$T = T_1 - T_2 = N(\cos\alpha - \mu\sin\alpha) \tag{2-14}$$

则凿岩机转矩 M_n（Nm）为

$$M_n = T\frac{d_1}{2} = \frac{d_1 N}{2}(\cos\alpha - \mu\sin\alpha) = \frac{F_2 d_1}{2}\cot(\alpha + \rho) \tag{2-15}$$

式中　ρ——摩擦角，(°)，$\tan\rho = \mu$；
　　　μ——摩擦系数，钢对钢时 $\mu = 0.15$。

考虑到传动的损失，钎子所得到的转矩 M_n' 为

$$M_n' = M_n \eta \tag{2-16}$$

式中　η——转钎机构传动效率，通常 $\eta = 0.5 \sim 0.6$。

2.4.5 耗气量

耗气量是气动凿岩机在单位时间内所消耗的自由空气体积。它是衡量气动凿岩机使用经济性的基本指标之一。耗气量大小，主要与凿岩机结构形式有关，同时，也与机器零件制造质量和装配质量有关。

外回转凿岩机冲击部分的耗气量与内回转凿岩机的耗气量 Q（m³/min）可按下式计算。

$$Q = 60(A_1 + A_2)\lambda S K_Q f\left(\frac{p_0 + 10^5}{p_a}\right) \tag{2-17}$$

式中　A_1、A_2——活塞冲程和回程的有效受压面积，m²；

λS——活塞实际行程，m；

K_Q——耗气量修正系数，其值约在 0.6～0.85 之间；

p_0——压气管网压力，Pa；

p_a——排气压力，一般取 1.2～10Pa；

f——凿岩机冲击频率，Hz。

上述计算不包括强吹炮孔和气腿的耗气量。如考虑在内，需增加 15％左右。

2.4.6 耗水量

目前普遍采用湿式凿岩。在凿岩机凿岩时，需保证冲洗水有适当的压力和水量，并清除水中杂质。凿岩机耗水量 Q_S(L/min) 一般用下式确定。

$$Q_S = K_S A_K v \times 10^{-3} \tag{2-18}$$

式中 K_S——水与粉尘体积比，一般 K_S 值为 12～18；

A_K——炮孔底面积，cm^2；

v——凿岩速度，cm/min。

通常手持式和气腿式凿岩机的耗水量为 3～5L/min；上向式和导轨式凿岩机的耗水量为 5～15L/min。内回转凿岩机多采用中心给水，并实行"气水联动"，其水压应低于气压，国内水压一般在 0.3MPa 左右。

2.4.7 气动凿岩机的凿岩速度及其影响因素

提高凿岩速度（简称凿速）是加快工程进度、提高劳动生产率、降低生产成本的关键问题。而影响凿岩速度的因素很多，大体上可分为以下三个方面：

① 凿岩机主要性能参数——冲击能、冲击频率、转矩和转速（角）等；

② 凿岩机工作条件——岩石坚固性、钻孔深度、压气压力和轴推力等；

③ 凿岩钎具——钎头类型、直径、结构、形状和钎杆长度等。

前人在以上各方面做了大量研究和实验，现综述如下。

2.4.7.1 工作气压对凿速的影响

工作气压越高，凿岩速度（凿速）越快。图 2-28 所示是不同类型的凿岩机在花岗岩上的凿速与工作气压的关系曲线。从图上的曲线可具体地说明这种影响。

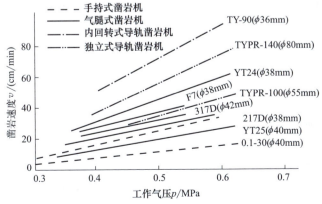

图 2-28 气动凿岩机凿速与工作气压关系曲线

① 凿速与工作气压呈线性变化，凿速随压力的升高而加大。

② 导轨式凿岩机的凿速随气压增加变化的幅度要比其他类型的凿岩机大些，即导轨式凿岩机在高气压条件下凿孔性更好。

③ 在相同的性能规格与工作条件下，独立回转式凿岩机较内回转式凿岩机有较高的凿岩速度。

④ 凿岩机在低于 0.5MPa 气压条件下运转，其输出功率过低，相应凿速也很低。根据图 2-28 所示凿速曲线变化规律，可以用以下的回归公式预测凿速（cm/min）。

$$v = k\Delta p + v_0 \tag{2-19}$$

式中 Δp——工作气压增加值（相对于 4×10^5 Pa），Pa；

v_0——原始凿岩速度（气压为 4×10^5 Pa 时的凿速），cm/min；

k——凿岩机类型系数，其值见表 2-3。

表 2-3　凿岩机凿速预测数据

项目	独立回转凿岩机	一般导轨式凿岩机	气腿式和手持式凿岩机
v_0/(cm/min)	25～45	20～25	15～20
k	约 21	约 11	5～7

2.4.7.2　轴推力对凿速的影响

(1) 冲击式凿岩机输出能量的传递方式

凿岩机的活塞以一定速度冲击钎尾（或钎杆）时，由于作用时间极短（几十微秒内），在互相撞击部分，作用力由零骤增至几十千牛，再经几百微秒又重新下降到零。因此已不能用牛顿定律来研究它，而需要用波动理论来研究其能量的传递。钎尾（钎杆）端部受到活塞冲击后，该处的应力突然升高，与周围介质产生压力差，导致周围介质质点微动，微动的质点微团又进一步把动量传递给后面的质点微团，并使后者变形，由近及远，不断扩展，这种扰动的传播现象就是应力波。

波的传播并非质点的流动，而是扰动在转移。固体中的应力波通常分为纵波和横波两大类。钎杆内的应力波属于纵波，它包括压缩波（压应力波）和拉伸波（拉应力波）。钎尾（钎杆）端面受到冲击后，应力波以压应力波（称入射波）的形式向钎头方向传播。当压应力波到达钎头与炮孔底部的接触表面时，将因为接触状况不同而出现不同的过程。如果钎头在应力波到达时和孔底岩石没有接触，压应力波将全部从钎头端面反射回来（称为自由端反射），并以拉应力波形式迅速向钎尾方向返回，当它返抵钎尾端时，又反射成为第二次入射的压应力波。如果界面情况不变，这种压缩-拉伸将交替继续进行下去，直至将能量完全消耗在钎杆的波阻上。钎杆承受这种反复载荷多次，将疲劳断裂，而活塞的能量也不能传给岩石。如果钎头与孔底之间在应力波达到时已接触良好，则大部分能量将以压应力波形式进入岩石，使凿入区的应力状态迅速提高，完成钎头凿入岩石的过程，仅有一小部分能量作为拉应力波反射回去。

(2) 入射波形对凿入效果的影响

因为岩石的破碎是靠应力波传递的能量来完成的，故需研究入射波形对凿入效果的影响，国内外学者在这方面进行了大量研究。由于活塞形状和撞击面接触条件不同，产生的入射波形也各异。一般来说，细长的活塞，入射波的波幅低而作用时间长；短粗的活塞，入射波的波幅高而作用时间短。活塞形状与入射波的关系见图 2-29。

图 2-29 中所示的活塞质量基本相同，而活塞长度 L 和活塞直径 d_1 不同，钎杆直径 d_2 相同。

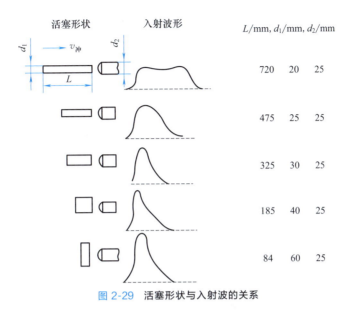

图 2-29 活塞形状与入射波的关系

根据理论分析和试验研究，缓和的入射波形比陡起的波形有较高的凿入效率。

凿岩机气缸内径与活塞行程长度之比称为细长比。图 2-30 所示是气动凿岩机凿速与细长比的关系曲线。曲线上各点的离散现象虽然较大，但总的趋势还是可辨的，即细长比越大，冲击频率越高，凿速也越快。

因此，细长活塞比短粗活塞的凿入效率高。这也是液压凿岩机的凿岩速度高于同量级气动凿岩机的理论依据。但在浅孔凿岩中，从气缸容积近似相同而细长比不同的凿岩机的凿速对照中可看出，大直径、短行程的凿岩机反而有较高的凿速（这恰好与液压凿岩机相反）。目前，凿岩机的细长比还都不大于 2。

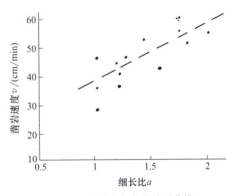

图 2-30 凿速与细长比关系曲线

要改变入射波形，除了调整活塞形状和尺寸外，还可以通过调整撞击面的接触条件（如钎尾端面的圆弧半径和硬度等）来达到。

(3) 轴向推力的计算

根据冲击凿岩能量传递原理，为了取得较高的凿入效率，钎头必须与孔底岩石保持良好的接触。此外，为了克服活塞前冲时使凿岩机的机体产生后坐力的现象，必须对凿岩机施加轴推力。钻孔时，若推力过大，势必既增加了回转阻力，又加大了钎头的磨损；推力过小，则钎头跳离孔底，使入射波到达钎头时，不能有效地将冲击能量传递给岩石，影响凿入效率，且钎杆内反射回的拉应力波增大，使钎杆寿命降低；另外机体后坐，导致活塞行程减小，使冲击能下降，凿岩速度降低。

因此，国内外许多学者对最优轴推力问题进行过很多研究。图 2-31 所示是用高速摄影机揭示的活塞、机体和钎头三者运动的轨迹。由图 2-31 可见,随着活塞的运动,机体和钎具都在运动。

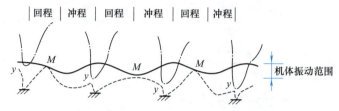

图 2-31 凿岩时机体、活塞和钎头的相关运动轨迹
——·— 活塞轨迹;———— 机体轨迹;------ 钎具轨迹
y—活塞冲击钎尾;M—机体撞击钎肩;▨—钎刃凿入岩石

为使活塞在冲程时,钎头始终与岩石接触,应用动量定理可得所需最小轴向推力 F 为

$$F=\frac{mv_m(1+\varepsilon)+(M+m_Q)v_z}{t_p}=\frac{mv_m(1+\varepsilon)+(M+m_Q)v_z}{\alpha T} \quad (2\text{-}20)$$

式中　F——轴向推力,N;
　　　m——活塞质量,kg;
　　　v_m——活塞冲程最大速度(冲击钎尾时),m/s;
　　　ε——反弹系数;
　　　M——机体质量,kg;
　　　m_Q——钎具质量,kg;
　　　v_z——钎具一次冲击的前进末速度,m/s;
　　　t_p——活塞冲程时间,s;
　　　α——活塞运动学特征系数;
　　　T——活塞一个周期的运行时间,s。

最优轴推力 F_{op}(N)还应包括克服摩擦力 F_f(N)和凿岩机具自重力在轴向的分力等,故

$$F_{op}=F+F_f \pm G\sin\beta \quad (2\text{-}21)$$

式中　G——凿岩机具的自重力,N;
　　　β——炮孔倾角,向上倾斜取正值,向下倾斜取负值。

式(2-20)中 v_z 和 ε 与岩石性质、活塞形状、钎头结构等多种因素有关,故不易确定。最容易确定的是凿岩机的冲击频率 $f\left(f=\dfrac{1}{T}\right)$ 和 mv_m ($v_m=\sqrt{\dfrac{2E}{m}}$,E(J) 为凿岩机的冲击能),故一般可将式(2-20)写为

$$F=K_R f\sqrt{2Em} \quad (2\text{-}22)$$

式中　K_R——计算轴推力的修正系数。

由式(2-20)知

$$K_R=\frac{I}{\alpha}\left[1+\varepsilon+\frac{(M+m_Q)V_A}{mv_m}\right] \quad (2\text{-}23)$$

由式(2-23)知,K_R 不仅与岩石性质、活塞形状、钎头结构有关,还与活塞运动学系数有关,即与凿岩机的结构参数有关,所以它不是一个固定值。一些文献中给了一些 K_R 值

的范围。对于气动凿岩机，$K_R = 1.5 \sim 2.3$。对于液压凿岩机，因有后腔回油式和双面回油式之分，K_R 值范围会更大一些，$K_R = 2.85 \sim 3.7$（岩石硬度不同）；双面回油可调行程的液压凿岩机的 K_R 值更大，有的高达 4.66。最优轴推力最好是由现场试验得出。开始试验时，可从 K_R 值范围内，根据现场具体条件先预选一个值（岩石硬度大，选大一点的值），这样试验次数可少一些。

这里给出几种类型凿岩机的轴推力与凿岩关系的实验曲线（如图 2-32 所示），简称 F-v 曲线。由该曲线可知：

① 每种凿岩机都有自己的 F-v 曲线，而且都有一个合理的轴推力区段（凿速相对最高），该区段上的力就叫最优轴推力或合理轴推力。

② 工作气压不同，凿岩机的 F-v 曲线也不同，且最优轴推力随气压增高而增大。

③ F-v 曲线高峰处较平缓的凿岩机有较好的使用适应性，反之，则合理轴推力区间过小，凿岩机不易控制。

④ 不同类型的凿岩机，轴推力大小也不同，独立回转凿岩机因有较大转矩，其转速可调，所以合理轴推力较大（可达万余牛顿），其转速也较高。

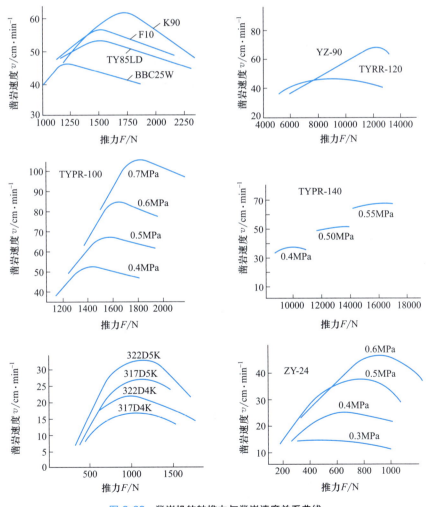

图 2-32 凿岩机的轴推力与凿岩速度关系曲线

2.4.7.3 凿孔深度对凿速的影响

一般来说，随着凿岩机凿孔深度的增加，排粉阻力以及消耗在钎杆及连接套接头上的冲击能量都有所增加，从而导致凿速下降。不同类型的凿岩机随孔深增加，凿速下降的速度是不同的。手持式和气腿式凿岩机由于冲击功率较小，转矩也较小，所以凿孔深度一般不超过 5m，超过 5m 时凿速下降明显。导轨式内回转凿岩机的凿速随孔深的增加呈缓降趋势，超过一定值后，下降迅速。独立回转式凿岩机，其钻孔深度在 20m 以内没有较大的凿速差值。这种特性是由于独立回转式凿岩机可视凿孔实际工况施加不同的轴推力与转钎扭矩。

图 2-33 所示为凿速与凿孔深度的关系曲线。根据几条实际关系曲线，可作出一条平均下降曲线（图中虚线）。当然这是指在该凿岩机的极限深度内的情况。

从图 2-33 可得出概算实际凿速 $v(\text{cm/min})$ 的经验公式：

$$v = v_0 - 0.01L \tag{2-24}$$

式中　v_0——原始凿速，cm/min；
　　　L——凿孔深度，cm。

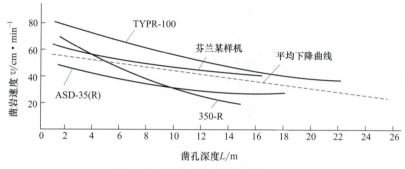

图 2-33　凿速与凿孔深度的关系曲线

2.4.7.4 岩石强度对凿速的影响

实验表明，凿岩机凿速随岩石强度的增加呈非线性关系下降，并且开始时陡降，当达到某一强度时，下降幅度变缓。这种变化可用不同的岩石强度有不同的破碎机理来解释。对于软岩和中硬岩石，钎具的切削刃切入深度较大，属于冲击凿入破碎和旋转剪切刮削联合破岩机理；对于硬岩，钎具的一次凿入深度较浅，属于单一冲击凿入压碎破岩机理，由此导致悬殊的凿速。当岩石硬度在某一范围时，破岩机理基本相近，因而凿速无较大变化。

图 2-34 所示是美国 D93 和 JR38 型气动凿岩机的凿速与岩石硬度的关系曲线。该曲线具有一定的典型性，并可用下面方程表示其均值曲线：

$$v = a\sigma^{-b} \tag{2-25}$$

式中　v——凿速，cm/min；
　　　σ——岩石抗压强度，Pa；
　　　a,b——待定常数，可用曲线拟合法求得。

常用最小二乘法进行数据的曲线拟合，得到：

$$v = 4854.5\sigma^{-0.56} \tag{2-26}$$

图 2-34 给我们的启示是：岩石强度在某一范围内加大，凿速下降很快，对于硬岩和极硬岩，现有气动凿岩机的凿速是不理想的，必须再加大冲击能，液压凿岩机就解决了这一问题。

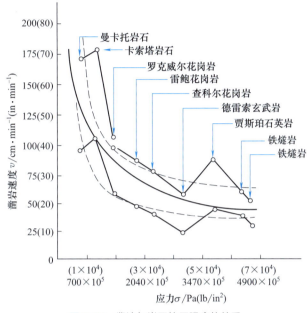

图 2-34　凿速与岩石抗压强度的关系

2.5　气动凿岩机的使用与维修

气腿式凿岩机高效轻便，适宜在中硬或坚硬（$f=8\sim18$）岩石上湿式钻凿向下和倾斜凿孔。其钎头直径为 $34\sim42$mm，有效钻孔深度可达 5m；可配 FT-140BD 型短气腿，可配 FT-140B 型长气腿，也可卸掉气腿，装在钻车上使用；可水平或倾斜钻孔，可在各种硐室内作业，机重轻、耗气量少，特别适宜配以小型空压机移动作业；启动灵活、气水联动、节能高效；可靠性好、易操作、易维修。

2.5.1　凿岩机的准备

① 从制造厂新来的凿岩机，其内部涂有黏度大的防锈脂，使用前必须拆卸清洗。重新装机时，各运动部件表面要涂上润滑油，装好后，将凿岩机接通压气管路，开小风（气）运转，检查机器内部零件的运转情况是否正常。

② 向自动注油器注入润滑油，常用润滑油为 20 号、30 号及 40 号机油。对润滑油牌号的选择主要根据工作面的温度决定。

③ 检查工作地点的气压和水压。气压应在凿岩机额定压力左右。气压过高会加快机械零件的损耗；过低则凿岩效率显著降低，甚至不能工作。水压也应符合要求，一般为 $0.2\sim0.3$MPa。水压过高，水会灌入机器内部破坏润滑，降低凿岩效率和锈蚀机械零件；过低则冲洗效果不佳。

④ 气管接入凿岩机前，应放气将管内污物吹出。接水管前，要放水洗净接头处的污物。

气管、水管必须拧紧，以防脱落伤人。

⑤ 检查钎子是否符合质量要求，钎尾是否符合凿岩机的要求，禁止使用不合格的钎子。

⑥ 将钎尾插入凿岩机机头，用手顺时针转动钎子，如果转不动，说明机器内有卡塞现象，应及时处理。

⑦ 拧紧各连接螺栓，开气检查凿岩机运转情况，运转正常才能开始工作。

⑧ 导轨式凿岩机应架设好支柱，并检查推进器的运转情况；气腿式凿岩机和向上式凿岩机，必须检查其气腿的灵活程度等情况。

2.5.2 凿岩注意事项

① 开眼时应慢速运转，待孔的深度达到 10～15mm 后，再逐渐转入全运转。在凿岩过程中，要按孔位设计使钎杆直线前进，并位于孔的中心。

② 凿岩机在凿岩时应合理施加轴推力。轴推力过小，机器产生回跳，振动增大，凿岩效率降低；过大则钎子顶紧眼底，使机器在超负荷下运转，易过早磨损零件并使凿岩速度减慢。

③ 凿岩机卡钎时，机器处于超负荷下运转，如不迅速消除，极易损坏零件。卡钎时，应立即减小轴推力，通常凿岩机可逐步趋于正常；若仍然无效，应立即停机，先使用扳手慢慢转动钎杆，再开中气压使钎子徐徐转动。禁止用敲打钎杆的方法处理。

④ 应经常观察排粉情况，排粉正常时，泥浆水顺孔口徐徐流出。若排粉不正常，要强力吹孔。若仍然无效，要先检查钎子的水孔和钎尾状态，再检查水针情况，更换损坏零件。

⑤ 凿岩机冲击频率很高，不能无油作业，要注意观察注油器的储油量和出油情况，调节好注油量。无油作业容易使运动零件过早磨损，当润滑油过多时，会造成工作面污染，影响操作者的健康。

⑥ 操作时注意凿岩机的声响，观察其运转情况，发现问题时，立即停机处理。

⑦ 注意检查钎子的工作状态，钎头损坏或磨钝、钎尾变形或打裂时，要及时更换。若钎头上的硬质合金片破裂或掉角，必须将碎片从孔中掏出，才能继续凿岩。

⑧ 操作向上式凿岩机时注意气腿的给气量，防止凿岩机上下摆动夹钎或折断钎杆。手握机器时，不要握得过紧，不能骑在气腿上凿岩，以防断钎伤人。气腿的支承点要可靠，以防气腿滑动而导致伤人损机。

⑨ 凿岩时，要注意工作面的岩石情况，避免沿层理、节理和裂隙穿孔，禁止打残眼，随时观察有无冒顶、片帮危险。

综上所述，可归纳为"集中精力、八看、一听、一感觉"。八看是看凿岩机的推进速度、看钎具的回转速度、看排粉情况、看孔位是否正确、看凿岩机各部位螺栓是否拧紧、看水管及气管是否松动、看凿岩机排气是否正常、看工作面是否安全；一听是听凿岩机在工作时的响声；一感觉是感觉支架、气腿和凿岩机在工作时的振动情况。

凿岩机排出的气体应是干燥的并微含油雾，用手拭之有润滑油感。若排气口喷雾或结冰，说明压气中含水，不但易使零件锈蚀，还影响工作面视线，应从附近的油水分离器中放水并检查凿岩机的冲洗装置。若手上的润滑油感过弱或过强，说明油量过小或过多，都应及时调节注油器的注油量。

2.5.3 凿岩机的日常维护

① 凿岩结束后，要卸掉水管进行轻运转，吹净机内残存水滴，以免零件锈蚀，然后卸掉气管，将凿岩机放在安全、清洁的地方。

② 凿岩机一般应每周清洗一次，可用如图 2-35 所示的清洗器。筒 1 内装煤油，筒 2 内装润滑油，管 3 接压气，凿岩机放在清洗箱 10 中，机头插在芯轴 11 上，柄体用卡子夹紧，接通气管。清洗时，先打开阀 6 和凿岩机操纵阀，使凿岩机轻运转，再打开阀 4 几秒钟，煤油被压气携带清洗凿岩机。关上阀 4，打开阀 5 几秒钟，润滑油被压气携带进入凿岩机。然后关上阀 5 和阀 6，将凿岩机取出。此方法不需拆卸凿岩机就可清洗和润滑，而且清洗润滑过程中，已进行了凿岩机空运转实验。

③ 定期检查凿岩机，消除可能发生的故障，及时更换已磨损的零件，使凿岩机保持完好状态。

④ 禁止在工作面拆装凿岩机，以防止进入污物和丢失零件。

⑤ 长期不用的凿岩机，要拆开清洗干净，涂上防锈脂，再装配好，放在清洁、干燥处保存好。

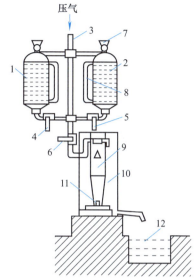

图 2-35 凿岩机的清洗与润滑装置
1—煤油筒；2—润滑油筒；3—气管；
4,5,6—阀；7—加油漏斗；8—观察管；9—凿岩机；
10—清洗箱；11—芯轴；12—贮油池

2.5.4 凿岩机常见的故障与处理

气腿式凿岩机、向上式凿岩机和导轨式凿岩机在工作中常见的各种故障现象、故障原因分析及故障处理方法，分别见表 2-4～表 2-6。

表 2-4 气腿式凿岩机常见故障与处理方法

故障现象	故障原因	处理方法
1.气水联动机构失灵	1.注水阀的密封圈磨损，机器工作时漏水，排出的废气呈雾状 2.注水阀体后部的弹簧失效，当压气停止时弹簧不能关闭水路 3.注水阀上的密封圈耐油性差，经油浸后其尺寸胀大，堵塞了水路 4.注水阀体的通水孔被堵死 5.水压高于弹簧的压力	1.更换密封圈 2.更换弹簧 3.更换质量较高的密封圈 4.用小铁丝捅开 5.降低水压
2.水针损坏	1.六方钎套已磨损的尺寸过大，机器工作时钎尾摇摆而易切断水针 2.钎尾不符合制造要求，使中心孔过小或中心孔歪斜 3.水针制造质量不好，弯曲度过大，直径太粗或头部未加工成圆锥形	1.六方钎套如果磨损到规定尺寸，就应该更换 2.按图纸制造钎尾的中心孔 3.水针要进行防锈处理，水针全长的弯曲度不应超过 0.5mm

续表

故障现象	故障原因	处理方法
3.活塞运动不灵活,使凿岩机停止运动	1.活塞大圆与气缸内孔、活塞小圆与导向套内孔的配合间隙选择得太小,使活塞运动时机体发热 2.零件加工粗糙或保养不好,使零件表面生锈或磕碰 3.活塞、气缸、导向套等零件的同心度和几何精度不符合图纸要求 4.机器停止凿岩后,放置的位置不当或把排气口向上,使石块及粉尘落入机器内部 5.润滑不佳,机体发热 6.活塞的材质或热处理不好,使活塞的冲击端因受冲击而出现镦粗现象 7.机器在装配时,零件没有清洗干净	1.按制造公差选择适当的配合间隙 2.按要求制造零件,并妥善保管好 3.按图纸制造凿岩机零件 4.注意机器使用完毕后,放到无水滴、无粉尘的地方,并把排气口向下 5.及时加油润滑 6.选用好的材料和正确热处理方法 7.注意清洗干净零件后,才能装配机器
4.活塞使用寿命短,冲击端出现断裂	1.活塞制造质量差,选用的材料和热处理工序不合适 2.钎尾的硬度过高或者钎尾端面不垂直,当活塞冲击钎尾时,局部受力大 3.压气压力过高 4.机器在开动时,给气压过猛或空打时间过长 5.凿岩作业时,气腿的轴推力不够,产生空打现象	1.正确选择活塞的材料和热处理工序 2.选择硬度合适的钎尾,并且钎尾端面应垂直 3.降低气压 4.机器在开动时,按低、中、高压气量进行 5.调节气腿与水平线的夹角,使气腿有足够的轴推力
5.关闭了操纵把手,凿岩机仍有轻运动	1.操纵阀磨损,配合的间隙增大,产生串气现象 2.密封胶圈磨损而窜气 3.制造操纵阀时,个别通气孔的位置错了	1.更换操纵阀 2.更换密封圈 3.更换操纵阀
6.螺旋棒和螺旋母磨损快,使用寿命短	1.润滑不好 2.粉尘或污物进入凿岩机内部 3.润滑油内含有沙粒或粉尘 4.螺旋棒和螺旋母已超过磨损极限	1.定期向注油嘴注油 2.精心保养和定期拆洗机器 3.选用清洁的润滑油 4.更换螺旋棒和螺旋母
7.调压阀不灵活或受机器振动而窜位	1.调压阀上的进、排气孔道,制造时弧度太短,在转动调压阀时,使气腿轴推力的变化很突然 2.固定调压阀位置的弹簧失效 3.上的两个密封圈被磨损	1.更换调压阀 2.更换弹簧 3.更换密封圈
8.气腿的伸缩管缩回动作不灵	1.伸缩管弯曲,主要原因有: ①凿岩机工作时,支承的位置不适合,受力不均匀; ②凿岩机断钎,凿岩机和气腿摔到岩石上; ③伸缩管在制造时厚薄不均匀,增大了弯曲力 2.伸缩管内的密封圈磨损 3.气腿内的回程孔被油垢及污物堵塞 4.钢质的外套管内壁生锈,使胶碗运动不灵,并加快了胶碗的磨损 5.气腿快速缩回扳机变形量大,按扳机时,气腿缩回困难	1.下述几种排除方法: ①调整支承位置; ②防止断钎; ③更换弯曲的伸缩管 2.更换密封圈 3.疏通回程孔 4.擦锈,并更换磨损的胶碗 5.更换材质好的、不变形的尼龙扳机
9.凿岩机工作时,从排气口向外喷水	1.水压高于气压,易往机器内部灌水 2.水针套磨损,密封圈也损坏 3.钎杆中心孔堵塞,水排不出去 4.水针尺寸太短	1.降低水压 2.更换密封圈 3.疏通钎杆中心孔 4.按要求制造水针长度

续表

故障现象	故障原因	处理方法
10. 凿岩机润滑不良	1. 润滑油的牌号选择不合适 2. 盛润滑油的器具无盖,润滑油内进入了污物 3. 注油器上的油量调节得不合适 4. 注油器内长通油管未焊牢固,受振动脱落,影响润滑油的流出 5. 注油器内的油阀被堵塞 6. 润滑油内有水分	1. 选择合适的润滑油 2. 盖上盖子 3. 调节适当的油量 4. 焊牢通油管 5. 疏通油阀 6. 更换润滑油
11. 嵌在转动套内的钎套松动	1. 钎套的外圆尺寸小 2. 转动套的内孔尺寸大	1. 更换外圆尺寸大的钎套 2. 更换外圆尺寸大的钎套,装配时一定要采用热装及加热后拆卸

表 2-5　YSP45 型凿岩机常见故障与处理方法

故障现象	故障原因	处理方法
1. 凿岩速度降低	1. 工作气压低	1. 核算压气管路是否超过额定负荷,如果超过则应适当减少同时工作的机器台数或其他耗气作业,工作气压最低不能小于 0.4MPa 2. 消除管路漏耗,检查压气管路、开关等是否规格太小 3. 输气胶管不应太长,总长不大于 25m
	2. 气腿轴推力过大	将调压阀顺时针转动,以减小推力
	3. 气腿推力不足,伸缩不灵,机器后跳	1. 将调压阀逆时针转动以增大推力,若定位用的胀圈磨损则应更换 2. 检查气腿与机器各连接处是否松动漏气,手把上的放气阀是否漏气 3. 检查气腿内活塞胶碗及密封圈是否受振松脱而密封失效 4. 清除气腿内部夹杂的污物 5. 检查调压阀有关孔槽是否堵塞,凸缘是否磨损严重而致使调压不灵
	4. 润滑不良	1. 检查注油器是否缺油 2. 润滑油太稀、太浓或太脏,应及时按规定条件更换 3. 注油器小孔油路堵塞应清洗,用气吹通油路各孔
	5. 钎子质量不合要求	1. 钎尾长度不合要求,相差太大,应选用符合要求的钎子 2. 钎杆弯曲严重,应校直
	6. 机头返水,发生"洗锤"现象,破坏正常润滑	1. 水针折断,立即更换 2. 钎杆中心孔不通、太小或太大,更换钎杆 3. 水压高于气压,高压水流入机体,应及时降低水压 4. 注水系统失灵,气、水混合进入机体,应立即检修 5. "常吹气"失灵,气针堵塞或胶垫位置装错,应立即检修
	7. 消声罩结冰	消除罩内排气口处凝结的冰瘤
	8. 主要零件磨损	1. 缸体和活塞两配合表面擦伤,用油石磨光 2. 配气阀磨损,应及时更换 3. 主要零件(活塞、螺旋棒、螺旋母、棘爪、转动螺母、钎套等)超过磨损极限,要及时更换
2. 启动不灵	1. 润滑油太浓、太多 2. 阀与阀套磨损严重 3. 机头返水 4. 气腿轴推力过大	1. 润滑油的浓度和用量要调节适当 2. 更换磨损严重的零件 3. 查找原因及时消除 4. 调节调压阀,减小气腿推力

续表

故障现象	故障原因	处理方法
3. 气水联动机构失灵	1. 水压过高 2. 气路和水路小孔堵塞 3. 注水阀端部磨损 4. 注水阀体内零件锈蚀 5. 密气与密水胶圈已损坏	1. 应当采取措施降低水压 2. 钻通小孔 3. 更换零件 4. 清洗除锈 5. 更换零件
4. 水针折断	1. 活塞小端打堆、打裂或打偏，钎尾中心孔不正 2. 钎尾和钎套配合间隙过大 3. 水针太长 4. 钎尾水孔太浅	1. 更换新活塞和钎子，或者修复 2. 钎套六方内对边尺寸磨损至25mm时应更换，否则不只是容易折断水针，而且也损坏活塞与钎子 3. 修正水针长度 4. 应按钎尾制造图造钎尾
5. 断钎严重	1. 管路气压太高 2. 骤然大开车 3. 钎子弯曲 4. 钎尾凸台的过渡圆角太小 5. 钎尾有热处理裂纹	1. 采取降压措施 2. 凿岩时启动要平稳 3. 校直钎子 4. 按图纸要求制作钎尾 5. 改进钎尾制作工艺

表 2-6 导轨式凿岩机的常见故障及处理方法

故障现象	故障原因	处理方法
1. 机器漏气	1. 壳体结合处不严，一般是密封圈已损坏 2. 长螺杆未拉紧	1. 修理或更换密封圈 2. 拉紧长螺杆
2. 工作气压低	1. 管路气压低 2. 气路管径不符合规格 3. 负荷过大，即同时使用气体的机器过多，而造成气压降低	1. 检查后调节气压 2. 更换不符合规格的管径 3. 减小负荷，即减少同时工作的机器台数
3. 转速加快，但不增加凿进尺寸，孔中不出岩粉	1. 钎头磨钝或合金片破碎、掉片 2. 钎杆折断或套管脱口 3. 推进气动机，推进丝杠等出故障	1. 更换钎头 2. 更换钎杆或套管 3. 检查后处理故障
4. 凿速突然下降，转钎不正常	1. 棘爪或螺旋棒、棘齿等磨钝，小弹簧损坏，使棘爪、棘齿不起作用 2. 花键、螺旋母的键槽磨宽 3. 钎杆、钎头损坏（脱片或碎片） 4. 无油润滑，使运动零件产生干摩擦	1. 更换磨损的零件 2. 更换花键和螺旋母 3. 更换钎杆和钎头 4. 注润滑油
5. 机器声音不正常	1. 紧固螺钉松动或拧紧力量不均匀 2. 活塞、气缸等轻微研卡	1. 均匀紧固螺母 2. 修理活塞或气缸
6. 一个方向不转	1. 滑套或换向套损坏卡滞，不能向另一端运动，可扳动换向操作阀，细听柄体中有无活动的声音 2. 棘爪磨损、折断	1. 检查更换 2. 更换
7. 返水或排气口结冰	1. 钎尾胶圈损坏 2. 水针头部缺欠或磨损 3. 压气中含水量过高	1. 更换胶圈 2. 更换水针 3. 减少压气中的含水量

续表

故障现象	故障原因	处理方法
8. 不回转,但能冲击	1. 长螺杆拉力不均匀,回转部分被卡 2. 滑套或柄体损坏、卡滞,不能向两端运动,可扳动换向操作阀细听柄体内有无动作的声音 3. 换向套、棘爪、螺旋棒、花键太高,长螺杆拉紧压死不转,放松长螺杆,间隙加大后即转 4. 棘爪、小弹簧或螺旋棒损坏,不起止逆作用,这种现象往往是转速逐渐变慢,最后停止转动 5. 花键、螺旋母键槽全部磨损,这种现象往往是转速逐渐变慢,最后停止转动 6. 花键、螺旋母松脱,发生卡滞或花键、螺旋母滑扣,不能带动钎具回转 7. 拆卸钎尾套时,使回转套端面产生毛刺,回转时卡滞 8. 活塞断裂,此时冲击功显著变小,钎具不转,不久冲击也停止	1. 均匀拉紧螺杆 2. 检修或者更换 3. 检查更换不符合规格要求的零件 4. 检查、更换零件 5. 检查、更换 6. 检查、修理花键或螺旋母 7. 将毛刺修平 8. 更换断裂的活塞
9. 活塞不冲击(换向阀在中间位置)	1. 长螺杆松紧不一致,活塞不能运动 2. 气缸、活塞、导向套、花键不同心,或螺旋棒与阀套之间的配合太紧,如果安装时已按要求检查过,可排除此原因 3. 安装阀时忘记放定位销 4. 阀变形,安装时手摇阀,阀片不跳动 5. 阀内油太多或无油 6. 阀内进入污物 7. 气缸气孔堵塞等	1. 均匀拉紧螺杆 2. 检查更换不符合要求的零件 3. 放上定位销 4. 检查后,更换阀 5. 调节注油器 6. 清洗 7. 清洗

2.6 液压凿岩机

由于气动凿岩机是以压缩空气作为传递能量的介质,因此存在两个根本性的弱点:一是能耗大,它的能量利用总效率只略高于10%;二是作业环境恶劣,噪声高、油雾大,特别是在井下作业。为了解决这些问题,人们一直在进行新的能量传递介质的探索。20世纪60年代,国外开始出现液压凿岩机,但直到1970年,法国蒙塔贝公司(Montabert)才研制出了第一台可用于生产的液压凿岩机,随后瑞典、芬兰、美国和日本等国陆续生产出各种型号的液压凿岩机投放市场,我国也在70年代后期开始引进、吸收国外技术进行研制。

液压凿岩机采用循环的高压油作传动介质,具有能量利用率高、凿岩速度快、环境污染低和易于实现自动化控制等优点,同时,活塞等运动部件工作在油液中,润滑条件好,寿命长。其被广泛应用于建筑、采矿和地质工程。但是,液压凿岩机也有它的缺点,和气动凿岩机相比,由于需要和凿岩钻车配套使用,所以投资大,单位功率的重量也比较大,技术要求和维护费用都比较高。

近年来,国内外对液压凿岩机开展了大量的研制工作,特别是与液压凿岩钻车相配套的液压凿岩机发展迅速。表2-7列出了国产液压凿岩机的技术特征。

表2-7 国产液压凿岩机的技术特征

特征	机型					
	YYG80-1	YYG-90A	YYGJ-90	TYYG-20	YGJ-145	SCOP1232HD
质量/kg	84	90	90	90	145	96
外形尺寸/mm	790×253×242	825×266×199	—	916×250×310	985×260×225	808×260×225

续表

特征		机型					
		YYG80-1	YYG-90A	YYGJ-90	TYYG-20	YGJ-145	SCOP1232HD
钎杆中心以上高度/mm		120	59	—	—	82	80
冲击机构	冲击功/J	137～157	147～196	147	>196	—	—
	冲击频率/Hz	42～48	49～58	60	47～50	42～60	40～53
	轴压/MPa	9.8～11.8	12.25～13.24	11.8	11.8	<24.5	15～24
	流量/L·min^{-1}	80～90	85	70	90	—	—
转钎机构	最大扭矩/Nm	147	137	147	196	245	200
	转数/r·min^{-1}	0～300	0～400	0～200	0～200	0～300	0～300
	油压/MPa	—	7.85	6.86	4.9～9.8	8.8	—
	流量/L·min^{-1}	36	40	44	58	—	—
轴推力/kN		5.88～9.8	—	—	—	8.8～11.8	—
电机功率/kW		28	—	29.5	40	45	—
适用钎头直径/mm		38～50	43～65	38	50～65	40～90	35～64
冲洗用水压力/MPa		0.4～0.8	0.6～0.8	0.6～0.8	—	0.45～0.98	1.2
研制单位		长沙矿冶院	中南大学	中南大学	北京科技大学	天水风动工具厂	沈阳风动工具厂

2.6.1 液压凿岩机的分类与工作原理

液压凿岩机型号众多，但按其冲击机构的配油方式可分为有阀型和无阀型两大类。

① 有阀型。这类液压凿岩机用配油阀配油来改变油缸两腔进压力油或回油的状况，以驱动活塞做往复运动，按配油阀形式又可分为柱阀式和套筒阀式两类，按回油方式又有单面回油和双面回油，单面回油又分为前腔回油和后腔回油。

② 无阀型。这类凿岩机的特点是利用活塞本身的运动进行配油，活塞是冲击机构唯一的运动件，它既起冲击作用，同时又起配油作用。

(1) 后腔回油前腔常压型液压凿岩机冲击工作原理

此型机器是通过改变后腔的供油和回油来实现活塞的冲击往复运动的。图 2-36 所示为套阀式液压凿岩机冲击工作原理。其配流阀（换向阀）采用与活塞做同轴运动的三通套阀结构。当套阀 4 处于右端位置时，缸体后腔与回油口相通，于是活塞 2 在缸体前腔压力油的作用下向右做回程运动 [图 2-36(a)]。当活塞 2 超过信号孔位 A 时，套阀 4 右端推阀面 5 与压力油相通，因该面积大于阀左端的面积，故阀 4 向左运动，进行回程换向，压力油通过机体内部孔道与活塞后腔相通，活塞处于向右做减速运动状态，后腔的油一部分进入蓄能器 3，一部分从机体内部通道流入前腔，直至回程终点 [图 2-36(b)]。由于活塞台肩后端面大于活塞台肩前端面，因此活塞后端面作用力远大于前端面作用力，活塞向左做冲程运动 [图 2-36(c)]。当活塞越过冲程信号孔位 B 时，套阀 4 右端推阀面 5 与回油口相通，套阀 4 进行冲程换向 [图 2-36(d)]，为活塞回程做好准备，与此同时活塞冲击钎尾做功，如此循环工作。

后腔回油芯阀式液压凿岩机冲击工作原理与上述相同，只是阀不套在活塞上，而是独立在外面，故又称外阀式。

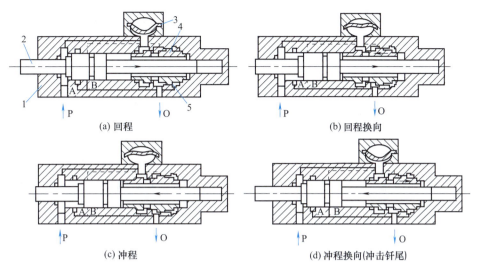

图 2-36 后腔回油套阀式液压凿岩机冲击工作原理图

A—回程换向信号孔位；B—冲程换向信号孔位；P—压力油；O—回油；
1—缸体；2—活塞；3—蓄能器；4—套阀；5—右端推阀面

（2）双面回油型液压凿岩机冲击工作原理

此类机器都为四通芯阀式结构，采用前后腔交替回油，工作原理如图 2-37 所示。

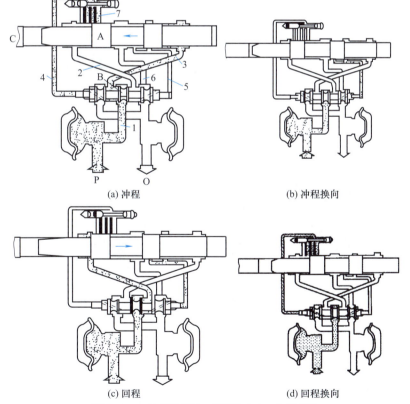

图 2-37 双面回油型液压凿岩机冲击工作原理图

A—活塞；B—阀芯；C—阀尾；P—高压油；O—回油；
1—高压进油路；2—前腔通道；3—后腔通道；4—前推阀通道；5—后推阀通道；6—回油通道；7—信号孔通道

在冲程开始阶段［图 2-37(a)］，阀芯 B 与活塞 A 均位于右端，高压油经高压油路 1 到后腔通道 3 进入缸体后腔，推动活塞 A 向左（前）做加速运动。活塞 A 向左至预定位置，打开右推阀通道口（信号孔），高压油经后推阀通道 5，作用在阀芯 B 的右端面，推动阀芯 B 换向［图 2-37(b)］，阀左端腔室中的油经前推阀通道 4、信号孔通道 7 及回油通道 6 返回油箱，为回程运动做好准备。与此同时，活塞 A 冲击钎尾 C，接着进入回程阶段［图 2-37(c)］，高压油从进油路 1 到前腔通道 2 进入缸体前腔，推动活塞 A 向后（右）运动；活塞 A 向后运动打开前推阀通道 4 时（图中缸体上有三个通口称为信号孔，用于调换活塞行程），高压油经前推阀通道 4，作用在阀芯 B 左端面上，推动阀芯 B 换向［图 2-37(d)］，阀右端腔室中的油经后推阀通道 5 和回油通道 6 返回油箱，阀芯 B 移到右端，为下一循环做好准备。

2.6.2 液压凿岩机基本结构

图 2-38 所示为瑞典阿特拉斯·科普科公司的 COP1038HD 型液压凿岩机结构。它是由机体、冲击机构、转钎机构、液压系统和排粉装置组成。冲击机构由冲击活塞、缓冲器和密封装置组成；转钎机构由液压马达、花键连接套、传动轴、驱动齿轮以及转钎齿轮套组成。

2.6.2.1 冲击机构

冲击机构是冲击做功的关键部件，它由缸体、活塞、配流阀、蓄能器等主要部件和导向与密封装置等组成（如图 2-38 所示）。

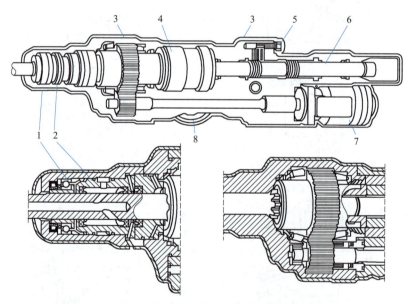

图 2-38 COP1038HD 型液压凿岩机示意图
1—钎尾；2—冲洗装置；3—机壳；4—缓冲器；5—可换螺柱；6—活塞；7—转钎机构；8—蓄能器

(1) 活塞

活塞是传递冲击能量的主要零件，其形状对传递能量的破岩效果有较大影响。从波动力学理论知，活塞直径越接近钎尾的直径越好，且在总长度上直径变化越小越好。图 2-39 为气动和液压凿岩机两种活塞直径的比较。由图可知，双面回油的液压凿岩机活塞断面变化最小且外形细长，是最理想的活塞形状。

(2) 蓄能器

冲击机构的活塞只在冲程时才对钎尾做功,而回程时不对外做功,为了充分利用回程能量,需配置高压蓄能器储存回程能量,并利用它提供冲程时所需的峰值流量,以减小泵的排量。此外,由于阀芯高频换向引起压力冲击和流量脉动,也需配置蓄能器吸收系统的压力冲击和流量脉动,以保证机器工作的可靠性,提高各部件的寿命。目前,国内外各种有阀型液压凿岩机都配有一个或两个高压蓄能器。有的液压凿岩机为了减少回油的脉动,还设有回油蓄能器。液压凿岩机冲击频率较高,故都采用反应灵敏、动作快的隔膜式蓄能器,其典型结构如图 2-40 所示。

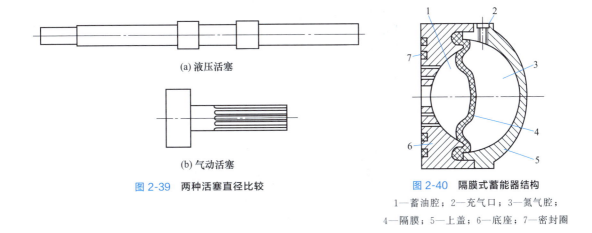

图 2-39 两种活塞直径比较

图 2-40 隔膜式蓄能器结构
1—蓄油腔;2—充气口;3—氮气腔;
4—隔膜;5—上盖;6—底座;7—密封圈

这种蓄能器对隔膜的要求较高,除了在设计上应注意其结构和形状外,隔膜材料也应选择强度高、弹性好的耐油橡胶或聚氨酯等。

(3) 活塞行程调节装置

为适应钻凿不同性质的岩石,许多液压凿岩机的性能参数都是可以调节的。现在主要应用活塞行程调节装置来改变活塞的行程,以得到不同的冲击能和冲击频率。这样,一台液压凿岩机就可以适应多种情况的岩石,大大提高了液压凿岩机的适用范围。

每种型号的液压凿岩机行程调节装置的具体结构也不尽相同,但原理基本上是一样的。图 2-41 为 COP1238 型液压凿岩机的行程调节装置工作原理图。在行程调节杆上沿轴向铣有三个长度不等的油槽,它们沿圆周互差 120°,当调节杆处于图 2-41(b) 所示位置时,反馈孔 A 通过油道与配流阀阀芯的左端面相通,一旦活塞回程左凸肩越过反馈孔 A,活塞前腔高压油就通到阀芯的左端面[图 2-41(d)],同时活塞右侧封油面也刚好封闭了阀芯右端面与高压油相通的油道,并使其与系统的回油相通,这样阀芯在左端面高压油的作用下,迅速由左位移到右位,于是活塞前腔与回油相通,而后腔与高压油相通,活塞由回程加速转为回程制动。由于反馈孔 A 是三个反馈孔中最左端的一个,所以这种情况下活塞运动的行程最短,输出冲击能最小而频率最高。

当调节杆处于图 2-41(c) 所示位置时,反馈孔 A 被封闭,活塞行程越过反馈孔 A 并不能将系统的高压油引到阀芯左端面,因而不会引起配流阀换向,只有当活塞越过反馈孔 B 时,阀芯左端面才与高压油相通,使阀芯换向,动作同前。此时活塞行程较前者长,因此冲击能较高而频率则较低。当调节杆处于图 2-41(d) 所示的位置时,反馈孔 A 和 B 都被封闭,只有当活塞回程越过反馈孔 C 时才能引起阀芯换向。在这种情况下，活塞行程最长，冲击能最大，冲击频率最低。

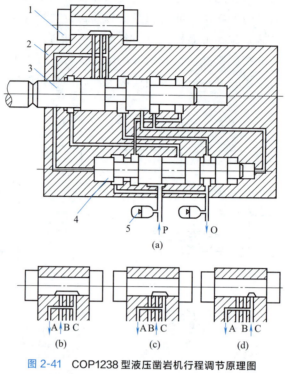

图 2-41　COP1238 型液压凿岩机行程调节原理图
1—调节杆；2—缸体；3—活塞；4—阀芯；5—蓄能器

（4）缸体

缸体是液压凿岩机的主要零件，体积和质量都较大，结构复杂，孔道和油槽多，加工精度要求高。有的厂家为了简化缸体工艺，加工两三个缸套，而每个缸套较短，加工精度容易保证。也有的厂家把缸体分为两段，以保证加工精度。

（5）活塞导向套

活塞两端（前、后）都有导向套（也称支承套）支承。其结构有整体式和复合式两种，前者加工简单，后者性能优良。目前国内自己研制的多用整体式，少数用复合式。

2.6.2.2　转钎机构

该机构主要用于转动钎具和接卸钎杆。在液压凿岩机中，因输出扭矩较大，故主要采用独立外回转机构，用液压马达驱动一套齿轮装置，带动钎具回转。液压凿岩机转钎机构中普遍采用体积小、扭矩大、效率高的摆线液压马达。转钎齿轮一般采用直齿轮。典型的转钎齿轮结构如图 2-42 所示。

图 2-42 的液压马达是放在液压凿岩机的尾部，通过长轴 3 传动回转机构的，也有的液压凿岩机不用长轴，而是把液压马达的输出轴直接插入小齿轮内。转钎机构的润滑一般采用油雾润滑。

2.6.2.3　钎尾反弹能量吸收装置

为防止冲击凿岩过程钎尾的反弹对机构造成破坏，液压凿岩机都设有反弹能量吸收装置，其工作原理如图 2-43 所示，反弹力经钎尾 1 的花键端面传给回转卡盘轴套 2，轴套 2 再传给缓冲活塞 3，缓冲活塞的锥面与缸体间充满液压油，并与高压蓄能器 5 相通。这样，高压油可以起到吸能和缓冲作用，避免了反弹钎杠直接撞击金属件，影响凿岩机和钎杆的寿命。

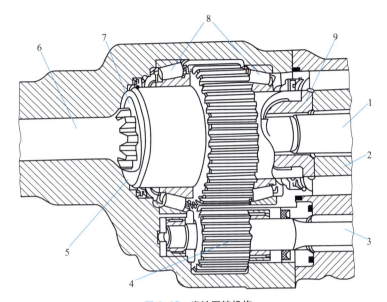

图 2-42　齿轮回转机构

1—冲击活塞；2—缓冲活塞；3—传动长轴；4—小齿轮；5—大齿轮；
6—钎尾；7—三边形花键套；8—轴承；9—缓冲套筒

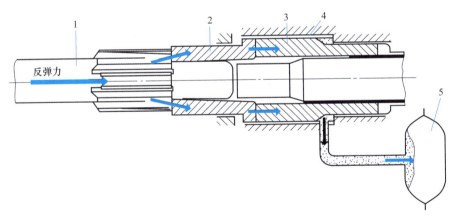

图 2-43　钎尾反弹能量吸收装置原理图

1—钎尾；2—回转卡盘轴套；3—缓冲活塞；4—缸体；5—高压蓄能器

2.6.2.4　润滑与防尘系统

冲击机构使用液压油作为运动副的润滑，回转机构的机头部分则需要防止灰尘和岩粉进入机器内部，损伤机器，并造成液压油的污染。因此，它们都设有润滑与防尘系统。

一般由钻车上的一个小气泵产生压气（约 0.2MPa）经注油器后，将具有一定压力的油雾供给回转机构和机头的支承套等润滑部位，然后从机头部分向外喷出，以防止粉尘和污物进入机体。图 2-44 所示为 COP 系列液压凿岩机的润滑与防尘系统。

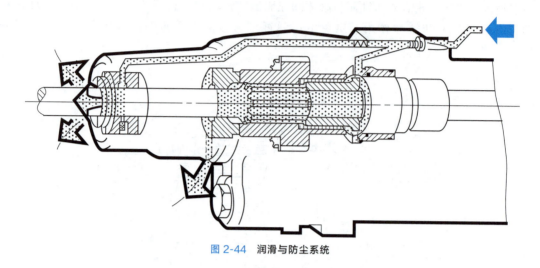

图 2-44　润滑与防尘系统

2.6.2.5　反冲装置

在一些新的重型液压凿岩机上，为了深孔凿岩时防止钎杆卡在钻孔内拔不出来，在供水装置前面加一反冲装置。其结构如图 2-45 所示。油腔 1 经可调节流阀始终与高压油相通，回油接头 2 经管路与二位二通阀 3 相连。当钎杆卡在炮孔内时，系统通过控制油路 4，使二位二通阀 3 换向，关闭回油路，油腔 1 内形成高压油，推动反冲活塞 6 向右运动，反冲活塞 6 则经钎尾 7 的台肩，施加一个拔钎力，使钎杆从钻孔中退出。正常凿岩时，油腔 1 内的液压油压力较低，允许钎杆移动进行凿岩作业。

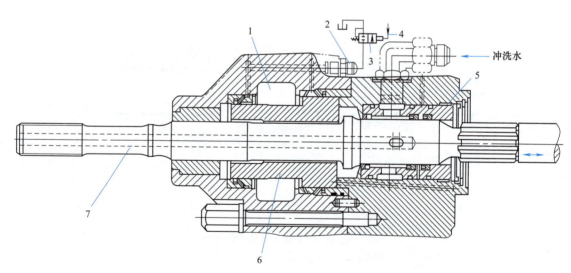

图 2-45　COP1838MEX 型液压凿岩机反冲装置
1—油腔；2—回油接头；3—液控二位二通阀；4—阀 3 的液控油路；5—供水套；6—反冲活塞；7—钎尾

2.6.3　液压凿岩机的主要性能参数、结构参数

液压凿岩机的主要性能参数有单次冲击能、冲击频率、回转速度和最大转钎扭矩。其中

冲击能与冲击频率的乘积等于冲击功率。冲击能 $E(\mathrm{J})$ 是由下式决定的。

$$E=\frac{1}{2}m_P v^2 \tag{2-27}$$

式中　m_P——活塞质量，kg；
　　　v——活塞冲程最大速度（冲击末速度），m/s。

而冲击末速度又与活塞行程等结构参数有关。液压凿岩机最主要的结构参数有活塞行程、活塞前腔受压面积与活塞后腔受压面积。而它们又与液压凿岩机的输入压力和流量有关。对于前腔常压油后腔回油型

$$p=\frac{2m_P\left(1+\sqrt{\frac{A_r}{A_t}}\right)^2}{S(A_r-A)^3}\times\frac{\eta_v^2}{\eta_p}Q^2 \tag{2-28}$$

对于双面回油型

$$p=\frac{2m_P\left(1+\sqrt{\frac{A_r+A_f}{A_f}}\right)^2}{SA_r^3}\times\frac{\eta_v^2}{\eta_p}Q^2 \tag{2-29}$$

式中　p——液压凿岩机实际输入压力，Pa；
　　　Q——液压凿岩机实际输入流量，m^3/s；
　　　A_r——活塞后腔受压面积，m^2；
　　　A_f——活塞前腔受压面积，m^2；
　　　S——活塞行程，m；
　　　m_P——活塞质量，kg；
　　　η_v——流量修正系数，一般取 0.6～0.75；
　　　η_p——压力修正系数，一般取 0.8～0.90。

由以上关系式可知：

① 液压凿岩机的输入压力基本上与输入流量的平方成正比，且输入压力是由输入流量决定的，与外载荷条件无关。

② 只要优化前后腔面积之比，就可满足其优化目标的具体结构参数。

③ 追求不同的优化目标，其结构参数是不同的。

液压凿岩机的选型主要是确定采用前腔常压油后腔回油型，还是采用双面回油型。双面回油型的主要优点是：活塞形状最为合理，有利于提高活塞和钎具的寿命，增强破岩效果；排油时间长，回油管中峰值流量较小，减小了回油阻力和压力脉动；采用较高的输入压力（因前后腔受压面积小），供油量较小，可使各方面尺寸小一些。其缺点是：阀和缸体结构复杂、工艺性差，要求加工精度高；回程制动阶段前腔可能有吸空现象；采用高压油需要加强密封。

前腔常压油后腔回油型的优点是结构简单、工艺性好、制造成本低、回油制动阶段无吸空现象；缺点是活塞形状不如双面回油型好，排油时间较短，回油管中峰值流量大，回油阻力和压力波动较大（此缺点可用回油蓄能器来减少其影响）。

2.6.4　液压凿岩机的使用与维修

液压凿岩机不仅能量利用率高、凿岩速度快、环境污染低，而且多为自动控制，其技

含量高、结构复杂,因此,对使用和维护的要求也较高。只有合理选择和使用,科学地进行管理,才能真正发挥它应有的作用。

2.6.4.1 液压凿岩机对工作液的基本要求

工作液是液压凿岩机进行传动做功和润滑的基本介质,合理地选择液压工作液是提高液压凿岩机综合效率和延长其使用寿命的关键。

(1) 液压凿岩机工作液的性能要求

① 适当的黏度和良好的黏温特性。黏度过大,机器工作时黏性阻力增大,液压损失增高;黏度太低,泄漏量太大,容积效率降低,同时也降低润滑性,增加磨损。而温度又是影响工作液黏度变化的主要因素。液压凿岩机冲击机构运动件的动作次数较高,液压系统容易发热,工作温度可达 60~80℃,所以其工作液必须考虑 100℃时的黏度特性,要求有 90~100 以上的黏温指数。

② 良好的润滑性(抗磨性)、良好的防腐蚀与锈蚀性能、抗泡性、抗氧化性、良好的水解安定性与过滤性、对金属和密封材料有良好的相容性、无毒性。

液压凿岩机对工作液的基本要求,使其必须使用专用液压油。目前,国际上广泛使用的液压凿岩机液压工作液在 50℃ 时的运动黏度多为 25~40cSt（1cSt=1mm^2/s）。

国内也有几种适用于液压凿岩机使用的矿物油如表 2-8 所示。

表 2-8 国内几种矿物液压油

类别	50℃运动黏度/cSt	黏度指数	100℃运动黏度/cSt
兰稠 40-1	29.66	144	
兰稠 40-2	27.35	140	
30D 低凝液压油	27~33	130	
40 号低凝液压油	37~43	130	
上稠 40	37~43		10~13
30 号耐磨液压油	27~33	95	
40 号耐磨液压油	37~43	95	

对于液压系统的工作液,不应随便混用,尤其要保持液体的清洁度。

(2) 工作液的污染控制

根据国外调查资料表明,一般液压传动系统中 75% 以上的故障是由工作液不清洁造成的,应采取一定措施进行控制。

① 工作液污染原因:

a. 系统内在加工和装配中残留的污染物,如未清洗掉的灰尘、切屑、焊渣、铸造的型砂以及安装时混入的杂物等。

b. 工作期间产生的污染物,如油液氧化引起的生成物、微生物、金属的磨耗物等。

c. 外界侵入的污染物,如灰尘、切屑、水分以及维修时不注意清洁带入的杂物等。

d. 管理不善造成新油质量不合格,如供应部门对入库的新油质量未检查、管理不严造成油品混乱、用装废油的桶或不清洁的桶装新油等。

② 控制污染的措施:

a. 合理选择滤油器。油液过滤是保持油液的清洁和控制油的污染度的重要手段,应根据系统和元件不同要求选取不同过滤精度的过滤器。

b. 定期检查油液的污染度的劣化情况，参考表 2-9 及时换油。

c. 建立液压系统的保养制度。定期清除在滤网、油箱、油管及元件内部的污垢。

d. 防止外界污染物侵入。目前普遍采用的油箱是通过呼吸孔与外界大气相通的，这样不可避免地带入大气中的尘埃和湿气，所以油箱呼吸孔上应装有空气过滤器。由于井下作业空气中湿度特别大，应在空气过滤器前装干燥器。

e. 建立专门的油库，并制定严格的油品管理制度，严把新油入库质量关。

f. 建立盛油容器清洗制度，定期清洗油桶。

表 2-9 液压油换油标准（参考）

项目	变化量
运动黏度(40℃)/%	$<\pm(10\sim15)$
酸值/mgKOH·g^{-1}	<新油+0.5
水分/%	<0.1
闪点变化/℃	<-60
机械杂质/%	<0.1

2.6.4.2 使用液压凿岩机的基本要求

（1）应按规定流程操作

① 液压凿岩机在启动前应检查蓄能器的充气压力是否正常；检查冲洗水压和润滑空气压力是否正确；检查润滑器里是否有足够的润滑油，供油量是否合适；检查油泵电机的回转方向。

② 凿岩时应该把推进器摆到凿岩位置，使前端抵到岩石上，小心操纵让凿岩机向前移动，使钻头接触岩石；开孔时，先轻轻让凿岩机推进，当钎杆在岩中就位后，再操纵至全开位置。

③ 凿岩机若不能顺利开孔，则应先操纵凿岩机后退，再让凿岩机前移，重新开孔。

④ 在更换钎头时，应将钻头轻抵岩石，让凿岩机电机反转，即可实现机动卸钎头。

⑤ 液压元件的检修只能在极端清洁的条件下进行，连接机构拆下后，一定要用清洁紧配的堵头立即塞上。液压系统修理后的凿岩机重新使用之前，必须把液压油循环地泵入油路，以清洗液压系统的构件。

⑥ 应定期检查润滑器的油位和供油量；定期对回转机构的齿轮加注耐高温油脂；定期检查润滑油箱中的油位，清除油箱内的污物和杂质。

⑦ 若要长期存放，则应用紧配的保护堵头将所有的油口塞住，彻底清洗机器并放掉蓄能器里的气体。凿岩机应放在干燥清洁的地方存放。

（2）要培养一支技术上过硬的操作与维修队伍

液压凿岩机的技术含量较高且对油液要求也较高，故必须加强技术培训工作。操作人员应了解液压凿岩机与液压系统的基本原理，熟练掌握操作与保养技术，能严格按照使用说明书进行操作和保养，有高度的责任心。检修人员应对液压凿岩机的工作原理与结构有充分了解，熟悉液压系统的工作原理，明确维修规程和注意事项，有高度的工作责任心。严禁不合格人员上机操作或维修。

（3）应按岩（矿）石条件调整液压凿岩机工作参数

根据不同岩石条件调整工作参数，是充分发挥液压凿岩机的高效作用的重要一环。钻凿硬岩时，冲击压力可高一些，推进力应大一些，而扭矩不必过高。钻凿松软岩石时，冲击压力可低一些，推进力小一些，而扭矩则应大些。有些液压凿岩机具有冲击能的调整机构，可根据岩石情况及时调整。一般而言，软岩宜采用低冲击能、高频率机型，硬岩则宜采用高冲击能、低频率机型，此时推进力与扭矩也应做适当调整。

（4）应严格按使用说明书的规定进行使用、保养和维修

① 应注意说明书规定的技术参数，经常进行检查与调整。发现系统压力、温度、噪声等出现异常，要及时停机检查，不能使机器带病作业。

② 按说明书规定的维护保养周期，认真进行维护保养，无说明书时，保养内容可参考表 2-10～表 2-11。

表 2-10　HYD300 型液压凿岩机维护保养表

时间	所要进行的操作工序	供给	检查
每班	1.润滑钎尾和旁侧供水部分 2.检查供水部分螺母拧紧情况 3.检查润滑油的油位，并予以补充	1. MS 润滑脂 2. 扭矩扳手 3. ATM0325 型或 527 型润滑油	1.泵二到三下，避免润滑脂渗入液压油内 2.扭矩 500Nm 3.容量 2.5L，消耗 30mL/h
50h	1.拆下旁侧供水部分后，检查钎尾 2.检查活塞前端面的磨损情况		1.冲击面有无剥落的缺陷 2.活塞前端面磨损如超过允许尺寸，须更换活塞
50h	检查钎尾套的支承面凹陷情况	新钎尾	超出规定则更换
50h	检查钎尾前部导向装置的磨损情况		尺寸超过（阴性钎尾外径为 45.5mm 时，磨损尺寸极限为 56.5mm，阳性钎尾外径为 38mm 时磨损尺寸极限为 40.5mm）时，更换前导向套和轴承内套
50h	检查花键套键槽的磨损情况	新钎尾、钎套	最大移动尺寸为 4mm，超过时需更换钎套
50h	检查各螺栓的拧紧力： 1.固定供水部的螺栓； 2.凿岩机固定在支架上的螺栓； 3.固定液压马达的螺栓； 4.回转部分与冲击部分的连接螺栓； 5.固定蓄能器的螺栓； 6.缸体与后缸盖的固定螺栓	测力扳手	1. 500Nm 2. 200Nm 3. 150Nm 4. 200Nm 5. 65Nm 6. 350Nm
50h	检查蓄能器的压力	膨胀检测仪 No.768-4007	正常压力为 6MPa
50h	更换供水部分的密封圈	密封圈	4 个 V 型，2 个大 O 型
50h	硬性规定拆下凿岩机更换下列零件： 1.回转部分齿轮的密封圈； 2.支承活塞处的密封圈； 3.冲击蓄能器的隔膜； 4.回油蓄能器的密封圈； 5.鉴定主要零件需要更换者		

表 2-11　COP1032凿岩机保养

检查部位	检查项目	预防目的	检查方法
Ⅰ.每工作8h进行一次(HB钻进30m,HD/HL钻进50m)			
1.拉紧螺杆	1.紧固程度	1.螺杆因振动而松脱会造成停车或机械损坏,也会使分离处产生不正常磨损	1.以300Nm的力矩紧固拉紧螺杆后螺母,以350Nm的力矩紧固拉紧螺杆前螺母
2.蓄能器螺杆	2.紧固程度	2.螺杆松脱或有裂纹	2.以200Nm的力矩紧固螺杆
3.阀盖螺杆	3.紧固程度	3.螺杆松脱或有裂纹	3.以110Nm的力矩紧固螺杆
4.软管,接头	4.损坏,漏油	4.损坏或损伤或断裂	4.紧固所有漏油接头,更换损坏的接头和软管
5.润滑器	5.油面	5.因润滑不足或无润滑而造成机械损坏	5.注满油,检查润滑空气软管
6.机头	6.排屑介质,漏油	6.凿岩机黏滞和漏油	6.更换排屑头中的杯形密封
7.机头	7.确认润滑油畅通	7.损坏或停车	7.注满润滑油,检查剂量(40滴/min),同时检查润滑油软管
8.机头	8.漏油	8.二次损坏	8.将机器送至修理间更换减振器或活塞的密封
9.凿岩机与鞍座的连接	9.检查螺纹接头	9.机械损坏	9.以200Nm的力矩紧固螺栓
Ⅱ.每工作40h进行一次(HB钻进150m,HD/HL钻进250m)			
钎尾套筒	检查钎尾和套筒间的杯形密封和驱动器的不正常磨损间隙,不可超过1mm		更换套筒
1.蓄能器	1.检查压力	1.钻进效果不佳	1.充气(高压侧11MPa,低压侧0.7MPa)
2.润滑油油箱	2.检查油箱中有无垃圾及杂质	2.由于润滑不够或得不到润滑而造成机械损坏	2.清理油箱
3.齿轮箱	3.润滑	3.损坏或磨损轴承	3.卸下通气接嘴后用手泵注入油脂2~5次
Ⅲ.每工作200h后进行一次(HB钻进600m,HD/HL钻进1000m)			
整个凿岩机	功用,损坏		大修

③ 液压凿岩机的拆装要按说明书规定进行。在现场维修凿岩机,更换钎尾,检查或更换机头零件、蓄能器、螺栓、连接件或回转马达时,应保证清洁,其他修理工作应在合适的车间内进行。

④ 注意选择配套钎具,特别注意波形螺纹连接零件,保证螺纹部分不受冲击力。还应注意钎尾受冲表面硬度不能高于活塞的表面硬度。

⑤ 应保证充足的备件供应。备件供应是保证液压凿岩机良好运转的基本条件,一般来说,液压凿岩机必须备有蓄能器隔膜、钎尾、密封件修理包、冲击活塞、驱动套和管接头等。

2.6.4.3　液压凿岩机常见故障及处理

由于各厂家的液压凿岩机结构不同,因此有些故障也不完全相同,各型液压凿岩机厂家的操作使用说明书中都有自己的常见故障。同时,各矿使用条件不同,也有各自的经验。这里介绍一个矿山的经验并就一些共性故障,说明原因和处理方法,供现场参考,内容见表2-12和表2-13。

表 2-12　液压凿岩机常见故障及处理

故障现象	故障原因	处理方法
1.冲击机构不冲击	1.无液压油压 2.拉紧螺杆紧固不均衡或弯曲 3.活塞被刮伤 4.配流阀被刮伤	1.检查操作的控制机构和控制系统 2.卸下拉紧螺杆以解除张力,以规定的力矩轮流紧固螺杆 3.更换钻进装置上的凿岩机,并送修理间修理,卸下钎尾,用手推拉活塞检查其移动是否自如,如果活塞移动困难,则表示活塞、套筒已被刮伤,需要更换套筒,可能还要更换活塞 4.如果用上述方法试验活塞能移动,而阀不能活动,则应卸下配流阀进行检查
2.冲击进油软管振动异常	蓄能器有故障	检查蓄能器中的气压,必要时重新充气,如果蓄能器无法保持所要求的压力,可能是气嘴处漏气或隔膜损坏,应更换
3.冲击机构的工作效率降低	1.油量不足或压力不够 2.蓄能器有故障 3.钎尾反弹吸收装置的密封磨损	1.检查压力表上的油压,检查操作控制机构及其系统,如果后者无问题,则冲击机构一定有故障,参看故障1 2.参看故障2 3.更换钻进装置上的凿岩机,将坏机器送至修理间修理,更换密封件,如机头出现漏油,即为故障之预报
4.机头处严重漏油	1.活塞密封失效 2.钎尾反弹吸收装置的密封失效	1.更换凿岩机,将坏机器送至修理间,并更换活塞密封 2.更换凿岩机,将坏机器送至修理间,并更换其上的密封
5.旋转不均匀	润滑系统失效	检查润滑介质的压力表
6.不旋转	旋转马达失效	检查旋转马达压力是否正确,如正确,则换下此凿岩机,将坏机器送至修理间更换马达;如果马达无压力,则需检查钻进装置的液压系统是否有故障
7.旋转马达功用正常,但钎尾不旋转	驱动器磨损	更换驱动器
8.漏水	供水装置密封失效	更换密封圈
9.凿岩机出现异常高温(超过80℃)	润滑不充分	检查润滑器油面,检查剂量是否正确,油流动是否正常;齿轮箱中注满油脂

表 2-13　COP1238ME、COP1838ME 液压凿岩机常见故障及处理

故障现象	故障原因	处理方法
1.从凿岩机前端与钎尾之间漏液压油	1.冲击活塞或缓冲活塞斯特封磨损或拉坏 2.冲击活塞磨损或断裂 3.缓冲活塞磨损	1.更换冲击或缓冲斯特封 2.更换冲击活塞 3.更换缓冲活塞
2.凿岩机无冲击	1.钎尾或钎杆螺纹磨损 2.凿岩机的换向阀卡死 3.钎尾轴套或冲击活塞端面碎	1.更换钎尾或钎杆 2.用金相砂纸对换向阀进行打磨或更换换向阀 3.更换轴套或冲击活塞

续表

故障现象	故障原因	处理方法
3.凿岩机跑水	水封磨损	更换水封
4.冲击活塞端面碎裂	1.对钎尾与冲击活塞的润滑不良 2.三根侧拉杆的紧固力不均匀,未按300Nm循环紧固 3.冲击活塞质量差	1.做到每分钟加35~40滴润滑油 2.三根侧拉杆按300Nm每8h紧固1次 3.检查活塞的硬度是否比钎尾高3~5HRC
5.侧拉杆断裂	1.三根侧拉杆的紧固力不均匀,未按300Nm循环紧固 2.侧拉杆疲劳	1.三根侧拉杆按300Nm每8h紧固1次 2.更换
6.冲击回油管抖动严重	蓄能器氮气压力低或其隔膜损坏	更换充氮的蓄能器

 复习思考题

2-1 画出简图,简述冲击回转式凿岩工作原理。

2-2 简述凿岩机钎具的能量传递原理。

2-3 简述YT23型凿岩机冲击配气机构和转钎机构的工作原理。

2-4 简述YTP-26型凿岩机无阀式配气机构的工作原理。

2-5 气动凿岩机和液压凿岩机的优点和缺点有哪些?

2-6 简述后腔回油、前腔常压油型液压凿岩机的工作原理。

2-7 简述双面回油型液压凿岩机的工作原理。

第 3 章 凿岩钻车

 教学目标

（1）了解常用凿岩钻车的类型和基本特征；
（2）掌握掘进钻车与采矿钻车的基本结构及其功能；
（3）了解凿岩钻车常见故障及其排除方法；
（4）了解凿岩机器人的基本结构和控制系统功能。

3.1 凿岩钻车的应用和分类

凿岩爆破法对坚硬岩石的巷道掘进与矿石开采所耗能量小、成本低。但早期的凿岩设备全由人工操作，操作人员不熟练往往导致严重的"超挖"或"欠挖"，对工程的成本和工期都会产生不利影响。自 20 世纪 70 年代末以来，凿岩机和与之配套的凿岩钻车形成了高效节能、劳动条件好的凿岩设备，在世界发达国家采掘作业中开始逐步取代原有的低效耗能、劳动条件十分差的手持式气动凿岩机具。

凿岩钻车是将一台或几台凿岩机连同自动推进器一起安装在特制的钻臂或钻架上，并配以行走机构，使凿岩作业实现机械化。凿岩时它能做到：

① 按炮孔布置图的要求，准确地找到工作面所要凿的炮孔位置和方向；
② 排除岩粉并保持炮孔深度一致；
③ 将凿岩机顺利地推进或退出，改善工作人员劳动条件。

在采矿作业中，根据矿体的赋存条件和不同的采矿方法，选用相应的采矿钻车，可以提高采矿生产率、减小劳动强度，既改善了工作条件，又增强了采矿作业的安全性。

在中、小型露天矿或采石场，凿岩钻车可作为主要的钻孔设备；在大型露天矿，它可以用于辅助作业，完成清理边坡、清底和二次破碎等工作。水电工程、铁路隧道、国防等地下工程，采用凿岩钻车钻孔，具有更大的优越性。

凿岩钻车类型很多，按驱动动力可分为电动、气动和内燃机驱动的钻车；按装备凿岩机的数量可分为单机、双机、三机、多机钻车等。各种类型的凿岩钻车的特点及应用条件见表3-1。

表3-1 凿岩钻车分类

钻车类型		主要特点	适用条件
露天钻车		多为单机 轮胎或履带式行走	中小型露天采矿场，土建工程
井下	掘进钻车	单机、双机和多机 轨轮、轮胎或履带式行走	平巷掘进，隧道、涵洞和地下工程
	采矿钻车	单机、双机 多为轮胎式行走	采矿场和大型硐室
	锚杆钻车	单机 轮胎式行走	钻锚杆孔和安装锚杆用

3.2 掘进钻车

3.2.1 掘进钻车结构

图3-1所示为CGJ-2Y型全液压凿岩钻车；图3-2所示为轮胎式凿岩钻车。其主要结构由推进器5、托架6、钻臂9、转柱11、车体24、行走装置26、操作台14、凿岩机10和钎具4等组成。有的钻车还装有辅助钻臂（设有工作平台，可以站人进行装药、处理顶板等），电缆、水管的缠绕卷筒等，钻车功能更加完善。

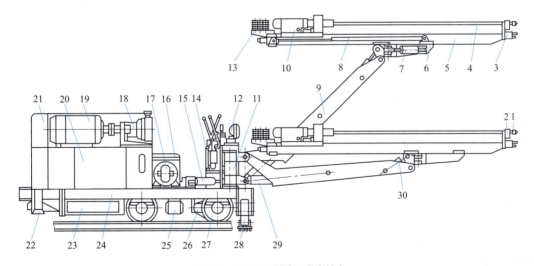

图3-1 CGJ-2Y型液压凿岩钻车

1—钎头；2—托钎器；3—顶尖；4—钎具；5—推进器；6—托架；7—摆角缸；8—补偿缸；9—钻臂；10—凿岩机；11—转柱；12—照明灯；13—绕管器；14—操作台；15—摆臂缸；16—座椅；17—转钎油泵；18—油泵；19—电动机；20—油箱；21—电气箱；22—后稳车支腿；23—冷却器；24—车体；25—滤油器；26—行走装置；27—车轮；28—前稳车支腿；29—支臂缸；30—仰俯角缸

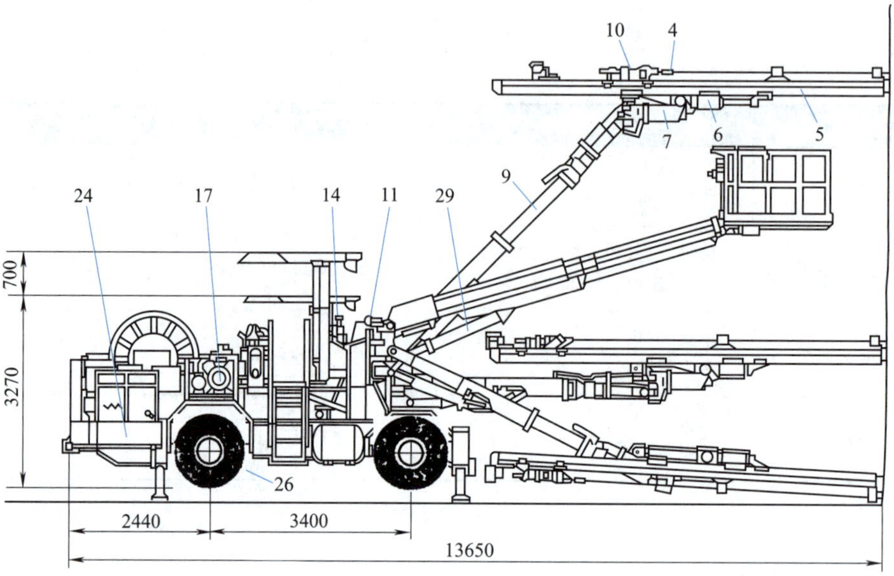

图 3-2　轮胎式凿岩钻车

（所标注部分的名称同图 3-1 中相应各项所注，尺寸单位为 mm）

（1）推进器

推进器的作用是在凿岩时对钎具施加足够的推力实现凿岩机的推进或完成凿岩时退回凿岩机。

（2）托架

托架 6 是钻臂与推进器之间相联系的机构，它的上部有燕尾槽托持着推进器，左端与钻臂相铰接，依靠摆角缸 7、仰俯角缸 30 的作用可使推进器做水平摆角和仰俯角运动。

（3）补偿机构

补偿缸 8 联系着托架和推进器，其一端与托架铰接，另一端与推进器铰接，组成补偿机构。这一机构的作用是使推进器做前后移动，并保持推进器有足够的推力。钻臂是以转柱的铰接点为圆心做摆动的机构，当它做摆角运动时，推进器顶尖与工作面只能有一点接触（即切点），随着摆角的加大，顶尖离开接触点的距离也增大，凿岩时必须使顶尖保持与工作面接触，因此必须设置补偿机构。通常采用油缸或气缸来使推进器做前后直线移动。补偿缸的行程由钻臂运动时所需的最大补偿距离而定。

（4）钻臂

钻臂 9 是支撑托架、推进器、凿岩机进行凿岩作业的工作臂，它的前端与托架铰接（十字铰），后端与转柱 11 相铰接。由支臂缸 29、摆臂缸 15、仰俯角缸 30 及摆角缸 7 四个油缸来执行钻臂和推进器的上下摆角与水平左右摆角运动，其动作符合直角坐标原理，因此称为直角坐标钻臂。支臂缸使钻臂做垂直面的升降运动，摆臂缸使钻臂做水平面的左右摆臂运动，仰俯角缸使推进器做垂直面的仰俯角运动，摆角缸使推进器做水平摆角运动。

（5）转柱

转柱 11 安装在车体上，它与钻臂相铰接，是钻臂的回转机构，并且承受着钻臂和推进器的全部重量。

(6) 车体

车体 24 上布置着操作台、油箱、电气箱、油泵、行走装置和稳车支腿等，还有液压、电气、供水等系统，车体上带有动力装置。车体对整台钻车起着平衡与稳定的作用。

3.2.2 推进器的机构分析

凿岩钻车使用的推进器有不同的结构形式和工作原理，使用比较好的有以下两种。

(1) 油（气）缸-钢丝绳式推进器

如图 3-3(a) 所示，这种推进器主要由导轨 1、滑轮 2、推进缸 3、调节螺杆 4、钢丝绳 5 等组成。钢丝绳的缠绕方法如图 3-3(b) 所示，两根钢丝绳的端头分别固定在导轨的两侧，绕过滑轮牵引滑板 9，从而带动凿岩机运动。钢丝绳的松紧程度可用调节螺杆 4 进行调节，以满足牵引要求。

图 3-3(c) 为推进缸的基本结构。它由缸体、活塞、活塞杆、端盖、滑轮等组成。活塞杆为中空双层套管结构，它的左端固定在导轨上。缸体和左右两对滑轮可以运动。当压力油从 A 孔进入活塞的右腔 D 时，左腔 E 的液压油从 B 孔排出，缸体向右运动，实现推进动作；反之，当压力油从 B 孔进入活塞的左腔 E 时，右腔 D 的低压油从 A 孔排出，缸体向左运动，凿岩机退回。

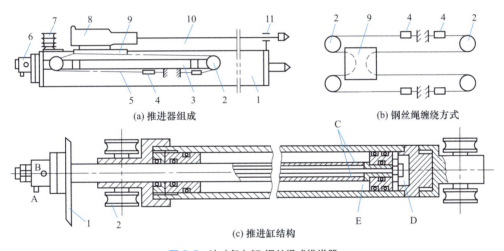

图 3-3 油（气）缸-钢丝绳式推进器

1—导轨；2—滑轮；3—推进缸；4—调节螺杆；5—钢丝绳；6—油管接头；
7—绕管器；8—凿岩机；9—滑板；10—钎杆；11—托钎器

这种推进器的特点是推进缸的活塞杆固定，缸体运动。由推进缸产生的推力经钢丝绳滑轮组传给凿岩机。据传动原理可知：作用在凿岩机上的推力等于推进缸推力的二分之一；而凿岩机的推进速度和移动距离是推进缸推进速度和行程的两倍。

这种推进器的优点是结构简单、工作平稳可靠、外形尺寸小、维修容易，因而获得了广泛的应用。缺点是推进缸的加工较难。

推进动力也可使用压气。但由于气体压力较低、推力较小，而气缸尺寸又不允许过大，因此气缸推进仅限于使用在需要推力不大的气动凿岩机上。

(2) 气（液）马达-链条式推进器

如图 3-4 所示，这也是一种传统型推进器，在国外一些长行程推进器上应用较多。气马达的正转、反转和调速，可由操纵阀进行控制。其优点是工作可靠、调速方便、行程不受限制。但一般气马达和减速器都设在前方，尺寸较大，工作不太方便；另外，链条传动是刚性的，在振动和泥沙等恶劣环境下工作时，容易损坏。

气马达亦可由液压马达代替，两者的结构原理大致相同。

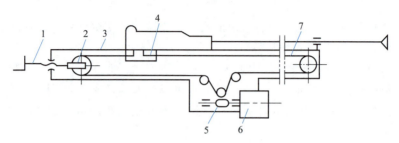

图 3-4　气（液）马达-链条式推进器

1—链条张紧装置；2—导向链轮；3—导轨；4—滑板；5—减速器；6—气马达；7—链条

3.2.3　钻臂的机构分析

钻臂是支撑凿岩机进行凿岩作业的工作臂。钻臂的长短决定了凿岩作业的范围，其托架摆动的角度，决定了所钻炮孔的角度。因此，钻臂的结构尺寸，钻臂动作的灵活性、可靠性对钻车的生产率和使用性能影响都很大。

钻臂通常按其动作原理分为直角坐标钻臂、极坐标钻臂和复合坐标钻臂；按凿岩作业范围分为轻型、中型、重型钻臂；按钻臂结构分为定长式、折叠式、伸缩式钻臂；按钻臂系列标准分为基本型、变型钻臂；等等。

（1）直角坐标钻臂

如图 3-5 所示，这种钻臂在凿岩作业中具有以下动作：其中 A 为钻臂升降，B 为钻臂水平摆动，C 为托架仰俯运动，D 为托架水平摆动，E 为推进器补偿运动。这 5 种动作是直角

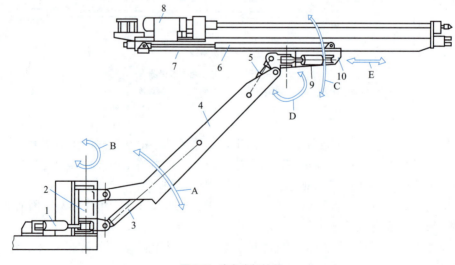

图 3-5　直角坐标钻臂

1—摆臂缸；2—转柱；3—支臂缸；4—钻臂；5—仰俯角缸；
6—补偿缸；7—推进器；8—凿岩机；9—摆角缸；10—托架

坐标钻臂的基本运动。

这种形式的钻臂是传统型钻臂，其优点是结构简单、定位直观、操作容易，适合钻凿直线和各种形式的倾斜掏槽孔以及不同排列方式并带有各种角度的炮孔，能满足凿岩爆破的工艺要求，因此应用很广，国内外许多钻车都采用这种形式的钻臂。其缺点是使用的油缸较多，操作程序比较复杂，对一个钻臂而言，存在着较大的凿岩盲区（在钻臂的工作范围内，有一定的无法凿岩区域称为凿岩盲区）。

如果不用转柱，而以齿条齿轮式回转机构代替，则钻臂运动的功能具有极坐标性质，组成极坐标形式的钻臂。

（2）极坐标钻臂

随着资源开发技术的进步，凿岩设备也在不断改进，例如带有极坐标钻臂的凿岩钻车，如图 3-6 所示。这种钻臂在结构与动作原理方面都大有改进，减少了油缸数量，简化了操作程序。因此，国内外有不少钻车采用极坐标形式的钻臂。这种钻臂在调定炮孔位置时，只需做以下动作：A 钻臂升降、B 钻臂回转、C 托架仰俯、E 推进器补偿运动。钻臂可升降并可回转 360°，构成了极坐标运动的工作原理。这种钻臂对顶板、侧壁和底板的炮孔，都可以贴近岩壁钻进，减少超挖量。钻臂的弯曲形状有利于减小凿岩盲区。

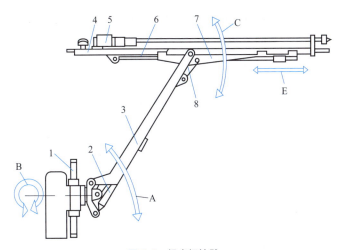

图 3-6 极坐标钻臂

1—齿条齿轮式回转机构；2—支臂缸；3—钻臂；
4—推进器；5—凿岩机；6—补偿缸；7—托架；8—仰俯角缸

这种钻臂也存在一些问题，如不能适应打楔形、锥形等倾斜形式的掏槽炮孔；操作调位直观性差；对于布置在回转中心线以下的炮孔，司机需要将推进器翻转，使钎杆在下面凿岩，这样对卡钎故障不能及时发现与处理；另外也存在一定的凿岩盲区；等等。

（3）复合坐标钻臂

掘进凿岩，除钻凿正面的爆破孔外，还需要钻凿一些其他用途的孔，如照明灯悬挂孔、电机车架线孔、气水管固定孔等。在地质条件不稳固的地方，还需要钻些锚杆孔。有些矿山要求使用掘进与采矿通用的凿岩钻车，因而设计了复合坐标钻臂。复合钻臂也有许多种结构形式。

图 3-7 所示为瑞典 BUT10 型复合坐标钻臂。它有一个主臂 4 和一个副臂 6，主、副臂的油缸布置与直角坐标钻臂相同，另外还有齿条齿轮式回转机构 1，所以，它具有直角坐标和极坐标两种钻臂的特点，不但能钻正面的炮孔，还能钻两侧任意方向的炮孔，也能钻垂直

向上的采矿炮孔或锚杆孔,性能更加完善,并且克服了凿岩盲区,但结构复杂、笨重。这种钻臂和伸缩式钻臂均适用于大型凿岩钻车。

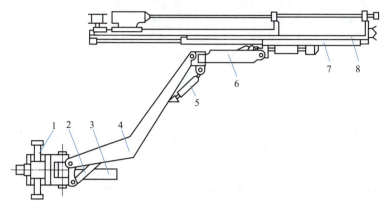

图 3-7 复合坐标钻臂

1—齿条齿轮式回转机构;2—支臂缸;3—摆臂缸;4—主臂;
5—仰俯角缸;6—副臂;7—托架;8—伸缩式推进器

瑞典阿特拉斯(Atlas Copco)公司新研制的一种 BUT30 型复合坐标钻臂,如图 3-8 所示。它由一对支臂缸 1 和一对仰俯角缸 3 组成钻臂的变幅机构和平移机构。钻臂的前、后铰点都是十字铰接,十字铰的结构如图 3-8 中 d 放大图所示。支臂缸和仰俯角缸的协调工作,不但可使钻臂做垂直面的升降和水平面的摆臂运动,而且可使钻臂做倾斜运动(例如 45°角等),这时推进器可随着平移。推进器还可以单独做仰俯角和水平摆角运动。钻臂前方装有推进器翻转机构 4 和托架回转机构 5。这样的钻臂具有万能性质,它不但可向正面钻平行孔

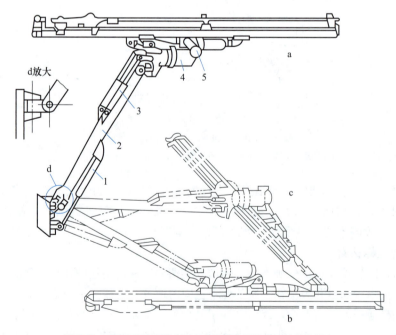

图 3-8 BUT30 型钻臂(图中点划线表示机构到达的位置)

a—上部钻孔位置;b—下部钻孔位置;c—垂直侧面钻孔位置;d—十字铰的结构;
1—支臂缸;2—钻臂;3—仰俯角缸;4—推进器翻转机构;5—托架回转机

和倾斜孔，也可以钻垂直侧壁、垂直向上以及带各种倾斜角度的炮孔。其特点是调位简单、动作迅速、具有空间平移性能、操作运转平稳、定位准确可靠、凿岩无盲区，性能十分完善；但结构复杂、笨重，控制系统复杂。

3.2.4 回转机构分析

回转机构是安装和支撑钻臂，使钻臂沿水平轴或垂直轴旋转，使推进器翻转的机构。通过回转运动，可使钻臂和推进器的动作范围达到巷道掘进所需要的钻孔工作区的要求。常见的回转机构有以下几种结构形式。

（1）转柱

图 3-9 所示为国产 PYT-2C 型凿岩钻车的转柱。这是一种常见的直角坐标钻臂的回转机构，主要组成有摆臂缸 1、转柱套 2、转柱轴 3 等。转柱轴固定在底座上，转柱套可以转动，摆臂缸一端与转柱套的偏心耳环相铰接，另一端铰接在车体上，当摆臂缸伸缩时，由于偏心耳的关系，便可带动转柱套及钻臂回转。其回转角度由摆臂缸行程确定。

这种回转机构的优点是结构简单、工作可靠、维修方便，因而得到广泛应用。其缺点是转柱只有下端固定，上端成为悬臂梁，承受弯矩较大。许多制造厂为改善受力状态，在转柱的上端也设有固定支承。

螺旋副式转柱是国产 CGJ-2 型凿岩钻车的回转机构，如图 3-10 所示。其特点是外表无外露油缸，结构紧凑，但加工难度较大。螺旋棒 2 用固定销与缸体 5 固装成一体，轴头 4 用螺栓固定在车架 1 上。活塞 3 上带有花键和螺旋母。当向 A 腔或 B 腔供油时，活塞 3 做直线运动，于是螺旋母迫使与其相啮合的螺旋棒 2 做回转运动，随之带动缸体 5 和钻臂等也做回转运动。

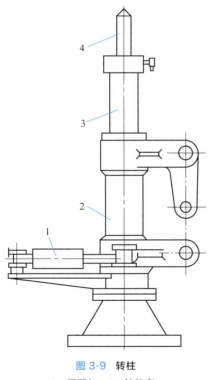

图 3-9 转柱
1—摆臂缸；2—转柱套；
3—转柱轴；4—稳车顶杆

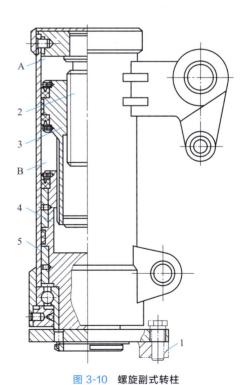

图 3-10 螺旋副式转柱
1—车架；2—螺旋棒；3—活塞（螺旋母）；
4—轴头；5—缸体

这种形式的回转机构，不但用于钻臂的回转，更多的是应用于推进器的翻转运动。有许多掘进钻车就是因为安装了这种螺旋副式翻转机构，才能使推进器翻转并使凿岩机能够更贴近巷道岩壁和底板钻孔，减少超挖量。

（2）螺旋副式翻转机构

图 3-11 所示是国产 CGJ-2 型凿岩钻车的推进器翻转机构，由螺旋棒 4、活塞 5、转动体 3 和油缸外壳等组成，其原理与螺旋副式转柱相似而动作相反，即油缸外壳固定不动，活塞可转动，从而带动推进器做翻转运动。图中推进器 1 的一端用花键与转动卡座 2 相连接，另一端与支承座 7 连接。油缸外壳焊接在托架上。螺旋棒 4 用固定销 6 与油缸外壳定位。活塞 5 与转动体 3 用花键连接。

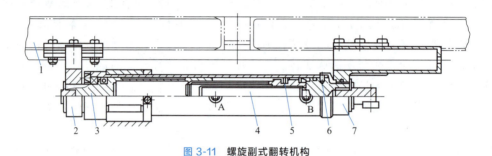

图 3-11　螺旋副式翻转机构

1—推进器；2—转动卡座；3—转动体；4—螺旋棒；5—活塞；6—固定销；7—支承座　A、B—进油口

当压力油从 B 口进入后，推动活塞沿着螺旋棒向左移动并做旋转运动，带着转动体旋转，转动卡座 2 也随之旋转，于是推进器和凿岩机绕钻进方向做翻转 180°运动；当压力油从 A 口进入，则凿岩机反转到原来的位置。

这种机构的外形尺寸小、结构紧凑，适合作推进器的回转机构。图 3-8 中的推进器翻转机构 4、托架回转机构 5 属于这种结构形式的回转机构。

（3）钻臂回转机构

图 3-12 所示是钻臂回转机构，由齿轮 5、齿条 6、油缸 2、液压锁 1 和齿轮箱体等组成，它用于钻臂回转。齿轮套装在空心轴上，以键相连，钻臂及其支座安装在空心轴的一端。当油缸工作时，两根齿条活塞杆做相反方向的直线运动，同时带动与其相啮合的齿轮和空心轴旋转。齿条的有效长度等于齿轮节圆的周长，因此可以驱动空心轴上的钻臂及其支座，沿顺时针及逆时针各转 180°。

这种回转机构安装在车体上，其尺寸和质量虽然较大，但都承受在车体上。与装设在托架上的推进器螺旋副式翻转机构相比较，其减少了钻臂前方的质量，改善了钻车总体平衡。由于钻臂能回转 360°，便于凿岩机贴近岩壁和底板钻孔，减少超挖，实现光面爆破，提高了经济效益，因此，它成为极坐标钻臂和复合坐标钻臂实现回转 360°的一种典型的回转机构。其优点是动作平缓、

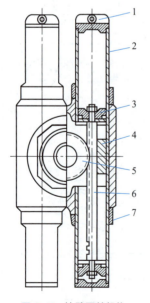

图 3-12　钻臂回转机构

1—液压锁；2—油缸；3—活塞；4—衬套；5—齿轮；6—齿条；7—导套

容易操作、工作可靠,但重量较大、结构较复杂。

3.2.5 平移机构分析

为了满足爆破工艺的要求,提高钻平行炮孔的精度,几乎所有现代钻车的钻臂都装设了自动平移机构。凿岩钻车的自动平移机构是指当钻臂移位时,托架和推进器随机保持平行移位的一种机构,简称平移机构。

掘进钻车的平移机构概括有四种类型:从发展趋势来看,剪式平移机构由于外形尺寸大、机构复杂、存在盲区较大,已趋于淘汰;电-液平移机构由于要增设电控-伺服装置,占用钻车较多的空间,使钻车成本增高,因而尚未获得实际应用;目前应用较多的是液压平移机构和机械四连杆式平移机构,尤其是无平移引导缸的液压平移机构,有进一步发展的趋势。

(1)机械平移机构

这类平移机构,常用的有内四连杆式和外四连杆式两种。图 3-13 所示为机械内四连杆式平移机构。国产 CGJ-2 型、PYT-2C 型凿岩钻车都装有这种平移机构。由于它的平行四连杆安装在钻臂的内部,故称内四连杆式平移机构。有些钻车的连杆装在钻臂外部,则称为外四连杆式平移机构。

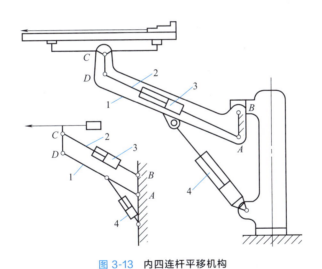

图 3-13 内四连杆平移机构
1—钻臂;2—连杆;3—仰俯角缸;4—支臂缸

钻臂在升降过程中,$ABCD$ 四边形的杆长不变,其中 $AB=CD$、$BC=AD$,AB 边固定而且垂直于推进器。根据平行四边形的性质,AB 与 CD 始终平行,亦即推进器始终做平行移动。

当推进器不需要平移而钻带倾角的炮孔时,只需向仰俯角缸一端输入液压油,使连杆 2 伸长或缩短($AD \neq BC$)即可得到所需要的工作倾角。

这种平移机构的优点是连杆安装在钻臂内部,结构简单、工作可靠、平移精度高,因而在小型钻车上得到广泛应用。其缺点是不适用于中型或大型钻臂,因为它连杆很长,细长比很大,刚性差,机构笨重;如果连杆外装,则很容易碰弯,工作也不安全;对于伸缩钻臂,这种机构便无法应用。

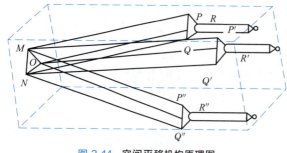

图 3-14 空间平移机构原理图

以上这种平移机构，只能满足垂直平面的平移，如果水平方向也需要平移，再安装一套同样的机构则很困难。法国塞柯玛（Secoma）公司 TP 型钻臂采用一种机械式空间平移机构，如图 3-14 所示。它由 MP、NQ、OR 三根互相平行而长度相等的连杆构成，三根连杆前后都用球形铰与两个三角形端面相连接，构成一个棱柱体形的平移机构，其实质是立体的四连杆平移机构，这个棱柱体就是钻臂。当钻臂升降时，利用棱柱体的两个三角形端面始终保持平行的原理，使推进器始终保持空间平移。

（2）液压平移机构

图 3-15 所示为液压平移机构，它是 20 世纪 70 年代初开始应用在钻车上的新型平移机构，曾是国外的专利。目前国内外的凿岩钻车广泛应用这种机构，如国产 CGJ-3 型、CTJ-3 型钻车，瑞典的 BUT15 型钻臂，加拿大的 MJM-20M 型钻车等。其优点是结构简单、尺寸小、重量轻、工作可靠，不需要增设其他杆件结构，只利用油缸和油管的特殊连接，便可达到平移的目的。这种机构适用于各种不同结构的大、中、小型钻臂和伸缩式钻臂，便于实现空间平移运动，平移精度准确。其动作原理如图 3-15 所示。

当钻臂升起（或落下）$\Delta\alpha$ 角时，平移引导缸 2 的活塞被钻臂拉出（或缩回），这时平移引导缸的压力油排入仰俯角缸 5 中，使仰俯角缸的活塞杆缩回（或拉出），于是推进器、托架便下俯（或上仰）$\Delta\alpha'$ 角。在设计平移机构时，合理地确定两油缸的安装位置和尺寸，便能得到 $\Delta\alpha \approx \Delta\alpha'$，在钻臂升起或落下的过程中，推进器托架始终是保持平移运动，这就能满足凿岩爆破的工艺要求，而且操作简单。

液压平移机构的油路连接如图 3-16 所示。为防止误操作而导致油管和元件的损坏，有些钻车在油路中还设有安全保护回路，以防止事故发生。

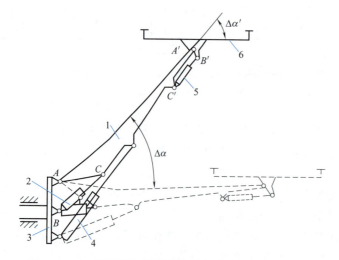

图 3-15 液压平移机构工作原理
1—钻臂；2—平移引导缸；3—回转支座；
4—支臂缸；5—仰俯角缸；6—托架

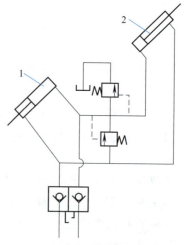

图 3-16 液压平移机构的油路连接
1—平移引导缸；2—仰俯角缸

这种液压平移机构的缺点是需要平移引导缸并相应地增加管路,也由于油缸安装角度的特殊要求,空间结构不好布置。

无平移引导缸的液压平移机构能克服以上的缺点,只需利用支臂缸与仰俯角缸的适当比例关系,便可达到平移的目的,因而显示了它的优越性。国外有些钻臂如瑞典的 BUT15 型钻臂,就是这种结构。

3.2.6 动力系统

钻车上的动力系统包括压气、水、电和液压各系统,因压气、水、电系统均较简单,故只介绍液压系统。

掘进钻车的液压系统,分为气动钻车和全液压钻车两类。气动钻车的液压系统仅用来控制钻车的行走、稳车,钻臂和推进器的调幅、定位动作;全液压钻车的液压系统除了具有上述各功能之外,还应具有运转和控制液压凿岩机的功能。

图 3-17 所示为某一全液压掘进钻车的手控液压系统。

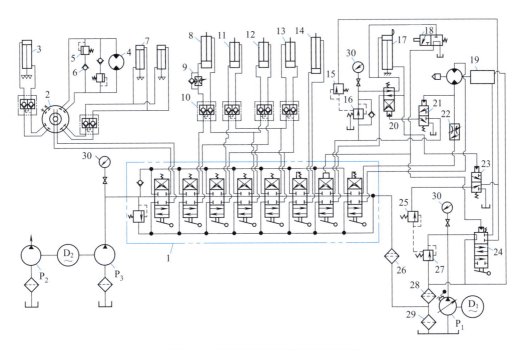

图 3-17 全液压掘进钻车的手控液压系统

1—多路换向阀;2—旋阀;3—前支腿油缸;4—行走液压马达;5,27—溢流阀;6—单向阀;
7—后支腿油缸;8—支臂油缸;9—单向节流阀;10—液压锁;11—回转油缸;12—俯仰角油缸;
13—摆角油缸;14—补偿油缸;15,25—调压阀;16—单向减压阀;17—推进油缸;
18—限位阀;19—液压凿岩机;20—防卡阀;21,23—液控阀;22—流量阀;24—换向阀;
26,28—精滤油器;29—冷却器;30—压力表;D_1,D_2—电动机;P_1,P_2,P_3—油泵

钻车的行走、稳车、定位、调幅、推进等动作由油泵 P_3 供油控制。系统压力由多路换向阀 1 中左边的溢流阀调整。上述各种动作都由多路换向阀 1 控制,液压油最后经精滤油器 26 和冷却器 29 返回油箱中,具体动作的控制如下:

① 钻臂和推进器的调幅、定位和平移。多路换向阀 1 有两条支路向支臂油缸 8 和俯仰

角油缸 12 供给压力油，通过油管与液压锁相连接，从而形成一个无引导油缸的自动平移回路。当支臂油缸伸缩时，俯仰角油缸便能按比例伸缩，使推进器自动平移。另外两条支路向回转油缸 11 和摆角油缸 13 供压力油，经油管和液压锁构成另一条自动平移回路（横向平移）。单向节流阀 9 可防止钻臂下落时产生振动。

② 推进器的补偿。多路换向阀的一条支路直接与补偿油缸 14 相连，形成控制推进器的补偿回路。

③ 行走与支撑。多路换向阀的另一条支路接到旋阀 2 上，再由旋阀分别向前支腿油缸 3、后支腿油缸 7 或行走马达 4 供油。多路换向阀可控制进油的方向。行走回路中，还有两个自闭合回路，即由溢流阀 5、单向阀 6 和液压马达 4 所构成的回路。这是两条制动回路，分别承担钻车前进和后退时的制动。

液压凿岩机的冲击系统由油泵 P_1 供油，经换向阀 24 进入凿岩机冲击部分，回油经精滤器 28、冷却器 29 回到油箱，构成一个开式循环系统。换向阀有三个挡位，即空载、轻冲、全冲。转钎系统由油泵 P_3 供油，经多路换向阀最右边的一个支路与液压凿岩机的回转马达相连接，形成转钎回路。通过流量阀 22 调节钎具转速，钎杆正转和反转由多路换向阀控制。推进系统也由油泵 P_3 供油，经多路换向阀右数第二个支路与推进油缸 17 相连接，回路中串联有减压阀 16 和防卡阀 20，形成推进回路。减压阀可以调节推进系统中的压力。调压阀 15 是调节轻推进压力用的。液控阀 23 的作用是当换向阀 24 处于轻冲位置时，能自动保证推进缸进入轻推进状态。

液控阀 21 与防卡阀 20 构成防卡钎系统。当液压凿岩机正常工作时，转钎液压马达正常运转，防卡阀处于正常位置。一旦发生卡钎，转钎油压上升，当超过额定压力 2～3MPa 时，防卡阀即换向，使凿岩机退回，直到转钎油压降到正常值时，防卡阀又恢复到正常推进位置。在防卡阀退回过程中，凿岩机自动处于轻击状态。

该液压系统在凿岩过程中可半自动控制，即在完成一个炮孔的钻进过程中除少量人工扳动手柄操作外，其余全部实现自动控制，在钻孔完毕时可自动停钻和自动退回。

(1) 钻进过程半自动控制系统

换向阀 24、液控阀 21 和 23、防卡阀 20、减压阀 16、溢流阀 27、调压阀 15 和 25 及其管路构成了钻进过程半自动化控制系统。

启动油泵 P_1 并使冲击换向阀手柄处于Ⅰ位（图中上位）时，冲击系统空载运转，压力油经换向阀返回油箱，此时油压仅能克服管路系统阻力。

当将换向阀手柄转至Ⅱ位，同时将推进和转钎手柄置于工作位置时，系统为轻冲击和轻推进工作状态，即开孔状态。系统压力由调压阀 15 和 25 所确定。

当将换向阀手柄转至Ⅲ位（图中下位），即全冲击和全推进位置，此时液压凿岩机正常工作。系统压力由减压阀和溢流阀确定。

当发生卡钻故障时，转钎回路中油压升高，液控阀 21 换向，防卡阀亦换向，凿岩机立即自动退回；防卡油路的影响，引起液控阀换向，于是凿岩机自动改变为轻冲击状态，一旦卡钎故障消失，转钎回路油压降低到正常值时，推进和冲击系统恢复正常，继续钻进。

(2) 自动停钻和自动退钎系统

多路换向阀 1 中的推进阀、限位阀 18、换向阀 24 及其管路组成自动停钻和自动退钎系统。

当完成一次钻进时，装在推进缸 17 上的碰块，触动限位阀 18 的阀芯使限位阀换位，压力油即通向推进阀和冲击换向阀 24 的液控口，使两阀换向，于是凿岩机自动停钻、钎杆自动退出钻孔。

当凿岩机和钎杆自动退回后，限位阀恢复正常，为下一次钻进创造了条件。

3.3 采矿钻车

采矿凿岩钻车适用于采矿工作面中钻凿有特殊布置要求的爆破炮孔。

采矿钻车如图 3-18 所示。它是由推进机构、叠形架、行走机构、稳车装置（气顶及前后液压千斤顶）、液压系统、压气和供水系统等组成。

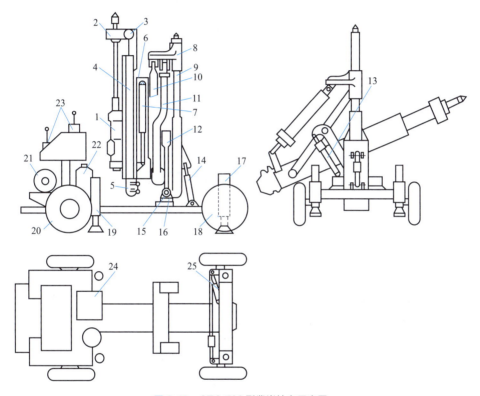

图 3-18 CTC-700 型凿岩钻车示意图

1—凿岩机；2—托钎器；3—托钎器油缸；4—滑轨座；5—推进气马达；6—托架；7—补偿机构；8—上轴架；9—顶向千斤顶；10—扇形摆动油缸；11—中间拐臂；12—摆臂；13—侧摆油缸；14—起落油缸；15—销轴；16—下轴架及支座；17—前千斤顶；18—前轮；19—后千斤顶；20—后轮；21—行走气马达；22—注油器；23—液压控制台；24—油泵气马达；25—转向油缸

钻车工作时，首先利用前液压千斤顶 17 找平并支承其重量，同时开动气顶 9 把钻车固定。然后根据炮孔位置操纵叠形架对准孔位，开动推进器油缸（补偿器）使顶尖抵住工作面，随即可开动凿岩机及推进器，进行钻孔工作。各主要机构的动作原理简述如后。

3.3.1 推进机构

推进机构包括推进器、补偿器及托钎器等。

（1）推进器

图 3-19 所示凿岩机 6 借助 4 个长螺杆 4 紧固在滑板 5 上，滑板下部装有推进螺母 3 并与推进丝杠 11 组成螺旋副。当丝杠由 TM1B-1 型气马达带动向右或向左旋转时，凿岩机则前进或后退。

（2）补偿器

补偿器又称延伸器或补偿机构。如图 3-19 所示，补偿器由托架 7 和推进油缸 9 等组成。其原理是在顶板较高（向上钻孔时）或工作面离机器较远时，推进器的托钎器离工作面较远，开始钻孔时会引起钎杆跳动，这时可使推进油缸 9 右端通入高压油，左端回油，推进油缸活塞杆 8 便向左运动，带动推进器滑块 19 沿导板 18 向左滑动，使装在滑块 19 上的推进器向工作面延伸，从而使托钎器靠近工作面。其最大延伸行程为 500mm，延伸距离可在此范围内依需要任意调节。补偿器只是在钻孔开眼时使用，正常钻孔凿岩时仍退回原位。

为承受滑架座 23 返回时的凿岩反作用力，在滑架 10 后部装有挡铁 20，在托架 7 上装有挡块 21，使它们在滑架退回时互相接触而停止，同时还可防止滑架座 23 退回时碰坏气马达 1。

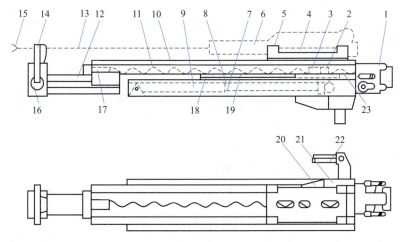

图 3-19 CTC-700 型凿岩钻车推进器

1—推进气马达；2—减振器；3—推进螺母；4—长螺杆；5—滑板；6—凿岩机；7—托架；8—推进油缸活塞杆；9—推进油缸；10—滑架；11—推进丝杠；12—托钎器座；13—钎杆；14—卡爪；15—钎头；16—托钎器油缸；17—减振器；18—滑块导板；19—滑块；20—挡铁；21—挡块；22—扇形摆动油缸活塞杆；23—滑架座

（3）托钎器

如图 3-20 所示，托钎器由托钎器座 1、托钎器油缸 2、左右卡爪 3 和 6 组成。左右卡爪借销轴 4 装在托钎器座 1 上，由于卡爪下端与托钎器油缸缸体及活塞杆借销轴 8 连接，所以当托钎器油缸活塞杆伸缩时，左右卡爪便夹紧或松开钎杆，满足其工作要求。

3.3.2 叠形架

如图 3-18 所示，叠形架由上轴架、顶向千斤顶、下轴架支座、摆臂、中间拐臂以及扇形摆动油缸等组成。它的作用是稳固钻车、调整钻孔角度以及安装凿岩机。它是保证钻车正常工作的重要部件。

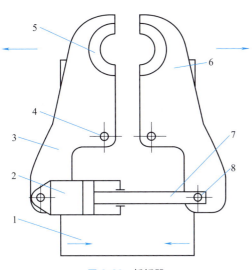

图 3-20 托钎器
1—托钎器座；2—托钎器油缸；
3—左卡爪；4—销轴；5—钎套；
6—右卡爪；7—活塞杆；8—销轴

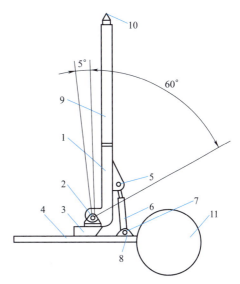

图 3-21 叠形架俯仰范围
1—下轴架；2—轴；3—下轴架支座；4—底盘；
5,7—销轴；6—起落油缸；8—起落油缸支座；
9—铜管套；10—顶向千斤顶；11—前轮

(1) 叠形架的俯仰动作

如图 3-21 所示，下轴架 1 装在支座 3 上，并可绕轴 2 回转，起落油缸 6 下端借销轴 7 与其支座 8 铰接，上端与下轴架耳板孔铰接。起落油缸支座 8 和下轴架支座 3 则借螺钉固定在钻车底盘 4 上，它们共同支承叠形架的重量。当起落油缸 6 伸缩时，下轴架 1 便和整个叠形架仰俯起落，向前倾可达 60°，向后倾可达 5°，即叠形架可在 65° 范围内前后摆动，保证钻车有较大的钻孔区域。

(2) 叠形架的稳固

顶向千斤顶 10（见图 3-21）装在钢管套 9 内，凿岩时，顶向千斤顶活塞杆伸出，抵住顶板，从而使整个叠形架稳定并减少钻车振动。顶向千斤顶的推力约为 2800N，活塞杆向外伸出可达 1700mm，这样可以达到高度为 4.5m 的顶板。

(3) 扇形孔中心及其运行轨迹

从图 3-18 可知，在钻凿扇形孔时，托架 6 是以中间拐臂 11 的下轴孔为中心作扇形摆动。其动作是，当侧摆油缸 13 伸缩到一定程度时，中间拐臂 11 便固定不摆动（即下轴孔轴线不动），此时只要开动扇形摆动油缸 10 便可使托架 6 绕下轴孔中心线摆动，以便钻凿扇形孔。由于中间拐臂 11 上部有销轴和上轴架 8 铰接，而上轴架 8 又套在千斤顶的钢管套外面并可上下移动，因此，中间拐臂 11 在上轴架 8 上下移动的过程中做扇形摆动，扇形孔中心的摆动是复摆。扇形孔中心 c 的运动轨迹如图 3-22 所示。它是一条曲率半径较大的上凸曲线。

(4) 托架扇形摆动

当扇形孔中心在侧摆油缸作用下，摆动到钻车纵向中心线上的位置 c_4 点时，托架可向左、右各摆动 60° 角（图 3-23）。

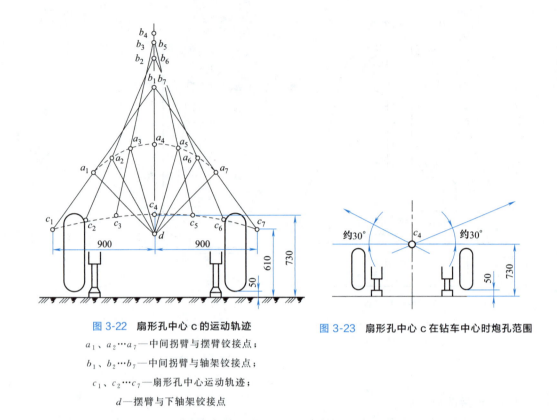

图 3-22 扇形孔中心 c 的运动轨迹

a_1、a_2…a_7—中间拐臂与摆臂铰接点；
b_1、b_2…b_7—中间拐臂与轴架铰接点；
c_1、c_2…c_7—扇形孔中心运动轨迹；
d—摆臂与下轴架铰接点

图 3-23 扇形孔中心 c 在钻车中心时炮孔范围

当扇形孔的孔口中心 c 在侧摆油缸作用下，摆动到左、右极限位置时，则使托架摆幅达 100°，可钻凿左右各下倾 5° 的炮孔，如图 3-24 所示。

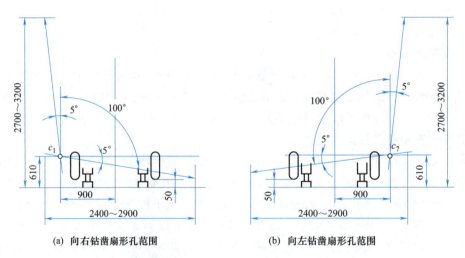

(a) 向右钻凿扇形孔范围　　(b) 向左钻凿扇形孔范围

图 3-24 扇形孔中心 c 在左、右极限位置时扇形炮孔范围

(5) 托架的平动

为了适应钻凿平行炮孔的需要，采矿钻车也必须有平动机构，其动作原理如图 3-25 所示。当调整扇形摆动油缸 2 的伸缩量使 $AC=BD$、$AB=CD$ 时，$ABCD$ 为一平行四边

形,托架处于垂直位置。这时若使 BD 长度保持不变,并操纵侧摆油缸 5,则使托架 6 平行移动,这样,安装在托架推进器上的凿岩机便可钻凿出如图 3-26 所示的垂直向上的平行炮孔。

如果操纵起落油缸(图 3-18 中 14),使顶向千斤顶在其起落范围内任意位置固定,也可操纵扇形摆动油缸 2 使 ABDC 成一平行四边形。这时开动侧摆油缸 5,即可钻凿与顶向千斤顶方向一致的倾斜向上的平行炮孔。

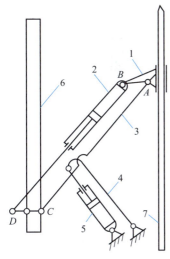

图 3-25 平动机构
1—上轴架;2—扇形摆动油缸;3—拐臂;
4—摆臂;5—侧摆油缸;6—托架;7—顶向千斤顶

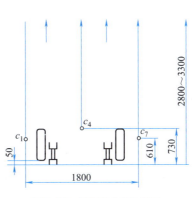

图 3-26 垂直向上炮孔范围

3.3.3 底盘与行走机构

CTC-700 型凿岩钻车的底盘如图 3-27 所示。钻车底盘是由 1 根纵梁和 3 根横梁焊接而成,各梁都是槽钢与钢板的组合件。在底盘上装有前后轮对 1 和 9、前后稳车用液压千斤顶 2 和 7、行走机构传动装置、起落油缸支座 5、脚踏板 16、前轮转向油缸 3、油箱 8、注油器 15 和下轴架支座 17 等。

钻车行走机构包括前、后轮对和后轮对的驱动装置。后轮对的驱动是由气马达 14、两级齿轮减速器 13、传动链条 10、链轮 12 和离合器 11 等组成。左右两轮分别由两套完全相同的驱动装置驱动。

钻车在无压气的地段运行或长距离调动时,常需人力或借其他车辆牵引。为减少气马达、减速器的磨损,应操纵离合器 11 使主动链轮与减速器的输出轴脱开。离合器 11 是一个由弹簧控制的牙嵌离合器,根据需要可使行走机构的主动链轮与减速器输出轴合上或脱开。

钻车的前进和后退可利用气马达的正向或反向旋转来实现。

钻车的转向装置可使前轮对 1 同时向左或向右转动一个角度,从而使钻车向右或向左转弯。钻车转向装置由转向油缸 3、转向拉杆 4 和连接套 6 等零部件构成;连接套供调平前轮对时使用。

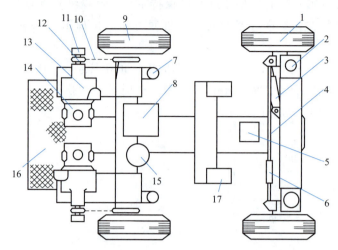

图 3-27　CTC-700 型钻车底盘及行走机构

1—前轮对；2—前千斤顶；3—转向油缸；4—转向拉杆；5—起落油缸支座；
6—转向拉杆连接套；7—后千斤顶；8—油箱；9—后轮对；10—传动链条；11—离合器；
12—链轮；13—行走气马达减速器；14—行走气马达；15—注油器；16—脚踏板；17—下轴架支座

3.3.4　气动系统

CTC-700 型凿岩钻车的气动系统如图 3-28 所示。压气由总进气阀 1 经滤尘网 2 和注油器 3，然后分成三路：一路进入行走操作阀 4 及油泵给气阀门 5 以开动两个行走气马达 6 及油泵气马达 7；一路进入气动操作阀组 8，经过凿岩机操作阀 9 开动凿岩机 10，经过凿岩机

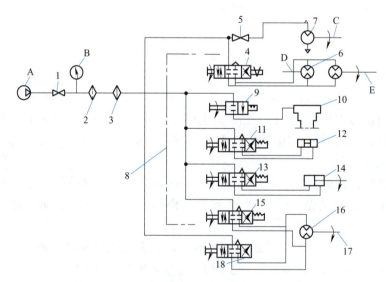

图 3-28　凿岩钻车气动系统图

A—气源；B—气压表；C—油泵轴；D—左轮轴；E—右轮轴；
1—2″总进气阀；2—滤尘网；3—注油器；4—行走机构操作阀；5—3/4″给气阀门；6—行走气马达；
7—油泵气马达；8—气动操作阀组；9—凿岩机操纵阀；10—凿岩机；11—凿岩机换向操作阀；
12—凿岩机换向机构；13—顶向千斤顶操作阀；14—顶向千斤顶；15—推进气马达操作阀；
16—推进气马达；17—推进丝杠；18—推进气马达辅助操作阀

换向操作阀 11 开动凿岩机换向机构 12，使钎杆正反转，实现机械化接卸钎杆，经过顶向千斤顶操作阀 13 开动顶向千斤顶 14，使顶向千斤顶活塞杆伸出顶住顶板，以稳定钻车及其叠形架，通过推进气马达操作阀 15，开动推进气马达 16；另一路经过推进气马达辅助阀 18，也可开动推进气马达 16。推进气马达辅助操作阀 18 安装在操作台前面并靠近凿岩机的一边，在接卸钎杆时，司机站在推进器旁侧，可以就近利用这个辅助阀来开动推进气马达，从而实现单人单机操作钻车。

3.3.5 液压系统

CTC-700 型凿岩钻车液压系统由一台 CB-10F 型齿轮油泵供油。油泵由 28 马力（约 21kW）的 TM1-3 型活塞式气马达驱动。油泵气马达与油泵之间用弹性联轴器连接。油泵设在油箱内。压力油由总进油管进入两个操作阀组的阀座内，再经过 9 个液压操作阀进入 10 个液压油缸，分别完成驱动钻车的各种动作。各油缸的回油分别经操作阀回到阀座，由总回油管经滤油器过滤污物后流回油箱。除两个前千斤顶油缸共用一个操作阀驱动和彼此联动外，其他各缸均各由一个操作阀驱动。油泵出油口装有一个单向阀。其液压系统如图 3-29 所示。

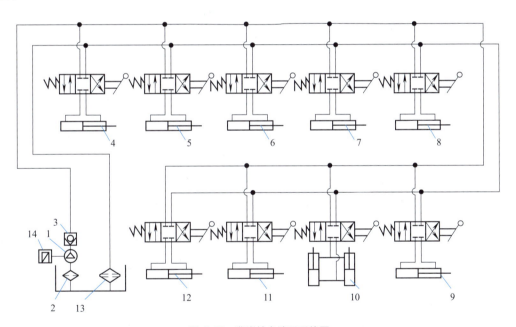

图 3-29 凿岩钻车液压系统图

1—齿轮油泵；2—滤油器；3—单向阀；4—托钎器油缸；5—推进器油缸；6—扇形摆动油缸；
7—起落油缸；8—侧摆油缸；9—左右千斤顶油缸；10—前千斤顶油缸；11—前轮转向油缸；
12—右后千斤顶油缸；13—滤油器；14—气马达

3.3.6 供水系统

CTC-700 型凿岩钻车的供水系统很简单，即水从水源以 3/4″胶管引入工作面后，分为两路：一路用闸阀控制供凿岩机用水；另一路则供冲洗钻车等用。钻车供水压力视凿岩机需用冲洗水压而定。CTC-700 型钻车使用水压为 0.3~0.5MPa。

3.4 钻车的使用与维护

3.4.1 掘进凿岩钻车的使用与维护

(1) 使用前的准备工作

① 钻车进入工作面之前，应先处理工作面的松石、盲炮残炮，清理巷道，检查轨道安装是否符合要求，轨道前端离工作面岩石最凹处的距离不得大于 2.5m。

② 接通电源将钻车开到工作面，然后用卡轨器（稳车气顶）把钻车固定在适当的位置，一般前轮轴线距工作面不大于 2.5m 或使滑架顶尖离工作面不大于 0.5m 为宜。

③ 检查油箱储油量是否充足，若油面低于指示刻度，应及时补充合格的液压油。

④ 各个润滑部位要加注润滑油，防止因未及时注油而使摩擦部件烧坏。

⑤ 接好气、水管，接气管时应送气吹干净管内泥沙等杂物，以免损坏气动设备。

⑥ 准备好本班用的钎杆和钎头及必要的工具和易损零件。

⑦ 凿岩之前，先进行钻车试运转，检查各部零件是否完好，紧固部分是否松动，各电动机联轴器上的螺钉销不得有任何松动现象，钻机的两根拉杆螺帽不得有松动现象，气、水、油路系统是否有泄漏，如有异常现象，应处理好后，再开车生产。

⑧ 接好照明灯。

(2) 掘进凿岩钻车的使用

① 钻车操作者必须熟悉各操作阀的作用、位置及完成钻车的各种动作时其阀的动作方向，从而准确地操作。

② 严格按照一开泵、二升降、三摆托、四顶托、五开钻、六关泵（增压泵除外）的操作顺序进行。

③ 为了保证凿岩时滑架始终顶紧工作面，补偿气缸（油缸）的控制手柄始终扳到前进位置上，对于采用油缸作为补偿缸的钻车还应使油泵气马达控制在低速下运行，以输入少量液压油来弥补油缸的泄漏。

④ 活塞式气马达的调压阀要调到使油的工作压力在 5.5MPa 处，一般情况下不要扳动气阀手柄，但在气压不足时，可以加大给气量，而在气压提高后，要将给气量恢复到正常数值，切不可将气阀调到最大位置后而不管，这样既浪费压气，又使压力油做无用循环，使油温增高而损伤高压油管。

⑤ 每次凿孔之前必须准确找好孔位及方向，凿岩过程中不要随意调整方位，以免产生卡钎及断钎事故。

⑥ 卡钎时，可关闭推进气（油）源，同时用锤边敲钎杆边用推进缸往外拔，不得用补偿缸的收回来往外拔钎杆。

⑦ 凿岩作业中要随时注意稳车装置与各部位的连接是否牢固，油温、油压是否过高。

⑧ 在钻车运转期间应随时向各注油部位注油。对推进气动机、凿岩机、托盘、丝杠、钻臂等运转部分，要每班注油两次以上。

⑨ 钻臂和滑架摆角时，一定要先将滑架退回，使顶尖离开工作面，钻臂移位的动作要准确，注意不要使两钻臂产生剧烈碰撞和摩擦。

⑩ 凿岩钻车工作时，严禁钻车周围和钻车钻臂下站人，防止将人碰伤或挤坏。

⑪ 凿岩作业结束后，两臂收拢，滑架退回，处于水平位置，整理好气、水管，吹洗钻车各部位（注意防止水和脏物进入油箱），然后将钻杆退出工作面，停放在安全地点，以免爆破时飞石、松石落下损坏钻杆。

⑫ 用机车牵引钻车做长距离运行时，应将行走手柄放到空挡位置，以减少行车阻力。

⑬ 停止凿岩后，操作人员离开钻车，必须断开钻车上的开关和总电源的开关，以免漏油和漏电等情况。

（3）掘进凿岩钻车的维护保养

正确操作使用和精心维护保养设备是高速高效率凿岩、减少事故、延长钻车使用寿命的关键。所以，要注意以下几点：

① 保持凿岩钻车外部表面的清洁。

② 钻车在工作时应随时检查各部件有无松动、脱落，有无漏油、漏气、漏电等现象，发现问题要及时处理。

③ 要保证液压油的清洁，油量充足。换油时要清洗各系统，包括油箱和过滤器，加入新油时必须过滤，不得使新油与旧油相混合。每季度清洗一次，注意不要使不同牌号的油混在一起。

④ 新钻车使用后，经过50h的运转，要更换一次油，以便将残存在油缸内的金属屑及其他杂物清除掉。此后每当钻车运转500h就要更换一次油。

⑤ 当钻车运转3000h以上时，各液压元件都要拆开检查，平时发现钻车有异常现象，也应随时处理。

⑥ 爱护油管、接头和电缆，防止碰、压、挤、拖坏，一旦发现有损坏的，要迅速更换。

⑦ 凿岩钻车中的油泵运转适应温度范围在25～55℃，过低时启动效率低，过高会使油的寿命缩短，据测定油温升到80℃以上，油的寿命会缩短一半。

凿岩钻车的安全注意事项有以下几点：

① 非操作人员不得开动钻车。

② 在检修钻车时，要使钻臂放落下来方能进行。

③ 钻车在运行和动作时，要严格控制其速度。

④ 工作面周围，严禁放易燃易爆物品。

⑤ 严防电缆及电气设备漏电。

3.4.2 掘进凿岩钻车常见故障及处理

掘进凿岩钻车的常见故障及处理见表3-2。

表3-2 掘进凿岩钻车常见故障及处理

故障现象	故障原因		处理方法
严重噪声	1.油泵吸空	1.吸入滤油器堵塞 2.吸入管道中局部截面堵塞或漏气 3.油的黏度太高或油面过低,油箱不透气	1.清洗或更换滤油器 2.修理或更换油阀,更换油管或软管 3.使用规定的液压油,并补加新油,清理油箱透气孔盖
	2.油液产生泡沫	1.油面太低 2.油泵密封漏气 3.用油牌号不符合规定 4.吸油管道中接头漏气 5.系统中混入空气	1.添加新油到规定位置 2.更换密封环 3.更换标准的液压油 4.拧紧或更换接头 5.排除系统中的空气

续表

故障现象		故障原因	处理方法
严重噪声	3. 机械振动	传动中心不正或联轴器松动	对正中心或调整联轴器
	4. 溢流阀失灵	溢流阀平衡孔堵塞或弹簧失灵	清洗平衡阀芯,更换弹簧
	5. 油泵损坏	泵转子和配油盘之间间隙过大	更换配油盘
	6. 液压油不良	油黏度过大或有污物	更换液压油
压力不足或没有压力	7. 油泵转向不对	油泵气动机转向反	调换气动机的进气管
	8. 油泵过度发热	1. 油泵磨损或损坏 2. 油的黏度太低或太高 3. 油箱容积太小	1. 修理或更换油泵 2. 换用规定的液压油 3. 加大油箱容积或增设冷却装置
	9. 溢流阀失灵	见故障现象 4	见故障现象 4
	10. 油缸有损坏	油缸内壁、活塞杆或活塞密封环损坏	修理或更换损坏元件
	11. 压力表失灵	压力表损坏	更换压力表
压力不稳定	12. 油泵吸空 油生泡沫 溢流阀失灵	见故障现象 1 见故障现象 2 见故障现象 4	见故障现象 1 见故障现象 2 见故障现象 4
	13. 阀体零件黏着	油不清洁或黏度太高	换油并清洗零件
	14. 系统内混入空气	系统内空气没有完全排除干净	将系统内空气排除干净,检查接着孔或放气、高压管道,如有漏气要拧紧和修理
流量小或完全无油	15. 油泵吸空 油生泡沫 溢流阀失灵 油泵损坏	见故障现象 1 见故障现象 2 见故障现象 4 见故障现象 5	见故障现象 1 见故障现象 2 见故障现象 4 见故障现象 5
	16. 油泵转向不对	见故障现象 7	见故障现象 7
	17. 流量波动	见故障现象 15、16	见故障现象 15、16
	18. 液压锁失灵	阀芯磨损,钢球与阀套配合不严,密封件损坏,弹簧偏位	更换已损元件,调整弹簧
	19. 系统混入空气	见故障现象 14	见故障现象 14
	20. 液压油太脏	污物将液压阀孔堵死	更换或清洁液压油

3.5 凿岩机器人

20世纪80年代开始,为了将隧道开挖水平提高到一个新高度,美国、澳大利亚、挪威、德国等国的厂商争相将计算机技术和自动控制技术引入到液压凿岩钻车上,并推出了具有机器人特征的半自动计算机辅助凿岩钻车和全自动凿岩钻车,称之为凿岩机器人。挪威地质研究所的矿井现场使用数据表明:

• 凿岩机器人能够根据岩石状态的变化自动调节凿岩参数匹配,实现最优钻孔速度;

• 凿岩机器人能精确控制炮孔深度、角度和位置,可减少17%～31%的超挖量,提高采矿生产率30%～63%,钻头寿命提高27%以上,钻进成本降低25%以上;

• 虽然凿岩机器人比普通钻车成本高30%～40%,但是,实际使用表明,凿岩机器人开挖1km长的矿道即可收回成本。

力拓集团（Rio Tinto Group）2012年初公布的全球矿业调查报告将智能化的凿岩机器人列为采矿工业革新的重要目标之一。

凿岩机器人利用电子技术、计算机技术、自动控制技术对凿岩钻车实施自动化、智能化控制，包括炮孔方位的计算机辅助设计到机体定位后的坐标转换计算、多个钻臂（机械手）的防干涉控制、钻孔孔序任务优化规划、自动移位控制、炮孔钻凿过程中的自动循环、自动寻优控制（适应岩石变化，调整各工作参数达到使钻速最佳）、异常情况识别、报警处理等一系列旨在使隧道开挖炮孔钻凿时间最短而爆破后断面形状精度最高的自动化作业。

应用凿岩机器人进行矿山开采的优势有：

① 可以有效改善作业环境，不必在工作断面画爆破孔，能精确控制炮孔深度、角度和位置，因而能获得精确的隧道断面轮廓，减少超挖与欠挖，提高隧道工程质量，提高经济效益。

② 可以减少对围岩的机械破坏，从而节省支撑工程的费用；通过优化钻孔布置，达到单位进尺炸药消耗量最少和炮孔利用率最高，获得较好的爆破进尺和破碎块度；根据凿岩过程中自动记录的凿岩穿孔速度数据，预测岩层条件和破碎带，从而预先确定开挖参数、支护工作量以及是否需要加固，并准确确定钻头修磨周期和设备维修周期。

③ 通过计算机自动定位、定向，减少钻车和钻臂定位时间；通过计算机控制实现凿岩过程各输出参数的最优匹配，从而使穿孔推进速度或效率达到最优，钻头、钻杆、钻车的机械损耗大大减小，经济效益十分显著。

图3-30为Tamrock公司生产的AXERA T12轮式三臂凿岩机器人，图3-31为中南大学承担的国家863计划资助研发的门架式二臂隧道凿岩机器人。

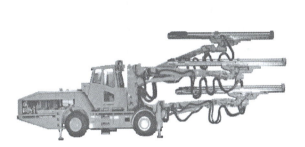

图 3-30　AXERA T12 轮式三臂凿岩机器人

图 3-31　国家 863 计划资助研发的门架式隧道凿岩机器人

3.5.1　凿岩机器人结构

凿岩钻车一般装有两个或三个钻臂、推进器、液压凿岩机，它们拥有一个胶轮式或轨轮式载运车体。凿岩机器人与一般的凿岩钻车的差别主要在控制方面。图3-32为一种轨轮式隧道凿岩机器人的系统组成。

下面介绍门架式二臂隧道凿岩机器人的基本结构。按结构分，凿岩机器人由液压凿岩机，推进器，钻臂，辅助臂，司机室，门架式机架，稳车、行走系统，电缆卷筒，电机电气控制，水、气系统，液压系统，操作面板与传感器组件和由上、下位机构成的控制系统组成，结构布置如图3-33所示。

门架式二臂隧道凿岩机器人结构上的特点有：

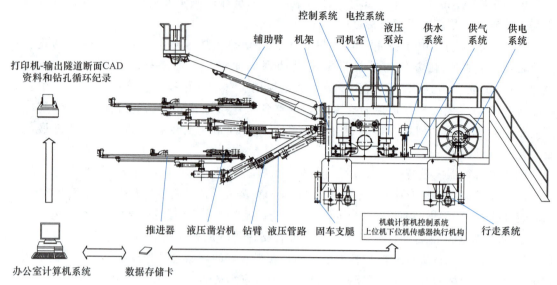

图 3-32 轨轮式隧道凿岩机器人的系统组成

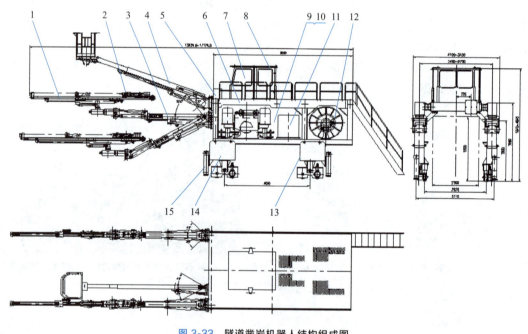

图 3-33 隧道凿岩机器人结构组成图

1—液压凿岩机；2—链式推进器；3—直接定位式工作臂；4—辅助臂；5—液压系统；
6—伸缩式门架；7—机载控制系统；8—司机室；9—液压泵站；10—冲洗水系统；
11—动力箱；12—电缆卷筒；13—补油电机；14—行走系统；15—稳车支腿

① 国外计算机控制凿岩钻车的钻臂均采用直角坐标定位结构，但钻臂的工作稳定性与控制效率降低。为了简化计算机控制，凿岩机器人采用双三角直接定位结构，使得钻臂工作稳定性提高，易于实现定位过程的直线移动，从而使工作效率也得到提高；但是双三角机构使得控制中存在复杂的耦合关系，为此，提出了解耦控制算法，实现了直接定位双三角钻臂

的解耦控制。

② 为了解决原有门架式凿岩钻车转场时需全面解体运输的诸多不便，凿岩机器人开发了一种宽度可调节的门架体，既解决了运输中超宽超高的问题，又做到了转场时基本上不需要大的解体拆装工作。

③ 为方便翻转角度传感器的安装，降低成本，推进器翻转装置采用螺旋液压缸驱动。

④ 液压系统关键部分的电液比例控制回路，结合普通电磁换向阀的使用，提出了一种分配式电液比例控制技术，在提高系统可靠性的同时，大幅度降低了制造成本。

⑤ 控制系统设计方案上采用上、下位机的结构，通过 RS232 进行通信。上位机完成车体定位、任务分配、孔序规划、双臂避碰预测、界面操作；下位机完成传感信息的采集与处理、操作信息的分配和动作序列的生成、自动定位控制。这种结构使规划级和控制级的功能相互独立，控制的实时性不受影响，符合当今国际上控制系统设计主流，具有先进性。

3.5.2 液压系统

(1) 工作臂液压系统

门架式二臂隧道凿岩机器人主动力源为 55kW 的四级电带主泵与转钎泵串联的泵组，左右臂各一组，另外还有多泵、空压机组、补油泵等动力源。主动力源（55kW）电动机 Y-Δ 启动，带动两个串联的恒压变量液压泵。主动力源的组成如图 3-34 所示，主动力源的工作原理如图 3-35 所示。

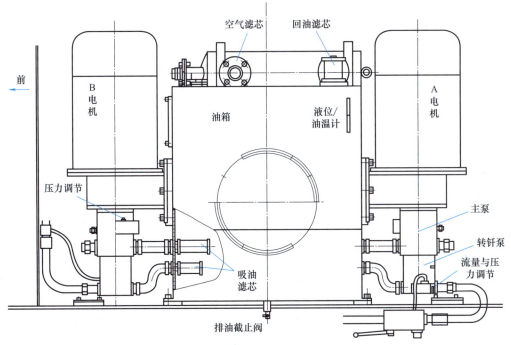

图 3-34 凿岩机器人主动力源的组成

二臂门架式凿岩机器人两个工作臂的定位、凿岩过程的液压系统相对独立，辅助臂与左臂的移位共用一个液压泵。每个工作臂的定位动作与凿岩的冲击、推进动作共用一个主液压

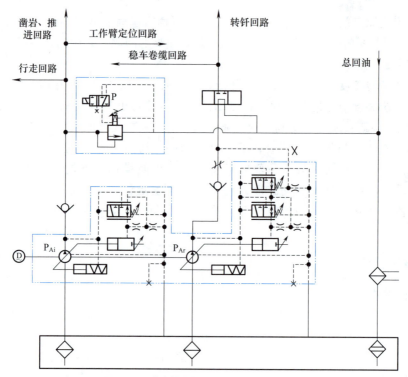

图 3-35 凿岩机器人主液压动力源工作原理

泵,凿岩的回转动作另用一个液压泵,两泵串联。辅助臂与行走机构也由左臂的主泵驱动,稳车支腿机构与卷缆马达由左臂的转钎泵驱动,左工作臂的液压原理如图 3-36 所示。

图中,C_{Ab1} 为左钻臂后变幅左油缸,C_{Ab2} 为左钻臂后变幅右油缸,C_{Ab1} 与 C_{Ab2} 联合作用实现大臂绕其根部的关节进行空间运动;C_{Af1} 为左钻臂前变幅右油缸,C_{Af2} 为左钻臂后变幅左油缸,C_{Af1} 与 C_{Af2} 联合作用实现小臂绕大臂端部的关节进行空间运动,在大臂运动的同时,小臂跟随大臂做平移运动;C_{Az} 为左钻臂大臂伸缩油缸,C_{Ar} 为左钻臂推进梁翻转液压马达,实现推进器与推进梁绕小臂轴线的翻转动作,最大翻转角度为 330°;C_{Ae} 为左钻臂推进梁推进补偿液压油缸,实现推进梁末端压紧与脱离岩石断面;C_{Ad} 为左钻臂推进梁倾翻液压油缸,实现推进梁 90°外摆与倾翻,从而可以钻顶板孔、侧边孔与底板孔;RO_A 为左钻臂推进器推进马达,FE_A 为左钻臂液压凿岩机转钎马达,IM_A 为左钻臂液压凿岩机冲击机构,RO_A、IM_A 与 FE_A 同时作用,实现凿岩机的回转、冲击与推进动作,从而实现凿岩作业。

(2) 辅助臂液压系统

门架式隧道凿岩机器人配有一个辅助臂,辅助臂采用直角坐标定位结构,通过液压缸的串联并配以双路液压锁实现吊篮的水平移动与单动,辅助臂摆动的速度用双向节流阀调节,二级伸缩靠两个缸的并联实现,辅助臂下降的速度用单向节流阀调节。辅助臂工作有两套操作系统并联:一套是在司机室内(包括升降、摆动、二级伸缩三个动作),与左臂共用一个操作手柄,通过选择开关选择辅助臂与左臂的操作;另一套是在辅助臂的吊篮中用手动多路阀对辅助臂的动作(包括上下升降、左右摆动、二级伸缩、吊篮俯仰四个动作)进行手动操作。辅助臂工作的液压系统原理图如图 3-37 所示。

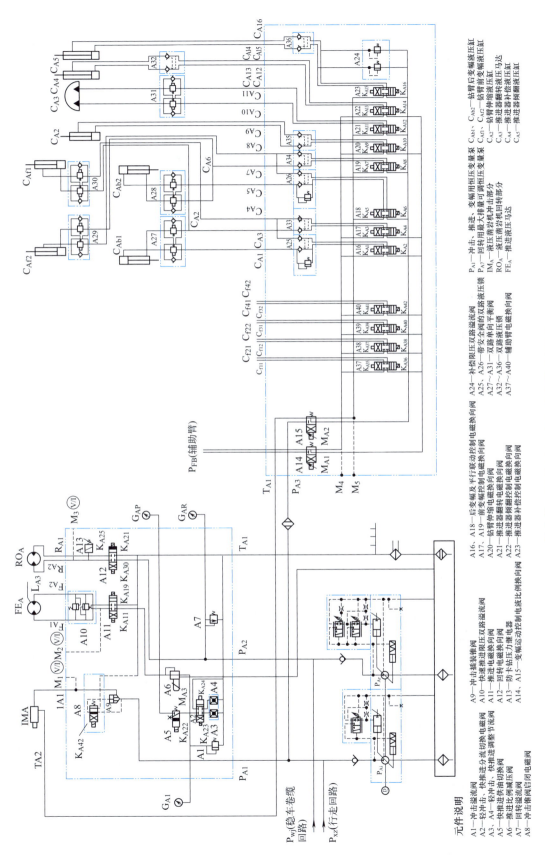

图 3-36 凿岩机器人左工作臂液压系统原理图

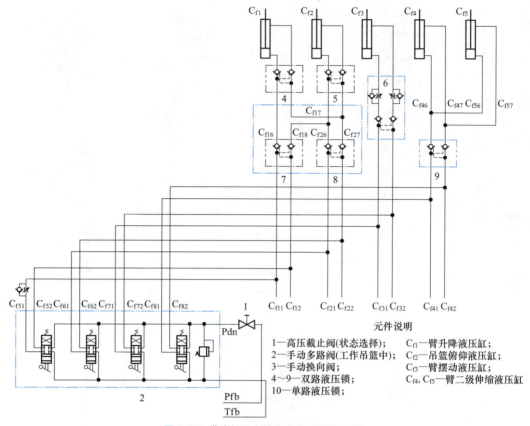

图 3-37 凿岩机器人辅助臂液压系统原理图

C_{f1} 为辅助臂上下升降油缸，C_{f2} 为吊篮前后俯仰油缸，C_{f3} 为辅助臂左右摆动油缸，C_{f4} 与 C_{f5} 为并联的辅助臂二级伸缩油缸，C_{f4} 与 C_{f5} 同时作用实现辅助臂的伸长与缩短。辅助臂由 A 臂 75DR 泵提供动力。辅助臂工作有两套操作系统并联，一套是在司机室内（包括升降、摆动、二级伸缩三个动作）；另一套是在辅助臂的吊篮中，用手动多路阀对辅助臂的动作（包括升降、摆动、二级伸缩、吊篮俯仰四个动作）进行操作。

凿岩机器人的电气控制系统是一个与机电、液压相关联的庞大的复杂控制系统，并与人机交互、人机工程密切联系。整个电气部分由电源配电系统、动力及其控制系统、上下位机控制系统三大部分组成。电源配电系统提供给钻车电能；动力系统主要包括液压站、水泵、气泵等五台泵组；上位机用于车体定位、布孔、过程监控、过程管理等；下位机主要进行过程控制。其中的关键技术与难点在于上下位机控制系统——凿岩机器人控制系统。

3.5.3 凿岩机器人控制

凿岩机器人相对于普通液压凿岩钻车的先进之处就在于凿岩机器人有着一整套用于控制的硬件和软件。这些硬件和软件组成的控制系统使得凿岩机器人在定位之后，（基本上）不用人工参与就可以完成一个钻孔循环的施工，而且在施工精度和速度上都明显优于普通凿岩钻车。

凿岩机器人的控制硬件设备主要是机载计算机系统和各种传感器，如图 3-38 所示。

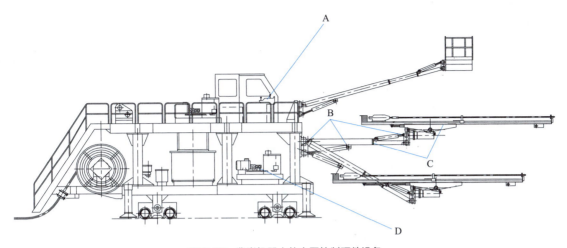

图 3-38 凿岩机器人的主要控制硬件设备
A—机载计算机系统；B—角度传感器；C—位移传感器；D—油压传感器

图 3-38 中 A 为机载计算机系统；B 为位于各钻臂关节的角度传感器，包括检测钻臂俯仰、摆动的传感器，检测推进器俯仰、摆动、翻转角度的传感器；C 为检测钻臂伸缩、推进器补偿和凿岩机进给的线性位移的传感器；D 为检测各种油压、钻车倾角的传感器。各传感器的信号被传输到机载计算机，供其中的软件分析使用。

凿岩机器人控制系统的基本结构是一个上下位机结构，包括软件和硬件两大类，双臂凿岩机器人控制体系结构如图 3-39 所示。

上位机主要实现人机交互及监控，下位机完成实时控制任务。下位机输出的控制信号经放大后驱动电液比例阀和电磁换向阀，通过液压动力实现钻臂的定位和凿岩机凿钻；反映钻臂位置姿态的角位移传感器（转动关节变量）和光电编码器（移动关节变量）将信号送至下位机，实现闭环控制，并进而送给上位机实现机械臂的状态监控。上位机用于车体定位、过

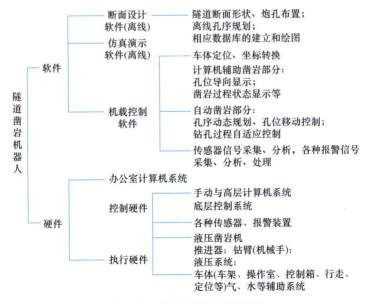

图 3-39 凿岩机器人体系结构图

程监控和过程管理，提供人机界面，将设计好的钻孔方案的目标参数和工作指令下达给下位机，同时将钻臂的实际位置以可视化的方式实时显示在屏幕上；操作台实现人的直接干预和手动操作，操作台的指令将优先于上位机的指令被下位机执行，操作人员通过操作台上的手柄和开关能够手动完成钻臂的定位和凿岩控制。

一般凿岩机器人机载软件的主要模块分布如图 3-40 所示。图中虚线以上部分为上位机，虚线以下部分为下位机。上位机为管理层，下位机为执行层。

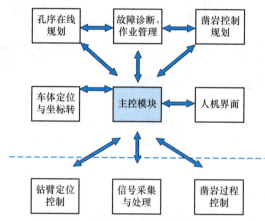

图 3-40　凿岩机器人机载软件的主要模块

（1）模块的功用

① 主控模块：该模块为机载软件的核心部分，它负责协调其他所有模块的工作。

② 孔序在线规划：也称"动态孔序规划"，在凿岩过程中，根据已钻凿的孔和剩余孔的状况，在缩短钻臂移动路径、合理分配钻臂任务量、避免钻臂干涉的前提下，对各钻臂钻凿剩余孔的移动定位顺序进行规划。这是一个难度大的课题。

③ 故障诊断、作业管理：接收处理各种故障信号，记录整理作业情况。

④ 凿岩控制规划：根据岩石情况，部分或全部改变液压凿岩机的冲击能量、回转速度、推进力，达到优化钻孔效率或其他优化指标的目的。

⑤ 车体定位与坐标转换：该模块负责在车体定位时记录用于定位的钻臂各个关节的数据，并进行有关坐标转换，这是按照预定炮孔布置方案进行施工的关键所在。

⑥ 人机界面：面对隧道施工的恶劣环境，要想做到完全脱离人工干预实现全自动化作业是不太现实的，所以必须建立人机界面以便操作人员对施工过程进行监督。可以根据具体情况，将凿岩机器人在计算机辅助凿岩和全自动凿岩两种工作模式之间切换。此外，通过人机界面查询凿岩过程中有关资料也是至关重要的。

⑦ 钻臂定位控制：主控模块将钻臂的当前位置和下一个炮孔的位置、方位和移动路径传给该模块，该模块据此控制钻臂按给定的路径运动，使钻杆的位姿（位置和姿态）能满足正确钻凿下一个炮孔的要求。

⑧ 信号采集与处理：该模块负责采集和处理钻臂上各个传感器的信号。

⑨ 凿岩过程控制：该模块的任务是根据上位机的指令控制整个凿岩钻孔循环，完成包括开孔、正常钻孔、卡钎处理、停机等钻孔作业，合理调整凿岩机的冲击、推进、回转等工作参数，以实现尽可能高的穿透速度，同时要避免卡钎的发生。

(2) 工作臂操作控制方式

凿岩机器人工作臂的正常作业具有三种操作控制方式：手动 PLC 控制方式、计算机导向控制方式、自动移位与自动凿岩方式。

① 手动 PLC 控制：机载计算机不参与工作，手动操作操纵台手柄与开关，PLC 检测操纵台上手柄与开关的信息，对应输出控制比例阀与电磁阀，驱动各个液压缸与液压马达，从而完成钻臂的定位与凿岩作业任务。

② 计算机导向控制：在手动方式的基础上，上位机（机载计算机）和传感器投入工作，PLC 采集各传感器的信号，机载计算机提供钻孔方案，并对作业过程进行图形导引与监视。

③ 自动移位与自动凿岩控制：上位机（机载计算机）提供钻孔方案，并给定钻孔顺序，PLC 根据钻孔方案自动控制钻臂的运动路径和定位精度，同时上位机进行图形跟踪显示；自动凿岩时，PLC 自动实现对炮孔的钻凿开眼、正常凿岩、钻凿到位后回退、回退到极限位置停止等过程的控制。在自动控制情况下，手动操作优先，即在紧急情况下，可分别实现移位过程与凿岩的人工干预。

(3) 正常工作过程

① 布孔方案设计：在开始钻凿之前，运用控制系统配套的一套软件——隧道断面轮廓与布孔设计软件，设计隧道断面的轮廓，并进行隧道断面炮孔布置（包括爆破孔位置、姿态角度、深度、孔径大小等），同时还可以对各炮孔钻凿的先后顺序进行静态规划。然后，可以将设计完成的断面布孔方案文件复制到机载控制系统（隧道凿岩机器人控制系统）。

② 车体定位过程：将凿岩钻车停放在待钻断面前，壁面上固定有激光发生器，激光束在固定坐标系中的方位已预先确定。当进行激光定位时，操纵操作手柄，移动钻臂，使激光束通过推进梁上的前后两个激光靶，并使钎杆末端位于凿岩断面上，然后下位机（PLC）采集各关节的角度与位移传感器的值，并上传给上位机，上位机根据激光束的方位与收集的传感器的值可求出车坐标到断面坐标的坐标变换矩阵。

③ 移位过程：在凿岩状态下，先将钎杆退回到后极限位置，将隧道凿岩机推进梁退离断面，保证钻臂运动过程中不与断面碰撞，控制各关节动作，移动钻臂使钎杆末端位置和外插角均符合待钻孔的要求，将推进梁顶尖顶紧凿岩断面，结束移位。移位操作有手动操作、计算机导向、自动移位等。

④ 正常的凿岩过程：大致可分为钎杆推进到位顶紧开眼、正常凿岩、推进到孔底后回退、退到后极限位置停止（完毕）等动作。另外有辅助防护措施：在前/后极限位置停止、水压低时不冲击、转钎压力高时进行自动防卡处理等。操作模式有：手动操作、计算机导向、自动凿岩等。

此外，凿岩机器人的工作臂还能进行特定作业，可以打顶板孔、侧壁孔、向下的垂直孔。

凿岩机器人一般配有一个辅助臂，主要用于钻臂故障排除、炮孔装药等。辅助臂工作有两套操作系统：一套是在司机室内，扳动操作台的操作手柄对辅助臂进行驱动，完成辅助臂的上下升降、左右摆动与二级伸缩；另一套装在臂的吊篮中用手动多路阀对辅助臂进行手动操作。

复习思考题

3-1 在掘进工作面上,凿岩钻车应该完成哪些动作?相应的工作机构是什么?

3-2 凿岩钻车基本结构包括哪些部分?

3-3 钻臂及其回转机构作用是什么?钻臂按照其动作原理有哪几种类型?

3-4 简述掘进钻车的推进器的工作原理。

3-5 画图说明掘进凿岩钻车钻凿相互平行炮孔时钻臂平移的工作原理。

3-6 凿岩机器人和普通的凿岩钻车的主要区别是什么?

第 4 章 潜孔钻机

 教学目标

（1）掌握潜孔钻机的基本工作原理、分类及其适用范围；
（2）了解潜孔钻机钻具的结构及其工作原理；
（3）熟悉露天潜孔钻机的基本结构及其功能；
（4）了解井下潜孔钻机的种类、特点。

4.1 潜孔钻机概述

为了适应井下大量崩矿采矿及露天矿山一次爆破规模的要求，钻孔设备需要钻凿 4～40m 甚至更深的炮孔，由于接杆凿岩机的活塞冲击能量损失会随孔深的延伸而快速增加，无法满足凿岩的速度和效率要求。潜孔钻机的冲击器潜入孔底，成为中深孔凿岩作业中较经济和有效的钻孔设备。

我国通过引进前苏联的井下潜孔钻机，并自行设计和定型生产了 YQ 型露天潜孔钻机。目前潜孔钻机品种繁多，孔径涵盖了 60～250mm 的范围，成为国内各个行业主选的钻孔设备之一。

4.1.1 潜孔钻机的工作原理及其特点

潜孔钻机可在中硬或中硬以上矿岩中钻孔，属于冲击旋转式凿岩，潜孔冲击器具有冲击、排岩和推进的成孔过程和独立的外回转机构与冲击机构。潜孔冲击器装于钻杆的前端，潜入孔底直接冲击钻头，对岩石进行冲击破碎，并随着钻孔的延伸而推进，潜孔钻机因此而得名。与凿岩机相比，潜孔钻机的冲击能量不会因钻杆的推进加长而损失，因而能钻大直径孔。其应用于井下钻孔时，工作面噪声大大降低；应用于露天钻孔时钻孔辅助作业时间少，提高了钻机作业效率。潜孔钻机可以钻倾斜孔，有利于控制矿石的品位，增加边坡的稳定性，消除根底，提高爆破质量。

潜孔钻机的钻孔作业主要由推进调压机构、回转供气机构、冲击机构、提升机构、操纵机构和排粉机构等来完成。潜孔钻机钻孔原理如图 4-1 所示。

钻机工作时，推进调压机构 6 使钻具连续推进，并使钻头始终与孔底岩石接触，回转机构 4 使钻具连续回转。同时，装在钻杆 3 前端的冲击器 2 在压气的作用下，其活塞不断冲击钻头 1。钻头被冲击后获得能量，潜入孔底，产生使岩石受挤压的冲击力。钻具回转避免了钻头重复打击在相同的凿痕上，并产生了对孔底岩石起刮削作用的剪切力。在冲击器活塞冲击力和回转机构的剪切力作用下，岩石不断地被压碎和剪碎。压气由气接头 5 进入，经由中空钻杆直达孔底，把剪碎后的岩渣，从钻杆与孔壁之间的环形空间吹到孔外，从而形成炮孔。

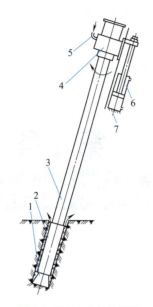

图 4-1　潜孔钻机钻孔原理
1—钻头；2—潜孔冲击器；3—钻杆；
4—回转机构；5—气接头与操纵机构；
6—调压机构；7—支承、调幅与升降机构

4.1.2　潜孔钻机分类

① 根据使用地点的不同，潜孔钻机可分为井下和露天两大类。井下潜孔钻机按有无行走机构可分为自行式和非自行式两种，自行式潜孔钻机包括轮胎式和履带式两种。我国露天潜孔钻机种类较多，均为履带自行式，而井下潜孔钻机多为轮胎自行式。

② 根据孔径的不同，潜孔钻机又可分为轻型潜孔钻机（孔径为 80～100mm）、中型潜孔钻机（孔径为 130～180mm）、重型潜孔钻机（孔径为 180～250mm）。

4.2　潜孔钻机的结构

KQ-200 型潜孔钻机是一种自带螺杆空压机的自行式重型钻孔机械。它主要用于大、中型露天矿山中钻凿直径为 ϕ200～220mm、孔深为 19m、下向倾角为 60°～90°的各种炮孔。钻机总体结构如图 4-2 所示。

钻具由钻杆 6、球齿钻头 9 及 J-200 冲击器 10 组成。钻孔时，用两根钻杆接杆钻进。回转供气机构由回转电机 1、回转减速器 2 及供气回转器 3 组成。回转电机为多速的 JD02-71-8/6/4 型。回转减速器为三级圆柱齿轮封闭式的异形构件，它用螺旋注油器自动润滑。供气回转器由连接体、密封件、中空主轴及钻杆接头等部分组成，其上设有供接卸钻杆使用的气动卡爪。提升调压机构是由提升电机借助提升减速器、提升链条而使回转机构及钻具实现升降动作的。在封闭链条系统中，装有调压缸及动滑轮组。正常工作时，由调压缸的活塞杆推动动滑轮组使钻具实现减压钻进。

送杆机构由送杆器 5、托杆器、卡杆器及定心环等部分组成。送杆器通过送杆电机、蜗轮减速器带动轴转动。固定在传动轴上的上下转臂拖动钻杆完成送入及摆出动作。托杆器是接卸钻杆时的支承装置，用它托住钻杆并使其保证对中性。卡杆器是接卸钻杆时的卡紧装置，用它卡住一根钻杆而接卸另一根钻杆。定心环对钻杆起导向和扶持作用，以防止炮孔和钻杆歪斜。

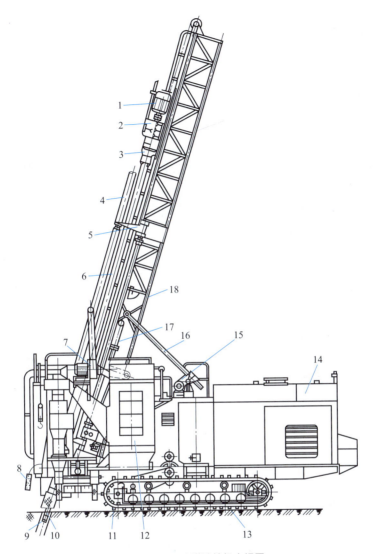

图 4-2 KQ-200 潜孔钻机主视图

1—回转电机；2—回转减速器；3—供气回转器；4—副钻杆；5—送杆器；6—主钻杆；
7—离心通风机；8—手动按钮；9—钻头；10—冲击器；11—行走驱动轮；12—干式除尘器；
13—履带；14—机械间；15—钻架起落机构；16—齿条；17—调压装置；18—钻架

钻架起落机构 15 由起落电机、减速装置及齿条 16 等部件组成。在起落钻架时，起落电机通过减速装置使齿条沿着鞍形轴承伸缩，从而使钻架抬起或落下。在钻架起落终了时，由于电磁制动及蜗轮副的自锁作用，钻杆稳定地固定在任意位置上。

4.2.1 潜孔钻具

潜孔钻机的钻具包括钻杆、冲击器和钻头。钻杆的两端有联接螺纹，一端与回转供气机构相连接，另一端连接冲击器。冲击器的前端安装钻头。钻孔时，回转供气机构带动钻具回转并向中空钻杆供给压力，冲击器冲击钻头进行凿岩，压力将岩碴排出孔外，推进机构将回转供气机构和钻具不断地向前推进。

4.2.1.1 钻杆

钻杆的作用是带动冲击器回转,并通过其中心孔向冲击器输送压气。地下潜孔钻机的钻杆较短,一般长度为800～1300mm,钻完一个深炮孔,需要几十根钻杆。露天潜孔钻机,一般有两根钻杆。一根为主钻杆,另一根为副钻杆。主、副钻杆只是长度不同,结构完全一样。钻杆的两端有联接螺纹。钻杆接头上都有供装卸钻杆和冲击器用的气动卡爪。

4.2.1.2 冲击器

冲击器是潜孔钻机的核心部件,其质量优劣直接影响着钻孔速度和钻孔成本。冲击器的作用是将从钻杆中心来的高压空气能量转变成活塞往复运动的冲击能,并将其传递给钻头来冲击破碎岩石。冲击器分为中心排气与旁侧排气冲击器。

潜孔钻机冲击器的特点有:

① 冲击力直接作用于钻头,冲击能量不因在钻杆中传递而损失,故凿岩速度受孔深的影响小;

② 以高压气体排出孔底的岩碴,很少有重复破碎现象;

③ 孔壁光滑,孔径上下相等;

④ 因冲击器位于孔底,工作面的噪声低。

当前,国内外新型高工作气压的空压机(达2.5MPa)和高风压潜孔冲击器的使用使钻孔速度提高了数倍,而大孔径冲击器和捆绑式冲击器的应用增大了钻孔孔径,使其应用范围更广。

潜孔冲击器按配气方式分为有阀配气和无阀配气,有阀配气又分为自由阀(板阀与蝶阀)和控制阀。按照废气排出的途径,潜孔钻机冲击器分中心排气和旁侧排气两种。中心排气是指冲击器的工作废气及一部分压气,从钻头的中空孔道直接进入孔底。旁侧排气的冲击器,其工作废气及一部分压气则由冲击器缸体排至孔壁,再进入孔底。

目前,我国使用的冲击器主要有以下三种型号:

① C型。采用自由阀配气,侧向排气,目前已被新型冲击器所代替。

② J型和CZ型。采用自由板阀配气,中心排气,单次冲击功大,冲击频率较低,使用寿命长,适用工作气压0.4～0.7MPa。

③ W型。无阀配气,中心排气,单次冲击功较大,具有结构简单、工作可靠等优点。

(1) J-200B型冲击器

J-200B型为一种典型的中心排气冲击器,其结构如图4-3所示。冲击器通过接头上的螺纹将冲击器与钻杆联接。接头上镶有硬质合金柱,用以防止因上部掉入物料而卡磨冲击器,减少外缸与孔壁的摩擦,延长冲击器使用寿命。

J-200B型冲击器配气机构由阀盖、阀片、阀座组成,活塞为一个中空棒槌形圆柱体。气缸由内、外缸组成,内外缸之间的环形空间是气缸前腔的进气道,外缸联接安装着冲击器的所有机件。衬套位于卡钎套顶端,活塞运动时其前端部分可在衬套里滑动。卡钎套与外缸螺纹联接,并依靠其内壁上的花键带动钻头。钻头为整体式球面柱齿钻头,钻头尾部可在卡钎套内上下滑动,靠圆键将钻头与卡钎套连在一起,并用柱销和钢丝阻挡圆键,防止钻头在提升或下放时脱落而掉入孔内。碟簧4的作用是补偿接触零件轴向磨损,保证零件压紧,防止高、低压腔连通而影响冲击器性能,同时,在工作时还起到减振作用。

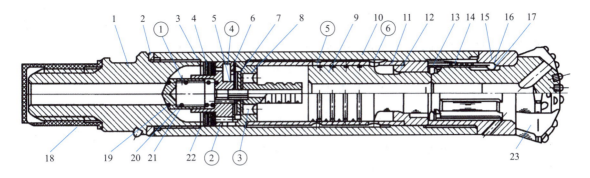

图 4-3 J-200B 型有阀中心排气潜孔冲击器

1—后接头；2—钢垫圈；3—调整圈；4—碟簧；5—节流塞；6—阀盖；7—阀片；8—阀座；
9—活塞；10—外缸；11—内缸；12—衬套；13—柱销；14，21—弹簧；15—卡钎套；16—钢丝；
17—圆键；18—螺纹；19—密封圈；20—止逆塞；22—磨损片；23—钻头
①止逆塞孔；②阀盖轴向孔；③阀座轴向孔；④阀盖孔；⑤防空打孔；⑥前腔进气孔

为了使冲击器能在含水层里正常作业，J-200B 型冲击器设有防水装置。防水装置由密封圈、止逆塞和弹簧组成。在压气作用下弹簧处于压缩状态，止逆塞前移，压气便进入冲击器；停止供气时止逆塞在弹簧作用下自动关闭进气口，冲击器内气体被封闭，阻止了孔中的涌水及泥沙倒灌入冲击器。在阀盖和阀座之间安装了可更换的节流塞，用节流孔来调节耗气量和风压，保证有足够大的回风速度，使孔底排渣干净。

J-200B 型冲击器的冲击工作原理本质上与被动阀配气的气动凿岩机的工作原理相同。钻机开始工作时先给冲击器供给压气，然后推进钻具。当钻头未触及孔底时钻头及活塞均处于下限位置，阀片前后两侧的压力相等，阀片依靠自重落在阀座上。由中空钻杆输入的压气进入接头中心孔压缩弹簧、推开止逆塞后分成两路。一路进入止逆塞孔，经阀盖、节流塞、阀座、活塞和钻头各零件的中心孔直吹孔底；另一路经阀盖轴向孔，通过阀片后侧面与阀盖之间的间隙进入孔④，再经内外缸之间的环形气道，从防空打孔⑤进入后腔，并排至孔底。

当钻头触及孔底后，钻头尾部顶起活塞，使活塞后端将防空打孔⑤堵死，露出前腔进气孔⑥，压气便进入前腔，同时活塞前端密封面将前腔密封。于是前腔压力升高，压气推动活塞回程，活塞由静止开始作加速运动，后腔气体由活塞中心孔排出。当活塞中心孔被阀座上的配气杆堵死后，后腔气体被压缩，压力逐渐升高，活塞继续向后作回程运动。当活塞前端脱离衬套的密封面时前腔气压从钻头中心孔排出。这时前腔压力逐渐降低，阀片后侧的压力也随之逐渐下降。与此同时，由于前腔排气，阀片后侧的气流速度增大，也使阀片后侧的压力下降。活塞依靠惯性继续向后运动，后腔压力不断上升，作用在阀片前侧的压力也不断上升。当作用在阀片前侧的压力大于阀片后侧的压力时，阀片便向后移动，关闭阀盖上的孔④，打开阀座上的轴向孔③，阀片完成一次换向。从孔②来的压气改道经孔③进入气缸后腔。此时活塞继续作减速运动，直至停止，回程结束。阀座上的两个小孔是为了提高后腔压力，避免活塞打击阀座，使活塞停止时有一定厚度的气垫。

活塞回程结束后，由于后腔继续进气、压力升高，推动活塞向前运动，冲程开始。前腔气体继续由钻头中心孔排出。当活塞前端密封面进入衬套时前腔排气通路被关闭，气体被压缩,压力上升。当活塞后端脱离阀座上的配气杆时后腔开始排气,这时活塞仍以很高的速度向前运动直至冲击钻头尾部,冲程结束。在活塞冲击钻头尾部之前,后腔压力逐渐降低、阀片前侧的压力亦随之下降;同时由于后腔的排气作用,阀片前侧的气流速度加大,也使阀片前侧的压力降低。而前腔压力不断上升,阀片后侧压力亦不断增加,当阀片后侧压力大于前侧压力时阀片即向前移动,盖住了后腔的进气通道,压气重新进入前腔,开始下一个工作循环。

在钻孔过程中,当提起或下放钻具喷吹孔底岩渣或处理夹钻时,冲击器将会继续冲击,造成空打钻头,导致损坏卡钎套等零件,这种现象称为空打现象。消除空打现象的方法是在冲击器内设计一个防空打结构。当提起或下放钻具,钻头靠自重下落,其尾部卡在圆键上,活塞随之处于下限位置,此时进气孔⑥被活塞堵死,露出防空打孔⑤,使前腔与孔底沟通,前腔气体排至孔底。由孔⑤进入后腔的压气经活塞中心孔直吹孔底,活塞停止运动,因而消除空打现象。

(2) W200J型无阀冲击器

W200J为无阀中心排气潜孔冲击器,其结构如图4-4所示。它利用活塞和气缸壁实现配气。由中空钻杆来的压气经接头1、止逆塞15进入配气座5的后腔,然后分为两路运行:一路经配气座5的中心孔道和喷嘴18进入活塞6和钻头20的中心孔道至孔底、冷却钻头和排除岩粉;另一路进入外缸7和内缸8之间的环形腔,当压气经内缸上的径向孔和活塞6上的气槽引入内缸的前腔时,活塞开始向左做回程运动(图示位置)、当活塞左移关闭其径向孔时,活塞靠气体膨胀继续运行,而当前腔与排气孔路相通时,活塞靠惯性运行,直至停止,而后又向右做冲程运动,直至撞击钻头。

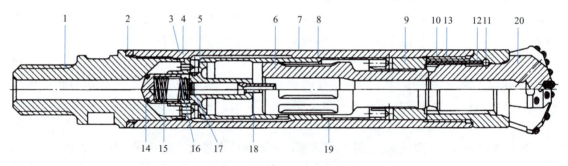

图4-4 W200J型无阀中心排气潜孔冲击器

1—接头;2—钢垫圈;3—调整圈;4—胶垫;5—配气座;6—活塞;7—外缸;8—内缸;
9—衬套;10—卡钎套;11—圆键;12—柱销;13,16—弹簧;14—密封圈;15—止逆塞;
17—弹性挡圈;18—喷嘴;19—隔套;20—钻头

有阀与无阀冲击器的比较:有阀冲击器的配气阀换向与气缸排气压力有关,只有当排气口被开启,气缸内压力降到某一数值后阀才换向。所以,从活塞打开排气口开始直到阀换向这段时间内,压气从排气口排出,压气能量没有被利用。而无阀冲击器则利用压气膨胀做功推动活塞运动,减少了能量消耗,压气耗量比有阀冲击器节省30%左右,并具有较高冲击频率和较大冲击功。但是,无阀冲击器的主要零件精度要求较高,加工工艺较复杂。

(3) CGWZ165型冲击器

CGWZ165型冲击器为高气压型潜孔冲击器,使用气压为1.05~1.5MPa,具有凿岩速度快、钻孔成本低的优点。CGWZ165型冲击器采用无阀配气,其结构如图4-5所示。

为开动冲击器，须先使钻头与岩石接触并顶起活塞，当处于图 4-5 所示位置时，开动准备工作即告结束。由后接头的中空孔道①引入压气，顶开止逆塞时，压气分为两路，一路经止逆塞上的补气孔②和中心孔③，再经配气座中心孔⑧、活塞中心孔⑪、钻头中心孔⑰直吹孔底，用以直接排粉除渣。另一路压气经配气座孔④、环形槽⑤、气缸上的斜孔⑥、外套管的环形槽⑦、气缸环形槽⑩交替地进入气缸前腔和后腔。

回程开始时，活塞处于图 4-5 所示位置。气缸环形槽⑩中的压气经活塞大端环形槽、活塞与外套管环形槽之间的通道进入钎尾与外套管形成的环形腔，推动活塞向左运动。当环形槽与通道断开时，活塞前腔进气停止，活塞前腔气体排至孔底，使活塞运动所受的气压很小。当活塞后端面与配气座的配气杆接合时，就关闭了后腔通向孔底的孔道，此时活塞的回程运动使后腔的气体受到压缩。当活塞的外环形槽与气缸的环形槽⑩接通时，压气经环形槽⑦、⑩进入后腔。由于活塞运动的惯性，活塞仍左向移动一段距离，直至后腔压气产生的作用力终止活塞的回程运动，并使活塞开始向右做冲程运动。活塞运动到环形槽⑦与环形槽⑩脱开瞬间，压气进入后腔的通道即被堵死，活塞靠气体膨胀仍向前运动。当活塞中心孔⑪与配气座的配气杆脱开时，后腔的气体经气缸环形槽⑩、孔道⑫～⑮至孔底。与此同时，活塞撞击钻头尾部，完成冲程运动。

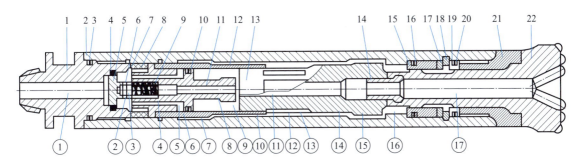

图 4-5 CGWZ165 型冲击器的结构图

1—后接头；2—外套管；3,4,10,16,20—胶圈；5—止逆塞；6—尼龙销；7—后垫圈；
8—碟形弹簧；9—弹簧；11—配气座；12—气缸；13—活塞；14—钎尾管；15—导向套；
17—前垫圈；18—内卡簧；19—卡环；21—前接头；22—钻头

①中空孔道；②（止逆塞）补气孔；③中心孔；④配气座孔；⑤环形槽；⑥（气缸）斜孔；
⑦（外套管）环形槽；⑧配气座中心孔；⑨气缸后腔；⑩气缸环形槽；⑪活塞中心孔；
⑫～⑮孔道；⑯气缸前腔；⑰钻头中心孔

活塞开始做冲程运动时，前腔的气体继续经钎尾管中心、钻头中心孔排至孔底。当活塞前端进入钎尾管时，通孔底的中心孔道封闭，前腔气体开始压缩，直至活塞运动到圆弧槽与通道接通后，压气进入到环形槽，活塞又开始回程运动，如此反复。

4.2.2 回转供气机构

4.2.2.1 回转供气机构的组成与作用

回转供气机构是带动潜孔冲击器回转并通过它向冲击器输送压气的装置，是潜孔钻机上的关键部件，由回转机、回转减速器及供气回转器 3 个部件组成。其布置如图 4-6 所示。

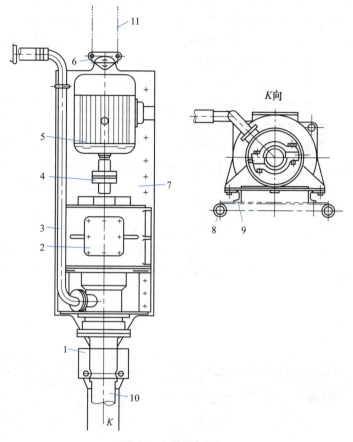

图 4-6 回转供气机构

1—供气回转器；2—回转减速器；3—送气胶管；4—弹性联轴器；
5—回转电机；6—平衡接头；7—滑板；8—钻架；9—滑道；10—钻杆；11—提升链条

回转电机 5 与回转减速器 2 用弹性联轴器 4 连接，回转减速器与供气回转器 1 用一组螺栓连接。回转电机、回转减速器及供气回转器三者连接成一个整体，再将其固定在可沿钻架导轨滑动的滑板 7 上。滑板的两端分别用平衡接头 6 与双提升链条相连。这样，滑板和链条就形成了一个封闭系统。送气胶管 3 的一端连到供气回转器上，另一端与送气胶管连接。连接处均有可靠密封件。弹性联轴器一方面起联接作用，另一方面起缓冲作用。

回转电机也可用气马达或液压马达来代替。回转减速器可用普通圆柱齿轮减速器、行星轮减速器，也可用针齿摆线轮减速器。供气回转器有中心供气和旁侧供气两种形式。回转器内多设置减振器，以减少由钻具钻进产生的机械振动。

该机构一方面通过减速器增大钻具的回转力矩，降低钻具的转速；另一方面通过供气回转器向钻具供气，同时还可以通过供气回转器上的气动卡爪接卸钻杆。

4.2.2.2 供气回转器

供气回转器的功能是传递回转扭矩、向冲击器供气及接卸钻杆。按照供气气路位置不同有旁侧供气回转器和中心供气回转器。井下潜孔钻机多用中心供气回转器。

(1) 旁侧供气回转器

国内经常使用的一种旁侧供气回转器的结构如图 4-7 所示。

回转器壳体 1 用螺栓连接在减速器的机体上，空心主轴 6 的上端用花键与减速器输出轴相连，花键套 10 靠花键装在空心主轴上，钻杆接头 22 用螺栓 11 与花键套连接，减速器输出轴的力矩通过空心主轴及花键套传递给钻杆接头，于是钻具就和钻杆接头一起回转。

由气管输送来的压气经过供气弯头导入供气回转器壳体 1 中，继而进入空心主轴、钻杆接头、钻杆及冲击器内，为冲击器提供工作动力。

当需要接杆钻进时，首先使气路停止供气，同时气动卡爪 21 被两个拉簧拉开。然后开动回转电机，钻杆尾部方形螺纹即可拧入钻杆接头中。当需要卸杆时，首先接通压气，于是小活塞 19 被压气推出，卡爪向中心摆动并卡住钻杆凹槽，反转开动电机，则上部钻杆与下部钻杆即可脱开。

（2）中心供气回转器

中心供气回转器的典型实例，是瑞典 ROC-306 型潜孔钻机上的回转器。其压气从进气口进入，通过中空主轴流入钻杆和冲击器。

旁侧供气与中心供气方式的选用主要视回转机构的布置情况而定。如果电机、减速器和供气回转器纵向连接（如图 4-5 所示），则空心主轴上部没有空间安装回转接头，故需采用旁侧供气。如果电机、减速器及回转器采用横向布置（如图 4-8），根据具体结构，可以采用旁侧供气，也可采用中心供气。

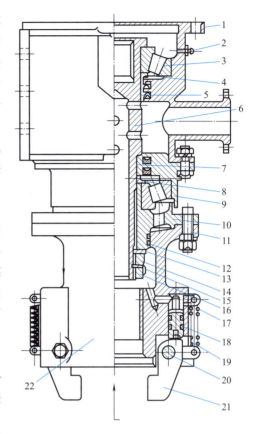

图 4-7　旁侧供气回转器结构图

1—供气回转器壳体；2—油嘴；3—圆锥滚子轴承；
4—轴套；5—密封圈；6—空心主轴；7—轴环；
8—调整垫；9—轴承盖；10—花键套；11—螺栓；
12—密封圈；13—垫；14—螺旋母；15—防松垫圈；
16—螺旋母；17—拉簧；18—密封圈；19—小活塞；
20—卡爪销轴；21—气动卡爪；22—钻杆接头

图 4-8 上的供气回转器不采用中心供气的原因是：供气回转器的设计必须注意防振、防松和防漏。一般在供气回转器中安装减振器用以解决防振问题；加强几个部件的连接和气路、水路的密封，用以解决防松和防漏问题。中空主轴中安装了一个卸杆活塞，限制了中心的空间位置。

4.2.3　提升调压机构

4.2.3.1　提升调压机构的作用

冲击、回转、推进和排渣是潜孔钻机工作的四个基本环节。钻机在不断地冲击、回转和排渣的同时，还必须对岩石施以一定的轴推力才能进行正常的钻进。合理的轴推力能使钻头与孔底岩石紧密地接触，有效地破碎孔底岩石。如果轴推力不足，会造成冲击器、钻头和岩石之间的不规则碰撞，降低钻孔速度。如果轴推力过大，将产生很大的回转阻力，也会加速钻头的磨损，加剧钻机的振动，使钻孔速度下降。因此，必须设置调压机构，适时地调节孔底轴推力。

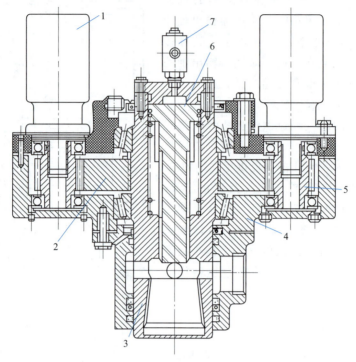

图 4-8 美国 TRW6200-U 型钻机供气回转器
1—液压马达；2—大齿轮；3—空心主轴；4—箱体；5—小齿轮；6—卸杆活塞；7—进气接头

另外，为了更换钻具、调整孔位及修整孔形，需要不断地将钻具提起或放下，这个动作用提升机构来完成。由于提升机构与调压机构通常都是通过挠性传动装置带动钻具的，为了结构紧凑，一般将它们设计在同一个系统中，形成所谓的提升调压机构。

4.2.3.2 提升调压系统的结构

提升系统包括提升原动机、减速器、挠性传动装置和制动器等部件。调压系统包括调压缸、推拉活塞杆、挠性传动装置和行程转换开关等部件。两个系统共用挠性传动装置，因此它们必须互相依存、协调动作。

根据提升传动系统和调压动力装置的不同，可将提升调压系统分为以下几种类型：

(1) 电机-封闭链条-气缸式提升调压系统

KQ-200 型及 H-200 型潜孔钻机采用电机-封闭链条-气缸式提升调压系统，如图 4-9 所示。

位于机械间内的提升电机 1 通过弹性联轴器 2 与蜗轮减速器 3 连接。蜗轮轴头上装有链轮 19，它驱动链条 18。钻架回转轴 17 上装有两个主动链轮，它们驱动绕经顶部及底部导向轮 8 和 4 的封闭链条 5，此链条与活塞杆 6 的两端分别连接。调压气缸 7 因位置限制设计成上下双缸形式，它与滑板 10 用螺栓连接。回转电机 11、针摆减速器 12 和供气回转器 13 用螺栓固定在滑板上。它们与调压缸一起形成了一个下滑组合体，该组合体可沿钻架上的导轨 9 上下滑动。

开动提升电动机，通过蜗轮减速器、封闭链条和活塞杆，即可拖动下滑组合体提升或下放，完成升降钻具的工作。当制动提升电动机时，同时开动冲击器 15，即可实现正常的钻

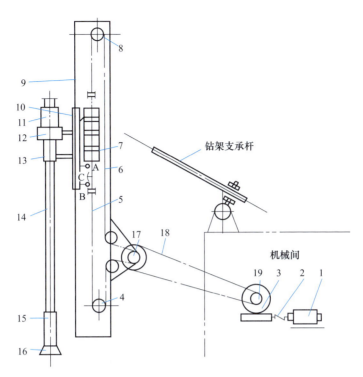

图 4-9 电机-封闭链条-气缸式提升调压系统

1—提升电机；2—弹性联轴器；3—蜗轮减速器；4—底部导向轮；5,18—链条；6—活塞杆；7—调压气缸；8—顶部导向轮；9—导轨；10—滑板；11—回转电机；12—针摆减速器；13—供气回转器；14—钻杆；15—冲击器；16—钻头；17—钻架回转轴；19—链轮

进作业。这时，如果在调压气缸 7 的下腔通入压气，就可进行加压钻进；反之，在调压气缸的上腔通入压气，就可实现减压钻进（减压力值必须小于下滑组合体自重力）。行程开关 A、B 及触点 C 是为调压气缸行程的自动切换而设置的。

(2) 电机-封闭钢绳-气缸式提升调压系统

这种提升调压传动系统多用在中、小型潜孔钻机上。其传动原理如图 4-10 所示。它由电动卷扬装置 1、封闭钢绳 3、导向滑轮组 4 及调压气缸 9 等部件组成。

电动卷扬装置 1 由电机、行星减速器和卷筒组成，三者形成一个整体并装在同一轴线上。封闭钢绳 3 的一端经导向滑轮组 4 （图中共 4 个）绕顶部滑轮 15 后接到滑板 13 的上端，另一端经导向滑轮组绕底部滑轮 6 后接到导向滑板的下端。钢绳牵引着滑板和回转供气机构 14 上下运动。

需要提升钻具时，开动提升电机使提升卷筒逆时针方向回转，这时封闭钢绳首先拉动动滑轮组，使其远离调压气缸 9。当活塞杆全部伸出并且达到上死点之后，就可快速提升钻具。当电机换向使卷筒顺时针方向回转时，则钻具即可快速下放到工作位置。

需要加压钻进时，则向调压气缸的下腔通压气，这时滑轮组上移，调压力通过封闭钢绳加到钻具上。反之，需要减压钻进时，则向调压气缸的上腔通压气。这时调压力通过封闭钢绳作用到钻具的上方，使钻具减压向下推进。必须指出，这时下滑组合体的自重力必须大于向上的调压力，否则，将不能实现钻进。

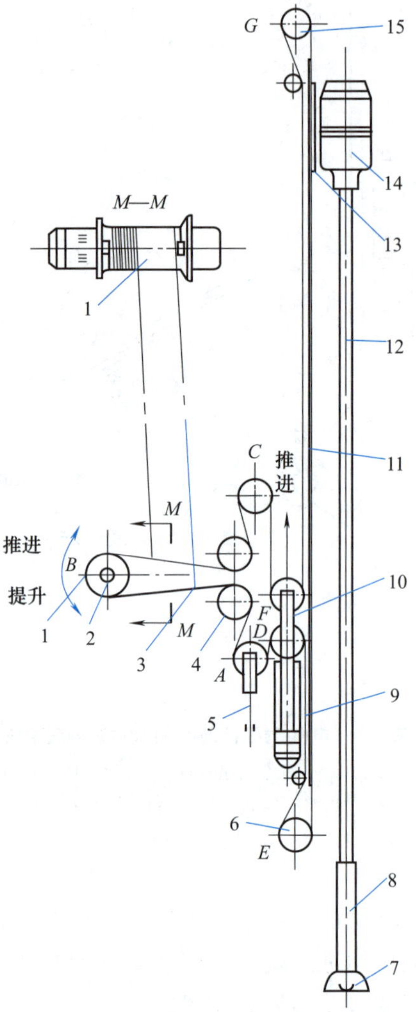

图 4-10 电机-封闭钢绳-气缸式提升调压系统

1—电动卷扬装置；2—制动闸；3—封闭钢绳；4—导向滑轮组；5—张紧装置；6—底部滑轮；7—钻头；
8—冲击器；9—调压气缸；10—动滑轮组；11—导轨；12—钻杆；13—滑板；14—回转供气机构；15—顶部滑轮

(3) 电机-封闭钢绳-自重式提升调压系统

该系统的传动与布置如图 4-11 所示。提升电机 1 通过减速器 3 减速之后带动卷筒 6 旋转。钢绳 7 的一端绕经钻架顶部滑轮 8 之后，与回转供气机构 10 的滑板上端连接；另一端绕经钻架底部滑轮 9 后，与滑板下端连接。卷筒、钢绳与滑板组成了一个封闭系统。

需要升降钻具时，开动提升电机 1，经过减速之后绕在卷筒 6 上的封闭钢绳，即可牵引回转机构及钻具上下运动。如果关闭电机，则制动器 2 立即动作，于是整个提升调压系统被制动，钻具停留在所需位置上。

该系统的调压原理与一般钻机不同，它只能减压而不能加压，因为轴推力来源于下滑组合体的自重力。轴推力的大小，可用电磁制动器 2 调整。改变电磁制动线圈电流的大小，即可改变制动力的大小，从而改变轴推力。

电磁制动线圈由单相磁放大器供电，磁放大器的电流用调压电位器调节。如果将磁放大

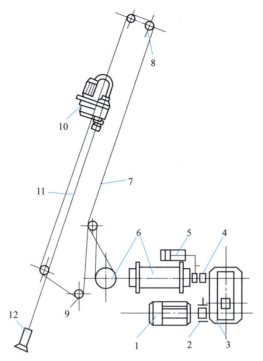

图 4-11 电机-封闭钢绳-自重式提升调压系统

1—提升电机；2—电磁制动器；3—减速器；4—牙嵌离合器；5—离合器气缸；6—卷筒；
7—钢绳；8—顶部滑轮；9—底部滑轮；10—回转供气机构；11—钻杆；12—冲击器

器的线路引入回转电机电流负反馈，那么当回转电机电流增大时，则电磁制动线圈电流就减小，于是制动力矩加大，轴推力相应地也减小，实现减压钻进。当回转电机电流超过额定值时，制动器将会完全闸死，钻机随之停止钻进。待电流恢复正常时，钻机重新开始工作并进入稳定运行和长时工作状态。

4.2.4 排渣、除尘、空气增压和净化

4.2.4.1 排渣、除尘系统

钻孔设备在破岩过程中产生大量的岩粉，随着炮孔的延伸，只有不断地将其从孔底排到地面，才能实现正常的钻进。

(1) 排渣

所谓排渣就是将岩粉从孔底排到地表的工作。只用压气将岩粉排到孔外，称为干式排渣；用气水混合物将岩粉湿化后排到孔外，称为湿式排渣。在排出的岩粉中，粒度在 $500\mu m$ 以上的粗颗粒称为岩渣；粒度在 $500\mu m$ 以下的细颗粒称为粉尘。

正确地排渣不仅可以提高凿岩速度、减少钻具能量损失，而且可以提高钻头的使用寿命，降低钻孔成本。

到目前为止，国内外钻孔机械排渣所使用的动力介质主要是水和压气。气动凿岩机基本是用水，露天钻机则多使用压气或气水混合物。

要想把粒度为几毫米乃至十几毫米的岩渣排出孔外，必须有足够的风量和风速。

(2) 除尘和除尘系统

所谓除尘就是把排到孔外的岩粉捕集起来，然后进行处理使其不至于污染大气的工作。这项工作对保证工人健康和减少设备磨损都非常重要。

通过调查研究证明，对人的身体危害最大的粉尘粒度在 $0.2 \sim 2\mu m$。因此，除尘工作的重点是解决 $5\mu m$ 以下的细小粉尘的捕集和消除问题。

根据除尘所用介质和设备的不同，可将除尘方法分为干式除尘、湿式除尘、混合式除尘和泡沫除尘等几种方式。

① 干式除尘和干式除尘系统。干式除尘是利用沉降器、旋流器和过滤器等装置将含尘气流中的岩粉捕集起来并除掉。干式除尘方法在我国主要应用在露天矿山，已有定型除尘设备可供选用；在国外，不但在露天矿山广为采用，而且在井下矿山也有所应用。干式除尘不但能提高凿岩速度（10%～15%），而且能减少污水对凿岩工具的侵蚀，增加钻具使用寿命。国外已有很多公司专门生产集尘器、喷射器、滤尘器等干式除尘装置供给井下矿山使用，较大型者也可用于铁路交通隧道的开拓工程。

国内外潜孔钻机广泛使用各种形式的干式除尘设备，典型的除尘系统如图 4-12 所示。干式除尘系统的主要动力机械是离心式通风机，岩粉排出孔口后，首先在捕尘罩 9 中被捕集，大颗粒岩渣落在孔口周围，接着含尘气流进入沉降箱 10 中进行沉降，粗粒岩渣落入箱中，然后含尘气流进入旁室旋风除尘器 4，在这里进行离心分离和沉降，最后粉尘在脉冲布袋除尘器 6 中被过滤。过滤后，粉尘被阻留在除尘器内，而含有微量粉尘的气流由离心通风机 5 排至大气中。脉冲布袋中的粉尘用螺旋清灰器 1 排出。在脉冲布袋除尘器及旁室旋风除尘器的底部设有格式阀 2，当电机 12 开动后，螺旋清灰器开始清灰，同时格式阀旋转，粉尘通过格式阀、放灰胶管 11 自动地落到地面上。脉冲布袋除尘器的动作由脉冲阀 7 及喷吹

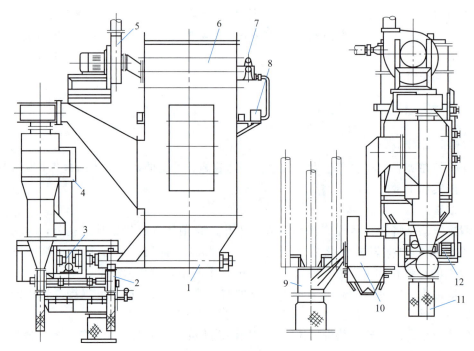

图 4-12 干式除尘系统

1—螺旋清灰器；2—格式阀；3—减速器；4—旁室旋风除尘器；5—离心通风机；6—脉冲布袋除尘器；7—脉冲阀；8—喷吹控制器；9—捕尘罩；10—沉降箱；11—放灰胶管；12—电机

控制器 8 控制。现将各级干式除尘的除尘原理分析如下。

a. 沉降法除尘原理。沉降法除尘器有捕尘罩和沉降箱，它们是干式除尘系统中的前两级除尘器，都是靠重力作用原理来沉降粉尘的。除尘粒度在 $500\mu m$ 以上，除尘效果可达到有关标准要求。

b. 旋流法除尘原理。旋流法除尘的主要装置是旋流式除尘器。它利用高速含尘气流的离心作用原理来分离和沉降粉尘，除尘粒度为 $5\sim500\mu m$。它是干式除尘系统中的一级中间除尘装置，有时也单独使用。其工作原理如图 4-13 所示。含尘气流从入风接头 5 进入外圆筒 1 与排风管 2 之间的环节空间，在离心力作用下，粉尘快速地向筒壁方向移动，同时，在自重力及气流的夹持力作用下，粉尘又急速地向筒底方向移动，即粉尘沿着扩展螺旋线的方向由入风口向筒底流动。沉降下来的粉尘从排尘口 4 排出。工作后的气流经排风管 2 的内孔又以螺旋线的形式排出筒外。

c. 过滤法除尘原理。过滤法除尘是利用多孔介质的过滤作用而使尘气分离的，用于捕集 $0.1\sim0.5\mu m$ 粒度的粉尘，多用在干式除尘系统的末级除尘上。常用的除尘介质为有一定厚度的纤维、布袋、纸板等。

脉冲布袋除尘器如图 4-14 所示。含尘气流从入口进入滤袋 6，过滤后经喷嘴 12、喷吹箱 1 及通风机出口排至大气。被布袋过滤的粉尘一部分靠重力作用落到积尘箱 3 中，一部分积附在滤袋上。当积尘增多时，过滤阻力加大，这时需用一种喷吹装置周期地、自动地喷吹布袋，借以扫落积尘，保证除尘系统持续地工作。

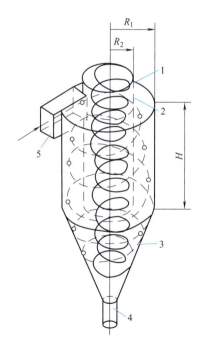

图 4-13 旋流除尘器工作原理图
1—外圆筒；2—排风管；3—圆锥体；
4—排尘口；5—入风接头

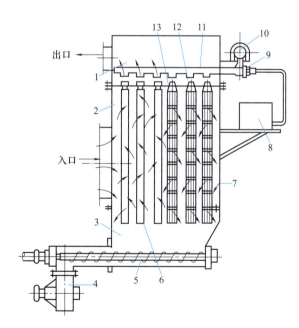

图 4-14 脉冲布袋除尘器工作系统
1—喷吹箱；2—滤尘箱；3—积尘箱；4—格式阀；
5—螺旋清灰器；6—滤袋；7—滤袋架；8—脉冲控制器；
9—脉冲阀；10—储气罐；11—喷吹管；12—喷嘴；13—花板

干式除尘系统的动力机是离心式通风机。通风机的主要工作参数是风量、系统阻力和粉尘浓度。

② 湿式除尘和湿式除尘系统。湿式除尘是指对岩粉进行湿化处理，并将粉尘除掉的一种除尘方法。

孔底湿式除尘是利用风水混合物作为除尘介质的。利用这种方法，首先在孔底把岩粉湿化，然后再将其排到地表。

由于孔底岩粉湿化后多呈黏滞状态，所以排渣效果低于干式除尘，钻机的钻进效率和经济效益也不如干式除尘高。但是，湿式除尘的除尘效果远优于干式除尘，所以至今这种方法仍被国内外井下矿山广为采用。

孔口湿式除尘是指将排到孔口的干散岩粉进行喷湿和球化，以达到除尘目的的一种除尘方法。这种方法兼有干式除尘及孔底湿式除尘两种方法的优点，是一种值得进一步研究和应用的除尘方法，而且设施比较简单。

我国许多潜孔钻机采用水泵加压供水的湿式除尘系统进行湿式除尘。其供水系统如图 4-15 所示。水泵 7 将水箱 6 中的水抽出后，经调压阀 8、逆止阀 4 和控制阀 1 压入风水接头 10，在此形成气水混合物，然后将混合物通过主压气管 9 送入钻具并在孔底湿化岩粉。供水压力一般比气压高 0.05MPa。水量视排出岩粉的湿化程度而定。排出的岩粉用手抓握成团、松手后又能立即散开是理想的湿化状态。

如果将压气通入水箱中，就可取消水泵，在压气压力作用下，水按前述过程被输送到风水接头 10，雾化后再进入孔底，形成所谓压气加压供水系统。采用钻机本身自带空压机所产生的压气进行压气加压供水，可节省一套水泵动力系统，维修也比较简便，这是一种简单经济的供水方案。

③ 混合式除尘。将干式除尘和湿式除尘结合起来应用，就可构成所谓"干排湿除"的混合式除尘系统。

④ 泡沫除尘。近年来，国外发展出一种新式的除尘方法即所谓泡沫除尘法。它是将水和一定量的聚合物起泡剂混合形成一种起泡剂溶液，将该溶液用泵送入凿岩用压气的进气管中并送入孔底，在孔底形成泡沫。泡沫将岩粉包住并将其举升到孔外，从而达到除尘的目的。采用这种除尘方法，不但能较好地捕集和消除粉尘，而且还可以提高排渣效果、加固孔壁，所以它是一种一举多得的除尘方法。这种除尘方法目前在国外正在发展中。

4.2.4.2 空气的增压和净化

尽管很多钻机都设置了除尘设备，但是还不能达到满意的除尘效果。井下矿山安全规程规定钻孔作业点的空气最高容许粉尘浓度为 $2mg/m^3$，实际上多数除尘设备不能达到这个标准。为了确保钻机司机的身体健康和机电设备的安全运转，许多钻机上都设置了空气增压净化装置，用以净化司机室和机械间的空气，最后将粉尘浓度降到国家规定指标以下。这些设施的价格均较低廉。

一般将司机室空气增压净化装置安装在司机室的顶部，其结构组成及工作原理如图 4-16 所示。它由通风机 4、水平直进旋流器组 5、高效过滤器 6 等部分组成。打开室外进气阀门 2，通风机便将室外的含尘气体吸入，然后送入水平直进旋流器组 5 进行前级净化，接着气流进入后级净化装置——高效过滤器 6（由氯纶和涤纶纤维组成）进行过滤。过滤后的空气经过净化管 8 送入司机室 1 中。

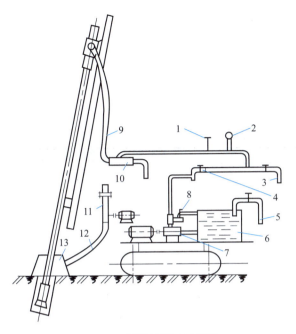

图 4-15 水泵加压供水系统图
1—控制阀；2—水压表；3—直接加水口；
4—逆止阀；5—水箱加水口；6—水箱；7—水泵；
8—调压阀；9—主压气管；10—风水接头；
11—通风机；12—帆布管；13—捕尘罩

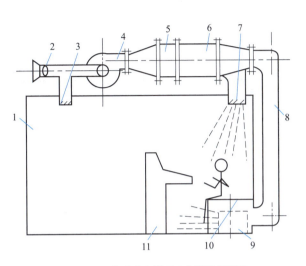

图 4-16 司机室空气增压净化装置系统图
1—司机室；2—室外进气阀门；3—室内循环百叶窗；
4—通风机；5—水平直进旋流器组；6—高效过滤器；
7—顶部吹风百叶窗；8—净化管；9—电热器；
10—座椅；11—操纵台

在冬季使用空气增压净化装置时，为了保证温度在 20℃ 左右，可将空气从司机座椅底部经电热器 9 加热后送进司机室。同时可将室内空气直接通过百叶窗 3 送入通风机循环使用。在夏季，可将净化空气从顶部吹风百叶窗 7 直接送入，并对司机进行适度的空气淋浴。

4.3 潜孔钻机的工作参数与选型

4.3.1 潜孔钻机的工作参数

潜孔钻机的工作参数主要指钻具施加于孔底的轴推（压）力、钻具的回转速度和回转扭矩、排渣风量等。合理地选择这些参数，不仅能获得最高的钻孔效率，还能延长钻具的使用寿命。合理的钻机工作参数与钻头直径、孔向、岩石坚固性、压气压力、冲击频率以及钻头结构形式等因素有关，但至今尚未掌握其规律。因此，一般根据生产经验或用经验公式来估算钻机的工作参数。

（1）轴推力

① 合理的轴推力。潜孔凿岩主要是靠钻头的冲击能量来破碎岩（矿）石，钻头回转只是用来更换凿岩位置，避免重复破碎。因此，潜孔凿岩不需要很大的轴推力。轴推力过大，不仅易产生剧烈振动，还会加速硬质合金的磨损，使钻头过早损坏；轴推力过小，则钻头不能与岩（矿）石很好地接触，影响冲击能量的传递效率，甚至导致冲击器不能正常工作。

低气压型潜孔钻机的合理轴推力可用以下经验公式计算：

$$P_H = (30 \sim 50) Df \tag{4-1}$$

式中　P_H——合理的轴推力，N；
　　　D——钻孔直径，cm；
　　　f——岩石普氏硬度系数。

根据国内经验，低气压型潜孔钻机的轴推力可按表 4-1 选取。

表 4-1　合理轴推力、转速与扭矩与钻头直径的关系

名义钻头直径 D/mm	合理轴推力/N	回转转速 n_1/(r/min)	回转扭矩 M/N·m
100	4～6	30～40	500～1000
150	6～10	15～25	1500～3000
200	10～14	10～20	3500～5500
250	14～20	8～15	6000～9000

② 调节轴推（压）力的计算。潜孔钻机钻孔时，钻进部件（含钻具和回转供气机构）的自重施加于孔底一个力（向下钻时为正，向上钻时为负），它会影响合理轴推力的大小。同时，钻杆与孔壁之间还有摩擦阻力，所以，潜孔钻机必须设有调压机构，以便调节施加于钻具上的作用力（轴推力）。

调压机构施加于钻具的调节轴推（压）力按下式计算：

$$P_T = P_H \mu g M \sin\beta + \mu g M \cos\beta + R \tag{4-2}$$

式中　P_T——施加在钻具上的调节轴推（压）力，N；
　　　M——钻进部件的质量，kg；
　　　β——孔向与水平面所成夹角，（°）；
　　　μ——摩擦系数，一般取 $\mu=0.25$；
　　　R——冲击器钻头的反弹力（其值为活塞在每一工作循环使气缸返回到初始位置所需的最小轴推力），N；
　　　g——重力加速度，m/s²。

当 P_T 为负值时，表明钻进部件自重施加于孔底的轴推力大于 P_H，必须通过调压机构进行减压钻进；反之，则需进行加压钻进。P_T 为零时，表明只靠钻进部件的自重力即可合理钻进，无需调压。

(2) 钻具的回转速度

钻头每冲击一次，只能破碎一定范围的岩石。当钻具转速过高时，在两次凿痕之间，势必留下一部分未被冲击破碎的岩瘤，使回转阻力矩增大，钻具振动加剧，钻头磨损加快，以致降低钻进速度，甚至造成夹钻事故；当钻具转速过低时，则可能产生重复破碎现象，因没有充分利用钻头的冲击能量，钻速降低。钻具的最优转速应当根据钻头两次冲击之间既不留岩瘤又不产生重复破碎来确定。然而，这个合理的转速与钻头直径、岩石性质、冲击能量、冲击频率、轴推力、钻头结构以及硬质合金片（柱）的磨损程度等诸多因素有关，很难做出准确计算，通常只能根据生产经验和实验方法确定。

根据国内潜孔钻机的使用经验和参考国外资料，钻具的合理转速可按表 4-1 选取，或用下列经验公式计算转速：

$$n_1 = (6500/D)^{0.78 \sim 0.95} \tag{4-3}$$

式中 n_1——钻具的合理转速,r/min;
D——钻孔直径,mm。

(3) 钻具的回转扭矩

钻具的回转扭矩主要用来克服钻头与孔底岩石的摩擦阻力矩与剪切阻力矩、钻具与孔壁的摩擦阻力矩以及因裂隙等引起的夹钻阻力矩等。因此,钻具回转扭矩与孔径大小、岩石性质、钻头形状、轴推力和回转速度等因素有关。

根据国内外生产实践的总结,回转扭矩与钻孔直径的关系可按表 4-1 确定,或者按下列经验公式计算回转扭矩:

$$M = K_M \frac{D^2}{8.5} \tag{4-4}$$

式中 M——钻具的回转扭矩,Nm;
D——钻孔直径,mm;
K_M——力矩系数,$K_M=0.8\sim1.2$,一般取 $K_M=1$。

(4) 排渣风量

排渣风量对钻孔速度和钻头使用寿命都有很大影响。实践表明,加大排风量可以更好地清除孔底岩渣,避免岩渣的重复破碎,降低不必要的能量消耗,提高钻进速度;同时能够有效地冷却钻头,并减少钻头的磨损,延长钻头的使用寿命。但是,风量过大会增加空压机的容量和能耗;由于孔壁与钻杆间排渣速度过大,会加速钻杆的磨损。

合理的排渣风量取决于钻杆与孔壁的环形空间内的回风速度。这个回风速度必须大于岩渣中最大颗粒在孔内的悬浮速度(即临界沉降速度)。根据国外经验,回风速度约为 25.4m/s,最低不能小于 15.3m/s。岩渣的密度越大,悬浮速度也越大,回风速度也要相应增大。一般可用下面公式来计算岩渣的悬浮速度:

$$v = 4.7\sqrt{\frac{b\rho}{1000}} \tag{4-5}$$

式中 v——岩渣的悬浮速度,m/s;
b——岩渣的最大粒度,mm;
ρ——岩(矿)石密度,kg/m³。

根据岩渣的悬浮速度,可按下式计算出合理的排渣风量:

$$Q = \frac{60\pi k (D^2 - d^2) v}{4} \tag{4-6}$$

式中 Q——合理的排渣风量,m³/min;
D——钻孔直径,m;
d——钻杆外径,m;
k——考虑漏风的系数,$k=1.1\sim1.5$。

(5) 高气压潜孔钻机及增压机

提高气压是提高潜孔冲击器钻凿效率的有效措施。根据冲击能、活塞冲击频率和活塞冲击功率公式可得出:

$$W = K_W \frac{p^{3/2} A_1^{3/2} s_1^{1/2}}{m_1^{3/2}} \tag{4-7}$$

式中 W——冲击功率,W;

K_W——冲击功率系数,为 $0.12\sim0.15$;

p——工作气压,Pa;

A_1——活塞冲程受压面积,m^2;

s_1——活塞行程,m;

m_1——活塞质量,kg。

由式(4-7)可知,冲击功率与工作气压的 3/2 次方呈正比例,与活塞受压面积的 3/2 次方成正比例,与行程的 1/2 次方成正比例。虽然增大活塞面积和活塞行程可以提高凿岩功率,但会增加凿岩机的尺寸和质量。因此最有效的方法是提高工作气压。当工作气压提高到原来的 2~3 倍和 4 倍时,冲击功率将提高到 2.8~5.2 倍和 8 倍。而凿岩速度,一般是和冲击功率成正比例的。

此外,在高气压工作下,每凿 1m 孔的钻具消耗减少,并适合采用结构简单、效率较高的无阀冲击器,节省压缩空气的消耗,即每米钻孔能耗可以降低。

地下矿提高气压的有效途径是将管路输送的 0.5~0.6MPa 的压气,在气体进入钻机前通过增压压缩机升压,使工作气压达到 1.5MPa 左右。如果直接采用高压压缩机,输出较高的气压也是可以的,但因井下空气比较污浊、湿度大,直接采用高压压缩机的形式不多见。

按目前国内的钻机、钻具、材料质量及加工工艺情况,当工作气压超过 1.5MPa 时,经济技术指标将变差。

4.3.2 潜孔钻机的选型

根据矿岩物理力学性质、采剥总量、开采工艺要求的钻孔爆破参数、装载设备及矿山具体条件,并参考类似的矿山应用经验选择潜孔钻机。比较简单的方法是按采剥总量与孔径的关系选择相应的钻机。

(1)钻头的选择

在特定的岩石中凿岩,必须选择合适的钻头,才能取得较高的凿岩速度和较低的穿孔成本。

① 坚硬岩石凿岩比功较大,每个柱齿和钻头体都承受较大的载荷,要求钻头体和柱齿具有较高的强度,因此,钻头的排粉槽个数不宜太多,一般选双翼型钻头,排粉槽的尺寸也不宜过大,以免降低钻头体的强度。同时,钻头合金齿最好选择球齿,且球齿的外露高度不宜过大。

② 在可钻性比较好的软岩中钻进时,凿岩速度较快,相对排渣量较大,这就要求钻头具有较强的排渣能力,最好选择三翼型或四翼型钻头,排渣槽可以适当大一些、深一些,合金齿可选用球齿或楔形齿,齿高相对高一些。

③ 在节理比较多的破碎带中钻进时,为减少偏斜,最好选用导向性比较好的中间凹陷型或中间凸出型钻头。

④ 在含黏土的岩层中凿岩时,中间的排渣孔经常容易被堵死,最好选用侧排渣钻头。

⑤ 在韧性比较好的岩石中钻孔时,最好选用楔形齿钻头。

(2)钻杆的选型

根据流体动力学理论可知,只有当钻杆和孔壁所形成的环形通道内的气流速度大于岩渣的悬浮速度时,岩渣才能顺利排出孔外,该通道内的气流速度主要由通道的截面积、通道长度以及冲击器排气量决定。通道截面积越小,流速越高;通道越长,流速越低。钻杆直径越大，气流速度越高，排渣效果越好。当然也不能大到岩渣难以通过，一般环形截面的环宽取10～25mm，深孔取下限，高气压取上限。

钻杆的选择不仅要考虑排渣效果，还要考虑其抗弯、抗扭强度以及重量，这主要由钻杆的壁厚决定。在保证强度和刚度的前提下，尽可能让壁薄一点以减轻重量，壁厚一般在4～7mm。

(3) 冲击器的选型

特定的冲击器只有在特定的工作气压、特定的工艺参数和特定的岩性中才能发挥最优的凿岩作用。冲击器的工作参数主要指工作气压、冲击能量和冲击频率。冲击器的选择必须依据工作气压、钻孔尺寸和岩石特性等参数。

首先是根据工作压气的压力等级合理选择相应等级的冲击器；其次是根据钻孔直径选择相应型号的冲击器；最后是根据岩石坚固性选择相应冲击器。

软岩建议使用高频低能型冲击器，硬岩建议使用高能低频型冲击器。

4.4 潜孔钻机的使用与维修

4.4.1 潜孔钻机的使用

4.4.1.1 开车前的准备

为了不断提高潜孔钻机的生产能力，实现快速钻进，保证钻车正常运转，钻机在开车前必须认真做好以下准备工作。

(1) 钻具检查

开车前必须认真检查钻杆接头是否脱出或开裂，螺纹是否滑扣，工作部分是否完好，冲击器外壳有无裂纹、开焊，钻头上的合金片（柱）是否有脱焊、掉片、掉粒等现象。发现问题，应及时处理。

(2) 机电装置检查

① 滑架。要仔细检查滑架的焊接结构有无开裂，支承的撑杆有无损坏，插销及钢丝绳有无脱出或损坏现象，上、下送杆器有无损坏，螺栓是否松脱，拉紧装置是否已拉紧。

② 凿岩工作部分。检查回转机构的螺钉是否松脱，润滑是否周到，齿轮是否有损坏，前接头的螺栓及轴承压盖和空心主轴的连接是否有松脱现象，除尘部分是否被堵塞，电动卷扬装置的电磁抱闸是否有效。

③ 行走部分。检查行走部分的传动带、链条和履带的松紧程度是否适当，离合器是否灵活，钻架起落机构的传动齿轮是否已脱开。

④ 电气部分。开始工作前应对各电气元件进行检查，有故障要及时排除，操作手柄均应扳到停止位置。电气中的短路、过载保护均由空气开关和熔断器来实现，如果发生故障，应立即停机检查、处理。电气系统中所有接地部分均应可靠地接地。

(3) 压气系统

认真检查各气管的连接是否正确，有无漏气情况，各操纵器扳到"闭"或零位。

按润滑系统的具体要求，对各运动部件进行润滑。接好气管、水管、电源等，准备开车。

KQ-200、KQ-250等中、重型潜孔钻机开车前还需要启动螺杆空压机，待气压正常后才能准备开车。

4.4.1.2 钻进中的注意事项

① 钻机在正常钻进过程中应注意观察其响声、振动及各部分运转情况。当发现有异常响声和振动、电流超过额定值时，应及时检查处理，保证钻机处于正常状态下工作。

② 当发现钻进速度明显改变，而排粉效果不好时，要及时提钻检查钻头和炮孔情况。例如，钻机在穿钻破碎带岩石时，孔内经常发生掉石块的现象，尤其是遇到节理、层理较多的岩层，掉石块的现象更严重。这样将影响排粉效果、降低凿岩速度，同时也容易造成夹钻。所以，如发现掉石块，应立即停车提出钻具，向孔中倒进黄泥或加了水的细岩粉作为黏结物，然后继续凿岩，黏结物在压气和钻杆的作用下粘到破碎的孔壁上，使破碎带的孔壁完整，保持正常钻孔。

③ 潜孔钻机在钻进过程中，要特别注意和防止夹钻现象的发生，因为夹钻后不但影响凿孔进度，而且若处理不当，对钻机有关部件都有一定的影响，甚至损坏有关部件。造成夹钻的原因很多，常有掉石块、岩渣"抱"住钻具、掉碎合金片（柱）、断钻头翼、炮孔歪斜及新换的钻头尺寸较大等。处理夹钻时，不能随便停气，不要死拔钻具，要缓慢上下移动，正反转交替活动，此时的回转电机常是过负荷运转，因此，处理时不能过急，否则容易引起回转电机发热或烧坏。

④ 在钻进过程中，还应注意气压的变化。如果气压突然降低，要先把钻具提起一点，将操纵阀关闭后进行检查，若气压仍不上升，说明不是钻具和孔眼的问题，而是供气系统的问题，若关闭操纵阀后，气压回升，此时应把钻具提出孔外，检查钻杆、冲击器有无裂纹或漏气现象，如果在凿岩中气压突然增高，则是冲击器阀柜堵塞的缘故，应卸下清理。

⑤ 在钻凿渗水孔时，若因停电或故障不能把钻具提出来造成岩浆倒灌冲击器，此时，可在钻具中加些水，而后用压气冲洗，直到能把钻具提出来后再停气，拆开冲击器进行清洗。

4.4.1.3 停机

当钻凿完一个孔，准备将钻机移到下个孔位时，必须先停机，停机操作如下：

首先将主令开关扳到手动位置，提升钻具，钻具提升时要上下移动以利排渣，直到最后提出孔外。此时，冲击器停气，停止钻具回转，再停通风机。如果配合不好，易出现下列两种情况：

① 关闭压气太早，提升动作慢，岩渣降落抱住钻具，容易发生夹钻；

② 提升太早，关闭压气动作慢，容易出现空打钻头现象。

4.4.2 潜孔钻机的维护与调整

（1）接卸钻杆机构的维护

① 送杆器的上下转臂必须保持结构同心、运转同步，发现变形应及时处理。

② 经常检查托杆器齿轮和齿条的啮合状态，及时清理其上的污垢和灰尘；在托杆器安装时，托轮架轴心位置可用地脚螺栓进行调节，以确保托轮与副钻杆的正确接触。

③ 在卡杆时，卡杆器的卡板与钻杆的板口必须卡牢，发现卡板或钻杆板口磨钝时应及时处理，以防将钻具掉入孔中。

④ 定心环轴承的滚珠或滚子应当转动灵活。发现滚动体失效拉伤钻杆时应及时处理。
⑤ 检查各处连接螺钉、螺栓，使它们紧固齐全。
⑥ 减速器采用稀油润滑，应注意油质是否达到要求，并定期进行更换。
⑦ 电控接卸钻杆机构的送入和退出，操作时应注意观察，防止过转。
⑧ 卸杆时，气接头的卡爪需紧紧卡住副钻杆，故冲击器在卸杆时不能停止供气。
⑨ 不能用锉刀、撬棍代替插板。

（2）钻架起落机构的维护

① 钢绳式起落机构的放绳速度不可超过钻架自由下放速度，否则，将会出现搅绳现象。钻架举升到工作位置后，必须用撑杆、拉绳或拉板等机械方法固定，以免钻进时，钻架角度发生变化。

② 齿条式起落机构的电磁抱闸装置必须稳妥可靠，机械传动机构应设计成自锁的，以确保钻架工作的稳定性及可靠性。

③ 油缸式起落机构的活塞，由于长期裸露在钻爆现场，为避免灰尘泥沙附着，应用护套加以保护。

④ 各部分螺栓、键应紧固齐全。

⑤ 钻架起落机构的减速器采用稀油润滑，应经常注意其油量和油质，并定期进行更换。

⑥ 应注意检查轴承内的润滑情况，使轴承处于良好的润滑状态下运转，同时应注意其钢套的磨损情况。

（3）回转供气机构的维护

① 经常检查、及时紧固各连接件的连接螺栓，避免连接件在松动状态下工作。

② 严防电机进水受潮，以免绝缘失效，发生短路。

③ 经常注意减速器的供油状态，保证油泵工作正常、油量供应充足，否则，应立即停车修理。

④ 经常注意减速器中的齿轮或摆线轮的啮合状态，如果发现异常噪声和转动不灵活等现象，应及时停车，检查内部机件是否有卡住和损坏现象，并及时处理。齿轮的轴向窜动量不应大于 0.5mm，空心主轴的轴向窜动量不应大于 1mm，否则应及时调节与紧固。

⑤ 发现供气回转器漏水、漏气严重时，应及时更换密封圈，以防大量水、气泄漏，影响冲击效率和环境卫生。

（4）钢丝绳、履带等的调整

① 卷扬机构钢丝绳的调整。钻机在工作中，操作人员要经常注意电动卷扬机构钢丝绳的松紧程度，若发现钢丝绳太松应及时处理。调整时用扳手先将调整绳轮上的螺母拧松，然后再紧固一下螺母，使调整绳轮移动。钢丝绳的松紧程度要适当，不能调得过紧，过紧会影响托杆器的使用；过松了钢丝绳容易在卷扬滚筒上跳槽，造成钢丝绳压钢丝绳，会加速钢丝绳的磨损，降低其使用寿命。

② 履带松紧度的调整。转动拉力螺栓（即调整螺栓）使光轮（即行走从动轮）轴承沿履带板面移动。履带的松紧度要适当，不能太紧，紧了容易折断销，太松时容易脱轨。

③ 长链条松紧度的调整。用靠在机架下面支承轴上的两个拉力调整螺栓来移动轴承位置，以调整链条的松紧度。

短链条松紧度的调整是以移动在履带梁上的轴承座来实现。移动轴承座时，转动拉力调整螺栓，使其沿着履带梁纵向移动，要注意松紧适当，过紧了链条链节销容易折断，过松容易发生跳链。

④ 回转机构滑块的调整。回转机构滑板的两边装有四个滑块，由于滑块经常在滑架上滑动，工作时间长了，滑块就会磨损，造成滑块与滑架间隙过大，因而使回转机构滑行时的摆动也过大，容易使减速器内的部件磨损或产生漏油。所以，要经常注意调整或更换滑块。

⑤ 行走机构离合器的调整。在调整摩擦离合器时，先拔出盘座里的销，顶住弹簧，根据磨损程度，拧动调整螺母来调整摩擦盘间的压紧力。调整好后，将销插到压盘上最合适的一个孔中，固定调整螺母，再试一下调整后的松紧程度，看是否合适。

⑥ 电磁抱闸的调整。调整电磁抱闸时，先拆掉安全罩，用卷扬下降按钮，使气缸杆下降到末端后，再继续下降一点，使卷扬机离座，下部用枕木或木板垫起来，卸掉电磁闸的防护罩，打开止退圈，调节三个压簧螺母。然后调节三个电磁铁的调节螺母，要求三个电磁铁的制动间隙大小要相等。然后拧好螺母，安好防护罩，取掉卷扬机下部的垫木，装好安全罩，吊起气缸杆，做试车检查。

4.4.3 潜孔钻机常见故障及处理

潜孔钻机在钻进操作过程中，经常受到冲击、振动、磨损、腐蚀以及检修质量和备件质量低劣等原因易造成设备停车故障。潜孔钻机的故障，大体上可分为两大方面：一是属于钻进操作时遇到的不正常现象，二是属于钻机机械、电气设备方面的不正常现象。我国露天矿山潜孔钻机常见故障及处理方法见表 4-2 所列。

表 4-2 露天潜孔钻机常见故障及处理

故障现象		故障原因	处理方法
1.钻进时常见故障	1. 钻孔不正常	1.回转电动机过载 2.压气压力低于 0.35~0.4MPa 3.钻架摆动严重 4.钻孔片帮（矿壁岩石突然大片崩落）严重	1.调整钻具轴推力 2.应停止钻孔，查明气压低的原因 3.减小轴推力 4.用黄泥维护孔壁
	2. 钻具下滑不能控制	1.电磁抱闸或气动抱闸不起作用 2.抱闸有油 3.提升链条或钢绳断 4.操作时扳错牙嵌离合器或气胎离合器 5.电器有故障	1.应及时调整抱闸 2.清洗油垢 3.接好或更换链条、钢绳 4.严禁误操作 5.检修处理接触器及限位开关
	3. 提升负荷大	1.孔底粉尘多，有夹钻现象 2.抱闸打不开 3.提升减速器轴承损坏 4.链轮或绳轮轴承损坏 5.轴承缺油	1.加强排渣 2.调整抱闸，更换线圈，修理气缸 3.检查更换 4.检修或更换 5.定时注油
	4. 提升机构不能升降	1.严重夹钻 2.提升机构卡住 3.操纵阀窜气造成托杆器支承不起，卡住回转机构 4.电器故障	1.处理夹钻事故 2.检修处理卡住的部位 3.检查并处理操纵阀窜气 4.检查处理电器故障
	5. 送杆器上、下不同心	1.齿形轴接手没有调好 2.推板及滑道磨损过大	1.调整，当同心度相差 40mm 时可调一个齿 2.调整加垫

续表

	故障现象	故障原因	处理方法
1.钻进时常见故障	6.送杆器负荷大	1.减速器轴承坏 2.Ⅰ级蜗轮轴承间隙大 3.电磁抱闸打不开 4.送杆推板与滑道卡紧	1.检修更换轴承 2.调整间隙 3.调整螺纹 4.调整间隙,减垫
	7.回转电流高	1.孔底粉渣多,有夹钻现象 2.回转机构轴承损坏 3.变速电机变速有误	1.上下移动钻具,加强排渣 2.更换轴承 3.检修变速电机
	8.回转机构突然停转	1.电器有故障 2.减速器轴或电动机轴断 3.联轴器有故障 4.减速机内齿圈坏或齿圈滑动	1.检查处理电气故障 2.检查更换断轴 3.检修联轴器 4.检查、修理、更换
	9.回转油泵不工作	1.螺旋泵对开挡盖遗失 2.螺旋泵导管转动 3.柱塞泵辊轮坏 4.柱塞泵压缩弹簧坏 5.进油或出油阀失效 6.减速器油箱内油少	1.检查修理,加盖 2.固定导管 3.更换辊轮 4.更换已坏的弹簧 5.检查处理 6.加油
	10.回转气接头漏气、漏水	1.密封不严或密封圈损坏 2.轴承损坏,间隙大 3.空心轴螺母松,花键套下沉	1.紧固密封装置或更换密封圈 2.更换轴承,调整间隙 3.紧固空心轴螺母
	11.钻杆接头卡不住钻杆	1.压气压力不足 2.卡爪已磨损 3.钻杆板口磨损 4.活塞卡住 5.活塞漏气 6.卡爪不开	1.检查气道孔,提高气压 2.更换卡爪 3.堆焊修复 4.处理使其灵活 5.更换密封 6.更换弹簧
	12.行走负荷大	1.电磁抱闸或气动闸带打不开 2.减速器轴承坏 3.各支承轮轴套磨损	1.调整,更换线圈或气缸 2.检查更换 3.检查、更换各已损轴套
	13.行走慢或不能行走	1.摩擦盘离合器故障 2.链条折断(原因是链条过长或过短,链条被石头卡住,操作过猛,转急弯等等) 3.履带掉道(其原因:①履带与驱动轮中有石头卡住,②履带板卡爪磨平) 4.履带折断(原因是履带过分绷紧,操作过猛或维护不好)	1.修理或更换离合器 2.更换折断链条,在操作中注意观察链条运转,切勿过猛操作 3.处理履带掉道的方法: ①清除障碍物,调节履带的松紧; ②堆焊卡爪或更换 4.调节履带板长度,改进操作,加强维护保养
	14.接卸杆机构动作不同步或不动作	1.调整螺钉松弛 2.气缸活塞杆弯曲 3.冬季气缸内结冰	1.重新调整 2.检查处理 3.检查处理
	15.行走传动链条断裂	1.链条过长引起跳齿卡断 2.链条卡住石块或杂物 3.浮渣卡住履带座时强行移车	1.调整链条下垂度 2.移车时清除碍物 3.清除浮渣,垫好底板或反向移车
	16.行走横轴断螺钉	1.机架固定螺钉松动,转弯过猛 2.调整螺钉松弛或固定板脱焊 3.左右履带架错位	1.检查紧固螺钉 2.加强固定板,拧好螺钉 3.将履带调整一致

续表

故障现象		故障原因	处理方法
1.钻进时常见故障	17.行走联轴器断螺钉	1.电动机与减速器不同心 2.螺钉松弛 3.有时跑车或停车时突然反车	1.调整同心度 2.紧固螺钉 3.调整抱闸防止跑车
	18.起落滑架时负荷大	1.电磁抱闸打不开 2.减速器轴承损坏 3.鞍形轴承间隙小 4.起落油缸漏油或油压不够 5.杂物卡住滑架	1.调整抱闸 2.检修或更换轴承 3.调整间隙在0.5mm以上 4.处理漏油现象,提高油压 5.检查排除杂物
2.冲击器故障	1.冲击器不响	1.气路堵塞 2.阀片打碎 3.岩粉及胶皮进入缸内 4.阀盖进气孔堵塞 5.活塞卡住或断裂 6.内缸装倒 7.配气杆或阀座配气台断裂 8.导向套断裂 9.密封圈损坏	1.检查气路 2.更换阀片 3.拆开清洗 4.清洗,取出堵塞物 5.修磨或更换 6.拆开重装 7.拆开更换新零件 8.拆开换新 9.换新密封圈
	2.压气压力正常,但冲击无力或频率低不进尺	1.阀盖未盖住 2.冲击器未压到孔底 3.活塞或其他部位已损坏 4.钎头合金柱脱落或严重磨损 5.钎头折断 6.内缸坏	1.拧紧后接头 2.放提升,下压 3.检查更换新零件 4.更换钎头 5.更换钎头 6.更换内缸
	3.加压后冲击器不工作	1.钎头尾部与卡套研住 2.因锈孔活塞咬缸 3.润滑油太黏,粘住阀片 4.钻头与销配合过紧 5.冲击器进入污物	1.更换或修理 2.拆开修理清洗 3.清洗,更换油 4.修磨钻头尾槽 5.拆卸清除
	4.冲击频率不正常	1.活塞与内缸装配间隙过大或过小 2.活塞与内配气杆或阀座配气台装配间隙过大或过小 3.导向套与活塞间隙过大或过小	1.选配适当活塞 2.选配适宜的配气杆或阀座 3.选配导向套
3.电磁抱闸阀故障	1.电磁线圈过热	1.电磁铁牵引过载 2.在工作位置上电磁铁板面间不紧贴	1.调整弹簧压力 2.调整制动器的机械部分,清除间隙
	2.有很大的响声	1.电磁铁过载 2.板面有油垢或生锈 3.板面磨损不平、不正 4.短路铜环断裂 5.衔铁与机械部分连接销松脱	1.调整弹簧压力 2.清除油垢、锈蚀 3.调整修理 4.修理或更换短路环 5.紧固
4.湿式除尘常见故障	1.水泵不来水	1.电动机不能启动 2.水泵叶片被卡住 3.水箱缺水 4.吸水管进气 5.吸水管堵塞 6.气水混合器活塞推不开 7.管路逆止阀装反	1.检修电动机及电气系统 2.拆卸修理 3.加入水 4.修焊水箱,提高水位 5.清洗管路 6.检查电磁阀及注水活塞,使之保持通气灵活 7.倒换逆止阀方向

续表

故障现象		故障原因	处理方法
4.湿式除尘常见故障	2.注水压力不足	1.系统中进入空气 2.水轮及定子端面磨损过极限 3.气水混合器喷嘴中心太大 4.水泵压力不够 5.系统管漏水	1.提高水位,加强密封 2.更换水轮及端盖 3.调整喷嘴 4.检查水泵密封情况,提高压力 5.紧固并加强密封
	3.水泵振动大	1.叶轮不平衡 2.地脚螺栓松动 3.弹性柱销联轴器销轴磨小 4.水泵与电机中心不对称	1.拆卸,检查找正 2.坚固螺栓 3.更换销轴或弹性柱销联轴器 4.找正、垫平并紧固螺栓,使中心线一致
	4.鼓风机振动大	1.叶轮不平衡 2.叶轮刮壳子,地脚螺栓松动	1.拆卸、找正 2.找正并紧固螺栓
	5.鼓风机无气压	1.电动机反转 2.鼓风机护罩、气筒装错	1.电动机电源换向 2.拆除重装

复习思考题

4-1 按用途和作业环境不同,潜孔钻机分为哪几类?

4-2 潜孔钻机的钻具有哪些?

4-3 简述 J-200B 型潜孔冲击器的构造及工作原理。

4-4 简述 KQ-200 型潜孔钻机的供气方式及其回转供气机构的构成。

4-5 简述 KQ-200 型潜孔钻机的排渣和除尘系统工作原理。

第 5 章 牙轮钻机

 教学目标

（1）了解牙轮钻机的特点、分类及适用范围；
（2）掌握牙轮钻头的组成、结构与工作原理，牙轮钻机的凿岩钻孔作业原理；
（3）掌握国产 KY-310 型牙轮钻机的基本结构及其功能；
（4）掌握牙轮钻机的工作参数计算与选型。

5.1 牙轮钻机概述

5.1.1 牙轮钻机的发展概况

牙轮钻机是在旋转钻机的基础上发展起来的一种高效钻孔设备，它采用电力或内燃机驱动，履带行走，顶部回转连续加压。牙轮钻机装备有干式或湿式除尘系统，是以牙轮钻头为凿岩工具的自行式钻孔机械。

1907 年，美国石油工业部门开始使用牙轮钻机钻凿油井和天然气井。由于采用水排渣，存在着水的运输、冰冻、因岩层裂隙而渗漏，以及钻孔效率低、钻头寿命短等问题，因此牙轮钻机未在露天矿中得到推广。1949 年，美国采用压缩空气排渣，提高了钻孔效率并延长了钻头的寿命，从而推动了牙轮钻孔技术的发展，使之在露天矿中得到实际的应用。20 世纪 50 年代后期和 60 年代初期，由于牙轮钻头的技术水平较低，牙轮钻机主要还是用在中硬以下的岩石钻孔中。1965 年，出现了镶嵌硬质合金挂齿的牙轮钻头后，钻头寿命显著提高，并能在花岗岩、铁燧岩、磁铁石英岩等坚硬的岩石中钻孔，其技术经济指标优于潜孔钻机，从而使牙轮钻机在露天矿中得到了广泛的应用。

目前，中国、美国和俄罗斯都能够批量生产牙轮钻机，主要有洛阳矿山机械工程设计研究院、中钢集团衡阳重机有限公司、南昌凯马公司、Bucyrus International Inc.（简称 B-I 公司）、Harnisch Feger 采矿设备公司（简称 P&H）、Ingersoll Rand（简称 IR）、

REICHdrill 公司、Reedrill 设备公司、Snadvik Group、俄罗斯矿山技术设备公司、Hausherr 公司。瑞典 Atlas Copoc 生产的牙轮钻机也十分有名,其技术比较先进。美国生产且使用较多的机型为 45R、60R 等钻机。国外露天矿山的钻孔量有 70%～80% 是由牙轮钻机完成的,中国、加拿大、美国、俄罗斯和澳大利亚等国的大型露天矿几乎全部使用了牙轮钻机钻孔。

从 20 世纪 90 年代以来,我国牙轮钻机技术不断进步,其驱动电机、调控方式、钻机结构和技术性能具有很大发展,形成了比较完整的 KY 和 YZ 两大系列产品,其中 KY 系列、YZ 系列牙轮钻机机型的穿孔直径范围为 95～380mm,常用孔径是 200～310mm。

5.1.2 牙轮钻机的工作原理

牙轮钻机采用旋转冲击式方法破碎岩石,其工作原理如图 5-1 所示,机体通过钻杆给钻头施加足够大的轴压力和回转扭矩,牙轮钻头在岩石上边推进边回转,使牙轮在孔底滚动中连续地切削、冲击破碎岩石,被破碎的岩渣不断被压气从孔底吹至孔外,直至形成炮孔。牙轮钻机在钻孔过程中,施加在钻头上的轴压力、转速和排渣风量是保证有效钻孔的主要工作参数。合理地选配这三个参数的数值称为牙轮钻机的钻孔工作制度。

5.1.3 牙轮钻机的分类

牙轮钻机的种类很多,按工作场地的不同,可分为露天矿用牙轮钻机和地下矿用牙轮钻机。

按回转和加压方式的不同,牙轮钻机可分为:底部回转间断加压式(也称卡盘式,已淘汰)、底部回转连续加压式(也称转盘式,已被滑架式取代)和顶部回转连续加压式(也称滑架式)三种基本类型。大、中型牙轮钻机均为滑架式。

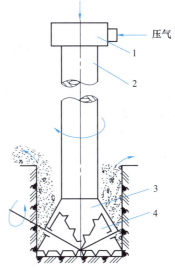

图 5-1　牙轮钻机钻孔工作原理
1—加压、回转机构;2—钻杆;
3—钻头;4—牙轮

按技术特征的不同,其分类见表 5-1。

牙轮钻机具有钻孔效率高,生产能力大,作业成本低,机械化、自动化程度高,适应各种硬度矿岩钻孔作业等优点,是当今世界露天矿广泛使用的最先进钻孔设备。但牙轮钻机价格贵,设备重量大,初期投资大,要求有较高的技术管理水平和维护能力。

表 5-1　牙轮钻机分类表

分类		主要特点	适用范围
按回转和加压方式	卡盘式	底部回转间断加压,结构简单,但效率低	已淘汰
	转盘式	底部回转连续加压,结构简单可靠,但钻杆制造困难	已被滑架式取代
	滑架式	顶部回转连续加压,传动系统简单,结构坚固,钻孔效率高	大、中型矿山广泛适用
按动力源	电力	系统简单,便于调控,维护方便	大、中型矿山
	柴油机	适应地域广,效率低,能力小	多用于新建矿山,多为小型钻机

续表

分类		主要特点	适用范围
按行走方式	履带式	结构紧固	大、中型矿山露天采场
	轮胎式	移动方便、灵活,能力小	多为小型钻机
按钻机技术特征	小型钻机	孔径 $D \leqslant 150\text{mm}$,轴压力 $P \leqslant 280\text{kN}$	小型矿山
	中型钻机	孔径 $D \leqslant 280\text{mm}$,轴压力 $P \leqslant 400\text{kN}$	中、大型矿山
	大型钻机	孔径 $D \geqslant 380\text{mm}$,轴压力 $P \leqslant 550\text{kN}$	大型矿山
	特大型钻机	孔径 $D > 450\text{mm}$,轴压力 $P > 650\text{kN}$	特大型矿山

牙轮钻机适用于矿岩 $f=4\sim20$ 的钻孔作业,广泛用于矿山及其他钻孔场所。目前,国内外牙轮钻机一般在中硬及中硬以上的矿岩中钻孔,其钻孔直径为 $130\sim380\text{mm}$,钻孔深度为 $14\sim18\text{m}$,钻孔倾角多为 $60°\sim90°$。

5.1.4 牙轮钻具

牙轮钻机钻具主要包括钻杆、牙轮钻头两部分。它们是牙轮钻机实施钻孔的工具。

牙轮钻机工作时,为了扩大其钻孔孔径,或者为了减少来自钻具的冲击振动负荷,钻凿出比较规整的爆破孔,在牙轮钻具上还常安装扩孔器、减振器、稳定器等辅助机具,这些都归为钻具部分。

钻杆的上端拧在回转机构的钻杆连接器上,下端和牙轮钻头连接在一起。由减速器主轴送来的压气,经空心钻杆从钻头喷出吹洗孔底并排出岩渣。

钻孔时,牙轮钻机利用回转机构带动钻具旋转,并利用回转小车使其沿钻架上下运动,通过钻杆,将加压和回转机构的动力传给牙轮钻头。在钻孔过程中,随着炮孔的延伸,牙轮钻头在钻机加压机构带动下不断推进,在孔底实施破岩。

牙轮钻头有 3 个主要组成部分——牙轮、轴承和牙掌,外形如图 5-2 所示。牙轮钻机工作时,钻杆以较高的轴压力将钻头压在岩石上,并带着钻头转动,由于牙轮自由地套装在钻头轴承的轴颈上,并且岩石对牙轮有很大的滚动阻力,牙轮便在钻头旋转的摩擦阻力作用下绕自身的轴线自转。牙轮的旋转是牙轮钻机钻进破岩的基础。

由于牙轮旋转,牙轮表面的铣齿或镶嵌其上的柱齿不断地冲击岩石,在这种冲击力作用下,岩石发生破碎。而对于破碎软岩,剪切力和刮削力是提高破岩效果的重要因素,它是通过牙轮的偏心安装(如图 3-2 所示),从而在岩石面上产生相对滑动而实现的。

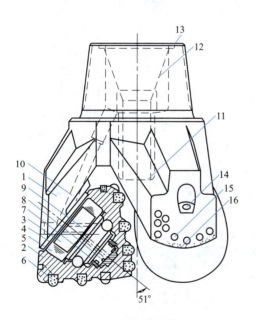

图 5-2 牙轮钻头结构

1—牙掌;2—牙轮;3—轴颈;4—滚珠;5—滚柱;
6—合金柱齿;7—轴套;8—止推块;9—塞销;
10—轴承冷却风道;11—喷管;12—挡渣网;
13—压圈;14—定位孔;15—爪背合金柱;
16—爪尖硬质合金堆焊层

5.2 牙轮钻机的结构

5.2.1 牙轮钻机的组成

国内外牙轮钻机的种类繁多,但是根据钻孔工作的需要,它们的总体构造基本上是相似的。图 5-3 所示为 KY-310 型滑架式牙轮钻机总体构造。

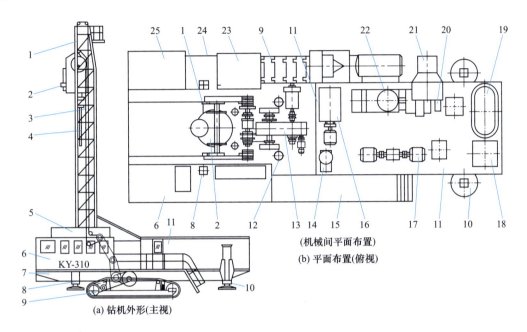

图 5-3 KY-310 型牙轮钻机总体构造

1—钻架装置;2—回转机构;3—加压提升系统;4—钻具;5—空气增压净化调节装置;6—司机室;7—平台;8,10—后、前千斤顶;9—履带行走机构;11—机械间;12—起落钻架油缸;13—主传动机构;14—干油润滑系统;15,24—右、左走台;16—液压系统;17—直流发电机组;18—高压开关柜;19—变压器;20—压气控制系统;21—空气增压净化装置;22—压气排渣系统;23—湿式除尘装置;25—干式除尘装置

① 工作装置,即直接实现钻孔的装置,包括钻具 4、回转机构 2、加压提升系统 3、钻架装置 1 及压气排渣系统 22 等。

② 底盘,用于使钻机行走并支承钻机的全部重量的装置,包括履带行走机构 9、千斤顶 8 和 10、平台 7 等。

③ 动力装置,即给钻机各组成部件提供动力的装置,包括直流发电机组 17、变压器 19、高压开关柜 18 和电气控制屏等。

④ 操纵装置,用于控制钻机的各部件,包括操纵台、各种控制按钮、手柄、指示仪表等。

⑤ 辅助工作装置,用于保证钻机正常、安全地工作,包括司机室 6、机械间 11、空气增压净化调节装置 5、干式除尘装置 25、湿式除尘装置 23、液压系统 16、压气控制系统 20 和干油润滑系统 14 等。

根据钻机的规格和使用要求的不同，钻机的各组成部分的内容和结构形式也不尽相同。

5.2.2 牙轮钻机各组成部分的结构

5.2.2.1 钻架

钻架横断面多为敞口的"Ⅱ"形结构件，4根方钢管组成4个立柱，前立柱内面上焊有齿条，供回转机构提升和加压，外面为回转机构滚轮滑道。钻架内有钻杆储存和链条张紧等装置。

钻架安装在主平台A型架轴孔上，液压油缸使钻架绕该轴孔转动，实现钻架立起和放倒。

钻架有标准钻架和高钻架两种，高钻架钻孔不用接卸钻杆，可一次连续钻孔达到炮孔深度要求。

5.2.2.2 传动系统

(1) 回转加压传动系统

牙轮钻机的回转加压系统有三种形式：底部回转间断加压式、底部回转连续加压式和顶部回转连续加压式。

① 底部回转间断加压式。也称卡盘式，是由石油、勘探用钻机移植来的比较早期的一种结构形式。这种钻机的加压是通过卡爪与钻杆之间的摩擦力传递的，因此加压能力小，又由于间断动作，所以钻机生产率比较低。这类钻机目前使用越来越少。

② 底部回转连续加压式。这种钻机是将回转机构设在钻架底部。这类钻机回转机构设在钻机平台上，钻架不承受扭矩，钻架结构重量轻，钻机稳定性好，维修也方便；但钻杆结构复杂，加工也困难。这种结构当前应用较少。

③ 顶部回转连续加压式。如图5-3所示，所谓顶部回转，就是回转机构设在钻架里面，在顶部带动钻具回转。这种钻机的特点是回转机构（即回转小车）在链条链轮组或钢绳滑轮组、齿轮齿条的牵引下可以沿钻架的轨道上下滑动，以实现连续加压或提升，故也称它为"滑架式"。它的优点是结构简单、轴压力大、钻孔效率高，因此获得了广泛的应用。目前国内外生产和使用的钻机主要是这一种。

(2) 加压、提升、行走系统

按目前已有牙轮钻机的加压、提升和行走部件的结构关系，其传动系统可以分为集中传动系统和独立传动系统两类。

① 集中传动系统。如图5-4所示，加压系统与提升、行走系统分别由两个原动机（16、20）驱动，共用一套主传动机构。这是由于加压与提升、行走运动不是同时发生的，所以把它们合为一个传动系统。它多数用在电力驱动的大型牙轮钻机上。集中传动系统的离合器多，操作也复杂；但它具有结构紧凑、机件少、安装功率小等优点。

② 独立传动系统。加压、提升采用一个传动系统（机械的或液压的），行走履带各自采用一个传动系统。独立传动系统所用机件多，占用空间大，安装功率也大，但具有机动灵活、离合机构简单、操作方便、检修容易等优点。一般认为，中、小型钻机的各个机构以独立传动为宜。

5.2.2.3 回转机构

回转机构（回转小车）是牙轮钻机工作装置的重要组成部分，也是牙轮钻机的主要机构

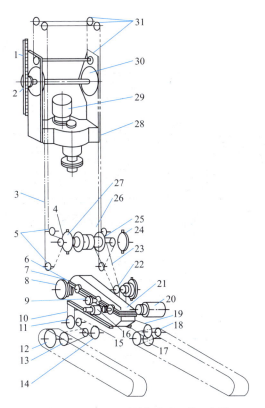

图 5-4 KY-310牙轮钻机传动系统示意图

1—齿条；2—齿轮；3,10,17,19,23—链条；4,5,6,11,13,14,15,18,22,25,30,31—链轮；
7—行走制动器；8—气胎离合器；9—牙嵌离合器；10—履带驱动轮；16—电磁滑差调速电机；20—提升和行走电机；
21—主减速器；24—主制动器；26—主离合器；27—辅助卷扬及其制动器；28—回转减速器；29—回转电机

之一。它的作用是：驱动钻具回转，并通过减速器把电动机的扭矩和转速变成钻具钻孔需要的扭矩和转速；配合钻杆架进行钻头、钻杆的接卸和向钻具输送压气。回转机构的类型可分为顶部回转和底部回转两种。滑架式牙轮钻机采用顶部回转机构，并把它置于钻架中；转盘式牙轮钻机采用底部回转机构，并把它安装在平台上。顶部回转机构如图 5-5 所示，它由电动机 2、减速器 4、钻杆连接器 7、回转小车 1 和进风接头 3 等部件组成。在回转小车上安装有导向滚轮 6、防坠制动器 10，及大、小链轮轴 8、9 和加压齿轮 11 等零部件。

国内外滑架式钻机的回转机构多数采用两级圆柱齿轮减速器，KY-310 型、KY-250 型钻机回转机构减速器结构图如图 5-6 所示。

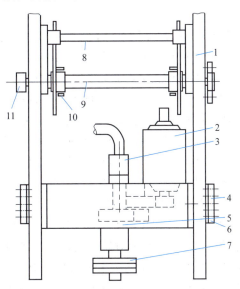

图 5-5 YZ-35型钻机回转机构

1—回转小车；2—电动机；3—进风接头；4—减速器；
5—中空主轴；6—导向滚轮；7—钻杆连接器；
8,9—链轮轴；10—防坠制动器；11—加压齿轮

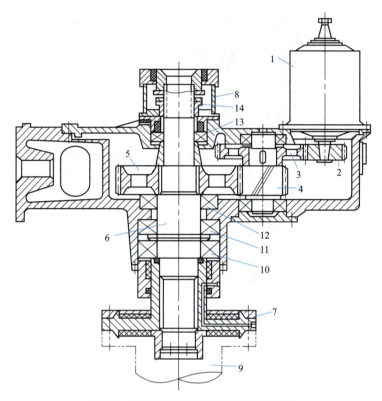

图 5-6 KY-310 型钻机回转机构减速器展开图

1—回转电动机；2,3,4,5—齿轮；6—中空主轴；7—钻杆连接器；8—进风接头；
9—气动卡头；10,11,12,13—轴承；14—调整螺母

5.2.2.4 钻杆连接器

钻杆连接器是回转机构的主要部件，它用以连接钻杆和回转减速器的输出轴、减少钻具传来的冲击振动，起弹性联轴器的作用。目前所用的钻杆连接器按其结构可分为普通钻杆连接器、浮动钻杆连接器和减振钻杆连接器三种类型。

由于回转机构的工作条件和工作特点，对钻杆连接器的要求是：

① 缓冲性好，能吸收钻进时产生的振动力，以保护钻机和钻头；

② 允许钻机在各种条件下使用最大的轴压力、扭矩和转速，适应的载荷范围宽；

③ 工作可靠，维修安装方便，成本低。

普通钻杆连接器减振效果不明显，已逐渐被减振钻杆连接器所取代。

(1) 浮动钻杆连接器

钻机的钻杆连接器如图 5-7 所示，其结构与 KY-310 的相同，只是把其中的固定接头改为浮动接头 5，它在下对轮 4 内伸缩浮动量为 60mm 左右。这样在接钻杆时，根据下部钻杆尾部螺纹的位置，浮动接头可以相应地上下浮动一段距离，以使螺纹部分正确旋合。这种结构除起到弹性连接钻杆作用外，还可避免接钻杆时回转机构压坏钻杆的螺纹。

(2) 减振钻杆连接器

KY-250A 钻机的减振钻杆连接器如图 5-8 所示，上接头 1 与中空主轴 11 连接，下接头 4 与钻杆连接。当钻杆的纵向冲击振动传至下接头时，将由主减振垫 3 吸收或减小；当扭振

或横向振动由钻杆传来时,也将通过螺栓 7 和圆柱销 10 由主减振垫吸收和减小。这种连接器的减振效果好,大大改善了回转机构的工作条件,故也称它为减振器。

国内外实践表明:由于钻机上采用了减振钻杆连接器,延长了机件和钻头的寿命,提高了钻机的利用率,降低了钻孔成本。

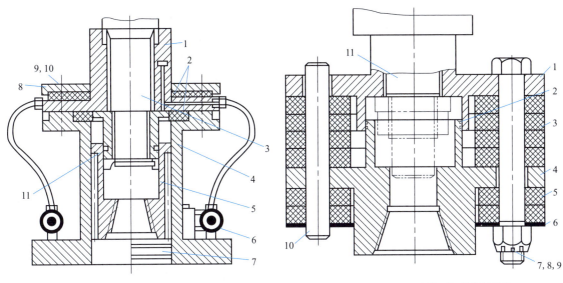

图 5-7 浮动钻杆连接器
1—上对轮;2—胶垫;3—中空主轴;4—下对轮;
5—浮动接头;6—气动卡头;7—卡爪;
8—压盖;9,10—螺栓、螺母;11—密封圈

图 5-8 KY-250A 钻机减振钻杆连接器
1,4—上、下接头;2—O 形圈;3,5—主、副减振垫;
6—减振环;7,8—螺栓、螺母;
9—开口销;10—圆柱销;11—中空主轴

5.2.2.5 回转小车

回转小车是支承回转、加压、提升机构,并使它们(连同钻具)沿钻架上下移动,从而实现回转、加压运动和升降钻具的重要部件。当前国内外所使用的滑架式钻机的回转小车分为两种,即传动链条外置式和传动链条内置式,分别如图 5-9 中(a)、(b)所示,大部分钻机都采用后者。

回转小车支承着许多部件,承担着很大的轴压力、提升力和扭转力矩,承受着较大的冲击振动。它要沿着钻架上下移动,又受到钻架的限制。因此对回转小车的设计要求是:

① 结构紧凑、尺寸小、重量轻,有足够的强度和刚度;
② 导向装置的选择布置合理、运动平稳可靠,同时要有限位缓冲装置;
③ 调整简单、装拆方便;
④ 要有断链防坠保护装置。

回转小车的部件组成如图 5-9 所示。它由小车体 5、大链轮 4、大链轮轴 9、导向小链轮 2、加压齿轮 3、导向轮 1、连接螺栓 6、防坠制动器 10 及连接轴 11 和 12 等组成。

(1) 小车体

小车体结构如图 5-10 所示,它是个可拆卸的焊接框架组合体,由左、右立板 10、11 和连接轴 19、21 及导向齿轮架 20 等组成。国内外牙轮钻机的小车体基本上都是这种结构。这种形式的小车体,由于结构简单,已在大、中型牙轮钻机上广泛采用。

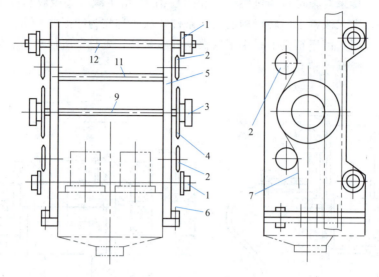
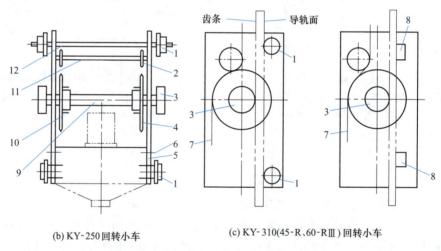

图 5-9 回转小车

1—导向轮；2—小链轮；3—加压齿轮；4—大链轮；5—小车体；6—连接螺栓；7—封闭链条；
8—导向尼龙滑板；9—大链轮轴；10—防坠制动器；11,12—连接轴

(2) 大链轮

大链轮是加压、提升系统中的主要零件，其齿形有标准的和深齿的。国产 HYZ-250B 钻机大链轮采用标准齿形，加压时经常发生链条越齿跳链现象，既不安全，又使机体受到很大冲击振动。HYZ-250C 钻机大链轮采用深齿形，解决了加压跳链问题。当前国内外钻机回转小车大链轮都选用深齿形。

(3) 导向装置

回转加压小车侧面设有导向装置，其作用是使加压齿轮沿钻架上齿条滚动时保持齿面紧密接触，同时使回转小车沿钻架立柱导轨上下移动时保持平稳。回转小车移动的导向方式有滑板滑动和滚轮滚动两种。

① 滑板导向装置。滑板滑动导向原理见图 5-9(c)，当加压齿轮 3 沿齿条滚动时，齿条

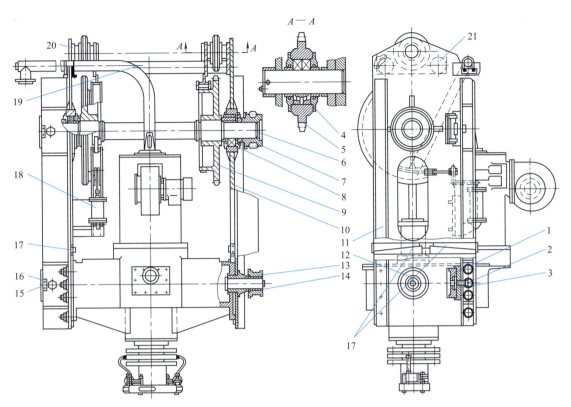

图 5-10 KY-310 钻机回转小车的结构

1—导向滑板；2—调整螺钉；3—碟形弹簧；4,8—轴承；5—小齿轮；6—小车驱动轴；
7—加压齿轮；9—大链轮；10,11—左、右立板；12—导向轮轴；13—导向轮；14—轴套；
15—防松架；16—螺栓；17—切向键装置；18—防坠制动装置；19,21—连接轴；20—导向齿轮架

作用在齿轮上的径向分力使回转小车上的导向尼龙滑板8紧紧地压在钻架的导轨上，并沿导轨滑动。滑板导向装置的结构合理，运行安全可靠，制造工艺简单，调节容易，导向平稳，滑板磨损后更换也方便。

② 滚轮导向装置。如图 5-9(b) 所示，当加压齿轮沿齿条滚动时，回转小车上的导向（橡胶）滚轮紧紧地压在钻架的导轨上，并沿导轨滚动实现导向。各种钻机导向装置的滚轮数目和布置是不同的。有 4 个滚轮导向的，有 12 个滚轮导向的（如美制 M-4、M-5 钻机，在回转小车上左右各 6 个，4 个布置在钻架导轨正面，2 个布置在导轨侧面），有 16 个滚轮导向的 [此种较多，例如国产 YZ-35，美制 GD-120、45-R（后改进的）型钻机，左右各两组，每组 4 个滚轮（装在一个平衡支承架上）在导轨上滚动导向]。这些滚轮多是用耐压聚酯橡胶制成的。为了调整滚轮与导轨的间隙，导向滚轮架设计成偏心可调的，同时也可调整加压齿轮与齿条的间隙。滚动导向装置的滚动接触摩擦力小，消耗能量也少。滚轮是聚酯橡胶制成的，它可以吸收振动。因此，这种滚轮导向装置获得了较好的使用效果。

(4) 连接装置

回转加压小车体与回转减速器的连接形式有纵向连接和侧向连接两种。一般是用螺栓、键和销作为定位、连接件。

① 纵向连接。早期研制的牙轮钻机，其回转小车与回转减速器采用端面接触，如图 5-9（a）所示。两端面用销钉定位，用螺栓纵向连接。这种连接形式结构简单、连接可靠，螺栓只承受拉力。国产 HYZ-250B、KY-250A 型钻机采用这种结构。

② 侧向连接。有些牙轮钻机的回转小车与回转减速器采用侧面接触，如图 5-9（b）所示。用横向螺栓连接，螺栓承受剪力。为了改善螺栓受力状态，采用了侧面切向键加螺栓的形式连接，如图 5-10 的 17 所示。KY-310、KY-250、45-R、60-R 等钻机都采用侧向连接结构。这是个较好的连接形式。

（5）防坠制动装置

如图 5-10 的 9、18 所示，该装置是一种断链保护装置。当发生断链时，它能及时地制动回转小车的驱动轴，防止回转小车的坠落，避免事故的发生。防坠制动装置是钻机上必备的安全装置。

国产 KY-310 钻机的防坠制动装置采用一对常闭带式制动器结构，如图 5-11 所示。它是由制动轮（大链轮）、闸带 1、传动杠杆 5、气缸 6、调整螺母 3 及调整螺杆 4 等组成。当封闭链条断开时，链条均衡装置的上链轮轴下移，触动行程开关，发出电信号，切断气缸的进气路，同时通过快速排气阀迅速排气，由于弹簧的作用，闸带立即制动大链轮，于是加压齿轮停止在钻架的齿条上，防止了回转机构下坠。这种防坠制动装置结构简单、使用可靠。

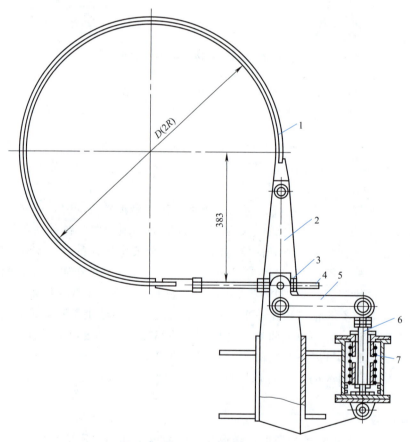

图 5-11　KY-310 钻机防坠制动装置

1—闸带；2—支承架；3—调整螺母；4—调整螺杆；5—传动杠杆；6—气缸；7—弹簧

5.3 牙轮钻机工作参数计算

牙轮钻机的工作参数是指钻机工作时钻具作用在孔底矿（岩）石上的轴压力、钻头转速、排渣风量、钻进速度、回转功率及扭矩。正确地选择这些参数，不仅可以提高钻孔效率，延长钻具使用寿命，而且还可以降低钻孔成本。因此，牙轮钻机的工作参数是设计钻机的主要依据，也是合理地选择使用钻机的依据。

为了使钻机能在各种不同性质的岩石中钻孔，并获得理想的钻孔效果，要求钻机的工作参数能有一个可控的范围，以便根据不同的地质条件进行人工的或自动的调整，以便获得最佳的钻孔工作制度和最优的工作效率。

牙轮钻机有两种差别颇大的工作制度。一种是美国的高轴压、低转速工作制度（轴压力为300~600kN，转速小于150r/min）；另一种是苏联的低轴压、高转速工作制度（轴压力为150~300kN，转速为250~350r/min）。近几年来的钻孔实践和出现的新型钻机都证明了高轴压、低转速和大风量（风量高达25~70m³/min）排渣这一高效率的强力钻孔工作制度的优越性。随着牙轮钻机和钻头的不断改进和完善，尤其是钻头强度的提高，国内外牙轮钻机的轴压力均有所增加。

目前，牙轮钻机的各工作参数尚不能用理论计算的方法来确定，只能在大量钻孔实践的基础上，对影响工作参数的主要因素做定性的分析，或拟合出一些经验公式来确定合理的工作参数，为建立最佳的工作制度提供参考。

（1）轴压力

根据牙轮钻头的破岩原理，岩石是在轴压力的静载荷和牙轮滚动时的冲击动载荷联合作用下破碎的，加在钻具上的轴压力越大，破碎岩石的体积越大，钻进速度越快，钻进速度与轴压力近似呈线性关系，且当轴压力增大到一定程度时，钻进速度增加的速率变缓。这是因为轴压力过高，牙齿吃入岩石较深，使牙轮的振幅减小，削弱了冲击破碎效果；并且，轴压力过高还会恶化孔底排渣状况，降低钻速，加速钻头轴承的磨损，甚至折断牙齿，降低钻头寿命。因此，对于钻凿一定性质的岩石，需要选择一个合理的轴压力。

合理轴压力的确定有很多经验公式，但应用比较广泛且比较符合实际的有以下两种。

① 国外用直径为214mm的钻头进行钻孔试验表明，当作用在岩石上的轴压力超过使岩石产生破坏的临界阻力的30%~50%时，岩石能顺利地被破碎，因此，这种钻头的合理轴压力为：

$$F_0 = fK \tag{5-1}$$

式中　f——岩石的普氏坚固性系数；

　　　K——经验系数，$K=13\sim15$。

试验研究者认为，当钻头直径增加或减小时，合理的轴压力应按比例地增加或减小。因此得出一般情况的经验公式

$$F = fK\frac{D}{D_0} \tag{5-2}$$

式中　F——合理的轴压力，kN；

　　　D——使用的钻头直径，mm；

　　　D_0——试验用钻头直径，mm，$D_0=214$mm。

② 根据苏联有关资料介绍，对于露天矿用牙轮钻机，其合理的轴压力可按下列经验公

式确定：

$$F = (60 \sim 70)fD \tag{5-3}$$

采用式(5-2)和式(5-3)计算的轴压力平均值基本相同，且与实际采用的轴压力值是比较接近的。但是，这两个经验公式都没有考虑到钻头结构因素的影响，如牙轮牙齿越钝，所需的轴压越大。此外，当岩石有裂隙或夹块时，钻机会发生剧烈振动，应适当减小轴压力。

(2) 钻具转速

钻进速度不仅与轴压力有关，而且还与钻具的转速有关。实践表明，在一定转速范围内，钻进速度随钻具转速的增加而增加。但是，转速过高时，钻进速度下降，而且会引起回转机构的强烈振动或造成机件的损坏。关于钻具的最优转速问题，国内外都在进行试验探讨，并提出了各种不同的看法。

美国石油钻井部门认为，钻进速度与钻具转速的平方根成正比；加拿大铁矿公司认为，当轴压力相同，转速只是在30～60r/min的范围时，钻进速度与转速成正比；美国派洛克铁矿和B-E公司则认为，转速在30～90r/min，甚至更大的范围内，钻进速度仍与转速成正比，加拿大、非洲利比里亚一些铁矿的实践也得出这一结论。

苏联的思·莫·比留科夫根据他对合金齿牙轮钻头的试验研究认为，破碎岩石的效果与牙齿同岩石接触的时间有关。当牙齿与岩石接触的时间小于0.02～0.03s时，牙齿对岩石的破碎效果会急剧降低，即钻进速度急剧下降。据此，就限定了牙轮的最大滚动速度，从而也就限定了钻具的最大转速。

根据牙轮钻头的运动学，牙轮锥体大端齿圈的圆周速度最大，该齿圈上的牙齿与岩石接触时间最短。对于不超顶不移轴布置的牙轮钻头，牙轮大端齿圈的圆周速度为

$$v_L = \frac{\pi D n_T}{60} \tag{5-4}$$

式中　v_L——牙轮大端齿圈的圆周速度，mm/s；
　　　D——钻头直径，mm；
　　　n_T——钻具转速，r/min。

由于牙轮在孔底不完全是纯滚动，圆周速度会有所降低，所以将式(5-4)修正为

$$v_L = \frac{\pi D n_T}{60} \cdot \lambda \tag{5-5}$$

式中　λ——考虑到速度损失的系数，实验测得$\lambda = 0.95$。

牙轮大端齿圈上牙齿与岩石的接触时间为

$$t = \frac{L}{v_L} = \frac{\pi d}{v_L Z} \tag{5-6}$$

式中　t——牙轮与岩石的接触时间，s；
　　　d——牙轮大端直径，mm；
　　　L——牙轮大端齿圈的齿间弧长，mm，$L = \pi d/Z$；
　　　Z——牙轮大端齿圈上的牙齿数，个。

根据式(5-5)和式(5-6)，并考虑当牙齿与岩石的接触时间$t = 0.02 \sim 0.03$s时，可求出钻杆的转速度为

$$n_T = (2100 \sim 3160)\frac{d}{DZ} \tag{5-7}$$

EN Mo Biryukov 的观点认为，n_T 就是钻具允许的最大转速。在轴压力合理的情况下，当钻具转速在不大于 n_T 的范围时，岩石能顺利地被破碎，钻进速度随转速的增加而增加；当转速大于 n_T 时，岩石来不及完全破碎，破碎效果急剧下降，钻进速度随转速的增加而降低。另外，从式(5-7) 还可以看出，为了满足牙齿与岩石的最小接触时间，保证岩石能顺利地被破碎，当钻头直径增大时，钻具转速相应地降低。国内外牙轮钻机的钻具转速多为 0～150r/min。低转速用于钻大孔径孔、硬岩及接卸钻杆，高转速则用于钻小孔径孔或软岩。

（3）回转功率

回转机构的输出功率主要消耗在以下几个方面：使牙轮滚动和滑动破岩所需的功率；牙轮滑动时，用于克服牙齿与孔底的摩擦力所需的功率；用于克服钻杆、钻头与孔壁的摩擦力所需的功率；用于克服钻头轴承的摩擦力所需的功率等。这些耗功因素都与岩石的物理力学性质、钻孔直径、钻具施加于孔底的轴压力、回转速度、钻头的结构形式及新旧程度、孔底排渣状况等诸因素有关。

关于回转功率的计算，国外有多种观点及计算公式。其中，美国休斯公司在实验室大量实验的基础上，总结出计算回转功率的经验公式为

$$N = 0.96 K n_T D \left(\frac{F}{10}\right)^{1.5} \tag{5-8}$$

式中　N——回转功率，kW；
　　　D——钻头直径，cm；
　　　F——轴压力，kN；
　　　n_T——钻具转速，r/min；
　　　K——表征岩石特性的常数，其值见表 5-2。

表 5-2　岩石特性常数 K 值

岩石种类	抗压强度/MPa	K	岩石种类	抗压强度/MPa	K
最软	—	14×10^{-5}	中	56	8×10^{-5}
软	—	12×10^{-5}	硬	210	6×10^{-5}
中软	17.5	10×10^{-5}	最硬	475	4×10^{-5}

从影响回转功率的因素来看，式(5-7) 的构成形式是合理的，应用起来也比较简便，但没有计入排渣状况、钻头构造及钻头磨损后对功率的影响。其计算结果比实际使用值小。

实际上，由于在钻孔过程中负荷频繁波动，特别是当发生卡钻事故或卸钻杆时，需要的回转扭矩往往达到正常钻孔时的 3 倍以上。因此，回转机构原动机的功率及机件的强度都应设计得足够大，以便在正常钻孔时，只使用额定功率（扭矩）的 2/3 左右，而处理卡钻或卸钻杆时，则利用原动机的过负荷能力。

（4）钻孔速度

牙轮钻机的钻进速度是表征钻机是否先进的主要指标。钻孔时工作制度是否合理也反映在钻进速度上。国外一些研究者提出了不少反映钻进速度与钻孔工作参数之间关系的经验公式，如苏联的勒·阿·捷宾格尔根据对露天牙轮钻机钻孔工作制度的研究，整理出以下估算钻进速度的经验分式

$$v = 0.375 \frac{F n_T}{D f} \tag{5-9}$$

式中　v——钻进速度，cm/min。

其余各符号和前述相同。

式(5-9)比较全面地反映了钻进速度与几个主要钻孔参数的一般关系，计算结果比较接近实际。但事实上，影响钻进速度的因素还有很多，如排渣用介质、排渣风量、钻头形式及新旧程度、岩石的可钻性等。

5.4　牙轮钻机常见故障及处理

牙轮钻机液压系统常见故障及处理方法见表 5-3。

表 5-3　牙轮钻机液压系统常见故障及处理

故障现象	故障原因	处理方法
1. 从凿岩机前端与钎尾之间漏液压油	1. 冲击活塞或缓冲活塞斯特封磨损或拉坏 2. 冲击活塞磨损或断裂 3. 缓冲活塞磨损	1. 更换斯特封 2. 更换冲击活塞 3. 更换缓冲活塞
2. 油泵不出油	1. 油泵电机不能启动 2. 油泵叶片被卡住 3. 油箱液面过低 4. 油泵转向不对 5. 吸油管或过滤器堵塞 6. 吸油管漏气 7. 油的黏度过高	1. 检查电气系统 2. 将油泵拆开检查，更换部件 3. 加注油液 4. 调整油泵转向 5. 清洗吸油管和过滤器，必要时换油 6. 修理吸油管 7. 更换油液
3. 不能达到正常油压	1. 系统中进入空气 2. 定子两端挡盖磨损过限 3. 油液黏度不合适 4. 油箱油位过低 5. 液压元件连接处连接不严而漏油 6. 电液换向阀油封顶出或损坏 7. 卸荷电磁换向阀失灵 8. 溢流阀调整不当 9. 系统管路漏油	1. 开排气孔排气 2. 更换定子挡盖 3. 更换油液 4. 加油 5. 更换或紧固连接处 6. 检修或更换油封 7. 检修，严重时更换 8. 调整溢流阀 9. 处理漏油处
4. 工作油缸漏油	1. 密封圈损坏 2. 油缸盖不严 3. 活塞磨损或活塞杆弯曲	1. 更换密封圈 2. 紧固螺栓 3. 更换活塞或活塞杆
5. 油缸行程不全或爬行	1. 油缸中有空气 2. 活塞杆弯曲 3. 油压不足	1. 拧开油缸排气塞排除空气 2. 更换活塞杆 3. 开动油泵提高油压
6. 液压元件失效	1. 油中有脏物污染 2. 被油中杂物颗粒磨蚀 3. 油液质量不合格	1. 使用干净的油或换油 2. 修理或更换元件 3. 换符合标准的油液

 复习思考题

5-1　简述牙轮钻头的基本结构和组成部分。

5-2　牙轮钻机有哪些基本组成部分？

5-3　牙轮钻机的回转加压装置有哪几种？

5-4　牙轮钻机钻具的工作转述与哪些因素有关？

第二篇 装载机械

第6章 装载机
第7章 单斗挖掘机

第 6 章 装载机

 教学目标

（1）了解装载机的主要类型和选用条件；
（2）掌握铲斗式装载机的基本结构及其工作原理；
（3）掌握铲斗式装载机的设备选型与计算。

6.1 装载机概述

6.1.1 装载机的用途

在金属矿山开采的生产过程中，不论是露天矿的剥离与开采，或是井下矿的掘进与回采，经凿岩爆破作业崩落下来的岩石和矿石，都需要经装载作业将矿岩装入矿车、带式运输机、自卸汽车或其他运载设备，以便运往井底矿仓、选矿场和废石场。

装载作业是整个采掘生产过程中最为繁重而又费时的工序。据统计，在井下巷道掘进中，消耗在装载作业上的劳动量占掘进循环总劳动量的 40%～70%，而装载作业的时间一般占掘进循环总时间的 30%～40%。在井下回采出矿中，装载作业同样也占了很大的比重。显然，用于装载作业的生产费用将极大地影响每吨矿石的直接开采成本。所以，有效地提高装载机械生产能力，缩短装载作业时间，减轻装载劳动强度，并逐步提高装载工作机械化的配套水平，对促进采掘工业安全、高效、低成本发展起着重要的作用。

装载机是一种通过安装在前端一个完整的铲斗支撑结构和连杆，随机器向前运动进行装载或挖掘，以及提升、运输和卸载的自行式履带或轮胎机械。装载机具有作业速度快、效率高、机动性好、操作轻便等优点，广泛用于矿山、道路、建筑、水电和港口等工程建设。

6.1.2 装载机的基本组成与工作原理

铲斗式装载机的铲斗装于装载机的前端（称为前端式装载机），依靠装载机的行走机构使铲斗插入岩堆，借助提升机构提升铲斗实现装载。铲斗式装载机可以向前方卸载、向侧面卸载和向后面卸载，也可以借助各种类型的运输机向矿车装载。井下矿山用的一种低车身铰接车架轮胎行走的前端式装载机习惯上称为铲运机，其本身是带有一定容积储矿仓的装载设备，除了完成矿岩装卸作业外，还可兼做短程的运输作业。

图 6-1 所示为我国生产的 ZL 型露天前端式装载机，它主要由柴油发动机 1、液力变矩器 2、行星变速箱 3、驾驶室 4、车架 5、前后桥 6、转向铰接装置 7、车轮 8 和工作机构 9 等部件组成。它采用了液力机械传动系统，动力从柴油机经液力变矩器、行星变速箱、前后传动轴、前后桥和轮边减速器而驱动车轮前进。

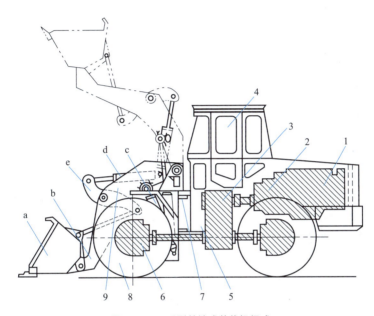

图 6-1 ZL 系列前端式装载机组成

1—柴油发动机；2—液力变矩器；3—行星变速箱；4—驾驶室；5—车架；
6—前后桥；7—转向铰接装置；8—车轮；9—工作机构
a—铲斗；b—动臂；c—举升油缸；d—转斗油缸；e—转斗杆件

井下用前端式装载机（图 6-2）与露天用前端式装载机结构相似，如国产的 $3m^3$ 的 DZL-50 型井下前端机是 ZL-50 型前端机的变形产品，零部件通用程度达 70%。由于工作条件不同，井下前端机（也称铲运机）有以下特点。

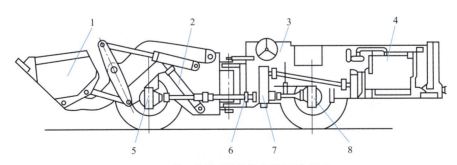

图 6-2 井下前端式装载机（铲运机）组成

1—铲斗；2—工作机构；3—司机室；4—柴油机；5—前桥；6—传动轴；7—减速箱；8—后桥

① 车身低矮，宽度较窄而长度较大，以适应井下作业空间狭窄的环境。
② 经常处于双向行驶状态，司机操纵室采用侧坐或可双向驾驶的布置，有的不设司机棚以降低高度，在司机座位周围设有安全防护栏。
③ 动臂较短，卸载高度和卸载距离较小。
④ 柴油机要采取消烟和净化措施。
⑤ 井下作业环境潮湿并往往有腐蚀性物质，零部件材料选择及制造工艺应考虑防潮防腐蚀，有些配套元件还应考虑防爆问题。

6.2 装载机的结构

6.2.1 前端式装载机的工作机构

前端式装载机的工作机构是铲装、卸载的机构（见图6-1），它包括铲斗a、动臂b、举升油缸c、转斗油缸d、转斗杆件e及其操纵的液压系统等。

（1）铲斗

前端式装载机的铲斗除作装卸的工具外，运输时还兼作车厢，所以容积较大。目前，我国的ZL系列装载机铲斗容积有$1m^3$、$2m^3$、$3m^3$、$5m^3$等数种。铲斗由钢板焊成，斗底和斗唇采用耐磨合金钢。斗唇有带齿的和不带齿的两种，前者适合装载大块坚硬的矿岩，后者适合装载密度较轻的物料（如卵石、煤炭等）。铲斗的几何尺寸应有一定的比例关系，铲斗的宽度应比两轮之间的外宽大50~100mm，以便清扫和保护轮胎。

铲斗卸载方式有倾翻式、推卸式和底卸式三种，倾翻式（见图6-1）简单可靠、容积大、适应面广，故多被采用。推卸式和底卸式铲斗卸载空间高度较小，多用于井下工作的前端机。它们的结构示意图见图6-3。推卸式铲斗还能较好地防止矿石在铲斗中黏结。我国有些装载机曾配置这种形式的铲斗。

（2）动臂

动臂是铲斗的支持和升降机构，一般有左右两个（小型装载机可设一个）。动臂的一端铰接于车架上，另一端铰接在铲斗上。动臂多做成曲线形状，使铲斗尽量靠近前轴，降低倾翻力矩。动臂断面形状有单板、工字形、双板和箱形四种。箱形断面的动臂受力情况较好，

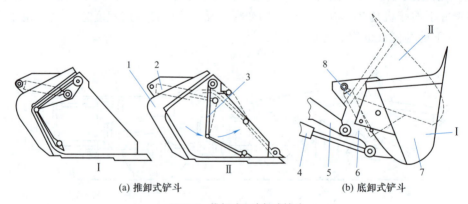

图6-3 推卸式和底卸式铲斗
Ⅰ—未卸载状态；Ⅱ—卸载状态；
1,7—铲斗；2,8—卸载油缸；3—推板；4—转斗油缸；5—动臂；6—铲斗下支座

多用于大、中型装载机上。

(3) 举升油缸和转斗油缸

举升油缸的作用是使动臂连同铲斗实现升降以满足铲装和卸料的要求。举升油缸活塞杆铰连于动臂上，另一端油缸则铰连于机架上。一般是一个动臂配置一个举升油缸。

转斗油缸的作用是使铲斗绕着其与动臂的铰接点上下翻转，以满足铲装和卸料的要求。转斗油缸一般配置 1～2 个。举升油缸的布置方式有举升油缸立式布置［图 6-4(a)］和举升油缸卧式布置图［图 6-4(b)］两种。

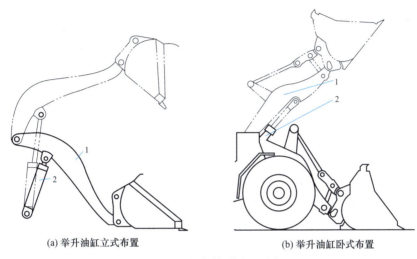

(a) 举升油缸立式布置　　(b) 举升油缸卧式布置

图 6-4　举升油缸的布置形式

1—动臂；2—举升油缸

(4) 转斗杆件

它连接于转斗油缸与铲斗之间，其作用是将油缸的动力传递给铲斗。转斗杆件有连杆、摇臂等，其数量依配置方式而定。转斗杆件的配置方式有反转连杆式、平行四边形式和直接推拉式等。

反转连杆式配置见图 6-1，其转斗油缸一端铰接于车架上，另一端铰接于摇臂上，摇臂的另一端经连杆连于铲斗。摇臂的中间回转点铰于动臂上。转斗油缸活塞杆伸出时铲斗铲取矿岩。在相同的油缸直径下，这种配置方式比活塞杆收缩时铲取矿岩的配置方式，能使铲斗获得较大的铲取力，因此应用较多。但是，这种配置方式杆件数目较多，如果杆件配置不合适会使铲斗在举升过程中产生前后摆动而撒落矿石。

平行四边形配置的转斗杆件（图 6-5），在动臂举升过程中，铲斗上口始终保持水平位置而不发生摆动，铲斗物料不致因举升而撒落，从而有利于提高作业效率。

直接推拉式配置的转斗杆件如图 6-6 所示。

(5) 工作机构的液压系统

图 6-7 所示为 ZL30 型及 ZL20 型装载机工作装置的液压操纵系统原理。根据工作动作的需要，可操纵多路换向阀把油液供入举升油缸或转斗油缸相应的腔中。当不需要工作机构动作时，操纵阀阀杆自动返回中间位置，关闭通向油缸的油路，液压泵来油经阀体返回油箱。为防止过载，在多路换向阀内装有带溢流阀的安全阀，系统压力超过 10.5MPa 时溢流。

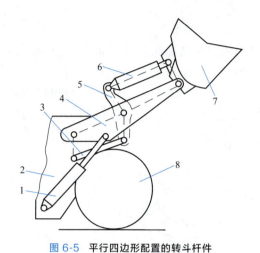

图 6-5 平行四边形配置的转斗杆件

1—举升油缸；2—前车架；3—连杆；4—动臂；5—摇臂；6—转斗油缸；7—铲斗；8—车轮

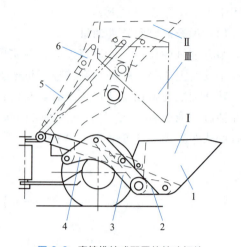

图 6-6 直接推拉式配置的转斗杆件

Ⅰ—运输位置；Ⅱ—举升位置；Ⅲ—翻卸位置；1—铲斗；2—小臂；3—举升油缸；4—动臂；5—转斗油缸；6—转斗拉杆

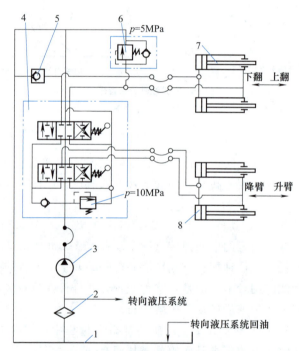

图 6-7 ZL30 装载机工作装置液压系统

1—油箱；2—过滤器；3—齿轮油泵；4—多路换向阀；5—单向阀；6—单向顺序阀；7—转斗油缸；8—举升油缸

工作机构在举升动臂过程的某一时期，需使转斗油缸自动伸长，否则，四杆机构干涉。为此，在转斗油缸小腔到换向阀的管路上接有一单向顺序阀，阀的开启压力根据使铲斗下翻所需最大力而调为 5MPa。铲斗举升过程中，机构干涉迫使转斗油缸活塞杆外伸，其小腔液压超过 5MPa 时，单向顺序阀 6 开启，油液经单向阀 5 回入其大腔，同时从油箱补油。

ZL50 型及 ZL40 型装载机工作装置的组成及原理与 ZL30 型相似，只是其一侧动臂不是单板而是双板。

6.2.2 行走机构

这类装载机大部分采用轮胎式行走机构，只有少数采用履带式行走机构。

轮胎式行走机构包括车架、发动机、液力变矩器、变速箱、驱动桥、行走轮、转向装置和制动装置等。

（1）车架

车架上安装着装载机的其他零部件，是装载机的主架。前端式装载机大部分采用铰接式车架（图 6-8），只有少数小型装载机采用整体式刚性车架。铰接式车架和整体式刚性车架在其结构和性能方面各有优缺点。

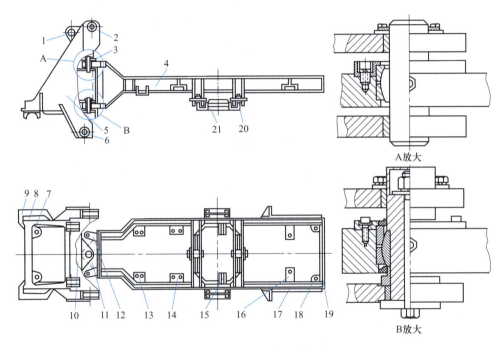

图 6-8　铰接式车架的结构

1—转斗缸耳座；2—动臂耳座；3—铰接销轴；4—后车架；5—前车架侧板；6—举升缸耳座；7—转向耳座；
8—前板；9—底板；10—铰接座；11—铰接架；12—转向缸耳座；13—变速箱支架；14—变矩器支架；
15—发动机前支架；16—发动机后支架；17—配重支架；18—连接板；19—后梁；20—轴销；21—悬架

铰接式车架由两个半架组成，两个半架之间用垂直铰链连接。用液压缸推动，使一个半架相对于另一半架转动一定的角度，以此实现装载机的转向。

在前车架上，焊有安装工作机构的耳座和安装前桥轴的底座；在后车架上，焊有安装发动机和变速箱等的支座。后桥轴则是通过悬架铰接在后车架上。后桥轴可相对于后车架垂直摆动一定角度，使装载机在不平路面行驶时四轮能同时着地，改善行驶性能。

有的装载机车架是双铰链连接结构，具有水平和垂直布置的两组铰链，使前后车架在水平和垂直两个方向都可以转动。采用铰接式车架，使装载机具有较小的转弯半径和高度的机动性。

（2）传动系统

露天和井下的前端式装载机采用的传动方式一般有液力机械式，静液压式和电传动式三种。单纯的机械传动方式已经很少采用。

ZL 系列的装载机采用液力机械式传动，其传动系统如图 6-9 所示。

传动系统包括发动机、液力变矩器、变速箱、传动轴和驱动桥等。

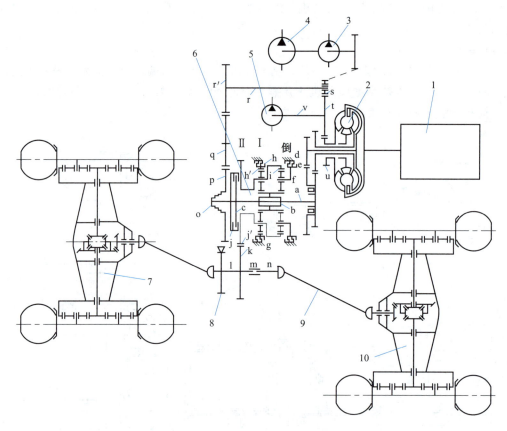

图 6-9　ZL-30 装载机传动系统

1—柴油发动机；2—液力变矩器；3—变矩器和变速箱油泵；4—工作油泵；5—转向油泵；
6—行星变速箱；7,10—驱动桥；8—手制动；9—传动轴；
a—中间输入轴；b—Ⅰ挡及倒挡太阳轮；c—Ⅱ挡摩擦离合器主动片；d—倒挡离合器定片；e—倒挡离合器动片；
f—倒挡行星架；g—Ⅰ挡离合器定片；h—Ⅰ挡离合器动片；h′—直挡内齿圈；i—倒挡内齿圈；j—Ⅱ挡离合器从动片；j′—输出齿轮；k,q,r′,t—齿轮；l—前输出轴；m—滑套；n—后输出轴；o—机械离合器滑套；p—输出轴齿轮；r,v—轴；s—超越离合器；u—泵轮齿圈

（3）转向系统

铰接式装载机的转向，是用液压油缸推动其一个半架相对于另一半架转动 30°～50°来实现的。ZL30 前端装载机的转向系统如图 6-10 所示。它由转向机 1、转向阀 2、转向油缸 3、随动杆 4、转向油泵 5 和溢流阀 6 等主要部件组成。

转向机 1 为螺杆螺母循环球式。它的下端串联着转向阀 2，转向机的转向螺杆与转向阀芯连为一体。司机操纵转向盘使转向螺杆旋转而使转向阀芯上下移动，实现对转向阀的控制。在其他型号的前端装载机中，有的将转向机与转向阀分开布置或将转向阀与转向油缸合

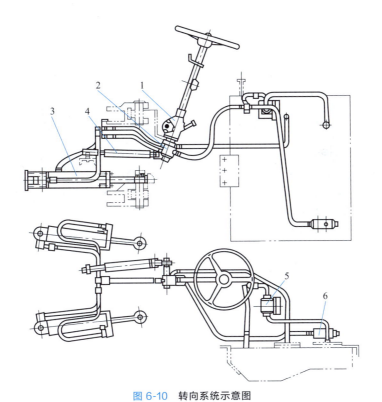

图 6-10 转向系统示意图
1—转向机；2—转向阀；3—转向油缸；4—随动杆；5—转向油泵；6—溢流阀

为一体。不同的布置各有其优缺点。

转向油缸 3 为双作用式，其两端分别铰接在前后车架上。转向油泵 5 为 CBF40 型齿轮泵，由柴油机驱动。转向系统工作油压为 8MPa。

(4) 制动系统

为了使装载机能实现减速运行和安全停车，必须装有可靠的制动系统，以保证装载机正常工作及操作安全。

制动按工作性质可分为工作制动和停车制动。工作制动是指装载机在运行中正常的制动减速直至停车，包括脚制动和装载机在长坡道下坡运行时采用的排气制动。停车制动是指装载机不工作时安全停站在一定位置所施加的制动，如在坡道上，使装载机能安全停车不至于下滑而发生危险事故。停车制动一般采取手制动。当脚制动失灵时，也采用手制动作为应急制动，故又称为紧急制动或故障紧急刹车。

制动系统一般由制动器和控制系统组成。制动器可分为带式、蹄式和盘式三种。老式车辆多用蹄式制动器，其结构如图 6-11(a) 所示。盘式制动器制动力矩稳定，外界因素如雨水、炎热等对制动力矩影响不大；结构简单、重量轻、维修保养方便；制动减速度与管路压力呈线性关系，已经在装载机中得到越来越多的应用［结构见图 6-11(b)］。但盘式制动器摩擦面小，单位压力高，对摩擦材料的要求也高，选择材料时应该慎重。

图 6-12 所示为 ZL30 装载机采用的气液盘式工作制动系统。由空压机 1 出来的压气经油水分离器 11 处理后，进入储气筒 9，保持 0.7MPa 的气压。制动时，脚踩制动控制阀 8，压气进入加力罐 7，由加力罐的总泵产生的高压油分别输入前后桥制动器上的油缸 6 内，并顶

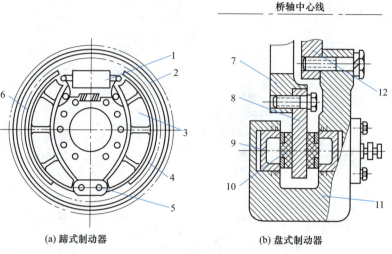

图 6-11 制动器

1—制动分泵;2—制动器底盘;3—制动蹄;4—摩擦片;5—凸轮销;6—制动鼓;
7—轮毂;8—制动盘;9—制动活塞;10—制动衬块;11—钳体;12—桥壳

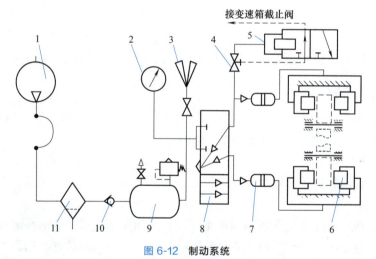

图 6-12 制动系统

1—空气压缩机;2—气压表;3—气喇叭;4—手开关;5—截断阀;6—制动器油缸;
7—加力罐;8—制动控制阀;9—储气筒;10—单向阀;11—油水分离器

出活塞,刹住制动盘。加力罐 7 实质上是一个加力器,其作用是将 0.7MPa 的气压转换为 15MPa 以上的油压,并利用高压油进行制动,增加制动力矩。装载机作业时,手开关 4 应处在接通位置,压气通入截断阀 5。制动时,截断变速箱换挡油路,使变速箱脱开挡位。若在装载机行驶时,则开关 4 处在关闭位置,压气不能进入截断阀 5,变速箱换挡油路畅通,制动时,变速箱不脱开挡位。

截断阀 5 的作用是以压气来控制变速箱换挡油路的开闭。

有的装载机(如 ZL90)采用两套制动控制阀,对作业和运行两种工况分别进行制动,称之为双管路制动系统。

6.2.3 装载机液压转向回路

装载机的特点是灵活、作业周期短,这一特点就决定它转向频繁。同时,随着装载机日趋大型化,完全依靠人的体力转向是很困难的,甚至是无法实现的。为了改善作业时的劳动强度,提高生产率,目前轮式装载机基本上都采用液压转向。它具有质量小、结构紧凑、对地面冲击起缓冲作用、动作迅速等优点。

(1) 转向机构布置

ZL50 型和 5m³ 装载机都是铰接式车架,利用八字油缸伸缩使前后车架曲折实现转向。转向机构布置如图 6-13 和图 6-14 所示。

图 6-13 所示的转向机构,由转向盘到转向阀的连杆是安装在前车架,而转向阀则固定在后车架。当把转向盘向右旋转时,连杆沿箭头方向运动,拉出转向滑阀,压力油流入 A 腔,从 B 腔回油进入油箱,于是前、后车架以中心销为轴向右偏转,其结果是转向阀体向阀芯被拉出方向移动,当移动的距离和阀芯被拉出的距离相等时,则转向阀恢复中位。阀体跟随阀芯始终要保持中位状态,前、后车架偏转至转向阀芯恢复中位时为止。此时车架转角为转向盘转动停止时的相应角度。

图 6-14 所示的转向器与转向阀分别在两个车架上,而图 6-13 所示的转向机构都固定在后车架。反馈连杆的一端 A 固定在前车架,当转向盘向右旋转时,反馈连杆通过转向连杆以 A 点为中心向右旋转,拉出转向阀的阀芯,这时液压油进入左缸后腔和右缸的前腔,结果左缸伸出右缸缩回,使前、后车架以中心销为轴向右折腰

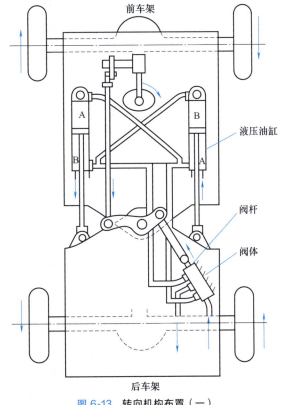

图 6-13 转向机构布置(一)

偏转。其结果是反馈连杆的 A 点也以中心销为轴向右回转,使连杆连接点 B 回到中心销的正上方,阀芯也向中立位置移动。移动的距离与拉出的距离相等。当停止转动转向盘时,B 点回到中心正上方,阀芯处于中立状态,车架停止继续偏转。

从上述转向工作过程可看出如下关系:

① 转向油缸活塞的位移与转向阀阀芯的位移存在着一定的关系,即滑阀的位移要造成活塞的位移,而活塞的位移反过来又要消除阀芯的位移。这种方式称为"反馈",这里利用连杆机械运动来传递信号称为机械反馈随动系统。

② 前、后车架相对转角始终追随转向盘转角,转向盘转角大时,前、后车架相对转角也大,此时装载机沿着小的转向半径运动。转向盘转角小时,前、后车架相对转角也小,此时装载机沿着大的转向半径运动。转向盘不动时,左、右转向油缸封闭,装载机直线行驶。

③ 尽管转向时车轮的阻力很大,但操纵转向盘的力却很小,也就是说有力的放大作用。

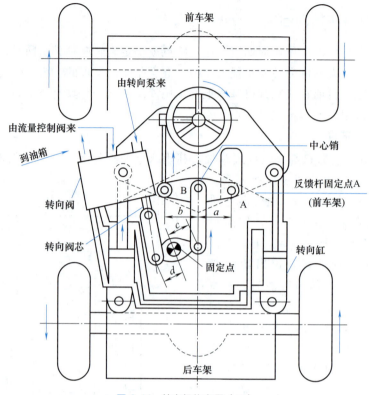

图 6-14 转向机构布置（二）

（2）转向阀

装载机转向阀与转向器布置有两种形式。中、小型装载机转向阀一般布置在转向器的下方，转向螺杆与转向阀相连接。大型装载机由于转向系统流量大，转向阀结构也比较复杂，因此转向阀一般设计成独立的结构。通过前后拉杆、随动杆及转向垂臂等杆系，将转向器与转向阀相连接，如图 6-15 所示。这样在结构上便于布置。

图 6-16 所示为 $5m^3$ 装载机转向阀原理。

当转向滑阀 2 在中位时，由于转向泵与油箱相通，从液压泵输入的压力油通过转向阀直接流回油箱。锁紧滑阀 3 右端的油液是低压，锁紧滑阀在左端弹簧的作用下被推向右边（图示位置），封闭了转向油路，转向油缸不动作。

当逆时针方向转动转向盘而转向垂臂通过前后拉杆、随动杆使转向滑阀 2 向后移到左转位置时，液压泵排出的油液不能直接返回油箱，从液压泵排出的压力油推开单向阀 4 推动锁紧滑阀 3 的右端，使它克服弹簧力向左端移动。液压泵的压力油就通过转向滑阀 2、锁紧滑阀 3 向右边转向油缸的活塞腔和左边转向油缸活塞杆腔供油，右边转向油缸活塞杆腔和左边转向油缸活塞腔的油液则流回油箱，达到左转向的目的。

在装载机转向时，因为随动杆的另一端固定在前车架上，因而也随着转动。与此同时，随动杆将使后拉杆向前移动，其向前移动的距离与上述后拉杆向后移动的距离相等，将转向滑阀拉回到中间位置，这就是转向系统的机械反馈。如果继续转动转向盘，转向滑阀再次打开，前、后车架继续相对偏转。所以，前、后车架的相对转角随转向盘的转动量变化。当转向盘停止转动时，转向阀就回到中位，转向油缸就封闭，装载机就以所得到的转向半径转弯。如果需要装载机直线行驶，则需把转向盘向反方向转动相同的角度。

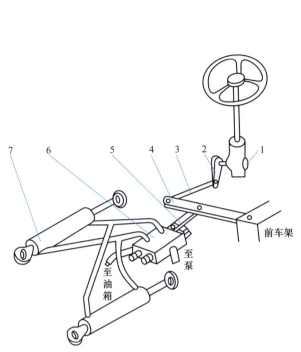

图 6-15 转向器与转向阀布置示意图
1—转向器;2—转向垂臂;3—前拉杆;4—随动杆;
5—后拉杆;6—转向阀;7—转向油缸

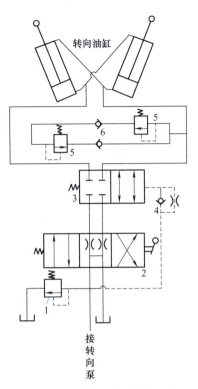

图 6-16 5m³ 装载机转向阀原理
1—溢流阀;2—转向滑阀;3—锁紧滑阀;
4—单向阀;5—过载安全阀;6—单向阀

① 单向阀 4 与旁路节流孔的作用。当转向滑阀 2 处于左位或右位时,锁紧滑阀 3 被推向左端。此时要求左移速度较快,因而油液流量较大,推开单向阀 4 能畅通地流入锁紧滑阀 3 的右端,并迅速推动锁紧滑阀左移。在转向阀回到中间位置时,锁紧滑阀右端的压力油通过单向阀 4 旁路节流孔回油。锁紧滑阀在左端弹簧力作用下右移关闭油路,由于旁路节流孔的作用,锁紧滑阀 3 关闭的速度较慢。这种缓慢的回油结构可达到减少液压冲击的目的。

② 锁紧滑阀 3 的作用。除上面介绍的降低关闭油路的速度、减少压力冲击、防止管路破损外,另一个作用是当转向液压泵和辅助泵管路发生破损或液压泵出现故障时,锁紧滑阀在弹簧作用下自动回到关闭油路位置,使转向油缸封闭,从而保证装载机不摆头。

③ 转向滑阀 2 的作用。采用负封闭的换向过渡形式,优点是当转向滑阀 2 处于中位时,油液便可直接回油箱,转向油泵卸荷,以减少功率损失和提高转向灵敏度。

④ 过载安全阀 5 的作用。当转向油缸油路封闭,外力使转向油路产生高压时,使高压油溢流而保护油路不受损坏。当转向油缸一腔高压油溢流时,将使活塞移动,另一腔必须通过单向阀 6 进行补油。

6.3 轮式装载机总体参数设计与计算

由于国产履带式装载机多是在推土机基础上形成的,目前国内外使用和生产的绝大多数是轮胎式装载机。同时,这两类装载机除行走装置不同外,其他系统和构造大体相似,所以，这里介绍轮胎式装载机的参数设计与计算。

轮胎式装载机的总体参数是指它的主要性能参数和基本尺寸参数，性能参数包括装载机自重力、额定载重量、铲斗容量、发动机功率、最大插入力、掘起力、最大卸载高度和卸载距离等，基本尺寸参数包括轴距、轮距、轮胎尺寸、外形尺寸等。

6.3.1 轮式装载机性能参数的确定

下面介绍如何用理论分析方法确定总体参数。

（1）装载机自重力

装载机的自重力通常指由装载机本身的制造装配质量以及发动机的冷却水、燃料油、润滑油、液压系统用油、随车必备工具、驾驶员体重等质量因素引起的重力。装载机靠行走将铲斗插入料堆，铲斗插入料堆的能力取决于装载机的牵引力 F_d，牵引力 F_d 受装载机附着力的限制，故装载机的自重力应能使其驱动系统产生足够的附着力，以满足铲斗插入料堆的需要。在插入料堆时，牵引力主要用来克服插入阻力和运行阻力，即

$$F_d \geqslant F_{in} + m_s g \mu \tag{6-1}$$

式中　F_d——装载机行走牵引力，N；
　　　F_{in}——铲斗插入阻力，N；
　　　m_s——装载机整机质量，kg；
　　　μ——滚动阻力系数，参见表6-1。

$$F_d \leqslant m_s g \psi \tag{6-2}$$

式(6-2)中 ψ 为附着系数，参见表6-2。

表 6-1　充气轮胎的滚动阻力系数 μ

路面条件	滚动阻力系数 μ	路面条件	滚动阻力系数 μ
沥青混凝土路面	0.018～0.02	泥泞路面	0.10～0.25
碎石路面	0.028～0.025	干沙	0.10～0.30
干爆路面	0.0258～0.036	湿沙	0.06～0.15

装载机牵引力受地面附着条件限制，所以牵引力的最大值应不大于附着力，由于装载机多为四轮驱动，从而将式(6-1)代入式(6-2)，可求得装载机自重力 G_s 为

$$G_s = m_s g \geqslant \frac{F_{in}}{\psi - \mu} \tag{6-3}$$

铲斗插入阻力 F_{in} 与铲斗形状、物料性质及料堆形状有关，目前尚无一种可靠的适用于不同情况的计算方法，所以它的值需通过试验确定。

表 6-2　充气轮胎的附着系数 ψ

路面类型	路面状态	附着系数 ψ		路面类型	路面状态	附着系数 ψ	
		高压轮胎	低压轮胎			高压轮胎	低压轮胎
沥青或混凝土路		0.50～0.70	0.70～0.80	土路	干燥	0.40～0.50	0.50～0.60
		0.35～0.45	0.45～0.55		潮湿	0.20～0.40	0.30～0.45
		0.25～0.45	0.25～0.40		泥泞	0.15～0.25	0.15～0.25
碎石路面	干燥	0.50～0.60	0.60～0.70	沙质原野	干燥	0.20～0.30	0.22～0.40
	潮湿	0.30～0.40	0.40～0.50		潮湿	0.35～0.40	0.40～0.50

（2）装载机额定载重量

装载机额定载重量是在保证装载机必要的稳定性能的前提下，它的最大载重能力。额定载重量的选择应考虑如下因素。

① 额定载重量必须符合国家产品系列标准。我国 ZL 系列装载机的额定载重量见表 6-3。

表 6-3　ZL 系列装载机的额定载重量

型号 项目	ZL10	ZL15	ZL20	ZL25	ZL30	ZL40	ZL50	ZL80	ZL100	ZL160	ZL200	ZL240
m_r/kg	1000	1500	2000	2500	3000	4000	5000	8000	10000	16000	20000	24000
V_r/m³	0.5	0.75	1	1.25	1.5	2	2.5	4	5	8	10	12

② 要考虑装载机的纵向稳定性，在满足装载斗臂平伸状态的稳定和机器以 6km/h 速度行驶时稳定的基础上，还要有必要的安全系数。

③ 与配套使用的运输车辆容积相适应，一般要求 2～5 斗装满一车。

初选额定载重量时，可根据装载机整机质量按下式确定。

$$m_r = K m_s \tag{6-4}$$

式中　m_r——额定载重量，kg；
　　　K——重量利用系数，轮式装载机取 $K=0.25\sim0.30$；
　　　m_s——装载机整机质量，kg。

（3）装载机铲斗容量

装载机铲斗容量分两种：一种称为额定容量，是指铲斗四周均以 1/2 坡度堆积物料时，由物料坡面与铲斗内轮廓所形成的容积；另一种称为平装容量，是指铲斗的平装容积。通常所说铲斗容量是指其额定容量。

平装容量 V_s 与额定容量 V_r 有如下关系，即

$$V_s = \frac{V_r}{1.2} \tag{6-5}$$

额定容量与额定载重量有如下的关系，即

$$V_r = \frac{m_r}{\rho} \tag{6-6}$$

式中　V_r——铲斗额定容量，m³；
　　　m_r——额定载重量，由式(6-4)确定，kg；
　　　ρ——装载物料密度，通常取 $\rho=2000\text{kg/m}^3$。

设计铲斗时，可按式(6-5)、式(6-6)初选平装容量，然后设计铲斗截面，再进行铲斗容积校核。

（4）发动机功率

装载机发动机应选择专门为其设计的工程用柴油机。考虑到装载机的工作状况，通常它的发动机功率按 1h 标定。装载机发动机功率按下述两种工况计算。

① 运输工况：

$$P_1 = \frac{F_r v_{t\max}(1-\delta_1)}{10000\eta} + \sum P_i \tag{6-7}$$

$$\sum P_i = \sum \frac{p_i q_i}{1000\eta_i} \tag{6-8}$$

式中 P_1——装载机在运输工况时需要的功率，kW；

F_r——最大理论速度时的牵引力，即此时的滚动阻力，N；

v_{tmax}——最大理论速度，m/s；

δ_1——最大理论速度时的滑转率，可取 $\delta_1 = 0.2$；

μ——传动系统总效率，可取 $\eta = 0.6 \sim 0.75$；

$\sum P_i$——转向泵、变速泵等消耗功率的和，kW；

p_i——液压泵输出压力，Pa；

q_i——液压泵流量，m³/s；

η_i——液压泵效率，取 $\eta_i = 0.75 \sim 0.85$。

② 插入工况：在插入料堆时，转向油泵和工作装置油泵不工作，变速油泵工作，装载机发出最大牵引力。发动机功率按下式计算，即

$$P_2 = \frac{G_s \psi v_{t1}(1-\delta_2)}{1000\eta} + \frac{p_b q_b}{1000\eta_b} \tag{6-9}$$

式中 P_2——插入工况时的发动机功率，kW；

G_s——装载机自重力，N；

v_{t1}——插入时装载机行驶速度，取 $v_{t1} = 3 \sim 4\text{km/h} = 0.8 \sim 1.1\text{m/s}$；

δ_2——滑转率，取 $\delta_2 = 0.3 \sim 0.35$；

η——传动系统总效率；

q_b——变速泵流量，m³/s；

p_b——变速泵输出压力，Pa；

η_b——变速泵效率。

按上述两种工况算出发动机功率，选较大值作为确定发动机功率的依据。装载机自重力、额定载重量和发动机功率是装载机的重要性能参数，三者互相联系，不易单独确定，表 6-4 列举了一些国家装载机的相对指标。

表 6-4 装载机的相对指标

相对指标	国家	轮式装载机	相对指标	国家	轮式装载机
单位载重量功率 /kW·kg⁻¹	中	260~320	单位斗容功率 /kW·m⁻³	中	53
	日	260~340		日	51.5
	美	280~370		美	66
单位自重力功率 /kW·kN⁻¹	中	0.85	单位斗容自重力 /kN·m⁻³	中	64
	日	0.81		日	65
	美	0.81		美	100

(5) 最大插入力

最大插入力是装载机插入料堆时在铲斗斗刃上产生的作用力，其值取决于牵引力，牵引力越大，插入力也越大。在平地匀速运动不考虑空气阻力时，插入力等于牵引力减去滚动阻力，即

$$F_{\text{imax}} = \frac{P_{\max}\eta}{v_{\text{in}}} - G_s\mu \tag{6-10}$$

式中 F_{imax}——最大插入力，N；

$P_{\max}$——发动机最大有效功率，W；

v_{in}——插入速度，m/s；

η——传动系统效率；

G_s——装载机自重力，N；

μ——滚动阻力系数。

装载机的最大插入力 F_{imax} 受附着力限制，所以要保证

$$F_{\text{imax}} \leqslant G_s(\psi - \mu) \tag{6-11}$$

对于铲装时停止运动，用推压油缸使铲斗插入料堆的装载机，插入力取决于推压油缸的推力，但最大不超过装载机与地面的静摩擦力。

铲斗插入料堆时，单位长度斗刃上所产生的最大作用力，叫做单位斗刃插入力，也称比切力。比切力是表示装载机铲斗插入料堆能力的指标，比切力越大，铲斗插入料堆的能力越强。

(6) 掘起力

装载机掘起力是指在下述条件下，铲斗绕着某一规定铰接点回转时，作用在铲斗切削刃后面 100mm 处的最大垂直向上的力（对于非直线形斗刃的铲斗，指其斗刃最前面一点后 100mm 处的位置）。

① 装载机停在坚实的水平地面上；

② 装载机具有标准的使用重量；

③ 铲斗斗刃底部平行于地面，且与地平面距离的上下误差不超过 25mm。

装载机掘起力标志着装载机铲斗绕规定铰点回转时动臂举升或铲斗翻转的能力。如果在举升或转斗过程中，引起装载机后轮离开地面，则垂直作用在铲斗上使装载机后轮离开地面的力就是装载机的掘起力。

掘起力是由转斗或动臂油缸提供的，根据装载机的稳定性计算，初步计算时，根据额定载重量按下式近似确定：

$$F_z = (1.8 \sim 2.3) m_r g$$

如果装载机的动臂有支撑撬，则转斗油缸发出的掘起力按下式计算。

$$F_z = (2.0 \sim 3.0) m_r g$$

转斗或提升动臂时，单位长度斗刃上产生的最大掘起力叫作单位斗刃掘起力。

(7) 最大卸载高度和铲斗最大举升高度

最大卸载高度是指动臂在最大举升高度、铲斗斗底与水平面成 45°角卸载时，其斗刃最低点距离地面的高度（露天装载机的卸载高度可以根据配用车辆车厢高度确定），即

$$h_{\max} = h_v + \Delta h \tag{6-12}$$

式中 $h_{\max}$——最大卸载高度（见图 6-17），mm；

h_v——配用车辆车厢高度，mm；

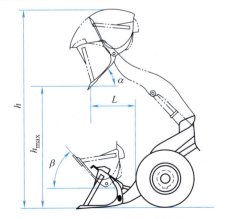

图 6-17 装载机铲斗作业尺寸

Δh——考虑作业时斗刃与车厢侧板间保留的必要间隙，取 $\Delta h = 300\sim 500\text{mm}$。

铲斗最大举升高度是指铲斗举升到最高位置卸载时，铲斗后臂挡板顶部运动轨迹最高点到地面的距离。对于露天装载机，这个参数对作业无影响；对于铲运机，铲斗最大举升高度受巷道高度限制，即应保证

$$h = h_x - h_d \tag{6-13}$$

式中　h——铲斗最大举升高度（见图6-17），mm；

　　　h_x——巷道高度，mm；

　　　h_d——巷道顶板的不平整高度，可取 $h_d = 150\sim 250\text{mm}$。

(8) 铲斗最大卸载高度时的卸载距离

铲斗最大卸载高度时的卸载距离，是指铲斗在最大卸载高度时，铲斗斗刃到装载机本体最前面一点（包括轮胎或车架）之间的水平距离。这个距离小于铲斗处于非最高位置卸载时的卸载距离，所以也简称为最小卸载距离，如图6-17所示。设计时要保证

$$L = \frac{b}{2} + \Delta b \tag{6-14}$$

式中　L——最小卸载距离，mm；

　　　b——配用车辆车厢宽度，mm；

　　　Δb——装载机本体前缘与运输车辆间应保留的距离，一般取 $\Delta b = 200\sim 300\text{mm}$。

(9) 铲斗的卸载角与后倾角

铲斗被举升到最大高度卸载时，铲斗底板与水平面间的夹角为卸载角，如图6-17中的 α 角。设计时要保证铲斗在任何举升高度都能卸净物料，这就要保证在任何举升高度时都应满足 $\alpha \geqslant 45°$。

装载机处于运输工况时，铲斗底板与水平面间的夹角为后倾角，如图6-17中的 β 角。后倾角过小，不但影响铲斗的装满程度，而且使铲斗举升初期物料向前撒落；后倾角过大，使铲斗举升后期物料向后撒落，易造成设备事故，一般取 $\beta = 40°\sim 60°$。铲斗举升过程中允许后倾角在15°以内变动。

(10) 最小离地间隙

装载机最小离地间隙是通过性的一个指标，它表示装载机无碰撞地越过石块、树桩等障碍的能力。在设计中尽可能地使最小离地间隙大些，一般最小离地间隙不小于350mm。

6.3.2　轮式装载机基本尺寸参数的确定

(1) 轴距和轮距

装载机轴距是指前后桥中心线的距离。轴距的大小影响装载机的纵向稳定性、转弯半径和整机质量，要选择适当。

轮距是指两侧轮胎中线之间的距离，大部分装载机前后桥采用相同的轮距及同类轮胎。轮距影响装载机的横向稳定性、转弯半径和单位长度斗刃上的插入能力。轴距和轮距直接影响装载机的性能，初选时可参考同类机型确定。

(2) 其他尺寸参数

在选定了装载机的轴距、轮距、举升高度、卸载距离之后，可以计算出整机的外形尺寸。

6.4 装载机的使用维护及故障排除

6.4.1 使用维护

6.4.1.1 安全操作技术要求

在日常生产中，应按下列要求使用前端机。

(1) 全面了解和检查上个班的使用情况，按技术规程进行保养

① 对液压系统、燃油系统、制动系统和电气系统进行外观检查，确定是否完全可靠或有无漏油、漏水、漏电和漏气现象。

② 检查柴油机、齿轮箱和液动油箱的油面，若油量不足，应及时补充。

③ 按例行保养技术规程对各润滑点进行润滑。

④ 加足柴油和冷却水。

⑤ 检查轮胎磨损情况和充气压力。

⑥ 检查传动轴、万向节、轴承盖和轮盘固定螺栓是否紧定。

⑦ 检查电瓶是否清洁、完好，接头是否紧固。

(2) 进行工作前的准备工作

① 观察油压表、油温表、水温表、电流表和风压表的指示是否正常和完好。

② 试验转向机和制动器的动作、性能是否正常、可靠。

③ 操作大臂起落和转斗手柄，试验液压操作系统及工作部分的动作是否正常。

④ 在通风良好的地方使柴油机以高速运转 5min，加热废气净化催化剂。

⑤ 把"速度范围预选操纵杆"扳至"工作"或"行驶"位置。

⑥ 将铲斗抬离地面约 400mm，松开手刹车，把换向操纵杆扳至"前进"位置。

⑦ 根据情况将"快慢操纵杆"合至"快"或"慢"位置，按响喇叭，缓踩油门起车。

(3) 进行铲装工作

① 机器接近料堆时应减速，然后合上后桥驱动。

② 将铲斗刃插入角调至 0°～5°，放下铲斗并插入料堆。同时加大油门转动铲斗或抬起大臂，并断续地转动铲斗，不要冲击铲装。

③ 铲装动作要协调，并尽量一次完成（铲斗要装正，但不要装得过满）。

④ 不要让前轮打滑空转；不要让变矩器堵转，停转时间不得超过 30s。

⑤ 不要在转弯位置铲装，如果不能避免时也要实行慢速铲装。

⑥ 铲装时绝不要误操作使铲斗反转。

(4) 重斗行驶及卸载

① 铲斗抬离地面约 400mm，前桥驱动，中速行驶，避免急刹车。

② 在松软泥泞路段上可使用后桥驱动，但一到坚实路面，应立即打开前桥驱动。

③ 接近卸载点时应减速并调整铲斗高度。

④ 以柴油机中速运转进行卸载。

⑤ 避免以高速卸载和在转弯位置卸载。

⑥ 不论重载或空载，当大臂在高举位置时，不准停止柴油机。

(5) 停车要求

① 进入指定的停车场所，放下大臂，摆平铲斗。
② 将所有操纵杆扳到"中"位，使柴油机高速运转 5min 后停机。
③ 将停机手把锁定，立即取出钥匙，避免发电机烧坏。
④ 拉紧手刹车手把，切断电瓶开关。
⑤ 如果是结冰气温，一定不要忘记放水。

6.4.1.2 定期保养及修理

定期保养及修理规程是延长前装机和铲运机使用寿命、保证机器正常工作的重要措施，必须科学地贯彻执行。

(1) 例行保养工作内容

例行保养在交接班时进行，停机 1～2h。

① 清扫机体和齿轮箱盖上的泥沙、粉尘和油污。
② 检查和清扫滤清器和电瓶。
③ 清除所有油杯盖、加油嘴、活动销轴、花键轴及凸轮等处的泥沙和灰尘。
④ 排除储气罐和油水分离器等处的积水和油污。
⑤ 检查所有连接件和紧固件有无松动、裂纹和密封不严等现象，如不符合要求，应及时处理并做记录。
⑥ 检查齿轮箱、转向机和液压油箱的油面，以及水箱水位，如有不足，应立即按技术要求添加。
⑦ 检查所有仪表、信号及照明装置，及时处理故障。
⑧ 检查三角带松紧和轮胎充气压力。
⑨ 按照润滑制度加注润滑油。

全机各部位的润滑要求见表 6-5。

表 6-5 前装机润滑制度、用油标准和品种

润滑部位	加油或换油周期	用油标准	用油品种		
			季节	名称	代号
柴油机油底壳工作装置及转向系统	8h 加油一次,500h 换油一次	SY 1152—79	冬	8 号柴油机油	HC-8
			夏	11 号柴油机油	HC-11
			夏	14 号柴油机油	HC-14
变速箱,传动箱	50h 加油一次,500h 检查一次,1000h 换油	GB 485—84	冬	6 号汽油机油	HBQ-6
			夏	15 号汽油机油	HBQ-15
轮边减速箱及其附件	50h 加油一次,500h 检查一次,1000h 换油	SY 1103—77	冬	20 号齿轮油	HL-20
			夏	30 号齿轮油	HL-30
液压系统	50h 检查一次,1000h 换油	GB 442—64	冬、夏	合成锭子油	
变矩器及变速箱的液压系统	8h 加油一次,500h 换油	GB 485—84	冬、夏	15 号汽油机油	HBQ-15
滚动轴承、滑动轴承及铰接部分	8h 加油一次,50h 换油一次	SY 1410—77	冬、夏	1 号钙基润滑脂	ZN-1H

续表

润滑部位	加油或换油周期	用油标准	用油品种		
			季节	名称	代号
柴油机	8h 加油一次		冬、夏	0号、10号轻柴油	
制动系统	50h 加油一次		冬、夏	刹车油	
履带式行走机构及其附件	8h 加油一次,500h 检查一次	GB/T 491—2008	冬、夏	4号钙基润滑脂	ZG-4

(2) 一级保养工作内容

一级保养,每隔 300h 进行一次,停机一个班。

① 彻底清洗空气滤清器、压力油滤清器、机油滤清器、机油管道、机油盖、曲轴箱、发动机外部及其附件、变矩器、变速箱、离合器及操纵装置。

② 测量气缸压力及真空度,检查各部位轴承及气门间隙,拧紧气缸盖及各部位连接螺钉。

③ 检查变速箱油量、制动油缸及轮边减速系统油量,检查机油压力,更换新机油及润滑油,更换损坏的油密封件。

④ 检查并调整制动装置,润滑各运动件。

⑤ 检查并补焊铲斗、动臂、各杆件及机架,向各活动连接部分添加润滑油。

(3) 二级保养工作内容

二级保养,每隔 1000h 进行一次,停机 1~2d。

① 完成一级保养工作的各项内容。

② 拆检气泵、储气罐和分配阀,清除积垢,研磨气门。

③ 检查并调整离合器供油压力、变矩器回油压力、转向盘自由转动量及减压阀作用状况等。

④ 拆检传动轴、轮边减速器、前后桥牙包、动臂油缸、翻斗油缸和转向油缸等。

⑤ 检查传动油泵、工作装置油泵、转向油泵,清洗分配阀、操纵阀及管接头。

⑥ 检查轮胎安装情况,测量外胎花纹磨损程度,解体轮胎总成,调换它们的搭配位置。

⑦ 拆检发电机、启动机、蓄电池和调节器,检查各部仪表、开关、线路接头及插座等。

(4) 中修工作内容

中修工作每隔 2000h 进行一次,停机 7~10d。

① 完成定期保养工作的各项内容。

② 拆检和清洗发动机、水箱及供油系统,更换损坏的管件及阀门等。

③ 解体检查、清洗并调整变矩器和变速箱,更换各部密封圈;检查或更换传动齿轮、拨叉、花键及轴承等。

④ 解体检查和修理离合器,选配油封环与轴承盖;检查并调整液压操纵系统的进油压力和工作性能。

⑤ 拆检和处理前后桥、传动轴及轮胎总成。

⑥ 拆检和调整液压系统的滤清器、油泵及分配阀,疏通和清洗油路管道并更换新油。

⑦ 拆检发电机、起动机、调节器、各种仪表及传感元件、各种灯具和全车线路。

⑧ 修补司机棚和靠背座垫,按照机器的规定颜色对全机喷漆。

(5) 大修工作内容

大修工作每隔 5000h 进行一次,停机 15~20d。

前端机大修时,除应完成中修工作的各项内容外,还需全部彻底地解体整机各部件,更换和处理全部损坏或失效的零件。如研磨气缸、修磨曲轴、更换活塞、轴承、传动轴及齿轮,校正、加固或更换结构件等,以彻底恢复前装机和铲运机的原有外观、工作能力和经济技术指标。经大修后的前装机,首先必须进行走合保养才能投入生产使用。走合保养的工作主要如下。

① 机器的走合保养时间一般为 12~15h。

② 在走合保养期内,行速不得超过 10km/h,装载量不得超过正常负荷的 70%。

③ 操作不可过急、过猛,防止铲装阻力过大而导致零部件损坏的不良现象。

④ 随时检查发动机、变矩器、变速箱、前后桥及轮毂温度,其温升值不得超过规定数值。

⑤ 随时检查各部连接件和紧固件状态,以及有无漏油、漏水、漏气或漏电现象。

6.4.2 易损零件的更换

前端式装载机易损零件的更换(或补焊)标准见表 6-6。

表 6-6 前端式装载机易损零件的更换(或补焊)标准

易损零件名称	更换(或补焊)标准
工作装置的各铰接销轴	直径磨损达 2.0~2.5mm
工作装置的各铰接销轴	内径磨损达 3.0~3.5mm
铲斗铰接销轴铜套	内径磨损达 2.5~3.0mm
铲斗牙齿	斗尖部分磨损达 50%
后车架中心销轴	直径磨损达 1.2~1.5mm
后车架中心销轴铜套	内径磨损达 1.0~1.2mm
转向旋转架中心孔	内径磨损达 0.6~0.8mm
转向旋转架中心孔铜套	内径磨损达 1.2~1.5mm
转向油缸销轴	直径磨损达 1.0~1.5mm
转向油缸销轴铜套	内径磨损达 1.0~1.5mm
传动轴偏摆量	已达 0.8~1.0mm
前轮制动闸片	厚度磨损减小到 9~11mm
后轮制动闸片	厚度磨损减小到 8~10mm
提升工作油缸	自然下降速度已达 30mm/5min(仔细检查油缸,更换磨损零件)
翻斗工作油缸	自然下降速度已达 45mm/5min(仔细检查油缸,更换磨损零件)
转向盘圆周方向游动量	已达 150~200mm(调整)
控制阀	6s 内动作 3 次已经漏油(调整)

6.4.3 常见故障与处理方法

前端式前装机的常见故障及其处理方法见表 6-7。

表 6-7 前端式前装机的常见故障及其处理方法

故障现象	故障原因	处理方法
1. 发动机不能启动或启动困难	1. 燃油断绝或不足,喷油泵不上轴 2. 松开放气螺塞后,无燃油流出 3. 松开放气螺塞后,有气泡出现	1. 检查燃油箱油位,不足则添 2. 清洗燃油管,检查燃油泵的功能 3. 放出液压系统混入的空气
2. 发动机正常运转,但不能行驶	1. 手刹车闸把未松开 2. 换向或变速操纵杆未推上 3. 换速离合齿轮未合上 4. 变矩器和变速箱中的油位过低 5. 压力调节器的活塞卡在开口位置 6. 液压泵流量过小或损坏 7. 变速箱油槽中的粗滤油器堵塞 8. 缸体中柱塞卡在切断油路的位置 9. 离合器活塞环断裂和磨损量超限 10. 管接头松弛或吸油管损坏,液压泵吸入空气	1. 松开手刹车闸把 2. 推上换向或变速操纵杆 3. 将操纵杆扳到所需挡位的极限位置 4. 加油至需要油位 5. 清洗活塞和阀体 6. 更换液压泵 7. 清洗粗滤油器和槽 8. 更换复位弹簧,清洗柱塞和缸体 9. 更换损坏或失效的活塞环 10. 拧紧所有管接头或更换损坏的油管
3. 机器能够后退,而不能前进	1. 后退离合器摩擦片卡住 2. 后退离合器活塞卡住 3. 操作杆推拉不到位	1. 检查和修理离合器摩擦片 2. 检查和修理离合活塞 3. 将操作杆推拉到挡位的极限位置
4. 完全踏下加速踏板,而机器速度降低	1. 变矩器和变速箱中的油位过低 2. 变矩器的压力调节阀失灵 3. 气阀柱塞没有回到正常位置 4. 吸油口磁性过滤器堵塞 5. 变速箱的离合器内油压不足	1. 按照规定油位,加足油量 2. 检查或更换调节弹簧 3. 更换失效弹簧,清洗柱塞的缸体 4. 放掉减速器的油,清洗过滤器 5. 检查或更换阀弹簧和密封件
5. 机器只能单方向行驶	1. 换向阀操作联动杆系安装不适当 2. 离合器内有泄漏	1. 检查和处理操作系统的故障 2. 检查阀弹簧和密封件
6. 机器只能在一个方向或一个速度有效工作	1. 换向操纵杆系统的动作不符合要求 2. 变速离合器中在某方向油压过低	1. 检查操纵杆系统的连接处,调整或更换故障件 2. 检查或更换阀弹簧和密封件
7. 变矩器和变速箱过热	1. 变矩器和变速箱中的油位过低 2. 铲运机工作的速比不当 3. 传动系统过载,发动机过热 4. 换向和变速离合器中的油压过低,离合器打滑 5. 油泵损坏或吸油管漏气 6. 变矩器旁通安全阀弹簧损坏或阀部分开放 7. 冷却器堵塞或回油管不畅通 8. 离合器主动摩擦片和被动摩擦片在接合位置自锁	1. 按照规定油位,加足油量 2. 选择并控制机器的合适速比 3. 减少负荷或排除冷却系统故障 4. 检查或更换阀弹簧和密封件,消除泄漏并调节至合适压力 5. 检查或修理油泵、吸油管及管接头 6. 检查球形阀座状况,更换弹簧 7. 清洗冷却器及油管 8. 立即停机,更换损坏的摩擦片
8. 变矩器中的油压增高	1. 安全阀失效 2. 控制阀孔道堵塞或错位 3. 压力表失灵	1. 拆检和清洗安全阀 2. 拆检和清洗控制阀 3. 更换压力表
9. 机器行驶操纵不灵	1. 离合器摩擦片粘住,操纵杆在"中位"而不能停车 2. 操纵杆件空行程间隙过大 3. 换向阀芯卡住 4. 操纵杆变形或断裂	1. 拆检离合器,更换摩擦片 2. 调整杆系,更换磨损超限的杆件 3. 拆检换向阀,更换失效零件 4. 修焊或更换操纵杆

续表

故障现象	故障原因	处理方法
10.变矩器和变速箱声音不正常	1.传动齿轮磨损超限 2.油泵零件磨损超限 3.轴承磨损超限或损坏 4.箱内混入破损零件的碎屑	1.更换磨损的齿轮 2.更换磨损的油泵零件 3.更换磨损或损坏的轴承 4.清洗变速箱、换油
11.大臂不能正常升降	1.油泵不上油或使油压过低 2.油箱油位过低 3.液压系统密封不好 4.阀孔关闭或溢流阀卡住 5.大臂油缸工作不正常	1.检查油泵工作状况,使之正常运转 2.加油到规定油位 3.检查或更换损坏的密封件及管件 4.检查阀体并调整有关调节螺钉 5.检查油封、活塞杆密封圈及活塞杆,更换变形及损坏者
12.铲斗不能正常翻转	1.液压工作系统油压过低 2.转斗油缸工作不正常	1.检查阀、管件及密封件 2.检查油封、活塞杆密封圈及活塞杆,更换变形及损坏者
13.转向系统工作失灵	1.泵的流量不足,使系统油压过低 2.液压系统密封不好 3.阀孔关闭或溢流阀柱塞卡滞 4.转向油缸不能正常工作 5.油箱油位过低	1.检修油泵,使之正常运转 2.检查或更换损坏的密封件及管件 3.拆检阀体,清洗孔道,并做调整 4.检查油封、活塞杆密封圈及活塞杆,更换变形及损坏者 5.加油到规定油位

6.5 装岩机

6.5.1 装岩机的结构及工作特点

6.5.1.1 装岩机的结构

轨轮式装岩机是用于井下掘进和采场的轻型装载设备。它结构简单紧凑,适应性强,工作可靠,操作维修简便;对一般岩石、砾石、坚硬花岗岩、铁矿石及其他金属或非金属矿石均能装载。所装矿石块度可达500mm;当块度在200~500mm时,装载效率最高。目前,我国已能成批制造十几种轨轮式装岩机,如图6-18所示。这类装岩机的结构及工作原理基本相似,其主要组成部分是行走机构、回转机构、工作机构、提升机构和操纵机构。按驱动能源分,轨轮式装岩机主要有气动(也称风动)和电动两种类型。

(1)行走机构

装岩机的行走机构主要包括发动机、轮轴和减速箱等。铸钢的减速箱体是行走机构的底架,又是机器的架体。它的前部是一个整块的半圆形缓冲器。铲装时铲斗后板靠在缓冲器上,使机体承受插入阻力。箱体后端也有一个缓冲器,用以拖挂矿车。减速箱上部装有回转托盘,用以安装机器的回转部分。ZCZ-17型及ZCZ-26型装岩机的行走机构传动系统分别如图6-19和图6-20所示。这两种典型的结构方案,应用很广泛。

(2)回转机构

装岩机的回转机构主要包括上下回转盘、滚珠、滚珠圈及中心轴等。回转机构上部装有工作机构、提升机构和操纵机构等。回转机构的作用是使工作机构在水平面内偏转一定角

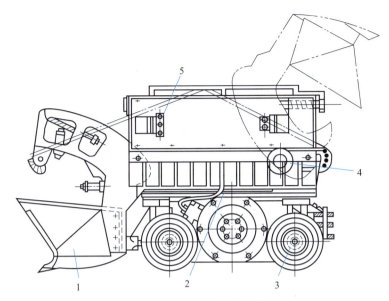

图 6-18　正装后卸轨轮式装岩机的结构

1—工作机构；2—回转机构；3—行走机构；4—铲斗提升传动装置；5—操纵机构

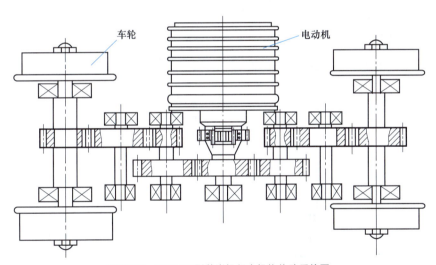

图 6-19　ZCZ-17 型装岩机行走机构传动系统图

度，以便铲装巷道两侧的岩石，扩大装岩范围。ZCZ-17 型装岩机回转机构的组成如图 6-21 所示。这种结构方案的特点是带有自动正位鼓轮装置。

(3) 提升机构

铲斗提升机构主要包括发动机、减速箱、卷筒及链条等。提升机构的作用是提起铲斗向后卸载。铲斗下放复位则靠缓冲弹簧反力和工作机构自重作用实现。ZCZ-17 型装岩机的铲斗提升机构传动系统如图 6-22 所示。

(4) 工作机构

工作机构主要包括铲斗、斗臂、横梁及稳定钢丝绳等。提升链条一端通过安全销轴连于铲斗架的横梁上，另一端连于提升减速器的卷筒上。工作机构的作用是直接完成装卸工作。

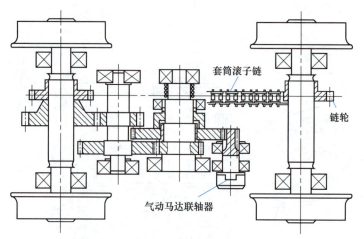

图 6-20 ZCZ-26 型装岩机行走机构传动系统图

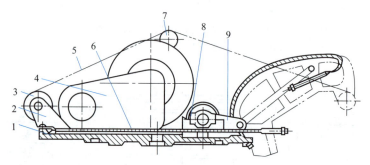

图 6-21 ZCZ-17 型装岩机回转机构示意图

1—上回转盘；2—滚轮支架；3,7—导向滚轮；4—提升减速箱；
5—提升链条；6—稳定钢丝绳；8—鼓轮座；9—摇臂

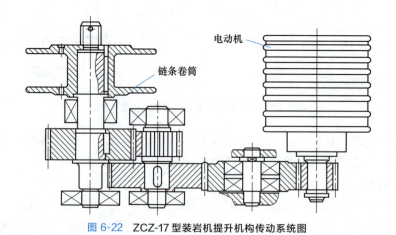

图 6-22 ZCZ-17 型装岩机提升机构传动系统图

ZCZ-17 型装岩机的工作机构如图 6-23 所示。

（5）操纵机构

操纵机构是由接触器、开关、按钮或主控阀及控制阀等组成。装岩机的铲装、卸载、前

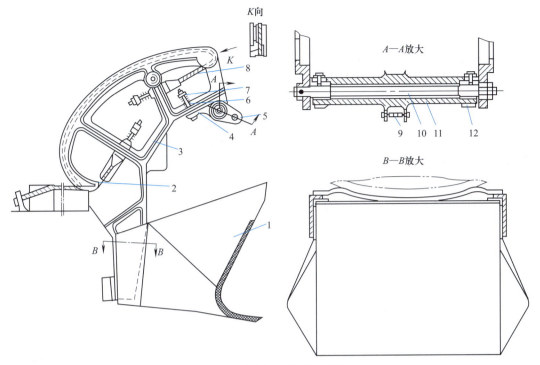

图 6-23 装岩机工作机构示意图

1—铲斗；2,8—稳定钢丝绳；3—斗臂；4—拨叉；5—横梁；6—拉杆螺栓；
7—弹簧；9—安全销轴；10—横梁心轴；11—横梁长轴；12—轴瓦

进和后退都由变换操纵机构状态来实现。

6.5.1.2 装岩机的工作特点

装岩机工作时，机器从距料堆 1~1.5m 处冲向料堆，靠机器的动量使铲斗插入料堆，继而抖动和提升铲斗，使铲斗装满。然后使铲斗架向后滚动而倾翻铲斗，将物料卸到装岩机后面的矿车中（见图 6-24）。空载铲斗架靠缓冲弹簧反力和自重返回原位。

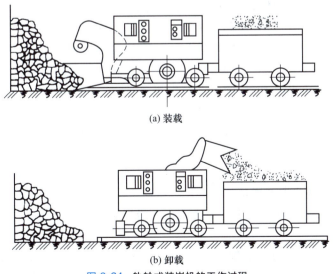

(a) 装载

(b) 卸载

图 6-24 轨轮式装岩机的工作过程

6.5.1.3 电动装岩机与气动装岩机的比较

电动装岩机的主要优点是：
① 能源输入比较简单、方便；
② 能量利用率较高；
③ 使用操作容易，维护检修简便。

但是，电动装岩机的控制元件较多，排除故障较麻烦；井下水多潮湿，电机易短路烧损；在有瓦斯的工作面，电气系统要防爆，使用不够安全。

气动装岩机的主要优点是：
① 发动机可以自行调速；
② 装岩机的插入力和铲取力可以自行调节，工作时的缓冲性能好；
③ 不需要防爆措施，使用安全可靠，排出的废气可以帮助井下通风。

但是，气动装岩机的能源输入比较麻烦，能量利用率较低，维护检修工作比较繁杂。

6.5.2 装岩机的使用、维护和检修

(1) 装岩机使用的注意事项

装岩机在装载前，必须进行检查和做好准备工作，才能确保装岩工作顺利进行。

首先应检查电缆是否完好，有无漏电现象，电气部分通路是否正常，操作按钮是否灵活可靠，机器外壳有无漏电等，然后再检查机器的各零部件是否完好、紧固，稳定钢丝绳的松紧程度是否合适，回转盘与导正机构是否灵活，各减速箱内的润滑油是否加够，润滑油牌号是否正确等。即做好使用前的一切准备工作，操作人员应事先经过铲装技术、操作要领和使用注意事项等方面的培训，取得合格证后方可操作。安全操作的注意事项如下：

① 装岩时，司机所在操纵的一面，由装岩机至坑道壁或支承、风管等设备的边缘，应有 400mm 以上的安全距离，以免司机操作时碰伤。

② 操作时，禁止其他人员接近装岩机的动作范围，卸载时任何人不得靠近待装的矿车。

③ 除没有踏板的小型装岩机外，司机必须站在踏板上操作。工作时，应注意前后左右，若附近有人进入，应立即暂停工作。

④ 注油或检修时，必须使装岩机各部处于稳定状态。铲斗应停在轨面上或停置在插入装岩机侧板孔内的钢钎上，并要切断电源后才可进行注油或检修。

⑤ 其他人员未经司机许可，不得动机器上的手柄或按钮。不允许两人同时操纵一台机器。

⑥ 装岩机启动前应事先通知周围人员。

⑦ 操纵按钮失灵时，不得进行操纵装岩。

⑧ 使用电动装岩机拉接电缆时，必须穿绝缘胶靴。值班电工不在时，禁止装拆和检修电气设备。

⑨ 在易燃气体或易爆粉尘的环境中工作时，电动装岩机必须具有防爆性能。

(2) 装岩机的调整及注意事项

① 行走和提升减速箱内传动齿轮的啮合面，沿齿宽方向不得小于 50%，沿齿高方向不小于 40%。

② 行走减速箱车轮轴的滚柱轴承，其轴向间隙为 0.1~0.3mm；径向间隙为 0.05~0.15mm。其他滚柱轴承（包括提升减速箱）的轴向间隙为 0.1~0.3mm。

③ 减速箱所有密封处不得有漏油现象。

④ 四根稳定钢丝绳经调整后，应受力均匀，松紧适当，保证斗臂正常运动，无卡住和冲击现象。

⑤ 提升链条的长度应调整合适，而且还应拧动螺母调整缓冲弹簧的松紧程度。链条接头处应转动灵活，不得有卡住现象。

⑥ 斗臂应能灵活地沿回转盘的导轨滚动，不能有倾斜、滞住及碰撞现象。

6.5.3 装岩机的故障分析和处理方法

当装岩机在工作中发生故障时，应及时停机仔细检查，找出原因，排除故障，切不可使机器带病运转。装岩机故障原因及处理方法见表6-8。

表6-8 装岩机故障原因及处理方法

故障现象	故障原因	处理方法
1. 回转机构转动不灵	1. 回转中心轴松动，轴承间隙过大，钢球脱槽 2. 轴承槽磨深或钢球小，使轴承座接触 3. 轴承座圈内掉入岩屑，上下回转盘之间掉入岩屑或碎石，润滑条件差 4. 回转活塞气缸产生阻滞现象	1. 放松中心轴螺母，撬起上回转盘，将钢球复位 2. 更换轴承座或更换钢球，并注润滑油 3. 拆开清洗轴承，并检查轴承间隙，及时注油润滑 4. 检查活塞环磨损、气缸变形等的程度，加以修复或更换新件
2. 断链	1. 链条磨损过度，强度不够 2. 扬斗过猛、冲击缓冲弹簧过猛，使链条超负荷 3. 插入岩堆提铲过猛 4. 扬铲时，铲斗碰撞顶板	1. 经常检修，及时更换 2. 正确掌握断电时间，防止卸料过猛 3. 间断开动提升电动机，使开始提铲不致过猛 4. 注意顶板高度，提高处理
3. 安全销折断	1. 过负荷 2. 频繁折断为销质量不佳	1. 按规程操作 2. 按要求加工安全销
4. 钢丝绳拉断、脱槽或磨断，铲斗歪斜	1. 钢丝绳过度磨损，检修不及时 2. 斗臂的滚动导轨上有障碍物，使钢绳脱槽或被磨断 3. 稳定钢绳拉力不均匀 4. 导轨或斗臂后端磨损不一样 5. 卷筒被卡住，使铲斗不能返回 6. 卷筒轴弯	1. 经常检查，及时更换 2. 经常清理滚动导轨和上回转台上的碎石等，防止脱槽或拉断 3. 勤检查和调整钢绳，使左右两组钢绳长短一致、松紧一样 4. 磨损部分及堆焊均匀 5. 检查卷筒及提升减速器，消除障碍 6. 更换卷筒轴
5. 减速箱内声音异常或过热	1. 工作时操作过猛或受阻后不及时停车硬性超负荷操作，引起轴承损坏或断齿 2. 缺油引起过热 3. 油脏引起过热	1. 操作应和缓，不操作过猛或超负荷操作，拆开减速箱，及时更换轴承或齿轮 2. 勘测油位、及时添油 3. 及时清洗并换油
6. 不能行走，但能撬走或撬不走	1. 电机小齿轮损坏 2. 电机与箱体的固定螺钉松动，齿轮不啮合 3. 电机轴从小齿轮端折断，或小齿轮断齿卡在传动齿轮间 4. 轨轮轴承损坏，轮轴被卡住	1. 更换电机小齿轮 2. 拧紧电机固定螺钉，使齿轮正常啮合 3. 拆下电机检查，更换小齿轮或更换电机轴 4. 拆开减速箱，检查并更换损坏的轴承
7. 插入力小	1. 轴齿轮从两齿轮中间折断，行走机构成单轴驱动 2. 双齿轮轴一端折断	1. 拆开减速箱，更换损坏的零件 2. 同上处理

续表

故障现象	故障原因	处理方法
8. 气动机不能启动	1. 操纵阀卡住不能回转或气路错乱 2. 气动机转子端面有卡滞现象 3. 转子回转空间因结冰而使尼龙塑料叶片过分受热膨胀,顶住气盖 4. 尼龙塑料叶片碎裂	1. 经常检修操纵阀,使阀内零件灵活并不得错动 2. 气动机的前后气盖和转子端面应研磨、打光 3. 要控制压缩空气内不得带有水分,压气温度不得低于35℃ 4. 及时更换碎裂的叶片
9. 操纵阀不能回到正中	1. 操纵手柄弹簧卡住或损坏 2. 阀内零件磨损严重产生毛刺	1. 检查控制阀,若弹簧损坏应及时更换 2. 加强对阀体的检查维修,发现毛刺及时打磨
10. 主控阀漏气或失灵	1. 碟形弹簧片失灵 2. 橡胶隔膜损坏 3. 过滤网阻塞 4. 后端橡胶垫圈损坏	1. 修理或更换碟形弹簧片 2. 更换橡胶隔膜 3. 清洗或更换过滤网 4. 更换后端橡胶垫圈
11. 离合器打不开	离合器的拉杆松扣致使拉杆行程不够	拧紧离合器拉杆,若已损坏则应及时更换

 复习思考题

6-1 前端式装载机有哪些类型？其主要应用和特点是什么？

6-2 ZL 系列前端式装载机的工作机构有哪些部分？各部分作用是什么？

6-3 简述 ZL50 型前端式装载机的基本组成和传动系统。

6-4 采矿工作对装载机械的基本要求是什么？井下前端装载机的特点是什么？

6-5 按原动机形式和传动形式，铲运机分为哪些类型？

6-6 装岩机由哪些基本结构组成？

6-7 什么是铲斗式装载机的生产率？如何计算？

第7章
单斗挖掘机

教学目标

（1）了解挖掘机的主要类型和适用条件；
（2）了解机械式、液压式挖掘机的基本结构、功能及其工作原理；
（3）掌握 WK-4 型单斗挖掘机的基本结构及其工作原理；
（4）掌握单斗挖掘机的工作参数及设备选型计算。

7.1 挖掘机概述

单斗挖掘机是露天矿山主要采装设备，主要用于表土剥离、堆弃（或转载）以及矿岩的采掘和装运等作业，也广泛地应用于建筑、铁道、公路、水利和国防工程的相关作业中。

单斗挖掘机是一种具有上百年历史的土石方挖掘和装载设备，19 世纪末期即开始用于露天矿开采工程中。经过百年来的研发和改进，特别是近三四十年以来，无论是原动机驱动形式、机械结构形式还是操纵控制方式等方面，单斗挖掘机都有了重大改进和发展。

矿用单斗挖掘机发展的一个突出特点就是增大铲斗容量，使挖掘机进一步向大型化方向发展。美国、加拿大、澳大利亚等国家首先要求供应斗容量为 $11.5 \sim 19.9 m^3$ 的单斗挖掘机。我国单斗挖掘机的斗容规格由 $4m^3$ 提升到了 $16.8m^3$。

挖掘机可分为循环作业式和连续作业式两大类，即单斗挖掘机和多斗挖掘机。单斗挖掘机只有一个铲斗，机器的挖掘、回转、卸载和返回动作是周期性重复，故装载矿岩的工作是间断进行的。但因为它具有挖掘力较大、适应性较强、作业稳定可靠、维修比较方便、运行费用较低等优点，所以在国内外金属露天矿的装载作业中，单斗挖掘机至今仍占主要地位。

单斗挖掘机的技术进步，在一定程度上体现了整个露天矿山的装备水平和整个挖掘机制造业的发展壮大。多斗挖掘机因采用多个铲斗的封闭链或转轮的工作装置，同时其运输装置都是连续运输机，故其装载作业是连续进行的。多斗挖掘机的生产率较高，操作较简便，易于实现自动化，目前由于它的挖掘力较小，故只适合挖掘松散的岩石和土壤等。此外，多斗挖掘机的选用还取决于矿床埋藏条件、地质条件以及气候条件（严寒地区一般不适宜工作）等。多斗挖掘机目前主要用于露天煤矿和其他大型的土方工程中。

7.1.1 挖掘机分类

露天矿山使用的挖掘机种类很多，一般按其铲装方式、传动和动力装置、设备规格及用途不同进行分类。

按铲装方式不同，挖掘机分为正铲、反铲、刨铲和拉铲（索斗型）等机型。其中斗容小于 $2m^3$ 为小型；斗容为 $3\sim8m^3$ 称中型；斗容大于 $10m^3$ 为大型。

挖掘机按传动装置不同，有机械传动式、液压传动式和混合传动式；按动力装置可分为电力驱动式、内燃机驱动式和复合驱动式；按行走部分可分为履带、迈步机构、轮胎和轨道等型式。

7.1.2 各类挖掘机特点及应用范围

单斗正铲机械式履带行走电动挖掘机（简称电铲）优点很多，适用于高强度作业，广泛用于露天矿的各种土质和软硬矿岩的铲装作业，也可用于水利、建筑和修路等工程的铲装、排土和倒堆作业。此外，其工作装置稍加改装可作为吊车使用。我国露天矿山使用最多的是 WK-4 型、WK-10 型、WD1200 型和 P&H2300XP 型单斗机械式挖掘机。

液压挖掘机（液压铲）与电铲相比，重量轻 35%～40%，动作灵活，行速较快；可以比较准确地控制铲斗的插入和撬动，在需要选别回采时具有下铲准确的优点。它比前端式装载机的生产能力高，并可用于铲运机达不到的工作面高度。因此，近十几年来液压铲得到很大发展。但由于液压系统比较复杂，矿山工作条件又比较恶劣，特别是高压系统元件寿命短，维修比较困难，因此，液压铲多数用于比较松软的煤矿、爆后采矿场和农田水利建筑等工程表土作业。虽然电铲仍将是大型露天矿山的主要装载设备，但液压铲由于其机重、购价和使用寿命均可能减少 50% 左右，占用资金少，技术更新快，将广泛应用于矿山。

7.2 机械式单斗挖掘机

7.2.1 工作原理

正铲单斗挖掘机是用于露天矿剥离表土或采装经爆破的矿岩的一种主要设备。它的工作特点是用来开挖停机面以上的工作面。WK-4 型正铲挖掘机的工作原理及工作参数如图 7-1 所示。

正铲挖掘机主要由工作装置、回转装置和履带行走装置三大部分组成。它的作业循环为：铲装、满斗提升回转、卸载、空斗返回。正铲挖掘土壤的过程：当挖掘作业开始时，机器靠近工作面，铲斗的挖掘始点位于推压机构正下方的工作面底部，斗前面与工作面的夹角为 45°～50°。铲斗通过提升绳和推压机构的联合作用，使其做自下而上的弧形曲线的强制运动，使斗刃在切入土壤的过程中，把一层土壤切削下来，滑落到铲斗内。

正铲铲斗运动轨迹是一条复杂的曲线，它取决于土壤的性质和状态、铲斗切削边的状态以及铲斗的提升和推压速度。在理想状态下，斗齿挖掘轨迹的开始段近乎水平面，而后，要

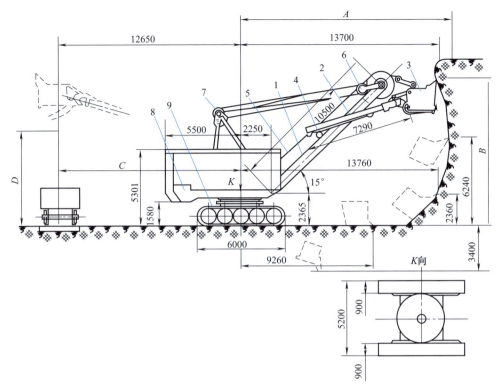

图 7-1　WK-4 型正铲挖掘机工作示意图

1—动臂；2—斗柄；3—铲斗；4—齿条推压机构；5—提升钢丝绳；
6—滑轮组；7—A 型架；8—回转平台；9—履带行走装置；

A—最大挖掘半径 14400mm；B—最大挖掘高度 10100mm；C—最大卸载半径 12650mm；D—最大卸载高度 6300mm

求斗柄以较大的速度外伸和以较大的速度提升。随着铲斗的升举和推压速度下降，待斗齿处于与推压机构同一水平高度时，推压速度降为零。铲斗的提升钢丝绳拉力几乎保持一个定值。所以，斗齿运动中的后一段轨迹是一条弧形曲线。

斗齿的切入深度由推压机构通过斗柄的伸缩和回转来调整。每完成一次挖掘作业，就挖取一层弧形土体。若土质均匀时，各层弧形土体的曲线形状相似。其一次切削厚度为 0.1~0.8m。

在实际工作时，斗柄并不完全伸出，一般仅伸出伸缩行程的 2/3。这样，正铲每挖完一个工作面，机器前移的位移量等于斗柄伸缩全行程的 1/2~3/4。

挖掘后的平台回转称为运转过程。回转角度取决于工作面的布置方式和运输车辆的待装位置，一般在 180°以下。当回转角度大于 180°时，往往沿同一个方向回转 360°返回，这可减少回转运动中的加速、减速时间，耗能也少。铲斗从挖掘终点位置转到卸载位置时，铲斗的提升运动和转台的回转运动是同时进行的，这就要求回转速度、推压速度和提升速度之间保持一定的关系。通常这种关系以机械回转 45°时，铲斗能从最低工作面（一般为推压轴高度的 1/5）提升至平均卸载高度和半径作为计算的依据之一。

转台的回转时间占挖掘工作循环时间一半以上。加大回转速度以减少回转时间，对提高生产率有很大的影响。然而，它又受到发动机功率及行走装置与地面间的黏着力的限制。所以，其角加速度限制在 $0.06\sim0.7\text{rad/s}^2$，最大角速度限制在 $0.15\sim0.75\text{rad/s}$。

正铲的卸载与回转行程同时或部分同时进行。对车辆卸载时，卸载行程只限制在几十厘米以内，且卸载时的回转速度为正常回转速度，为保证对车辆卸载的准确性及防止碰坏车辆，运输车辆的容量应大于斗容量的3~4倍。铲斗的下降应在卸载完毕后迅速进行，其速度视实际工作尺寸而定，由制动器来控制降速。正铲挖掘机在工作过程中的位移次数和移动的距离取决于斗柄伸缩行程和土壤情况。挖硬质土壤时，斗柄以较小外伸较为有利，否则挖掘力会变小而装不满，且机器移动频繁，反而增加非工作时间。一般机器位移一次需15~40s，为缩减此时间，要求被挖掘的地面尽可能平整。

正铲挖掘机的主要特点是：

① 正铲挖掘时，动臂倾斜角度不变，斗柄和铲斗做转动和推压运动，形成复杂的运动轨迹，满足工作要求；

② 动臂和斗柄的布置和连接的结构特点，决定了这种正铲挖掘机不宜挖掘低于停机面以下的工作面，而适用于挖掘高出停机面的工作面；

③ 其有足够大的提升力和推压力，并且是推压强制运动，因此，它可用于各级土壤，特别适宜铲装爆后岩堆的散料。

7.2.2　正铲挖掘机的主要结构

正铲挖掘机要完成铲装、回转、卸载、空斗返回和机体的移动，必须配有相应的运动机构。下面以WK-4型挖掘机（见图7-2）为例，分别介绍其工作装置、回转装置和运行装置的主要结构。

7.2.2.1　工作装置

根据动臂与斗柄的相互连接关系以及推压斗柄的方式，国内外矿山常用的正铲挖掘机的工作装置大致可分为两种：双梁动臂内斗柄钢丝绳推压型和单梁动臂双斗柄齿条推压型。

WK-4挖掘机采用单梁动臂双斗柄齿条推压式工作装置，其主要组成部分有动臂由动臂1、斗柄3、铲斗4、动臂调幅滑轮组7、推压机构2和铲斗提升钢丝绳10等组成。斗柄由推压轴的两端支承，比较稳定。动臂是一根箱形截面梁，构造简单，重量轻。

(1) 动臂

如图7-3所示，动臂1的下端有支承轴，支承轴上有耳孔，用铰接的方式固定在转台的前面，动臂下部两侧有拉杆4，使其增加稳定性。在动臂的上部装有变幅用的滑轮组7，利用缠绕到提升卷筒上的钢丝绳并通过A型架和滑轮组来调节动臂的倾斜角。常用的工作角度是45°。只有在改变工作尺寸时才改变其倾角。动臂中部有小平台10，供安装推压驱动机构用。在动臂中部还装有扶柄套和推压轴5。在推压轴上装有推压齿轮，通过推压驱动系统带动推压轴旋转。

(2) 斗柄

斗柄安装在动臂中部的扶柄套中。它是箱形截面的双梁结构，如图7-4所示。两根梁之间的前端用横梁7通过螺栓连接。在斗柄的底平面上焊有推压齿条4，与推压轴上的推压齿轮相啮合。扶柄套作为斗柄伸缩运动的导向机构，斗柄既可做强制的推压运动和退回运动，又可借助提升钢绳做回转运动。为限制斗柄的行程，在齿条两端焊有前后挡板5和3，以使斗柄在规定位置停止运行。

(3) 推压机构传动系统

推压机构的作用是在挖掘机铲装矿石或土壤时，以强力推压铲斗，使斗齿切入岩堆或土

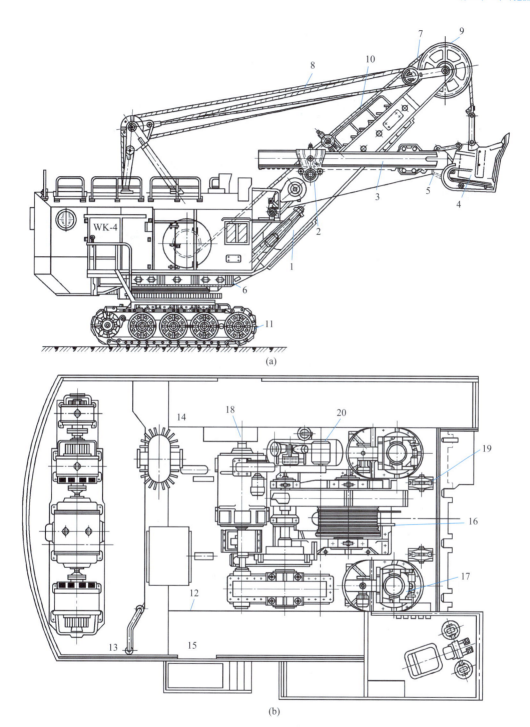

图 7-2　WK-4 型正铲挖掘机总图

1—动臂；2—推压机构；3—斗柄；4—铲斗；5—开斗机构；6—回转平台；7—动臂变幅滑轮组；
8—变幅钢丝绳；9—顶部提升滑轮；10—提升钢丝绳；11—履带运行装置；12—转台；13—平衡箱；
14—左走台；15—右走台；16—铲斗提升机构；17—回转机构；18—动臂提升机构；19—A 型架；20—空压机

层中，所以，它是重负荷工作机构。在这一机构中，各零件均为刚性传动，为防止因过负荷而损坏机构，故在推压传动系统中的中间轴上，装有极限力矩抱闸。

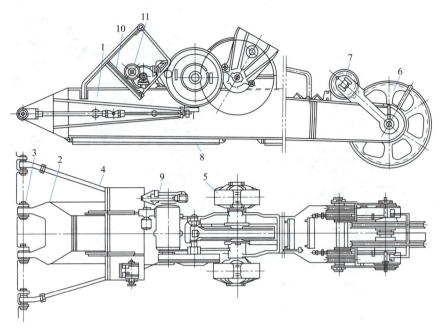

图 7-3 WK-4 型动臂装置

1—动臂；2—动臂支承轴；3—销轴；4—拉杆；5—扶柄套和推压轴；6—铲斗提升滑轮；7—动臂变幅滑轮组；8—缓冲木；9—制动器；10—小平台；11—开斗电动机

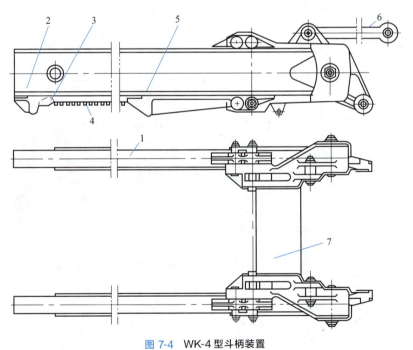

图 7-4 WK-4 型斗柄装置

1—斗柄；2—止退板；3—后挡板；4—齿条；5—前挡板；6—拉杆；7—前部横梁

图 7-5 是推压机构传动系统。其中极限力矩抱闸的原理是：齿轮 3 自由地安装在光轮 4 的轮毂上，光轮与中间轴 12 为花键连接，极限力矩抱闸 11 用销轴铰接在齿轮 3 的侧面。抱

闸闸瓦的一端铰接，另一端用螺旋套拉紧。齿轮 3 把扭矩通过闸瓦和光轮 4 之间的摩擦而传递给中间轴。在正常负荷时，抱闸和光轮一起转动；当过负荷时，光轮 4 在闸瓦内滑动，起到了保护传动构件的作用。

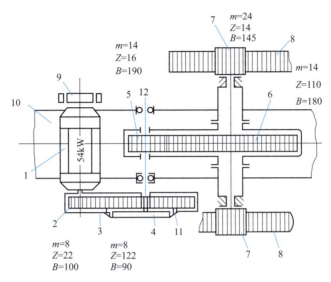

图 7-5　WK-4 型推压机构传动系统图

1—电动机；2,3,5,6,7—圆柱齿轮；4—抱闸光轮；8—齿条；
9—制动装置；10—动臂；11—极限力矩抱闸；12—中间轴

（4）铲斗

铲斗的结构如图 7-6 所示。它由铸造的前壁 1 和后壁 2 用焊入柱塞相连接。前壁上装有斗齿 5，斗齿损坏后可以更换。后壁下部用销轴 9 与斗柄前端相连；上部通过拉杆与斗柄相连，以保证铲斗与斗柄间的相互位置关系。铲斗与弧形提梁 4 铰接，在提梁上固定着提升滑轮夹套 6，依靠滑轮夹套把铲斗悬挂在动臂顶部滑轮上。

斗底的开启装置如图 7-7 所示。斗底的开启是由安装在动臂中部小平台上专用的小卷扬装置牵引开斗钢丝绳 4 来实现的。斗底的关闭是靠铲斗和斗柄快速下放时闩杆 1 的自重及斗底的摆动自动实现的。

（5）钢丝绳的缠绕方式

在正铲挖掘机中，广泛地采用滑轮组式的绳系，即斗的升降和动臂的悬挂和调幅都是依靠钢丝绳来实现的。在大多数的挖掘机中，动臂调幅用钢丝绳的缠绕方法基本相同，不同之处只是滑轮组的倍率和导向轮、连接杆所在的位置。铲斗提升钢丝绳的绕法也基本相同。

铲斗提升钢丝绳通过铲斗提梁上的滑轮（又称均衡轮），再经过动臂端部滑轮分别固定在提升卷筒的两端。这就等于用两根钢丝绳提升铲斗，既满足重斗负荷的需要，又用均衡轮解决了两根钢绳受力不均匀的问题，如图 7-6 和图 7-8 所示。

（6）铲斗提升机构的传动系统

铲斗提升机构的传动系统如图 7-8 所示。铲斗的提升和下降是由提升机构的正反转来实现的。当机器停止作业或行走时，或者要求铲斗悬空而保持在一定位置上时，则可利用制动装置 4 进行制动。传动机构的逆转是靠电动机的逆转来实现的。

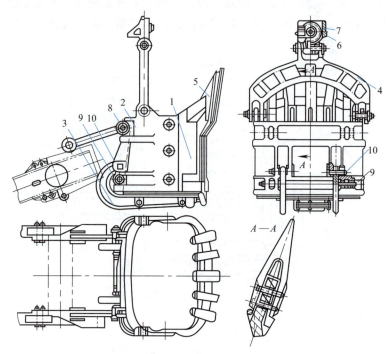

图 7-6 WK-4 型铲斗结构

1—前壁；2—后壁；3—斗底装置；4—提梁；5—斗齿；6—滑轮夹套；7—均衡轮；8,9,10—销轴

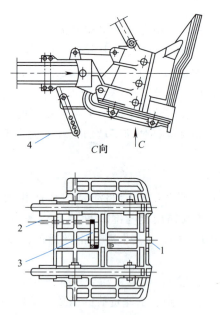

图 7-7 挖掘机铲斗的开斗机构图

1—闩杆；2—链子；3—杠杆系；
4—开斗钢丝绳

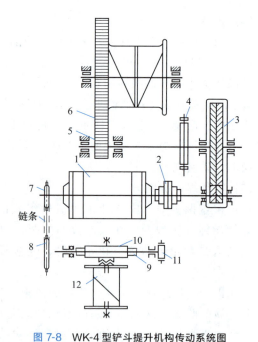

图 7-8 WK-4 型铲斗提升机构传动系统图

1—电动机；2—牙嵌式联轴器；3—人字齿轮减速器；
4—制动装置；5—小正齿轮；6—带卷筒大齿轮；
7—小链轮；8—大链轮；9,10—涡轮减速器；
11—动臂升降制动装置；12—动臂卷筒

铲斗提升机构制动装置（图 7-9）是利用压气控制的闸带式制动器。闸带 1 的一端固定在支座 11 上，另一端通过拉杆 10 与气缸 4 的活塞杆相连。在气缸内装有弹簧 9，当气缸进入压气时，推动活塞向前，闸带放松，机构运转。在制动时，放出压气，靠弹簧作用使闸带抱紧，机构被制动。当机构发生故障时，通过闭锁装置，放出压气，使闸带抱紧。闸带与制动轮间的间隙通过调整螺钉 3 来调节。

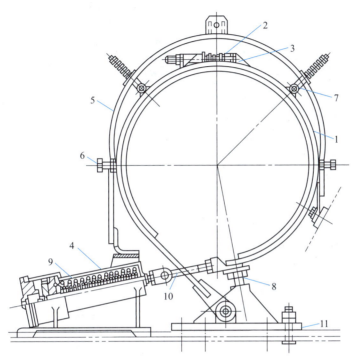

图 7-9 铲斗提升机构制动装置
1—闸带；2—闸皮外壳卡铁；3,6—调整螺钉；4—抱闸气缸；
5—外罩；7—调整螺杆；8—支承杆；9—弹簧；10—拉杆；11—支座

在图 7-8 中，电动机的另一端装有链条传动和蜗杆传动的装置，此装置用以调整动臂的倾角。在挖掘机正常工作时，将链条摘下不用。当降落动臂时，需将联轴器 2 脱开，而将链条套上，此时只有动臂提升机构工作。制动装置 11 借助螺栓、弹簧机构将闸带抱紧在制动轮上从而制动动臂。挖掘机正常工作时，需调整螺栓（图中未画）将闸带抱紧，动臂倾角就保持不变。若动臂下放或提升时，应将闸带松开。

双梁动臂内斗柄钢丝绳推压式工作装置如图 7-10 所示。这种工作装置采用圆形或方形截面的斗柄，其下面设有齿条，穿插于扶柄套 6 之中；两端装有推压钢丝绳的导向滑轮。推压机构的卷筒缠进或放出推压钢丝绳，即可使斗柄产生推压或抽回动作。

钢丝绳推压式的工作机构，在我国已成功用于中型和大型挖掘机。它的主要优点是结构简单、动作灵活、噪声小，主要缺点是钢丝绳磨损快，寿命短。由于钢丝绳的抗拉、抗磨性能有一定的局限性，故目前还不能将它用在大斗容量的挖掘机上。

7.2.2.2 回转装置

单斗挖掘机的回转装置是用来使回转平台旋转的装置。实践证明，正铲挖掘机回转运动的时间占工作循环时间的 65%～75%。因此，回转装置对单斗挖掘机的生产率有着较大的

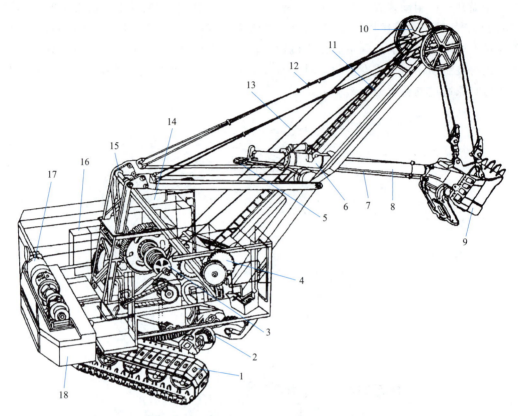

图 7-10 采用钢丝绳推压式工作装置的正铲挖掘机

1—行走履带；2—驱动轴离合器；3—提升卷筒；4—推压机构；5—平衡滑轮；6—扶柄套；
7—推压钢丝绳；8—斗柄；9—铲斗；10—提升滑轮；11—双梁动臂；12—动臂绷绳；
13—提升钢丝绳；14—机棚；15—A型架；16—电器控制柜；17—电动发电机组；18—配重

影响。国产 WK-4 型正铲挖掘机的回转装置如图 7-11 所示。回转装置是由回转平台 6、下支承架 1、固定大齿轮 5、环形轨道 4 和 2、滚柱 3、回转小齿轮 17 及其回转的传动系统组成。这种圆柱辊轨道的辊盘形式，能承受回转平台的重载荷。

WK-4 型挖掘机的回转机构，由两台立式电动机分别驱动，由于大齿轮 5 固定在下机架上，小齿轮 17 可以沿大齿轮周边滚动，带动整个回转平台做旋转运动。制动器 9 安装在电动机的上部，其构造原理与推压机构的制动器相同。回转平台与机座用中央枢轴连接在一起，转台对机座起定心和连接作用。轴的中心是空的，风管和低压继电环线路通过中空轴心而引至机座上部。

7.2.2.3 履带行走装置

WK-4 型正铲挖掘机行走装置的构造如图 7-12 所示，行走装置有底架 1 和两个履带架 2，两者用螺栓相连。每个履带架上装有驱动轮 8、导向轮 6 和三个等直径的支承轮 4，履带上分支支持在支承轮上（属于支点支承）。驱动轮轴 7 由装在底架上的电动机 12、减速器 11、中间齿轮 21 和 13、伞齿轮 15、轴 14 和 16、拨叉离合器 17、齿轮 19 和 20 来带动，使机器行走。由制动器 22 实现机器的制动；并可利用压气通过气缸活塞杆控制拨叉离合器，使左右两个履带驱动轮中的某一侧脱离传动，以实现机器的转向。

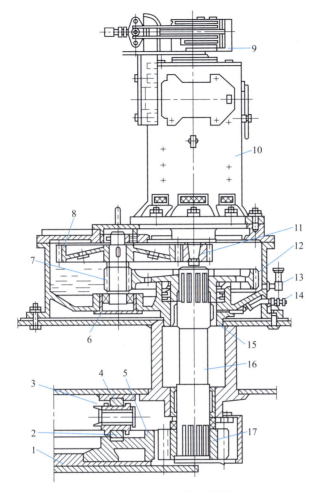

图 7-11 WK-4 型挖掘机回转装置

1—下支承架;2,4—环形轨道;3—滚柱;5—固定齿轮;6—回转平台;7—齿轮轴;8,11,12,17—齿轮;9—制动器;10—电动机;13—油标;14—注油器;15—套筒;16—轴;17—回转小齿轮

机器的重量和工作负荷是通过底架、履带架传给支承轮。由于驱动轮、导向轮和支承轮悬挂在履带架上,所以连接处受力大,要求连接件有足够的强度。但它结构简单,重量轻,拆装和维修方便。

履带架是封闭式的箱形截面结构,形状简单,外形尺寸小。底架也是焊接的箱形结构,长方形,内部焊有隔板,用以安装传动机构和保证稳定性。

履带板采用双凸块与驱动轮啮合传动。支承轮的滚动表面在履带板的中部。相邻履带板间采用铰连接。铰的数目越多,则连接越可靠。

导向轮是圆形表面。为使履带保持张紧状态,采用螺杆式张紧装置,安装在靠近方轴的履带架上,螺杆的一端顶紧方轴,通过螺杆机构调整履带松紧程度。

履带行走装置是挖掘机上部重量的支承基础,其优点是接地比压力小,附着力大,可适用于道路凹凸不平的场地,如浅滩、沟或有其他障碍物,具有一定的机动性,能通过陡坡和急弯而不需要太多时间。其缺点是运行和转弯功耗大,效率低,构造复杂,造价高,零件易磨损。

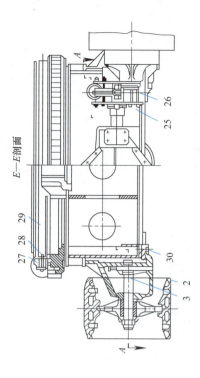
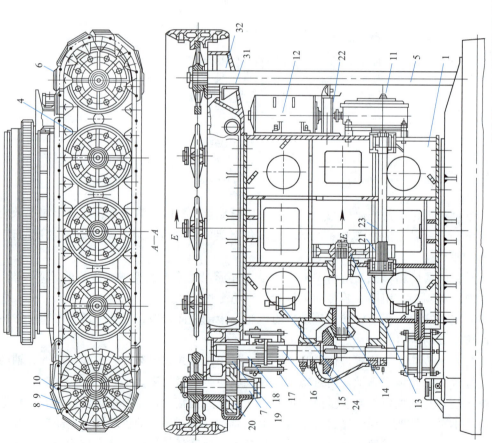

图 7-12 WK-4 型挖掘机履带行走装置

1—底架；2—履带板；3—支撑架；4—支承轮；5—拉紧方轴；6—导向轮；7—驱动轮；8—驱动器；9—履带板；10—销轴；11—行走减速器；12—行走电动机；13，19，20，21—齿轮；14，16，18，23—轴；15—伞齿轮；17—行走制动器；22—拨叉离合器；24—拨叉机构气缸；25—拨叉；26—卡箍；17—固定大齿轮；28—环形轨道；29—辊盘；30—楔形块；31—支架；32—垫片

7.2.2.4 压气操纵系统

WK-4 型正铲挖掘机的操纵部分除电气操纵外，还有压气操纵，即气力操纵装置。它是由专用的空压机供给压缩空气，通过控制阀，使压气进入气缸，驱动气缸中的活塞，再由活塞杆通过杠杆机构来操纵各机构的离合器或制动器动作。压气操纵方式在中小型挖掘机上使用较为广泛，这是因为气体有可压缩性，操纵较平稳，对机构的动负荷小，操作安全可靠，在低温条件下可以照常工作。压气操纵系统的原理见图 7-13。

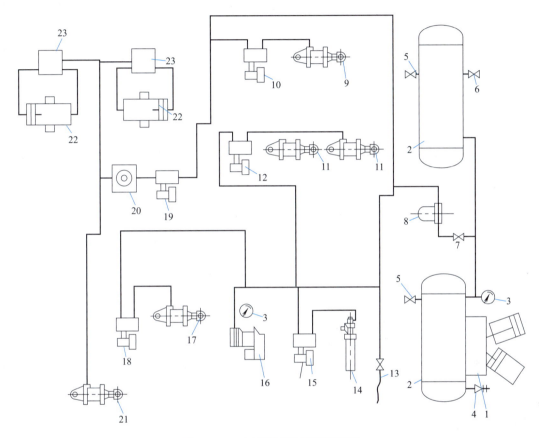

图 7-13 WK-4 型挖掘机压气操纵系统

1—空压机；2—储气罐；3—压力表；4—安全阀；5—放水阀；6—放气阀；7—截止阀；8—分离器；
9,11,17,21—提升、回转、推压、行走机构抱闸气缸；10,12,18,19—提升、回转、推压、行走单电磁配气阀；
13—清扫用吹刷软管；14—汽笛；15—汽笛电磁配气阀；16—压力继电器；
20—旋转气接头；22—行走用拨叉离合器气缸；23—单电磁双阀分配器

当挖掘机正常工作或行走时，打开配气阀 10、12、18、19，压缩空气由储气罐 2 经配气阀进入 9、11、17、21 各抱闸气缸，在压气的作用下，弹簧压缩，抱闸松开，则提升、推压、回转或行走等机构可以工作。当关闭各配气阀时，各气缸的压力消失，在弹簧力作用下，闸带抱紧，各机构处于制动状态。压气是由空压机经单向阀进入储气罐 2。储气罐的压力由压力继电器 16 控制，当气压小 0.5MPa 时，继电器自动闭合，空压机开始工作。当气压超过 0.7MPa，继电器自动跳闸，空压机即自动停止工作，因此，压气在储气罐中经常保持足够的压力。

7.2.2.5 正铲挖掘机的动力装置

单斗挖掘机是以间歇重复的形式进行工作的,这种重型机械的工作特点是:

① 工作状态变化,不稳定,负载变化大,容易过载;

② 各机构经常性地结合、脱开、联合或单独运动,启动和停止动作非常频繁;

③ 正、反转要求迅速,速度变化大又要求制动灵活。若用普通的交流电动机驱动就不能满足这些工作特点和要求,直流电动机驱动则可以满足上述工作特性要求。所以,大、中型电铲的主要机构,如提升、推压、回转、行走和开斗五个机构均采用直流电动机作为驱动器。

7.3 机械式单斗挖掘机的使用维修及故障排除

7.3.1 使用维护

挖掘机是复杂的大型设备,在生产过程中必须严格按照安全操作规程操作,并经常认真进行维护保养。维护保养工作主要是检查、清扫及添加润滑剂,其具体工作内容如下:

① 检查和清理各主要零部件,消除漏油、漏气及漏电现象;

② 检查调整各抱闸间隙,紧固和配齐各部分的各种螺钉;

③ 检查和更换裂损的铲斗齿、开斗插销、钢丝绳和行走履带板等;

④ 检查各部分栏杆、防护罩、梯子、扶手和车棚等是否安全可靠;

⑤ 检查电气系统各接线、线圈、地脚螺栓及整流子等是否紧固,接触情况是否良好,以及各开关操作机构是否灵活可靠等;

⑥ 检查各润滑系统并按规定加注润滑剂。

挖掘机各部的开式传动齿轮、轴、轴套、轴承及铰销等零部件均靠外部注油润滑。提升、行走、回转和大臂起落机构靠油泵自动润滑。它们的减速箱中一般都选用 N100 号机械油,至少于每年中修时换油一次。为了适应气候变化,在初冬和春末应更换符合不同温度要求的润滑油。初冬换油时可在机油中加入 30% 的变压器油;春末换油时可直接采用 N100 号机械油。除此之外,其他部位的润滑制度及所用润滑剂见表 7-1。

表 7-1 挖掘机各部位注油时间及所用润滑剂

润滑剂品种	注油间隔时间	主要润滑部位
石墨润滑油	每班	铲斗各铰轴、卷扬、推压及回转传动齿轮、铲斗杆齿条、斗底插销等
钠基润滑脂 2~3 号	2d	鞍形座铜套、推压齿轮铜套、回转轴上下套、履带托轮铜套、履带张紧轮铜套等
钠基润滑脂 2~3 号	3d	履带主动轮及齿轮大小套,行走短横轴大小套、行走纵轴轴、行走中部轴套等
钠基润滑脂 2~3 号	7d	履带主动轮及齿轮大小套,行走短横轴大小套、行走纵轴轴、行走中部轴套等
石墨润滑油	7d	回转盘轨道及滚轮、铲斗提梁销轴及滑轮轴、大臂根窝、推压齿条等
石墨润滑油	15d	卷扬轴、蜗轮蜗杆轴套、动臂悬吊钢丝绳滑轮轴、A 型支架滑轮轴等
钠基润滑脂 2~3 号	15d	动臂天轮轴、推压中间轴承、集电环轴套、斗杆滑套等

7.3.2 检修

挖掘机的检修工作分为小修、中修和大修三级。小修工作每 3 个月进行一次，中修工作每 12 个月进行一次，大修工作每 48 个月进行一次。各级检修工作的主要内容分别如下。

(1) 小修的主要工作内容

① 对挖掘机进行全部外观检查及引入电缆的检查。

② 对挖掘机的工作部分：检查、修理和调整大臂上各零部件，修焊大臂根部及开裂处；检查和更换钢丝绳；检查或更换推压传动机构各零部件和组合件，并调整其各部间隙，更换抱闸闸皮；检查、修焊或更换铲斗、斗臂及其后保险挡齿块。

③ 对于回转平台及其以上部分：检查和更换卷扬一、二轴齿轮和回转立轴传动机构零部件；调整和修理各部制动装置、离合器、联轴器、主传动轴及其附件；分解检查空气压缩机，清洗换油并检修吸排气阀装置；检查和修焊双足支柱、防护罩、安全栏杆和车棚等；检查和修理压气和液压部分的操纵装置、管路及其附件。

④ 对于行走部分：检查或更换主动轮、张紧轮和环形轨道上的部分托轮；检查或更换回转小齿轮、各部轴套及垫等；调整修理各部制动装置及离合器，更换损坏的零件；检查和处理各部分的开焊、裂纹及其他创伤等。

⑤ 对于电气部分，检查和更换绝缘油、接线柱和瓷瓶、开关触点以及接触器和集电环部分的损坏元件等。

(2) 中修的主要工作内容

① 完成全部小修工作项目。

② 修理或更换全套动臂，彻底处理开焊、裂纹及创伤、变形等。

③ 修理或更换全套斗臂，铲斗及均衡轮箱，检查和更换大臂悬吊钢丝绳。

④ 修理或更换推压传动机构的零部件、组合件和制动装置。

⑤ 修理或更换卷筒大齿轮和水平轴组合件，以及卷扬抱闸装置。

⑥ 修理或更换回转立轴及各齿轮、上下环形轨道、托轮及其内外围缘。

⑦ 检查和修理双足支架各部链轮和减速箱，清洗并换油。

⑧ 修理或更换行走部分各传动轴、轴套、齿轮轴及链轮。

⑨ 检查和修理中心轴、上下机座、左右履带架、处理裂纹并清洗调整球面垫等。

⑩ 更换电动机线圈，配齐备用线和电缆，修理或更换损坏的电阻器和电气仪表等。

(3) 大修的主要工作内容

① 完成全部中修工作项目。

② 修理或更换大臂、卷扬支架、主卷扬及各部减速箱装置。

③ 修理或更换回转大齿圈、中心轴及轴套等。

④ 修理或更换机座、履带架、走台、双足支柱和配重箱等。

⑤ 修理或更换各部链轮、链条及传动系统附件。

⑥ 修理或更换全部钢结构件，处理开焊、裂纹和创伤变形等。

7.3.3 主要故障与处理方法

机械式挖掘机（电铲）的主要故障及其处理方法见表 7-2 和表 7-3。

表 7-2　机械式挖掘机（电铲）机械部分的主要故障原因及处理方法

故障现象	故障原因	处理方法
1. 电铲在运转中，大架子根部有响声	1. 大架子根部装配不正确 2. 支承杆螺钉过松 3. 大架子根部支承铰接点缺油	1. 堆焊并调整大架子根窝中心 2. 拧紧支承杆螺钉 3. 给根部铰接点加油
2. 卷扬机减速箱有较大声响，特别是在换向时产生更为明显的咯噔咯噔声音	1. 卷扬二轴与大人字齿轮连接键活动或滚键、齿轮与轴有相对移动 2. 靠大人字齿轮一侧的轴头防松垫损坏，或螺钉自动脱扣	1. 换装新零件 2. 更换防松垫或紧固螺钉
3. 提升钢丝绳错乱	1. 提升换向接点不灵敏 2. 操作时卷扬松绳过度或铲斗提梁没有绷紧钢丝绳 3. 提升控制器滑触板绝缘不良，有短路现象或接点脱不开 4. 换钢丝绳时，事先没有松劲，而使钢丝绳容易跳槽	1. 修理换向接点 2. 回斗时要保持提梁绷紧钢丝绳 3. 修理提升控制器接点和滑触板 4. 换钢丝绳时，事先要适当松劲
4. 大架子绷绳脱槽	1. 铲斗挖掘时有支起大架子现象 2. 大架子起得过高 3. A 型支架平轮没装支板	1. 调整大架子角度保持在 45° 2. 调至规定高度 3. 正确安装支板
5. 卷筒大齿轮牙齿被打坏	1. 主轴瓦盖螺钉松动 2. 提升操作时用力过猛	1. 拧紧瓦盖螺钉 2. 操作要平稳
6. 斗杆与绷绳相互干扰或磨损绷绳	1. 推压齿条错牙或松动 2. 大架子根部安装位置不正 3. A 型支架位置不正 4. 斗杆弯曲 5. 推压大轴两端间隙不等，有窜动现象 6. 推压轴承座不正	1. 检修推压齿条并精确找正 2. 焊修并找正大架子及 A 型架 3. 调整支架位置 4. 换装调直的斗杆 5. 调整推压轴两端间隙，使轴复位 6. 找正并焊接推压轴承座
7. 斗杆不能伸缩	1. 斗杆侧面与滑板间隙过小 2. 斗杆滑配平面缺油 3. 推压机构抱闸过松或损坏 4. 推压电动机齿轮连接销脱落或滚槽 5. 推压电动机出轴断裂 6. 推压小齿轮掉牙或有土岩挤住 7. 抱闸有故障而打不开 8. 电动机地脚螺栓松动致使电动机下沉，齿轮啮合不良	1. 调整滑板垫，增大间隙 2. 涂抹润滑油 3. 调整抱闸或更换电动机 4. 修复或更换齿轮连接销 5. 更换电动机轴或电动机 6. 清理堵塞的杂物 7. 排除故障，修理抱闸 8. 调整齿轮啮合状态并拧紧电动机地脚螺栓
8. 斗杆左右摆动	1. 推压齿轮铜套间隙和鞍形轴承间隙过大 2. 推压机构二轴断裂 3. 大臂支承杆螺钉松动 4. 固定轴承座铜垫磨损量超限	1. 换装新铜套和鞍形轴承 2. 更换二轴及附件 3. 紧固支承杆螺钉 4. 换装新铜垫
9. 推压机构齿轮啮合声音不正常	1. 电动机地脚螺栓松动或脱落，使电动机移动或下沉 2. 推压机构抱闸齿轮变形或损坏 3. 电动机齿轮与二轴抱闸齿轮啮合，齿顶间隙过小 4. 抱闸挡板脱落，齿轮窜动，碰罩板	1. 调整电动机位置，拧紧螺栓并加焊挡铁 2. 更换抱闸齿轮 3. 调整齿轮啮合间隙 4. 装好挡板，紧固螺钉

续表

故障现象	故障原因	处理方法
10.回转减速箱发生异常声响	1.齿轮啮合不良或掉牙 2.回转二轴滚动轴承损坏 3.润滑油泵柱塞与二轴间隙不合适 4.主轴间隙过大或轴头螺帽退扣	1.检修或更换齿轮 2.更换滚动轴承 3.调整油泵柱塞与二轴间隙 4.调整间隙或紧固螺帽
11.回转中心轴有不正常声响	1.中心大螺帽过紧 2.中心轴挡铁与轴之间有间隙或发生移位 3.缺少润滑油	1.调松中心大螺帽 2.重新焊固挡铁 3.加注润滑油
12.回转大齿圈掉牙	1.大齿圈牙齿磨损超限 2.回转启动或制动过猛 3.中心大轴套间隙过大	1.更换回转大齿圈 2.要遵守操作规程 3.检查或调整轴套间隙
13.回转盘有异常声响或小托轮下沉	1.小托轮磨损量超限或缺少润滑油 2.小托轮底挡板防松螺钉脱落 3.回转主轴下套松动 4.回转主轴螺母松扣或倒扣	1.更换小托轮,加注润滑油 2.换装防松螺钉 3.换装轴套 4.分解油箱,检查或更换螺母
14.打开铲斗困难	1.斗底插销过长 2.插销孔不光滑 3.斗底开折页不灵活或卡滞 4.插销弯曲 5.开斗链子过长 6.销轴损坏而有卡滞现象	1.加耳环垫圈使插销长度适当 2.经常给插销孔加油 3.调整开合折页并加油 4.调直或更换插销 5.缩短链子长度 6.检修或更换销油
15.斗底自动打开	1.斗底插销端部磨短 2.铲斗前壁磨损过薄卡不住插销 3.开斗链子过紧 4.润滑油过多	1.减少耳环垫圈或换装新插销 2.更换铲斗或在前壁加护板 3.调长开斗链子 4.抹去过多的润滑油并注意平时不要加油过多
16.斗底关不上	1.斗底插销与插销孔不对位 2.斗底尺寸过大 3.插销孔内有土岩等杂物 4.插销过长	1.在折页轴上加垫调整 2.适当切割斗门多余部分 3.清除插销孔内的杂物 4.调整插销
17.电铲挖掘时尾部翘起	1.中心轴螺帽松脱 2.回转平台后部配重不够 3.电铲所停地面太软	根据具体情况进行相应处理
18.电铲开不走	1.发电机他激绕组系统接触不良 2.行走对轮螺栓全部断掉 3.行走抱闸未打开 4.行走对轮滚动轴承损坏 5.履带主动轮掉牙挤住 6.小集电环断线	1.检查修理接点 2.换装新螺栓 3.修理或调整抱闸 4.更换流动轴承 5.更换履带主动轮 6.修复小集电环边线
19.行走减速箱有异常声响	1.齿轮牙齿脱落 2.滚动轴承损坏 3.柱型油泵不上油	1.换装新齿轮 2.更换滚动轴承 3.检修或调整油泵
20.行走离合器开合不灵	1.离合器拨动卡子动作不灵活 2.气阀或电磁阀产生故障	1.检修并清洗 2.检修气阀或电磁阀

故障现象	故障原因	处理方法
21.空压机不能正常工作	1.空气过滤器堵塞 2.吸气阀装反或阀片太脏 3.活塞环磨损超限 4.空压机拖动传送带过松	1.消洗疏通堵塞处 2.调整吸气阀并清洗阀片 3.更换活塞环 4.调整电动机地脚螺栓
22.空压机压气压力不足	1.空气过滤器部分堵塞 2.吸气阀与阀座接触不良 3.气阀或管路漏气 4.高低压气缸串气	1.清洗疏通 2.调整气阀 3.检修气阀与管路 4.检修高低压气缸

表 7-3 机械式挖掘机（电铲）的主要电气故障原因及处理方法

故障现象	故障原因	处理方法
1.各部抱闸打不开	1.励磁开关接触器线圈烧毁 2.抱闸闸皮过紧,间隙过小 3.气缸活塞胶碗磨损量过限或变形,间隙过大,严重漏气 4.气路堵塞或漏气,气压不够 5.电磁阀不吸合 6.气缸或管路有水及结冰	1.检修或更新线圈 2.调整闸皮松紧及间隙 3.调整胶碗间隙或换装新件 4.疏通检修气路系统 5.检修或更换元件 6.加热融化,清除冰水
2.各部抱闸失灵不抱	1.电磁阀失灵不吸合 2.抱闸闸皮磨损量超限 3.闸皮与闸轮工作面有油 4.抱闸弹簧不起作用 5.抱闸间隙过大或不均匀 6.闸带外壳断裂 7.抱闸地脚螺栓及调整螺栓断裂或松扣 8.闸轮连接键滚键	1.检修或更换电磁阀 2.更换闸皮 3.清除油脂和污垢 4.调整、检修或更换 5.调整间隙并使之均匀 6.更换闸带外壳 7.更换螺栓并紧固 8.换装新件
3.电动机组产生严重振动	1.电动机安装不正确 2.电动机组地脚螺栓松动或断裂 3.电动机组底部钢板裂纹或变形 4.轴承与瓦盖螺钉松动	1.调整电动机安装位置 2.紧固或更换地脚螺栓 3.检修与焊接底座 4.紧固螺钉
4.发电机组轴承过热	1.润滑油过少或过多 2.所用油不适当或太脏 3.滚珠架损坏	1.保持润滑油适量 2.更换润滑油 3.换装新轴承
5.回转盘高压集电环冒火（花）	1.装卡的配重铁太轻 2.中心轴大螺母太松 3.集电环铁刷或钢环磨损超限 4.集电环瓷瓶放电 5.工作接触面太脏或有杂物 6.弹簧变形或折断	1.调整或增加配重铁重量,当铲斗装满时,应使轨道间隙保持在 4~10mm 2.先将大螺母拧至最紧,然后再退回一扣即可 3.检查集电环磨损程度,如严重超限则应更换 4.检查和清洁瓷瓶,更换已损件 5.清扫接触面,排除杂物 6.检修或更换弹簧
6.手动操作低压断路器时,接点不能闭合	1.储藏弹簧变形,导致闭合力减小 2.反作用弹簧的力量过大 3.锁键和搭钩严重磨损,合闸时脱钩 4.机器运行中,断路器的过热脱扣装置未冷却,没准确复位 5.电源电压太低;欠压脱扣器的线圈磁力太小	1.检修或换装合适的储能弹簧 2.重新调整弹簧的反作用力 3.修复或更换锁键及搭钩 4.停机等待,当脱扣器复位后再合闸 5.检查或调整电源电压;若线圈已烧坏则应更换

续表

故障现象	故障原因	处理方法
7.电动操作低压断路器时,接点不能闭合	1.电磁线圈损伤断线或线头脱焊断路 2.电磁铁拉杆行程太短 3.电动机的操作定位开关失灵 4.控制器硅元件或电容损坏 5.操作电压太低	1.用细砂纸打磨断头,涂以无酸性焊油有锡焊牢;若线圈已烧毁,则应更换 2.调整拉杆行程 3.修复或更换操作元件 4.调整电源电压
8.电流已达额定值,但低压断路器不断开	1.双金属片损坏,变化失灵不到位 2.过电流脱扣装置的衔铁行程不合适 3.主触点卡滞或脱焊	1.换装合适的双金属片,或调换空气开关 2.调整衔铁行程或更换弹簧 3.排除卡阻故障或更换触点
9.电流尚未达到额定值,低压断路器误动作	1.锁键和搭钩严重磨损,稍有振动即脱扣 2.整定电流调整不准确 3.热元件或半导体延时电路元件老化失效	1.调整锁键和搭钩 2.重新调整电流整定值 3.换装合格的元件,协调电路
10.接触器不能吸合或吸不牢	1.电源电压太低或波动太大 2.操作回路电源容量不足或有断路 3.线圈参数及使用条件不符合要求 4.可动部分有卡滞现象 5.弹簧的反作用力和接点超行程过大	1.调整电源电压,使其额定值略大于线路工作电压 2.检查配线及接点,测试容量,几次试合后投入运行 3.换装合适的线圈,改善工作条件 4.检查或修理转轴及钩键等元件,消除锈蚀,涂抹润滑油 5.调整弹簧压力及动接点的超行程
11.接触器不释放或释放缓慢	1.触点接点脱焊 2.可动部分卡滞 3.弹簧的反作用力太小 4.铁芯极面有油垢 5.铁芯老化,去磁气隙消失,剩磁增大 6.极面间隙过大	1.更换接点,必要时改用较大容量的元件 2.除锈、检修并涂以润滑油 3.调整弹簧压力,使之灵活可靠 4.清除污垢并涂以防锈油 5.更换铁芯或刮磨去磁气隙 6.调整机械部分,减小间隙
12.接触器线圈过热或烧损	1.电源电压过高或太低 2.衔铁与铁芯工作端面有污垢和杂物 3.操作频率过高或工作条件恶化,易使接器不能承受 4.线圈参数或使用条件不符合要求 5.铁芯极面不平或去磁气隙过大 6.线圈受潮或机械损伤,使匝间短路 7.联锁接点不释放,使线圈升温	1.调整电源电压,使线圈额定电压等于(或略大于)控制回路的工作电压 2.清理污垢及障碍杂物 3.选择合适的接触器替换旧件 4.换装合适的线圈 5.修整极面,调整气隙;必要时则更换铁芯 6.烘干(或更换)线圈 7.对于直流操作双线圈,可重新调整联锁机构接点
13.热继电器接通后,主电路或控制回路不通	1.接线螺钉或热元件被烧坏 2.常闭接点烧毁或动接点弹性消失 3.刻度盘与调整螺钉相对位置不当,接点被顶开	1.检查接点,紧固螺钉;更换已损坏的热元件 2.检查、打磨和修复已损的接点 3.调整刻度盘及螺钉位置,使常闭接点闭合

续表

故障现象	故障原因	处理方法
14.操作时,热继电器误动作	1.操作频率太高,继电器承受大电流时间过长 2.继电器的整定值偏小 3.电动机启动时间过长,使继电器失稳 4.挖掘机工作时有强烈振动,使继电器失稳 5.继电器及热元件在系统中连接或安装不稳妥	1.检修或更换继电器,可选用带速饱和电流互感器的热继电器 2.调整电流整定值,或更换符合要求的继电器 3.在启动时间内将继电器短接,或选择具有相应可返回时间级数的热继电器 4.选择带有防冲击、防振动装置的热继电器 5.检查和稳固继电器及元件的安装连接情况
15.操作主令控制器时,推压动作或提升动作失控	1.电动机励磁回路断路 2.空气开关跳闸或熔断器烧损 3.电压负反馈丢失,致使操作时工作速度明显增加 4.电流负反馈丢失,致使过流保护继电器动作 5.电流反馈稳压管击穿,致使启动缓慢和挖掘无力 6.电压负反馈组极性调整不正确,致使主令控制器两个方向操作时,发电动机电压都上升或一升一降 7.电流负反馈绕组极性调整不正确,致使主令控制器两个方向操作时,发电动机电流都增加一增一减	1.检查或修复系统各接线端点 2.检测单相半控桥空气开关及熔断器,更换已损件 3.检查和修理负反馈回路和电位计,坚固外进线各接点 4.立即停机,检查和修理继电器及接触器,必要时更换元件 5.检查反馈线路,更换损坏的电流反馈稳压管 6.检测反馈绕组极性。当测试时,若发现电压都下降,表示极性正确。如不正确,应首先倒换发电动机的一个他励绕组,正反给定时均为负反馈性即可 7.测试电流负反馈绕组极性。如果两个操作方向主回路电流都减少,表示极性正确;如果一增一减,则应更换已出故障的磁性触发器

7.4 液压挖掘机

7.4.1 概述

液压挖掘机(如图 7-14、图 7-15 所示)是在机械式挖掘机的基础上发展起来的,与机械式挖掘机相比,两者的主要区别在于动力装置和工作装置上的不同。液压挖掘机是在动力装置与工作装置之间采用了容积式液压传动系统(即采用各种液压元件),直接控制各系统机构的运动状态,从而进行挖掘工作的。

液压挖掘机分为全液压传动和非全液压传动两种。若挖掘、回转、走行等主要机构的动作均为液压传动,则称为全液压传动。若其中的一个机构的动作采用机械传动,即称为非全液压传动。例如 WY-160 型、WY250 型和 H121 型等即为全液压传动;WY-60 型为非全液压传动,因其行走机构采用机械传动方式。一般情况下,对液压挖掘机,其工作装置及回转装置必须是液压传动,只有行走机构可为液压传动,也可为机械传动。

液压挖掘机的工作装置结构,有铰接式和伸缩臂式不同形式的动臂结构。回转装置也有全回转和非全回转之分。行走装置根据结构的不同,又可分为履带式、轮胎式、汽车式和悬挂式、自行式和拖式等。

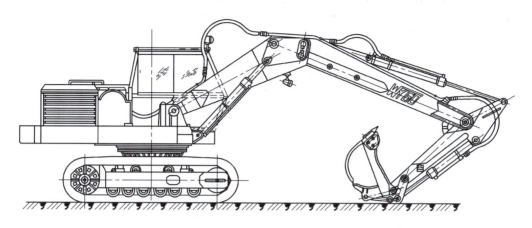

图 7-14　WY69型履带式全液压挖掘机

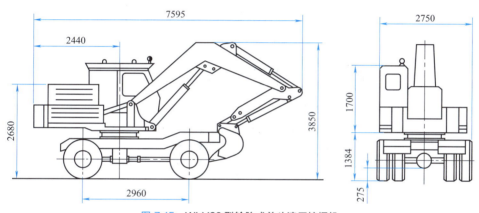

图 7-15　WLY60型轮胎式单斗液压挖掘机

7.4.2 液压挖掘机的工作原理与结构

7.4.2.1 工作原理

图 7-16 为液压式单斗挖掘机基本结构及传动示意图，柴油机 13 驱动两个液压泵 11、12，把高压油输送到两个分配阀 9，操纵分配阀将高压油再送往有关液压执行元件（液压缸或液压马达），驱动相应的机构进行工作。

挖掘机作业时，接通回转装置液压马达，转动上部转台，使工作装置转到挖掘点，同时，操纵动臂液压缸小腔进油，液压缸回缩，使动臂下降至铲斗接触挖掘面为止，然后操纵斗杆液压缸和铲斗液压缸，使其大腔进油而伸长，迫使铲斗进行挖掘和装载工作。斗装满后，将斗杆液压缸和铲斗液压缸停动并操纵动臂液压缸大腔进油，使动臂升离挖掘面，随之接通回转马达，使铲斗转到卸载地点，再操纵斗杆和铲斗液压缸回缩，使铲斗反转卸土。卸完土，将工作装置转至挖掘地点进行第二次挖掘作业。

7.4.2.2 液压挖掘机结构

单斗液压挖掘机的总体结构包括工作装置、动力装置、回转机构、操纵机构、传动系统、行走机构等辅助设备等。常用的全回转式液压挖掘机的动力装置、传动系统的主要部分、回转机构、辅助设备和驾驶室等都安装在可回转的平台上，通常称为上部转台。因此又可将单斗液压挖掘机概括成工作装置、上部转台和行走机构等三部分。

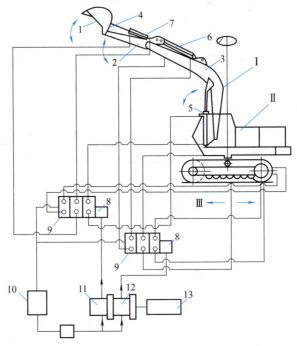

图 7-16 单斗挖掘机液压传动示意图

1—铲斗；2—斗杆；3—动臂；4—连杆；5、6、7—液压油缸；8—安全阀；9—分配阀；10—油箱；11、12—油泵；13—发动机；Ⅰ—挖掘装置；Ⅱ—回转装置；Ⅲ—行走装置

（1）工作装置

液压挖掘机的工作装置是直接用来进行挖掘作业的施工工具，它利用液压缸伸缩来完成动臂升降、斗杆推拉和转斗，其动作接近于人的手腕运动，具有较大的挖掘力和较好的作业性能。

液压挖掘机最常用的工作装置是反铲和正铲，同时也能换装起重、抓斗、装载、松土、钻孔、破碎等多种工作装置。

① 反铲工作装置。反铲工作装置是液压挖掘机的一种主要工作装置形式，如图 7-17 所示。动臂 1 的下铰点与回转平台铰接，并以动臂液压缸 2 来支承动臂，通过改变动臂液压缸的行程即可改变动臂倾角，实现动臂的升降。斗杆 4 铰接于动臂的上端，可绕铰点转动，斗杆与动臂的相对转角由铲斗液压缸 5 控制，当斗杆液压缸伸缩时，斗杆即可绕动臂上铰点转动。铲斗 6 则铰接于斗杆 4 的末端，通过铲斗液压缸 5 的伸缩来使铲斗绕铰点转动。为了增大铲斗的转角，铲斗液压缸一般通过连杆机构（即连杆 7 和摇杆 8）与铲斗连接。液压挖掘机反铲工作装置主要用于挖掘停机面以下的土壤，如挖掘沟壕、基坑等，其挖掘轨迹取决于各液压缸的运动及其组合。

② 正铲工作装置。正铲工作装置以斗杆挖掘为主，其结构如图 7-18 所示，由动臂 1、斗杆 2、铲斗 3、工作液压缸 4 和辅助件（如连杆装置 5）等构成。动臂是焊接箱形结构或铸焊混合结构，斗杆一般为焊接或铸焊混合箱形结构。正铲铲斗铰接在斗杆端部，铲斗液压缸缸体支承在斗杆中部，活塞杆端与铲斗尾部的连杆机构铰接，形成一个六连杆机构（也有

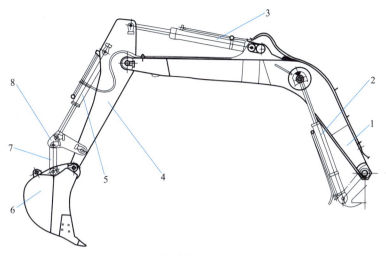

图 7-17 液压挖掘机反铲工作装置

1—动臂；2—动臂液压缸；3—斗杆液压缸；4—斗杆；5—铲斗液压缸；6—铲斗；7—连杆；8—摇杆

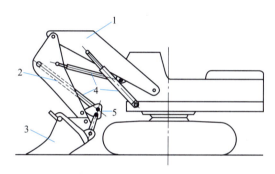

图 7-18 正铲工作装置结构示意图

1—动臂；2—斗杆；3—铲斗；4—工作液压缸；5—连杆装置

活塞杆端直接与铲斗尾部铰接而形成四连杆机构的结构形式）。正铲铲斗一般采用斗底开启卸土方，用液压缸实现其开闭，这样可以增加卸载高度和节省卸载时间。

③ 动臂。动臂是工作装置中决定总体构造形式和其他特征的主要构件。液压挖掘机铰接式工作装置的动臂结构一般可分为整体式与组合式两大类。

a. 整体式动臂。整体式单节动臂目前应用最广泛，其主要特点是制造方便、成本低、重量轻，能有较大的动臂转角，装载作业效率高，挖掘深度也比较大；配用加长可调斗杆，可以很好地完成垂直壁面的挖掘作业，而且所挖掘的壁面平直整洁。整体式动臂有直臂与弯臂两种形式，如图 7-19 所示。

整体直动臂构造简单，适用于专用正铲和悬挂式挖掘机。反铲工作装置使用直动臂只能得到较小的挖掘深度。

采用整体弯动臂结构可以增大挖掘深度，但同时也会降低卸载高度。所以反铲工作装置广泛采用整体弯动臂，其结构为钢板焊接而成的矩形变截面封闭箱形梁，内部一般加隔板以增加其强度和刚度。

动臂与回转平台、斗杆及各液压缸的连接均采用铰接，其常见结构如图 7-20 所示。

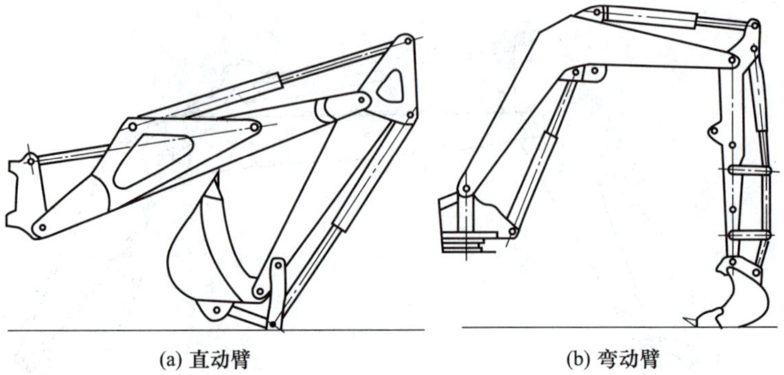

(a) 直动臂　　　　　　　　(b) 弯动臂

图 7-19　整体式动臂结构形式

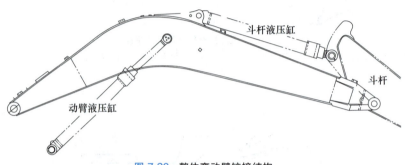

图 7-20　整体弯动臂铰接结构

b. 组合式动臂。组合式动臂是在整体式基础上发展起来的。它使液压挖掘机的优点得到了充分发挥，应用也很广泛。主要优点是：作业尺寸和挖掘力可以根据施工条件随意调整，而且调整时间短，用液压缸连接时还能无级调节，可满足各种工作装置的要求，互换性好，可采用的工作装置形式也多，替换方便，下动臂可适应各种工作装置要求，不需拆换，装车运输也比较方便。

• 采用辅助连杆（或液压缸）铰接。上下两节动臂之间的夹角可用辅助连杆（或液压缸）来调节上下动臂的夹角，从而提高工作性能。尤其在用反铲或抓斗挖掘窄而深的基坑时，可得到较长距离的垂直挖掘轨迹。

• 采用螺栓连接。为了调节上下动臂的夹角和上动臂的有效伸出长度，下动臂设有 3 个连接孔，上动臂设置 4 个间距相等的连接孔。这两组孔之间组成了 6 种连接位置，以适应不同的作业要求。例如，当土质松软或要求作业尺寸较大时，可采用上动臂伸出较长的位置；当土质坚硬或采用大容量铲斗挖掘时，可取上动臂伸出较短的位置。

c. 伸缩式动臂。伸缩式动臂是一种独特形式的挖沟和平地工作装置，由主臂和伸缩臂套装而成，用专门的机构控制其外伸和缩回，有的还可绕自身轴线旋转。

(2) 回转装置

液压挖掘机回转支承装置用于承载回转平台以上机体的质量并实现回转运动。除了在悬挂式和伸缩臂式液压挖掘机上有采用半回转的传动机构外，现代液压挖掘机的回转机构普遍采用全回转的液压传动方式。回转机构的运动约占液压挖掘机整个工作循环时间的 50%～70%，能量消耗占 25%～40%，回转液压系统的发热量占总发热量的 30%～40%。因此，合理设计和选择回转机构，对于提高生产率和能量利用率具有十分重要的意义。

① 回转传动装置。液压挖掘机回转传动装置主要包括回转液压马达、回转减速器和回转驱动小齿轮及固定齿圈。其结构如图 7-21 所示。

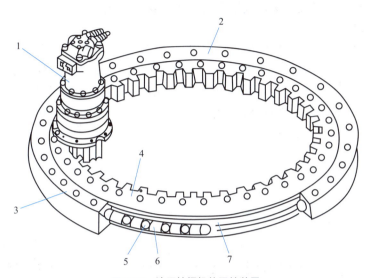

图 7-21　液压挖掘机的回转装置

1—回转驱动装置；2—回转支承；3—外圈；4—内圈；5—钢球；6—隔离体；7—上下密封圈

回转驱动液压马达一般采用斜轴式或斜盘式柱塞马达。目前已有专业厂家生产液压挖掘机回转驱动专用液压马达，一般内部带有液压制动器及摩擦片式停车制动器。

液压挖掘机的回转传动系统一般有两种选择方案：低速大转矩马达方案和高速小转矩马达方案。第一种方案采用低速大转矩马达作为回转机构的驱动装置，中间不需要减速机，可将液压马达直接与回转小齿轮连接，结构简单，便于安装，但低速大转矩马达成本较高，可靠性不如高速马达。第二种方案采用高速马达作为回转驱动装置，中间加机械减速装置，得到驱动平台回转所需要的转速和转矩，该方案成本较低，可靠性高，因此得到广泛应用。行星式回转减速器结构紧凑、价格合理、工作可靠，有取代低速大转矩马达的趋势。

② 回转支承装置。挖掘机回转支承装置上，承受了轴向力、倾覆力矩和径向力。图 7-22 形象地描绘出理论载荷分布状况。其前部承受压力，后部承受拉力，而径向力在多数情况下，相对地说是微不足道的。

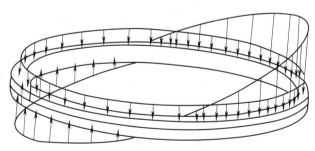

图 7-22　回转支承装置上作用的力和力矩示意图

回转支承装置现已普遍地采用结构先进的回转滚盘。它其实就是大型滚动轴承，在这里主要用以承受轴向力及倾覆力矩引起的轴向荷载。

回转滚盘（图 7-23）一般由上下座圈、内（外）齿圈、滚动体、保持架、密封装置、润滑系统及连接螺栓等组成（滚柱式滚盘也有不用保持架的）。内座圈或外座圈可以相应加工成内齿圈或外齿圈。

滚珠或滚柱在滚道上并非做纯滚动，同时也伴随着滑动。滚柱在平面滚道上滚动时，滚柱的位移产生滑动现象，如采用圆锥形滚柱，则工作时产生的滑动现象较小。

根据回转滚盘结构不同可做如下分类：按滚动体形式分，有滚珠式、滚柱式（包括锥形和鼓形滚动体）；按滚动体的排数分，有单排式、双排式和多排式；按滚道形式分，有曲面（圆弧）式、平面式和钢丝滚道式。

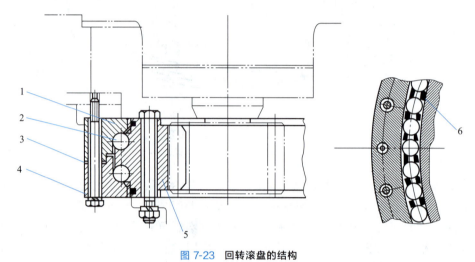

图 7-23　回转滚盘的结构

1—上座圈；2—滚珠；3—调整垫片；4—下座圈；5—内齿圈；6—保持架

③ 中央回转接头。全回转式的液压挖掘机，上部转台与下部底盘之间可以在 360°范围内变更位置。因此，对于履带式挖掘机的行走液压马达、轮胎式挖掘机的液压支腿和液压转向等都存在着一个动力传递问题。中央回转接头就是把转台上部液压泵的动力传递给下部执行元件的一个关键元件。

中央回转接头形式较多，但都是由两个主要部分组成：与转台固定的回转轴（或回转轴套）和与底盘固定的回转轴套（或回转轴）。

图 7-24 所示为轴套与转台固定式回转接头，回转轴套 3 通过三个耳子 10 与上部转台固定，而回转轴 4 通过固定板 6 与下部底盘固定。后者通过其下部的凸缘和上部端盖 2 与回转轴套 3 轴向定位。

回转轴套 3 上开有十个接头孔，各接头位置上下错开，排号依次为①、②、③、④、⑤、⑥、⑦、⑧、⑨、⑩（均打有印记），分为三排，正前方（行驶位置的车头方向）排有四个接头孔（排号为①、④、⑥、⑩）；右后方（由上往下看）排有三个接头孔（排号为②、⑦、⑨），左后方也排有三个接头孔（排号为③、⑤、⑧）。

回转轴 4 的外周（与回转轴套 3 相配合的外圆）有 23 个环槽，其间装有 O 型密封圈。11 个空槽中 6 个为通油槽、3 个为通气槽，这 9 个槽分别与回转轴套上的 10 个接头孔相通，另外两个窄槽仅起加强防泄漏的作用。

6 个通油槽和 3 个通气槽又各有通道与回转轴 4 下部凸缘外周的 10 个接头孔相通，排号与回转轴套 3 相一致（通过纵向轴道通油），如剖面图 7-24 的 A—A 所示。

上部端盖 2 上装有油嘴 1，每工作 100h 应注油一次，以防止回转轴套与回转轴相对转动时接触面磨损。

中央回转接头的拆卸与装配比较复杂，一般情况下不要随便拆卸，只有在确实发现密封圈损坏时才拆卸（例如当操纵气开关时发现油箱内冒气，而且这时气压总是达不到规定值）。拆卸后再装配时，回转轴外周应涂干净黄油，特别是气槽旁边的密封圈处（即第 2、3、4、5 道密封圈），否则会造成密封圈加速磨损。

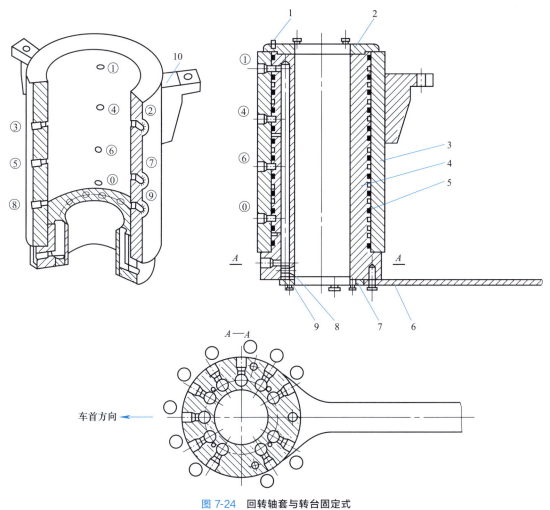

图 7-24 回转轴套与转台固定式
1—油嘴；2—端盖；3—回转轴套；4—回转轴；5、9—O 形密封圈；
6—固定板；7—压盖；8—塞子；10—耳子

7.4.3 液压系统

挖掘机的液压系统是根据机器的使用工况、动作特点、运动形式及其相互的要求、速度的要求，工作的平稳性、随动性、顺序性、联锁性，以及系统的安全可靠性等因素来考虑的，这就决定了液压系统的类型多样化。在习惯上，是按主油泵的数量、功率的调节方式、油路的数量来分类。一般可以分为六种基本形式：单泵或双泵单路定量系统、双泵双路定量系统、多泵多路定量系统、双泵双路分功率调节变量系统、双泵双路全功率调节变量系统和多泵多路定量、变量混合系统。

此外，按油流循环方式的不同还可以分为开式和闭式两种系统。

7.4.3.1 双泵双回路定量系统

液压挖掘机定量系统采用定量泵为液压系统提供压力油。系统中泵的输出流量恒定，不能随外负荷的变化而使流量做相应的变化。液压挖掘机在作业过程中，外负载是随作业工况不断变化的，发动机功率只能按最大负载压力和作业速度来确定。一般情况下，单泵定量系统的平均负荷为最大负荷的60%左右，所以发动机的功率平均只用了约60%。因流量恒定，当负荷发生变化时，不能通过改变流量来改变作业速度。为了获得不同的作业速度，常依靠多路阀来进行节流调节，其结果是发热量大，功率浪费严重。

定量系统在小型液压挖掘机上应用较多，主要原因是：定量泵结构简单，价格低，工作可靠；由于定量泵经常在非满负荷下工作，其寿命比变量泵相对长一些；由于定量系统流量固定，执行元件的速度也稳定，工作装置的轨迹容易控制。其缺点是在复合动作时，各机构工作速度大大降低。

图7-25所示为WY-100型液压挖掘机双泵双路定量液压系统。双泵采用并联方式，各自为分配阀组串联供油。液压泵1直接从油箱中吸油，高压油分两路进入分配阀组2和4。进入分配阀组2的高压油驱动回转马达9、铲斗油缸16、辅助油缸14，同时经中央回转接头驱动后行走马达7；进入分配阀组4的高压油驱动动臂油缸13、斗柄油缸15，经中央回转接头驱动左行走马达7及推土油缸6。当机械在斜坡上产生超速溜坡时，两组分配阀的回油均可通过限速阀5（在单向阀3的作用下），自动控制行走速度。当回转马达、铲斗油缸和右行走马达不工作时，可用合流阀将高压油引入分配阀组4，用以加快动臂或斗柄的动作速度。

从分配阀出来的回油经过背压阀10、散热器12和滤油器11流回油箱。图7-25中虚线表示分配阀和液压马达的泄漏油路，不经散热器，直接经滤油器至油箱。

补油回路：系统中的背压阀（压力为1MPa）将低压油通到补油回路，在液压马达制动状态和超速状态时进行补油。另外，还可以将低压回油经节流减压后引入液压马达壳体，使其保持一定的循环油量，又将壳体磨损污物冲洗掉，保持液压马达的清洁，这是排灌回路。

通过两个行走马达7的串联和并联供油，可获得两挡行走速度。图7-25所示是双速阀8向液压马达并联供油，此时为低速行走；双速阀在另一位置时，即为串联供油（高压油先进入图示下排液压马达，出油经双速阀再进入上排液压马达），此时，挖掘机就高速行走。这种系统操作性能好，安全可靠。

该系统除液压泵进入各分配阀组的主油路上装置安全溢流阀外，从分配阀组到各执行元件的每一分路上的压力，还可以通过过载阀分别进行调整，这样，一方面保证机械工作时各部分压力的平衡；另一方面又可使整个系统和各个执行元件受到保护。由于每一回路均为串联，既可保证同时进行多种动作及其准确性，又可将油量集中供给单一动作，提高生产效率。

7.4.3.2 双泵双路分功率调节变量系统

如图7-26所示，根据正铲工作要求，系统采用了双泵双路分功率调节变量系统。泵A

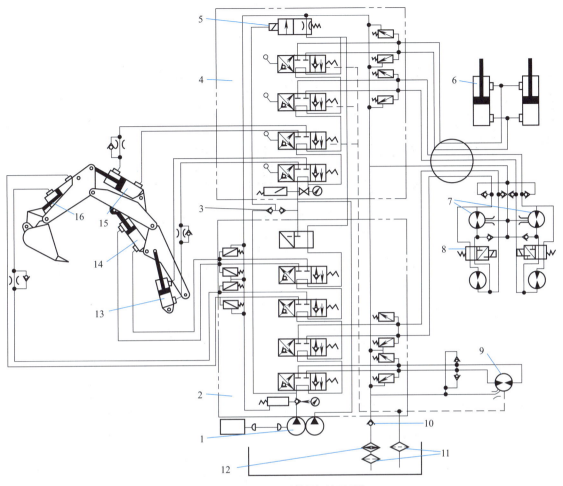

图 7-25　WY-100 型挖掘机液压系统

1—液压泵；2,4—分配阀组；3—单向阀；5—速度限制阀；6—推土油缸；7—行走马达；8—双速阀；9—回转马达；
10—背压阀；11—滤油器；12—散热器；13—动臂油缸；14—辅助油缸；15—斗柄油缸；16—铲斗油缸

驱动左行走马达 5、铲斗油缸 2、一侧动臂油缸 7、一侧斗柄油缸 6；泵 B 驱动右行走马达 5、回转马达 9、另一侧动臂油缸 7 和另一侧斗柄油缸 6。斗底的开启设有开底油缸 3，由回路中的低压油驱动，两台变量泵构成两个独立的液压系统。各个系统采用串联油路。仅回转马达为并联油路，这就保证了各个机构的独立操作。当挖掘作业或动臂上升需较大动力时，两台泵可以合流，集中供应动臂油缸或斗柄油缸，使最沉重的动作在最短的时间内完成，达到提高生产率的目的。

该液压系统为开式油路（即执行元件的回油直接返回油箱。如果液压马达的回油直接返回液压泵，即为闭式油路）。柴油机通过弹性联轴器与传动机构相连，传动机构再带动两台恒功率变量轴向柱塞泵 A 和 B，从油箱吸油，分两个主压力油路打出，每一油路通入几个三位四通操纵阀，各操纵阀分别控制回转马达、动臂油缸、铲斗油缸和行走马达的驱动，在组合阀内装有安全阀，当工作油压力超过 28MPa 时，油液直接溢回油箱，防止变量泵过载运转。在组合阀的每个分路上，均设有分路卸荷阀，根据各工作机构工况不同，将卸荷阀调到相应之压力。若某一液压元件超过这一压力，工作油就溢回油箱。

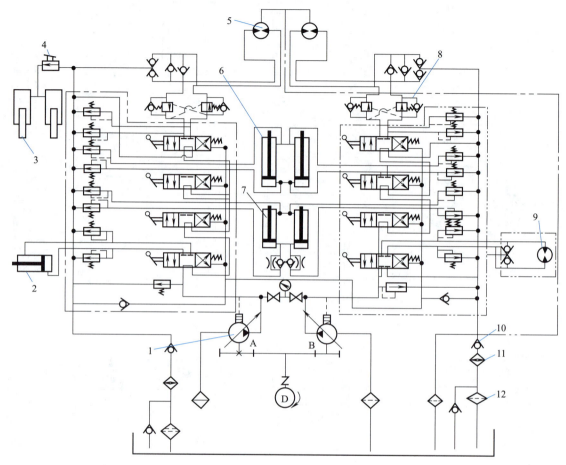

图 7-26 WY-200 型挖掘机液压系统图

1—变量油泵；2—铲斗油缸；3—斗底开启油缸；4—脚踏单向阀；5—行走马达；6—斗柄油缸；
7—动臂油缸；8—速度限制阀；9—回转马达；10—背压阀；11—散热器；12—滤油器

在回路中装有背压阀 10（调成 1MPa 的背压），通过变量泵自动控制变量和液压马达的背压，避免停车时空气进入回油路。从背压阀流出来的油经过冷却器冷却降温，再经滤清器流回油箱。为防淤塞，滤清器上装有 0.3MPa 的压力阀。

行走马达通过中央回转接头进油，左、右行走马达可以分别正、反向进油，故挖掘机可以原地转弯。在行走马达的油路中装有限速阀 8，防止下坡滑溜。

动臂、斗柄、铲斗的各油缸均通过回转接头给油。用以开底的斗底油缸由回油油路供油。斗底油缸的活塞杆伸长，则关闭斗底，脚踏单向阀 4 时，控制油缸的排油过程，在斗底自重和土重作用下，完成斗底的开启，同时油缸活塞缩回。斗柄油缸和动臂油缸的合流，靠司机手动控制。

7.4.4 轮胎式挖掘机悬挂与支腿的工作原理

此液压系统常为独立的。由于轮胎式挖掘机要求在不放置支腿的情况下进行作业，故一般均制成后桥刚性悬挂，而前桥则通过液压悬挂平衡装置来连接。

图 7-27 为挖掘机平台的液压平衡装置和液压支腿联动装置示意图。当阀 3 置右位，压力油一路经阀 4 进入支腿油缸大腔，使支腿支撑如图示位置，另一路使联动换向阀 7 右移，悬挂平衡装置处于闭锁状态，形成刚性悬架，起挖掘机作业时缓冲作用。行走时，变换阀 3 到左位，压力油一路进入支腿油缸小腔，使支腿升起，另一路则使联动换向阀 7 左移，使左右悬挂油缸连通，并与油箱也连通，这样，挖掘机在高低不平的路面上行驶时，车辆能自动上下摆动，保持良好的地面支撑。

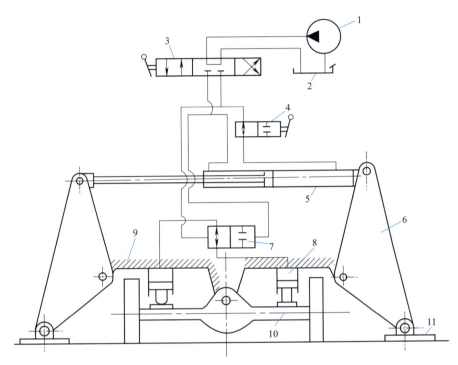

图 7-27　液压悬挂与支腿联动作用示意图

1—油泵；2—油箱；3—换向阀；4—闭锁阀；5—支腿油缸；6—支腿；
7—联动换向阀；8—悬挂油缸；9—车架；10—车桥；11—支腿座

7.4.5　液压挖掘机的使用维护及故障排除

7.4.5.1　使用维护

（1）液压挖掘机的安全使用和日常维护

- 液压挖掘机与机械式挖掘机不同，使用它进行作业时，重点是掌握好液压系统的特点和使用方法，以便提高工作效率，并保证设备完好和人身设备安全。
- 液压挖掘机用油应采用含矿物混合料的蒸馏油，要求使用提炼优质、低凝点和低石蜡含量的液压油。液压油在工作温差较大时性能稳定，具有良好的润滑性、耐磨性、耐腐蚀性和抗气蚀性等。
- 液压挖掘机应选择在冬夏两季交接条件下均能正常工作的液压油，其黏度曲线应较平稳，尽量减少换油次数，以避免给液压系统带来灰尘污染，并节约耗油费用。
- 启动前应检查发动机周围和机棚上是否有工具或其他物品。
- 工作油箱内的油面必须在油标所示范围的 2/3 处，应将机器放在平坦的场地上进行检查。
- 检查散热器传送带张紧程度，必要时需调整。
- 检查工作装置各铰销是否可靠，驾驶室旁有梯子的要先撤掉，拔出转台锁止销。工作时操作要平稳，不允许工作装置有冲撞动作，要防止过载。
- 轮胎式挖掘机作业时要先拔去支腿上的插销，将左右支腿转到所需位置，然后放下支腿，使后轮略微离地。
- 空运转期间要对液压系统进行检查。液压泵和管路不得有抖动和不正常现象，必要时应排除空气。
- 工作装置进行若干次空动作，检查动作情况是否正常。如发现漏油等故障，应及时处理。一般在挖掘机工作时，应将发动机油门手柄放在转速偏高的位置。起重作业时，转速可适当放低。各工作机构联合动作时，不宜合流。特别在满负荷时，更不能合流。
- 挖掘机必须在不会造成失稳的场合下使用与操作。未经驾驶员允许，任何人不准上机，更不能随意开动，铲斗内不准坐人。
- 在高压电线附近运输或工作时，必须保持一定的安全距离。如必须在此距离内工作时，必须有电气保险装置，并报请当地电业局审批。
- 如果装载与卸载地点没有充分的视野，则应由助手做向导，确保安全操作。
- 挖掘机工作时，危险区域内（动臂与斗杆全伸出时，由斗齿最外缘围绕机器回转中心划出的一个整圆范围内）不准有任何人停留。
- 不准用抽回斗杆的办法排除牢固地固定在地面上的物体。交通阻塞或经过十字路口时，要有安全措施，并应由汽车护送、领路。为了保持良好的视野，动臂必须放在水平位置，铲斗与斗杆油缸全伸出，铲斗离地面高度不小于400mm。
- 不允许挖掘离机身太近处的土方，以免斗齿碰坏机件或造成塌方。液压缸伸缩至极限位置时，必须保持平稳，避免冲击。
- 不允许利用工作装置在回转的过程中做扫地式动作，更不准用铲斗打桩。
- 禁止在斜坡上作业。必须在斜坡上作业时，应使用绞盘将挖掘机拖住，以防下滑。
- 工作中要经常注意仪表是否正常，注意仪表所指示的数字。液压油温最高不得超过80℃。一般在1h内应达到温度平衡。如果油温异常升高，应及时检查，排除隐患。
- 工作时，不得打开压力表开关，以免损坏压力表，不允许将多路阀上的压力任意调高到规定值以上。
- 新机器在使用100h内，每班应检查工作油箱上的磁性滤清器，并进行清洗。发现液压油污染严重时，及时更换液压油、清洗油箱。
- 经常检查管路，不得漏油。如果发现漏油，应及时进行紧固。管路夹板也要紧固好。
- 作业中间休息或机器停放不工作时，必须将铲斗放在地面。司机离机前必须使用制动器，放好安全装置。停机时间较长或一日工作结束后，必须把发动机关闭、熄火，取下点火钥匙，锁好机门。
- 修理和保养工作必须在机器完全停止，铲斗放在地面上时才能进行。必要时应采取适当办法（加支撑），防止动臂和斗杆下降。
- 挖掘机在坡道上行驶时，禁止发动机熄火，以免行走马达失去补油而造成溜坡等事故。
- 日常维护要做好各润滑部位的润滑工作，以减少零件磨损，延长使用寿命。液压挖掘机常采用的液压油和润滑油见表 7-4。在一般情况下如使用钙钠基润滑脂时,其整机润滑给油状况如图 7-28 所示。

表 7-4 液压挖掘机常用润滑油

润滑油名称	标准规格	使用部位
0 号和 10 号轻柴油	GB 252—84	柴油机燃油
8 号(冬季用)、11 号(夏季用)、14 号机油(HC-8,C11,C14)	GB 443—84	空压机、喷油泵及调速器、离合器分离轴承、柴油机油底壳
20 号(冬季用)和 30 号(夏季用)齿轮油	SY 1103—80	油泵传动箱、变速箱、回转减速箱、履带行走机构传动箱、轮胎前后差速器、轮边减速箱
HL 液压油	GB 11118.1—94	液压系统工作用油
石墨润滑油	SY 1405—85	回转齿圈、履带及附件
钙钠基润滑脂	SY 1403—59 GB/T 491—2008	各种可动接头、工作装置铰点、履带张紧装置调节油缸、回转滚盘

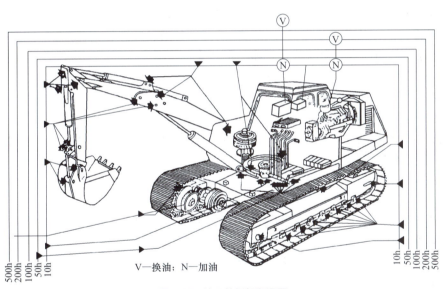

图 7-28 液压挖掘机润滑图

(2) 液压挖掘机的保养和检修

液压挖掘机各级技术保养以及中修、大修都是预期检修所必须进行的作业。根据国外的使用经验,液压挖掘机保养与修理的主要内容和要求如下。

① 班保养(8～10h 后)。班保养是日常保养,是保持挖掘机正常运转、减少事故的重要保证。其内容:

• 清除灰尘、污泥、油污,进行全面清洁工作。

• 检查发动机油底壳油面、工作油箱油面,不足者应补足。

• 检查工作装置各铰点连接处是否松动或卡住。对所有的活动部分润滑点和回转齿面加注润滑油,并给储气筒放水。

• 清理空气滤清器。新机器在 300h 工作期间内,每班都要检查并清洗空气滤清器。

- 检查各零件的连接状况并及时紧固。除检查各连接螺栓是否紧固外,回转马达、滚盘、行走减速箱、液压泵驱动装置、履带板或轮胎等处的螺栓也要检查。
- 检查操纵杆的灵活度。经常活动的关节处要加油并及时调整,检查各仪表是否工作正常。

② 一级保养(60~150h后)。除完成日常保养的各项作业之外,还要进行下列工作。
- 检查蓄水池(液面和密度)并进行保养(发动机的保养应参考有关的使用维护说明书)。
- 检查管路系统的密封性及紧固情况。
- 检查电气系统,并进行清洁保养工作,断路部分要重新接好,开关和线路其他零件必须完备无缺。
- 检查清洗工作油箱,更换液压油及纸质滤芯。有空气预压的油箱要检查油箱压力。
- 检查调整履带的张紧程度或轮胎的气压。
- 检查调整离合器、制动器及整个操纵系统、制动系统,确保工作正常。
- 检查回转滚盘的间隙,如不符合要求,应更换相应的垫片,并向滚盘内加注黄油。
- 检查空压机有无泄漏,试验压力损失是否保持在规定范围内。

③ 二级保养(500~600h后)。除一级保养的内容外,还应做到:
- 发动机的维护保养的内容,参考有关发动机使用维护说明书。
- 更换全部液压油及过滤器的滤芯,更换行走与回转减速箱内的机油。换油时,油箱必须清洗干净,加油器具必须清洁,新油必须过滤。
- 检查并紧固所有的液压元件,如液压泵、液压马达、各种阀、液压缸、回转接头和所有管道接头的连接螺栓松紧及密封情况。
- 清洗全部管路和油冷却器。
- 检查制动系统的制动效果,进行必要的调整。检查调整各操纵机构、履带行走机构或轮胎前后桥各机件的情况,必要时检修或更换。

④ 三级保养(2000~2400h后)(有时也称小修)。除一、二级保养的内容外,还要做到:
- 完成有关发动机维护保养的全部内容(可参见发动机说明书)。
- 检查各部轴承,更换已损轴承及其附件。
- 检查、清洗工作油箱,更换液压油和过滤器滤芯。一般情况下,液压油黏度较新油规定值超过±(10%~15%),酸值大于 $0.1\mathrm{mgKOH\cdot g^{-1}}$(每克产品中含有 0.1mg 氢氧化钾)时,必须更换。如情况良好,可适当延长更换期。
- 检查调整制动、转向操纵系统,处理并排除检查中发现的各种故障。更换履带行走机构及其他机构的各种易损零件。检查液压泵、液压马达和多路阀(尤其是溢流阀、过载阀、补油阀等),必要时修理或更换。

⑤ 中修(4000~5000h后)。除各级保养外,还应做到:
- 柴油机要进行全面的检查与修理。喷油嘴、燃油系统、曲轴、气缸等部件都要拆卸后进行检查。损坏的要修理或更换。
- 拆检转向与制动系统,发现损坏的零件要修理或更换。然后进行调整和试验。
- 拆检履带行走机构,并清洗、加油(轮胎式挖掘机要拆检,清洗前后桥及轮胎),更换锈蚀与损坏的零件。
- 拆检液压泵、液压马达和多路控制阀等主要液压元件,检查液压缸的密封情况。

更换密封件及其他已损坏的零件（此项工作必须在洁净密闭的房间内进行，以免尘埃的污染）。

- 拆检回转减速箱及大齿圈，发现有不正常的啮合现象要及时修复或更换。
- 各主要部件拆检修复后要进行空载试运转，并签发合格证后方可交付使用。

⑥ 大修（6000～9000h）。除中修规定的内容外，还应做到：

- 将挖掘机全部解体，所有的零件都要进行检查修复或更新。
- 工作装置、机体（包括回转齿轮和滚盘）和行走机构要分成三个部分或两个部分在两处或三处进行解体，逐个清洗零件。经修复或更换新零件后，按图纸与技术文件重新装配、检试。
- 全部液压元件必须集中在洁净密闭的室内进行。经修复和更换新件后，重新装配并做台架试验，签发液压元件合格证明后，方可送去做装机试验。
- 分头修复重装后的零部件，经检验合格后再进行整机总装。总装完成后再进行整机空运转试验和负荷试验，必须达到新机出厂的要求后，方可签发合格证明书。

7.4.5.2 故障排除

液压挖掘机的主要故障及其处理方法见表7-5。

表7-5 液压挖掘机的主要故障及处理方法

故障现象		故障原因	处理方法
1.整机部分	1.机器工作效率明显下降	1.柴油机输出功率不足 2.液压泵磨损 3.主溢流阀调整不当 4.工作排油量不足 5.吸油管路吸进空气	1.检查、修理柴油机气缸总成 2.检查、更换磨损严重的零件 3.重新调整溢流阀的整定值 4.检查油质、泄漏及元件磨损情况 5.排出空气，坚固接头，完善密封
	2.操纵系统控制失灵	1.控制阀的阀芯受压卡紧或破损 2.滤油器破损，有污物 3.管路破裂或堵塞 4.操纵连杆损坏 5.控制阀弹簧损坏 6.滑阀液压卡紧	1.清洗、修理或更换坏的阀芯 2.清洗或更换已损坏的滤油器 3.检查、更换管路及附件 4.检查、调整或更换已损坏的连杆 5.更换已损坏的弹簧 6.换装合适的阀零件
	3.挖掘力太小，不能正常工作	1.液压缸活塞密封不好，密封圈损坏，内漏严重 2.溢流阀调压太低	1.检查密封及内漏情况，必要时更换液压缸组件 2.重新调节阀的整定值
	4.液压注油管破裂	1.调定压力过高 2.管子安装扭曲 3.管夹松动	1.重新调整压力 2.调直或更换 3.拧紧各处管夹
	5.工作、回转和行走装置均不能动作	1.液压泵产生故障 2.工作油量不足 3.吸油管破裂 4.溢流阀损坏	1.更换液压泵组件 2.加油至油位线 3.检修、更换吸油管及附件 4.检查阀与阀座，更换损坏件
	6.工作、回转和行走装置工作无力	1.液压泵性能降低 2.溢流阀调节压力偏低 3.工作油量减少 4.滤油器堵塞	1.检查液压泵，必要时更换 2.检查并调节至规定压力 3.加油至规定油位 4.清洗或更换

续表

故障现象		故障原因	处理方法
2.履带行走装置	1.行走速度较慢或单向不能行走	1.溢流阀调压不能升高 2.行走马达损坏	1.检查和清洗阀件,更换损坏的弹簧 2.检修行走马达
	2.行驶时阻力较大	1.履带内夹有石块等异物 2.履带板张紧度过度 3.缓冲阀调压不当 4.液压马达性能下降	1.清除石块等异物,调整履带 2.调整到合适的张紧度 3.重新调整压力值 4.更换已损零件,完善密封
	3.行驶时有跑偏现象	1.履带张紧左右不同 2.液压泵性能下降 3.液压马达性能下降 4.中央回转接头密封损坏	1.调整履带张紧度,使左右一致 2.检查、更换严重磨损件 3.检查、更换严重磨损件 4.更换已损零件,完善密封
3.轮胎式行走装置	1.行走操作系统不灵活	1.伺服回路压力低 2.分配阀阀杆夹有杂物 3.转向夹头润滑不良 4.转向接头不圆滑	1.检查回路各调节阀,调整压力值 2.检查调整阀杆,清除杂物 3.检查转向夹头并加注润滑油 4.检修接头,去除卡滞毛刺
	2.变速箱有严重噪声	1.润滑油浓度低 2.润滑油不足 3.齿轮磨损或损坏 4.轴承磨损或损坏 5.齿轮间隙不合适 6.差速器、万向节磨损	1.按要求换装合适的润滑油 2.加足润滑油到规定油位 3.修复或更换 4.换装新轴承并调整间隙 5.换装新齿轮并调整间隙 6.修复或换装新件
	3.变换手柄挂挡困难	1.齿轮齿面异状,花键轴磨损 2.换挡拨叉固定螺钉松动、脱落 3.换挡拨叉磨损过度	1.检修或更换已严重磨损件 2.拧紧螺钉并完善防松件 3.修复或更换拨叉
	4.驱动桥产生杂声	1.轴承壳破损 2.齿轮啮合间隙不合适 3.润滑油粒度不合适 4.油封损坏,漏油	1.检查、修理或更换轴承件 2.调整啮合间隙,必要时更换齿轮 3.检测润滑油黏度,换装合适的油 4.更换油封,完善密封
	5.轮边减速器漏油	1.轮壳轴承间隙过大 2.润滑油量过多,过稠 3.油封损坏漏油	1.调整轴承间隙并加强润滑 2.调整油量和油质 3.更换油封,完善密封
	6.制动时制动漏油	1.制动鼓中流入黄油 2.壳内进入齿轮油 3.摩擦片表面有污物或油渍	1.清洗制动鼓并完善密封 2.清洗壳体 3.检查和清洗摩擦片
	7.制动器操纵失灵	1.液压缸活塞杆间隙过大 2.储气筒产生故障 3.制动块间隙不合适 4.制动衬里磨损 5.液压系统进入空气	1.检查活塞杆密封件,必要时换装新件 2.拆检储气筒,更换已损件 3.检查制动块并调整间隙 4.换装新件 5.排除空气并检查、完善各密封处
4.回转部分	1.机身不能回转	1.溢流阀或过载阀偏低 2.液压平衡阀失灵 3.回转马达损坏	1.更换失效弹簧,重新调整压力 2.检查和清洗阀件,更换失效弹簧 3.检修马达
	2.回转速度太慢	1.溢流阀调节压力偏低 2.液压泵输油量不足 3.输油管路不畅通	1.检测并调整阀的整定值 2.加足油箱油量,检修液压泵 3.检查并疏通管道及附件

续表

故障现象		故障原因	处理方法
4.回转部分	3.启动有冲击或回转制动失灵	1.溢流阀调压过高 2.缓冲阀调压偏低 3.缓冲阀的弹簧损坏或被卡住 4.液压泵及马达产生故障	1.检测溢流阀,调节整定值 2.按规定调节阀的整定值 3.清洗阀件,更换损坏的弹簧 4.检修液压泵及马达
	4.回转时产生异常声响	1.传动系统齿轮副润滑不良 2.轴承辊子及滚道有损坏处 3.回转轴承总成连接件松动 4.回转马达发生故障	1.按规定加足润滑脂 2.检修滚道,更换损坏的辊子 3.检查轴承各部分,紧固连接件 4.检修回转马达
5.工作装置	1.重载举升困难或自行下落	1.油缸密封件损坏、漏油 2.控制阀损坏、泄漏 3.控制油路串通	1.拆检油缸,更换损坏的密封件 2.检修或更换阀件 3.检查管道及附件,完善密封
	2.动臂升降有冲击现象	1.滤油器堵塞,液压系统产生气穴 2.液压泵吸进空气 3.油箱中的油位太低 4.液压缸缸体与活塞的配合不适当 5.活塞杆弯曲或法兰密封件损坏	1.清洗或更换滤油器 2.检查吸油管路,排除空气,完善密封 3.加油至规定油位 4.调整缸体与活塞的配合松紧程度 5.校正活塞杆,更换密封件
	3.工作操纵手柄控制失灵	1.单向阀污染或阀座损坏 2.手柄定位不准或阀芯受阻 3.变量机构及操纵阀不起作用 4.安全阀调定压力不稳、不当	1.检查和清洗阀件,更换已损件 2.调整联动装置,修复严重磨损件 3.检查和调整变量机构组件 4.重新调整安全阀整定值
6.转向系	1.转向速度不符合要求	1.变量机构阀杆动作不灵 2.安全阀整定值不合适 3.转向液压缸产生故障 4.液压泵供油量不符合要求	1.调整或修复变量机构及阀件 2.重新调整阀的整定值 3.拆检液压缸,更换密封圈等已损件 4.检修液压泵
	2.转向盘转动不灵活	1.油位太低,供油不足 2.油路脏污,油流不畅通 3.阀杆有卡滞现象 4.阀不平衡或磨损严重	1.加油至规定油位 2.检查和清洗管理,换装新油 3.清洗和检修阀及阀杆 4.检修或更换阀组件
	3.转向离合器不到位	1.油位太低,供油不足 2.吸入滤油网堵塞 3.补偿液压泵磨损严重,提供的油压偏低 4.主调整阀严重磨损、泄漏	1.加油至规定油位 2.清洗或更换滤油阀 3.用流量计检查液压泵,修理或更换液压泵组件 4.检修或更换阀组件
7.制动系统	1.制动器不能制动	1.制动操纵失灵 2.制动油路有故障 3.制动器损坏 4.连接件松动或损坏	1.检修或更换阀组件 2.检修管道及附件,使油流畅通 3.检修制动器,更换已损件 4.更换并紧固连接件
	2.制动实施太慢	1.制动管路堵塞或损坏 2.制动控制阀调整不当 3.油位太低,油量不足 4.工作系统油压偏低	1.疏通和检修管道及附件 2.检查阀并重新调整整定值 3.加足工作油并保持油位 4.检查液压泵,调整工作压力

续表

故障现象		故障原因	处理方法
7.制动系统	3.制动器制动后脱不开	1.制动控制阀调整不当或失效 2.系统压力不足 3.管路堵塞,油流不畅 4.制动液压缸有故障	1.检修或调整阀组件 2.检查油泵及阀,保持额定工作压力 3.检查并疏通管道及附件 4.拆检液压缸,更换已损件

复习思考题

7-1　液压挖掘机与机械式单斗挖掘机相比较有何优点?

7-2　露天矿开采的单斗挖掘机其主要作用是什么?

7-3　阐述 WK-4 型单斗挖掘机的基本构成及其各组成部分的功能。

7-4　分析 WD-400 型单斗挖掘机的工作特点。

7-5　液压挖掘机由哪些基本组成部分?其基本特点是什么?

7-6　什么是单斗挖掘机的结构参数和工作参数?

第三篇　矿山运输与矿井提升机械

第8章　矿山运输机械
第9章　带式输送机
第10章　矿井提升设备

第 8 章 矿山运输机械

> **教学目标**
>
> （1）了解矿山运输设备的任务及其主要方式；
> （2）掌握矿山运输车辆的主要类型和选用条件；
> （3）掌握矿用重型自卸车的基本结构及其功能；
> （4）理解矿井轨道运输系统的主要设备、基本结构及其功能。

8.1 矿用重型自卸汽车

矿山运输与提升是矿山生产过程中的重要环节，担负着将采场工作面上开采出来的矿石运至井底车场和地面、选矿厂、破碎站或贮矿场，将废石运至排土场，将材料、人员、设备运送至工作面的任务。

根据矿山开采技术条件和工艺特点，矿山运输分为露天矿山运输和地下矿山运输与提升。图 8-1(a) 所示为常见矿用重型载重汽车，图 8-1(b) 所示为机械式装载机装载作业。

(a) 980E 型电动轮汽车

(b) 机械式装载机装载作业

图 8-1 常见矿用重型载重汽车运输与装载

我国地下矿山主要采用轨道运输方式，有的露天矿山也采用轨道运输，而电机车和矿车是轨道运输的主要设备。当今露天矿山则大都采用公路开拓、汽车运输方式，电动轮汽车成为露天矿山运输的首选设备。

8.1.1 矿用汽车类型与传动方式

8.1.1.1 矿用汽车类型

露天矿山使用的汽车有三种类型：自卸式汽车（后卸式）、底卸式汽车和汽车列车。

① 自卸式汽车（后卸式）。自卸式汽车是最普通的矿用型汽车，它可分为双轴式和三轴式两种结构类型。双轴式多为后桥驱动、前桥转向。三轴式汽车由两个后桥驱动，它一般用于特重型汽车或比较小的铰接式汽车。其结构形式如图 8-2 所示。从外形看，其和一般载重汽车的不同点就是驾驶室上面有一个保护棚，这主要是为了司机的安全。该保护棚和车厢焊接成一体。重型自卸汽车的外形结构如图 8-3 所示。其主要构件的外形特征及相互位置如图 8-4 所示。

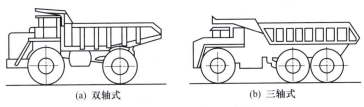

(a) 双轴式　　(b) 三轴式

图 8-2　自卸汽车结构形式图

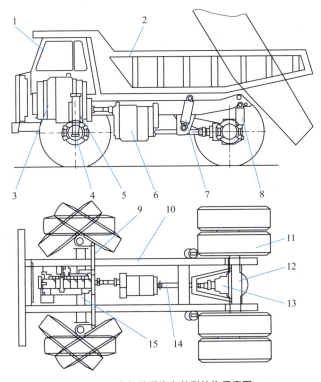

图 8-3　自卸载重汽车外形结构示意图

1—驾驶室；2—货箱；3—发动机；4—制动系统；5—前悬挂；6—传动系统；7—举升缸；8—后悬挂；9—转向系；10—车架；11—车轮；12—后桥（驱动桥）；13—差速器；14—传动轴；15—前桥（转向桥）

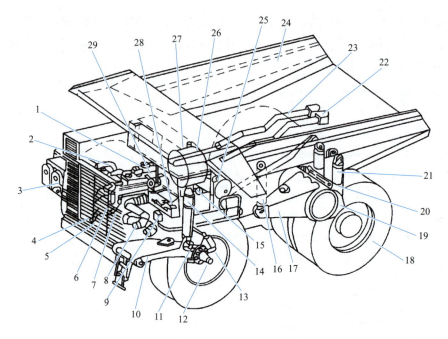

图 8-4 矿用重型自卸汽车主要构件的安装位置

1—发动机；2—回水管；3—空气滤清器；4—水泵进水管；5—水箱；6,7—滤清器；8—进气管总成；9—预热器；10—牵引臂；11—主销；12—羊角；13—横拉杆；14—前悬挂油缸；15—燃油泵；16—倾卸油缸；17—后桥壳；18—行走车轮；19—车架；20—系杆；21—后悬挂油缸；22—进气室转轴箱；23—排气管；24—车厢；25—燃油粗滤器；26—单向阀；27—燃箱；28—减速器踏板阀；29—加速器踏板阀

② 底卸式汽车。它可分为双轴式和三轴式两种结构形式，可以采用整体车架，也可采用铰接车架。底卸式汽车很少使用。

③ 自卸式汽车列车。它是由一个人驾驶的两节或两节以上的挂车组。自卸式汽车列车主要由鞍式牵引车和单轴挂车组成。由于它的装卸部分可以分离，所以无需整套的备用设备。美国还生产双挂式和多挂式汽车列车，主车后带多个挂车，每个挂车上都装有独立操纵的发动机和一根驱动轴。重型货车多采用列车形式，运输效率较高。

8.1.1.2 传动方式和种类

矿用自卸汽车分为机械传动式、液力机械传动式、静液压传动式和电传动式。矿用自卸汽车根据用途不同，采用不同形式的传动系统。

① 机械传动式汽车，采用人工操作的常规齿轮变速箱，通常在离合器上装有气压助推器。这是使用最早的一种传动形式，设计使用经验多，加工制造工艺成熟，传动效率可达90%，性能好。但是，随着车辆载重量的增加，变速箱挡数增多，结构复杂，要求操纵熟练，驾驶员也易疲劳。机械传动仅用于小型矿用汽车上。

② 液力机械传动式汽车，在传动系统中增加液力变矩器，减少了变速箱挡数，省去主离合器，操纵容易，维修工作量小，消除了柴油机及传动系统的扭振，可延长零件寿命，不足之处是液力传动效率较低。为了综合利用液力和机械传动的优点，某些矿用汽车在低挡时采用液力传动，起步后正常运转时使用机械传动。世界上载重 30～100t 的矿用自卸汽车大多数采用液力机械传动形式。20 世纪 80 年代以来，随着液力变矩器传递效率和自动适应性的提高，液力机械传动已可完全有效地用于 100t 以上乃至 327t 的矿用汽车，车辆性能完全

可与同级电动轮汽车媲美。

③ 静液压传动式汽车，由发动机带动的液压泵使高压油驱动装于主动车轮的液压马达，省去了复杂的机械传动件，自重系数小，操纵比较轻便；但液压元件要求制造精度高，易损件的修复比较困难，主要用于中、小型汽车上。20世纪70年代以来，其在一些国家得到发展，如载重量分别为77t、104t、135t、154t等的矿用自卸汽车均采用这种传动形式。

④ 电传动式汽车（又称电动轮汽车），以柴油机为动力，带动主发电机产生电能，通过电缆将电能送到与汽车驱动轮轮边减速器结合在一起的驱动电动机，驱动车轮转动，调节发电机和电动机的励磁电路和改变电路的连接方式来实现汽车的前进、后退及变速、制动等多种工况。电传动汽车省去了机械变速系统，便于总体设计布置，还具有减少维修量、操纵方便、运输成本低等特点，但制造成本高。采用架线辅助系统的双能源矿用自卸车是电传动汽车的一种发展产品，它用于深凹露天矿。这种电传动汽车分别采用柴油机、架空输电作为动力，爬坡能力可达18%，在大坡度的固定段上采用架空电源驱动时汽车牵引电机的功率可达柴油机额定功率的2倍以上，在临时路段上，则由本身的柴油机驱动。这种双能源汽车兼有汽车和无轨电车的优点，牵引功率大，可提高运输车辆的平均行驶速度；而在临时的经常变化的路段上，不用架空线，可使在装载点和排土场上作业及运输的组织工作简化。

矿用汽车按驱动桥（轴）形式可分为后轴驱动、中后轴驱动（三轴车）和全轴驱动等形式；按车身结构特点分为铰接式和整体式两种。

8.1.2 重型自卸汽车的基本结构

自卸汽车主要由车体、发动机和底盘三部分组成。底盘又包括传动系统、行走部分、操纵机构（转向系和制动系）和卸载机构等。

8.1.2.1 传动系统

(1) 液力机械传动系统

液力机械传动系统如图 8-5 所示，由发动机输出的动力，通过液力变矩器和机械变速器，再通过传动轴、差速器和半轴把动力传给主动车轮。

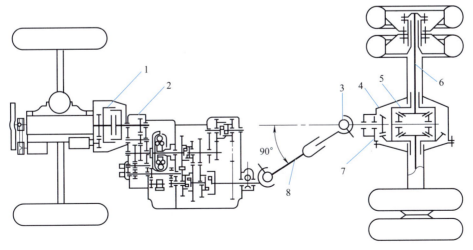

图 8-5 液力机械传动系统示意图

1—离合器；2—变速器；3—万向节；4—驱动桥；5—差速器；6—半轴；7—主减速器；8—传动轴

(2) 电力传动系统

图 8-6 是 120D 型自卸汽车传动系统的布置总图，发动机 1 直接带动交流发电机 10，发电机输出的三相交流电经过整流输给直流牵引电动机（轮内电机）7，电动机通过两级轮边减速器使后轮旋转。油气Ⅱ型悬挂装置是连接车厢用的。

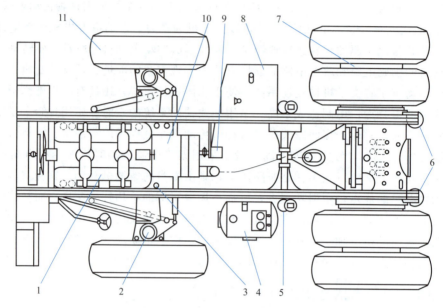

图 8-6　120D 型电力传动系统布置图

1—发动机；2—油气Ⅱ型前悬挂；3—储能器；4—液压油箱；5—举升缸；
6—油气Ⅱ型后悬挂；7—轮内电机；8—燃油箱；9—液压泵；10—发电机；11—轮胎

轮边减速器如图 8-7 所示。电动机通过中心齿轮 18，大中间齿轮 13，小中间齿轮 12 和内齿圈 11 使车轮旋转。中心齿轮 18 是浮动的，用来保证 3 个中间齿轮受力均衡。内齿圈和扭力管是一体的，用螺栓固定在轮毂上。电动机的驱动力经过轮边减速器把驱动力传递到车轮上。

整个轮边减速器里面装有一定量的润滑油，在电动轮内装有制动器。为保持良好密封、不使润滑油渗漏，在电动轮内共设有 5 处密封装置。

8.1.2.2 柴油机

目前重型自卸汽车均以柴油机作为动力机械（即发动机）。

(1) 柴油机的优缺点

柴油机与汽油机相比，其主要优点为：

① 柴油机的热效率高，约为 30%～36%，且柴油机的市场价格比较便宜，所以柴油机比汽油机的经济性好；

② 柴油机燃料供给系统和燃烧都较汽油机可靠，所以不易出现故障；

③ 柴油机所排出的废气中，对大气污染的有害成分相对少一些；

④ 柴油的引火点高，不易引起火灾，有利于安全生产。

但柴油机也存在着一些缺点，主要表现在柴油机的结构复杂、重量大；燃油供给系统主要装置要求材质好、加工精度高，所以其制造成本较高；启动时需要的动力大；柴油机噪声大；排气中含 SO_2 与游离碳多；等等。

(2) 柴油机的类型

重型车用柴油机按行程来分类,可分为二行程和四行程两种。目前,矿用重型自卸车的柴油机绝大部分是四行程的。

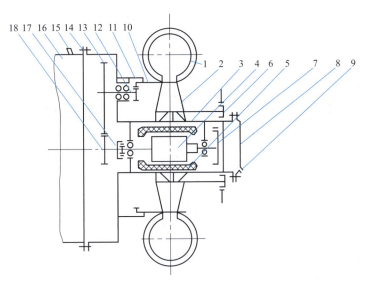

图 8-7 电动轮汽车轮边减速器示意图

1—轮胎;2—轮辋;3—轮毂;4—转子;5—磁极;6—工作制动闸;7—停车制动闸;
8—轮边挡板;9—出风口;10—扭力管;11—内齿圈;12—小中间齿轮;13—大中间齿轮;
14—实缘;15—进风管;16—后桥管;17—齿轮联轴器;18—中心齿轮

8.1.2.3 悬挂装置的结构

悬挂装置是汽车的一个重要部件。悬挂的作用是将车架与车桥弹性连接起来,以减轻和消除由于道路不平给车身带来的动载荷,保证汽车必要的行驶平顺性。

悬挂装置一般主要由弹性元件、减振器和导向装置三部分组成。这三部分分别起缓冲、减振和导向作用,三者共同的任务则是传递力。

汽车悬挂装置(简称悬挂)的结构形式很多,按其导向装置的形式,悬挂可分为独立悬挂和非独立悬挂。前者与断开式车桥连用,而后者与非断开式车桥连用。载重汽车的驱动桥和转向桥大都采用非独立悬挂。悬挂按采用的弹性元件种类来分,又可分为钢板弹簧悬挂、螺旋弹簧悬挂、扭杆弹簧悬挂和油气弹簧悬挂等多种形式。目前,大多数载重汽车采用钢板弹簧悬挂。近年来由于矿用重型汽车向大吨位发展,同时为了提高整车的平顺性及轮胎使用寿命,减少驾驶人员的疲劳,现已广泛应用油气悬挂。少量汽车开始采用橡胶弹簧悬挂,效果也很好。

(1) 钢板弹簧悬挂结构

钢板弹簧通常是纵向安置的。交通 SH 361 型汽车前悬挂如图 8-8 所示,用滑板结构来代替活动吊耳的连接。它的主要优点是结构简单、质量轻、制造工艺简单、拆卸方便,减少了润滑点,减小了弹簧片附加应力,延长了弹簧寿命。滑板结构是近年来的一种发展趋势,如我国交通 SH 361 型汽车前悬挂和东欧一些国家生产的汽车多采用这种形式。钢板弹簧用两个 U 形螺栓固定在前桥上。为加速振动的衰减,在载重汽车的前悬挂中一般都装有减振器,而载重汽车后悬挂则不一定装减振器。T20-203 自卸汽车前后桥都安装了双向作用的筒式减振器。前悬挂钢板弹簧的盖板上装有两个橡胶减振胶垫，以限制弹簧的最大变形并防止弹簧直接撞击车架。

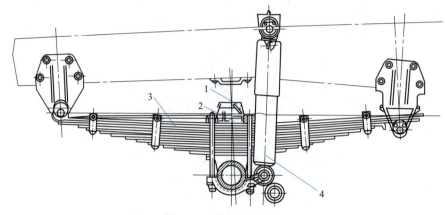

图 8-8 钢板弹簧悬挂结构
1—缓冲块；2—衬铁；3—钢板弹簧；4—减振器

（2）油气悬挂的结构

载重在 30t 以上的重型载重汽车，越来越多地采用油气悬挂。采用油气悬挂的目的就是改善驾驶员的劳动条件，提高平均车速，适应矿山的恶劣道路条件和装载条件。由于油气悬挂与其他形式悬挂相比具有显著的优越性，因此它在国内外的大吨位自卸汽车上得到了广泛应用。

油气悬挂一般都由悬挂缸和导向机构两部分组成。悬挂缸是气体弹簧和液力减振器的组合体。油气弹簧的种类有简单式油气弹簧、带反压气室的油气弹簧、高度调整式油气弹簧等。油气悬挂中主要的弹性元件就是油气弹簧及其组成的悬挂缸，而悬挂中的导向机构比较简单，因此不必多述。但不要误认为油气弹簧就是汽车的油气悬挂。

豪拜 120C 型矿用自卸汽车目前采用的是油气Ⅱ型（HYDRAIRⅡ）油气弹簧（组成的悬挂缸）是当前比较先进的一种油气弹簧。后悬挂缸如图 8-9 所示。

油气Ⅱ型悬挂缸的主要机件仅有两个：一个是与车架相连的外缸筒，一个是与车轴相连的杆筒。杆筒上套有活塞，活塞上部有一层润滑油，油层上面充有干燥的氮气。活塞下部在外缸筒内壁和杆筒外壁间围成一个环状空间，空间内也充满了油液。环状空间和活塞上部是相通的，其通道是钻在杆筒上的 4 个小孔，其中两个小孔上装有单向阀，即杆筒缩入时，4 个孔作为通道，而当杆筒伸出时只有两个孔作为通道，另两个孔是关闭的。其工作过程是：当汽车行驶时，路面的起伏引起杆筒在缸筒内上下运动；杆筒缩入时，氮气受到压缩，储存能量；杆筒伸出时，氮气膨胀，释放能量。这相当于钢板弹簧的压缩和伸张。在杆筒上下运动时，环状空间的容积也在变化，缩入时容积增大，活塞上部的油往内补充；伸出时容积减小，油排往活塞上部。油的排出和补充都要通过杆筒上的小孔，小孔的尺寸控制着油流往复的速度，产生一定的阻尼作用。这种阻尼作用会消耗一定能量，起着一个双向减振器的作用。在杆筒伸出时，也就是说当油气弹簧回弹时，只有两个小孔做通道，这增加了阻尼作用，延缓了回弹。悬挂缸的两个球头螺栓分别固定在车架和后桥上。外缸筒是经过热处理的无缝钢管。

图 8-10 所示是上海 SH380A 型油气悬挂缸，它包括两部分：球形气室和液力缸。球形气室固定在液力缸上，其内部用油气隔膜 13 隔开，一侧充工业氮气，另一侧充满油液并与

液力缸内油液相通。氮气是惰性气体，对金属没有腐蚀作用。球形气室上装有充气阀接头 14。当车桥与车架相对运动时，活塞 4 与缸筒 3 上下滑动，缸筒盖上装有一个减振阀、两个加油阀、两个压缩阀和两个复原阀。当载荷增加时，车架与车桥间距缩短，活塞 4 上移，使充油内腔容积缩小，迫使油压升高。这时液力缸内的油经减振阀 7、压缩阀 10 和复原阀 8 进入球形气室 1 内压迫油气隔膜 13，使氮气室内压力升高，直至与活塞压力相等时，活塞就停止移动。这时，车架与车桥的相对位置就不再变化。当载荷减小时高压氮气推动油气隔膜把油液压回液力缸内，使活塞 4 向下移动，车架与车桥间距变长，直到活塞上压力与气室内压力相等时，活塞即停止移动，从而达到新的平衡。就这样，该悬挂随着外载荷的增加与减少自动适应。

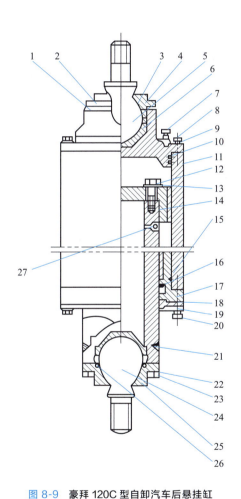

图 8-9 豪拜 120C 型自卸汽车后悬挂缸

1,22—锁紧垫圈；2,23—锁紧螺母；3,26—O 形环；
4—球头螺栓挡块；5,24—球头螺栓；6,21—球衬；
7—充气阀；8,12—螺钉、垫圈；9—球头螺栓挡板；
10—O 形环背环；11—外壳；13—上支承座；
14—活塞；15—O 形环、背环；16—活塞杆密封；
17—下支承座；18—刷杆器；19—刷杆器挡板；
20—螺钉；25—球头座；27—止回球阀

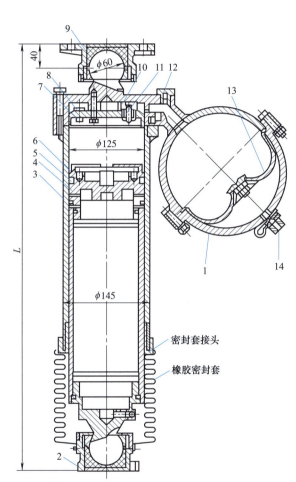

图 8-10 上海 SH 380A 型油气悬挂缸

1—球形气室；2—下端球铰链连接盘；
3—液力缸筒；4—活塞；5—密封圈；
6—密封圈调整螺母；7—减振阀；
8—复原阀；9—上端球铰链连接盘；
10—压缩阀；11—加油阀；12—加油塞；
13—油气隔膜；14—充气阀接头

减振阀、压缩阀和复原阀都在缸筒上开一些小孔起阻尼作用,当压力差为 0.5MPa 时压缩阀开启,当压力差为 1MPa 时复原阀开启,这样振动衰减效果较好。

8.1.2.4 动力转向装置

转向系是用来改变汽车的行驶方向和保持汽车直线行驶的。普通汽车的转向系由转向器和转向传动装置两部分组成。但由于重型汽车转向阻力很大,为使转向轻便,一般均采用动力转向。

动力转向是以发动机输出的动力为能源来增大驾驶员操纵前轮转向的力量。这样使转向操纵十分省力,提高了汽车行驶的安全性。

在重型汽车的转向系中,除装有转向器外,还增加了分配阀、动力缸、油泵、油箱和管路,组成了一个完整的动力转向系,如图 8-11 所示。

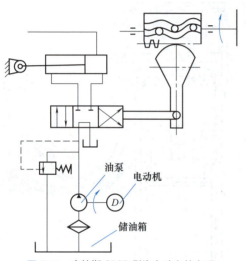

图 8-11 克拉斯 256B 型汽车动力转向系

动力转向所用的高压油由发动机所驱动的油泵供给。转向加力器由动力缸和分配阀组成。动力缸内装有活塞,活塞的左端固定在车架的支架上。驾驶员通过转向盘和转向器,控制加力器的分配阀,使自油泵供来的高压油进入动力缸活塞的左方或右方。在油压作用下,动力缸移动,通过纵拉杆及转向传动机构使转向轮向左或向右偏转。

由于车型和载重量不同,上述动力转向系各总成的结构形式和组成也有差异。动力转向系按动力能源、液流形式、加力器和转向器之间的相互位置的不同,一般可以分为以下几种类型,各有特点。

按动力转向系的动力能源分,其主要有液压式和气压式两种。

液压式动力转向系油压(一般为 6~16MPa)远较气压式的气压(仅有 0.6~0.8MPa)高。所以液压式动力缸尺寸小、结构紧凑、重量轻。由于液压油具有不可压缩的特性,故液压式转向系转向灵敏度高、无需润滑。同时,由于油液的阻尼作用,可以吸收路面冲击,所以目前液压式动力转向系被广泛用于各型汽车上,而气压式动力转向系则应用极少。

液压式动力转向系,按液流的形式可分为常流式和常压式。

常流式是指汽车不转向时,系统内工作油是低压的,分配阀中滑阀在中间位置,油路保持畅通,即从油泵输出的工作油,经分配阀回到油箱,一直处于常流状态。

常压式是指汽车不转向时,系统内工作油也是高压的,分配阀总是关闭的。常压式需要储能器,油泵排出的高压油储存在储能器中,达到一定的压力后,油泵自动卸载而空转以此保证液压系统不出现破坏性高峰载荷。

(1) 常流式液压动力转向系

图 8-12 所示为常流式液压动力转向系的工作原理。它由油泵 3、分配阀(包括滑阀 7 和阀体 9)、螺杆螺母式转向器(包括转向螺杆 11、转向螺母 12 及转向垂臂 14)及动力缸 15 等主要部分组成。滑阀 7 装在转向螺杆 11 上,其两端装有止推轴承。滑阀 7 长度比阀体 9 的宽度稍大一些,故两止推轴承端面与阀体端面之间有一定的轴向间隙 h。间隙 h 就决定了

滑阀 7 做轴向移动时的行程。滑阀 7 上有两道环槽，分别与阀体 9 上的环槽相配合，在阀体上有油道，分别与进油管、回油管、动力缸的 15 的左右腔室相连通。

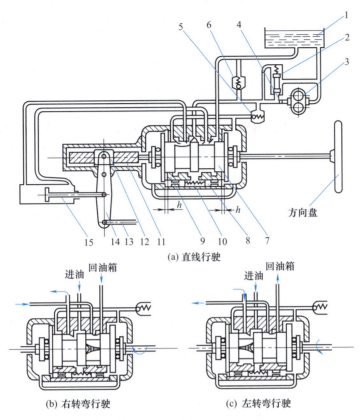

图 8-12 常流式动力转向系结构原理图

1—油箱；2—溢流阀；3—油泵；4—量孔；5—单向阀；6—安全阀；7—滑阀；8—反作用柱塞；9—分配阀体；10—定中弹簧；11—转向螺杆；12—转向螺母；13—纵拉杆；14—转向垂臂；15—动力缸

当汽车沿直线行驶时[图 8-12(a)]，滑阀 7 依靠装在阀体 9 内的定中弹簧（回位弹簧）10 保持在中间位置。由油泵 3 输送出来的工作油，从滑阀和阀体环槽边缘的环形缝隙进入动力缸的左、右两腔室，同时又通过回油管回到油箱。这时，油路保持畅通，油泵的负荷很小，只需克服管路阻力，油压处于低压状态。因此，这种形式的转向系称为常流式液压动力转向系。由于动力缸左、右腔室内油压相等，活塞保持在中间位置。

当开始转动转向盘时，因为转向阻力很大，转向螺母则保持不动。此时，作用在转向螺杆上有一个轴向力。如果这个轴向力大于定中弹簧的预紧力及作用于反作用柱塞上的油压作用力，转向螺杆就必然要克服间隙 h 产生轴向移动。其移动方向取决于转向螺杆螺纹的方向及转向盘转动的方向。因此，滑阀也随之做轴向移动，使油路发生变化。

当汽车向右转向时[图 8-12(b)]，转向盘带动左旋向螺杆顺时针方向转动，则螺杆和滑阀克服间隙 h 向右做轴向移动。此时，动力缸左腔与进油道相通，而右腔则与回油道相通。动力缸左腔在压力油作用下推动活塞向右移动，转向螺母随之向左移动，并通过转向垂臂及纵拉杆带动转向轮向右偏转。

在转向盘和转向螺杆向顺时针方向继续转动中，上述的液压加力作用一直存在。当转向盘转过一定角度而保持不动时，螺母也不能再继续相对于螺杆左移。但动力缸中活塞在油压作用下，继续向右移动，从而带动螺母、螺杆和滑阀一起左移，直到滑阀位于中间稍偏右的位置。此时活塞的推力与回正力矩相平衡，动力转向系则停止工作，转向轮便不再继续偏转，而以某一不变的转向角转向。由此可见，采用了动力转向后，转向轮偏转的开始和终止都较转向盘转动的开始和终止要略微晚一些。

汽车向左转向时的情况如图 8-12(c) 所示，此时滑阀左移，动力缸加力方向相反。

在转向过程中，动力缸中的油压随转向阻力而变化，两者互相平衡（在油泵允许的负荷范围内）。如果油压过高，克服了转向阻力后还有剩余，则转向轮会加速转向，直到超过转向盘所给定的转向速度时，转向螺母带动螺杆做轴向移动。此时，螺杆移动的方向与转向开始时移动的方向相反。结果，滑阀改变了油路，减小了动力缸中的油压，转向轮的速度又复减慢，这种作用称为"反馈"。

油泵是由发动机带动的。因此，油泵的供油量受到发动机转速的影响。汽车在行驶过程中，发动机的转速在很大范围内变化。当发动机处于怠速运转时，油泵应有足够的排量，以满足汽车具有一定转向速度的要求。发动机高速运转时，油泵的排量会过大。为此，系统中装有分配溢流阀 2 和量孔 4，当油泵排量增加时，溢流阀 2 开启，一部分工作油经溢流阀返回油泵进油口。

反作用柱塞 8（图 8-12）利用定中弹簧 10 紧靠在滑阀两端的止推轴承上，同时又紧靠在阀体的凸台上。在转向过程中，反作用室中总是充满高压油，而油压又与转向阻力成正比。在转向时，要使反作用柱塞移动，必须克服反作用室中油压所产生的反作用力。此力传到驾驶员手上，可以借以感知转向阻力的变化情况，即形成了路感。

所有的液压动力转向系，尽管其形式有多种多样，但基本要求是相同的：

① 导向轮与转向盘有随动作用；

② 转向可靠，液压系统失效时可改用人力操纵；

③ 具有"路感"；

④ 它应不妨碍导向轮的自动回正，保证具有较好的直线行驶性；

⑤ 具有较高的灵敏度，即空程和滞后时间少。

(2) 常压式液压动力转向系

豪拜 120C 型矿用自卸汽车常压式液压动力转向系的组成如图 8-13 所示。其组成部分除转向油泵、分配阀及动力缸外，还装有储能器和卸荷阀等。

储能器 10 是一个高压容器，内有活塞将它分成两室，一为气室，一为储油室。事先要通过充气阀往气室内充以 7.04MPa 的高压氮气，充气压力由压力表 13 指示，此时，活塞被推至底部。

当油泵 2 工作时，从油泵输出的压力油经卸荷阀 3 进入单向阀 4 后，分成两路：一路至储能

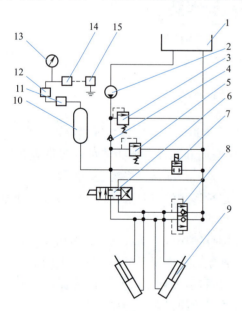

图 8-13 常压式液压动力转向系
1—油箱；2—油泵；3—卸荷阀；
4—单向阀；5—安全阀；6—分配阀；
7—电磁阀；8—安全阀；9—动力油缸；
10—储能器；11—速度保险器；12—充气阀；
13—油压表；14—压力感应塞；15—警报器

器，另一路至分配阀 6。由于主油室和储能器油室内油压不断增高，从而将储能器内活塞往上推，压缩气室中的氮气，直至主油室内油压达到 17.6MPa 时为止。这一段时间油泵属于高压运转状态。当主油路油压达到 17.6MPa 时卸荷阀 3 动作，从油泵输出的油返回油箱，油泵自动卸荷，转入低压运转状态。

分配阀 6 是常闭的，无论汽车转向或不转向，整个系统一直处于高压状态。当转向时，驾驶员转动转向盘，通过转向器使分配阀的滑阀移动，主油路内高压油立即进入动力缸。当主油路油压降低后，卸荷阀动作，又使油泵转入高压运转状态，将压力油输送至主油路。

储能器储存的高压油备紧急转向之用，如油泵失效时主油路的工作油得不到补充的情况。此时，储能器往主油路输油，储能器气室内氮气膨胀，活塞下降，直至储能器能量消耗完为止。储能器储存的压力油，可供 4~5 次紧急转向之用，足以使汽车驶回修理场地或停放在安全地带。

当储能器气室内气压低于 13MPa 时，压力感应塞 14 触点闭合，电路接通。此时，警报器 15 发响，警告灯发亮。如果通往压力表和警告装置的管路漏气，氮气就通过速度保险器 11，由于漏泄而速度足够大时，速度保险器便关闭，阻止氮气进入驾驶室。

为防止液压系统过载，主油室上装有安全阀 5。它的开启压力调整为 21.11MPa。动力缸的工作油压为 17.6MPa。油压过高，会使动力缸受到损害。每一动力缸由安全阀 8 保护，它的开启压力调整为 17.6MPa。

汽车检修时，油泵虽不工作，但储能器还储有高压油。为防止检修时发生安全事故，主油路中装有放油电磁阀 7。放油电磁阀开关钥匙放在接通位置时，放油电磁阀开启，在 45s 内，系统内压力油通过放油电磁阀全部返回到油箱，储能器能量释放，系统内工作油压降低为零。

8.1.2.5 制动装置

制动系的功用是对于行驶中的机械施加阻力，迫使其减速或停车；以及车辆下坡时控制车速并保持汽车能停在斜坡上。汽车具有良好的制动性能对保证安全行车和提高运输生产率起着极其重要的作用。

重型汽车，尤其是超重型矿用自卸汽车，由于吨位大，行驶时车辆的惯性也大，需要的制动力也就大；同时由于其特殊的使用条件，对汽车制动性能的要求与一般载重汽车有所不同，制动系也有许多不同的形式。重型汽车除装设有行车制动、停车制动装置外，一般还装设有紧急制动和安全制动装置。紧急制动装置是在行车制动失效时，作为紧急制动之用。安全制动装置是当制动系气压不足时起制动作用，使车辆无法行驶。

为确保汽车行驶安全并且操纵轻便省力，重型汽车一般均采用气压式制动驱动机构；而气液综合式（即气推油式）制动驱动机构在超重型矿用自卸汽车中得到了广泛的应用。制动管路广泛采用了双管路系统。

矿山使用的重型汽车，经常行驶在弯曲而坡度很大的路面上，长期而又频繁地使用行车制动器，势必造成制动鼓内的温度急剧上升，使摩擦片迅速磨损，引起"衰退现象"和"气封现象"而影响行车安全。

所谓"衰退现象"是指摩擦片由于温度升高引起摩擦系数降低，而制动力矩也相应减小。所谓"气封现象"是由于制动鼓过热，车轮制动油缸内制动液蒸发而产生气泡，使油压降低，使制动性能下降，甚至失效。为此，重型汽车的制动系还增设有各种不同形式的辅助制动装置，如排气制动、液力减速、电力减速等辅助制动装置，以减轻常用的行车制动装置的负担。

汽车在制动过程中，作用于车轮上的有效制动力的最大值受轮胎与路面间附着力的限制。如果有效制动力等于附着力，车轮将停止转动而产生滑移（即所谓车轮"抱死"或拖印子）。此时，汽车行驶操纵稳定性将受到破坏。若前轮抱死，则前轮对侧向力失去抵抗能力，汽车转向将失去操纵；若后轮抱死，由于后轮丧失承受侧向力的能力，则后轮侧滑而发生甩尾现象。为避免制动时前轮或后轮抱死，有的重型汽车装有分配前后轮制动力的调节装置和制动时能避免车轮抱死的电子控制防抱死装置（ABS）。

如果制动器的旋转元件是固定在车轮上的，其制动力矩直接作用于车轮，称为车轮制动器。旋转元件装在传动系的传动轴上或主减速器的主动齿轮轴上，则该制动器称为中央制动器。车轮制动器一般是由脚操纵作行车制动用，但也有的兼起停车制动的作用；而中央制动器一般用手操纵作停车制动用。

车轮制动器和中央制动器的结构原理基本相同，但车轮制动器的结构更为紧凑。

制动器的一般工作原理如图 8-14 所示。一个以内圆面为工作面的金属制动鼓 8 固定在车轮轮毂上，随车轮一起旋转。制动底板 11 用螺钉固定在后桥凸缘上，它是固定不动的。在制动底板 11 下端有两个销轴孔，其上装有制动蹄 10，在制动蹄外圆表面上固定有摩擦片 9。

当制动器不工作时，制动鼓 8 与制动蹄上的摩擦面之间有一定的间隙（其值很小），这时车轮可以自由旋转。

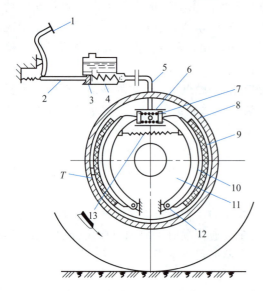

图 8-14　制动器工作原理示意图
1—制动踏板；2—推杆；3—主缸活塞；4—制动主缸；
5—油管；6—制动轮缸；7—轮缸活塞；8—制动鼓；
9—摩擦片；10—制动蹄；11—制动底板；
12—支承销；13—制动蹄回位弹簧

当行驶中的汽车需要减速时，驾驶员应踩下制动踏板 1，通过推杆 2 和主缸活塞 3，使主缸内的油液在一定压力下流入制动轮缸 6，并通过两个轮缸活塞 7 使制动蹄 10 绕支承销 12 向外摆动，使摩擦片 9 与制动鼓 8 压紧而产生摩擦制动。当消除制动时，驾驶员不踩制动踏板 1，制动油缸中的液压油自动卸荷。制动蹄 10 在制动蹄回位弹簧 13 的作用下，恢复到非制动状态。

8.1.3　矿用自卸汽车的保养和检修

汽车的修理工作分为小修、中修和大修 3 种制度。小修工作不定期进行，中修工作（总成检修）每行驶 50000～60000km 进行一次，大修工作每行驶 90000～100000km 进行一次。

小修是指汽车发生零星故障时，为及时排除并恢复正常性能所进行的修理工作。这种修理工作通常无预定计划，根据汽车的具体技术状况，临时确定修理或更换项目。小修工作可与定期保养同时进行，其具体工作内容见一级保养和二级保养。

中修是指汽车在大修理间隔中期，为消除各总成之间技术状况不平衡所进行的一次有计划的平衡性修理，以保证汽车在整个大修理间隔期内具有良好的技术状况和正常的工作性能。其具体工作内容如下：

① 完成小修或定期保养的全部工作内容；

② 对发动机进行解体检查，进行全面彻底的清洗，如检查曲轴、连杆、凸轮轴与轴承的配合间隙及磨损情况，检查各种配合件、传动件的磨损情况，视情况更换已损坏或磨损超限的零部件（如活塞环、油封等）；

③ 拆下喷油泵、输油泵、喷油器，清洗校验，恢复良好的供油性能；

④ 拆检离合器，更换磨损超限或损坏的零件，调整间隙；

⑤ 检查气泵等附件的工作性能，必要时应进行修理作业；

⑥ 拆洗变速器，检查各挡齿轮的轴向间隙及齿面磨损情况，检查各轴承的间隙，检查各换挡机构的工作状况，更换磨损超限的零件；

⑦ 拆检传动轴、伸缩套节、万向节、轴承等，更换磨损超限的零件；

⑧ 检查转向机构及联动装置，更换润滑油，清洁助力器油箱及滤网，调整各部位间隙，检查转向液压泵压力；

⑨ 拆检前轴，检查工字梁、转向节、转向臂、横拉杆及球销有无损伤，检查主销与衬套的间隙，更换已损坏或磨损超限的零件，组装后检查前轮定位要素；

⑩ 拆洗后桥主减速器、差速器，检查齿轮的磨合情况，调整啮合间隙；

⑪ 检查后桥各轴承的磨损情况，必要时更换磨损零件；

⑫ 检查车架各部位，如有严重变形、断裂，应进行修复，对松动的铆钉应重新进行铆接，修补损坏和变形的车厢；

⑬ 拆检前后钢板弹簧，更换变形、断裂、失去弹性的钢板，并进行除锈、涂漆、片与片之间涂减磨剂，更换磨损超限的衬套和钢板销；

⑭ 对于损坏变形的车门及其余钣金件应进行校正、焊补；

⑮ 对车身脱漆或裂损焊补处进行补漆，整理车容；

⑯ 检查自卸机构的性能及油缸的密封性，检查油泵压力；

⑰ 检查举升油缸总成、缸座及管件等；

⑱ 拆下蓄电池，清洁外表，检查各极板的固定情况，检查电液密度及单格电压，并进行充电；

⑲ 检查全车电气设备及仪表的工作性能，必要时修理或更换损坏的设备。

大修是指汽车在寿命期内，周期性地彻底检查和恢复性修理，使汽车基本上达到原有的动力性能、经济性能、安全可靠性能和良好的操作性能。其具体工作内容如下：

① 完成中修（总成修理）的全部工作内容；

② 全部解体汽车，对所有零件应彻底清洗，清除油污、积炭、结胶、水垢，并进行除锈、脱旧漆，做好防锈工作（凡属橡胶、胶木、塑料、铝合金、锌合金、尼龙零件，牛皮制品，制动蹄片及离合器摩擦片等不允许用碱水清洗；用碱水清洗过的零件必须用清水冲洗除碱）；

③ 各类油管、水管、气管等管道应清洁畅通，不能有任何泄漏及严重的凹痕；

④ 主要旋转零部件，如曲轴、飞轮、离合器压盘、传动轴等，需进行动平衡或静平衡试验（检查）；

⑤ 对有密封要求的零件或组合件，如气缸盖、缸体、散热器、储气筒、制动总泵、气室等，应进行水压或气压试验；

⑥ 对主要零件及有关安全的零件,如曲轴连杆、凸轮轴、前轴、转向节、转向节臂、球头销、转向蜗杆轴、传动轴、半轴、半轴套管等都应进行擦伤检查;

⑦ 对基础件及主要零部件应检查其几何尺寸和主要部位的表面形位公差,特别是配合基准面的平面度、壳孔轴线的同轴度、垂直度、距离等;

⑧ 凡有分级修理尺寸的零件,均应按分级尺寸修配;

⑨ 各部分螺栓、螺母所用的垫圈、开口销、保险垫片及金属锁线等均应按规定装配齐全,开口销及金属锁线应按穿孔孔径选择相应的规格,连接件的重要螺栓、螺母应无裂纹、损坏或变形,凡有规定拧紧力矩和拧紧顺序的螺栓、螺母应按规定拧紧,连接件有两个以上对称的螺栓时,在拧紧时必须采用对角法分数次均匀拧紧;

⑩ 盛润滑油的容器必须清洁,装油后必须加盖,加油时必须有过滤装置;

⑪ 各种摩擦片不得沾有油污,必须彻底擦洗干净;

⑫ 各种零件检查合格后方可装配,除几何形状和加工精度符合要求外,选用的或自行配置的主要零部件,应对其材质、力学性能、硬度进行检查,须达到标准,各总成及附件应经试验,性能符合要求,方可总装;

⑬ 拆检和清洗蓄电池,检查各极板的固定情况,检查电液密度及单格电压,进行充电;

⑭ 彻底检查和测量全车电气设备及仪表的工作性能,修理或更换损坏或失灵的设备、零部件及仪表;

⑮ 防锈喷漆,并进行全车性能试验。

8.1.4 矿用汽车的常见故障及排除

矿用重型汽车的常见故障及排除方法见表 8-1。

表 8-1 矿用重型汽车的常见故障及其排除

故障现象	故障原因	处理方法
1. 发动机不能启动或启动困难	1. 蓄电池极柱松脱或搭铁接触不良 2. 蓄电池温度过低,电火花程度太弱 3. 电刷与整流子接触不良 4. 启动开关或电机损坏 5. 压缩压力不足或油路中有空气 6. 活塞连杆系统机械阻力过大 7. 润滑油黏度太大 8. 燃油油面过低 9. 喷油系统不畅通 10. 气门间隙过小或密封损坏 11. 油中有水分和空气	1. 紧固极柱或搭铁 2. 对蓄电池保暖,适当减小断电触点的间隙并清除污垢 3. 调整电刷压紧弹簧 4. 检修或更换已损坏的零部件 5. 检查气门间隙,增加压力并排除油路中的空气 6. 调整安装间隙并加强润滑 7. 换用黏度合适的润滑油 8. 加足燃油 9. 检修油泵、滤清器、喷油器及喷油嘴 10. 调整气门间隙并更换已损密封件 11. 分离油中水分和空气
2. 启动之后工作不正常	1. 调节机构不灵活,转速时快时慢 2. 有的泵柱塞或调速弹簧折断 3. 喷油器供油不均匀 4. 齿杆卡死在不供油位置,随即熄火 5. 油路中有水或空气 6. 发动机过冷或润滑油不良 7. 气缸垫窜气及压缩压力不一致 8. 各气缸的喷油量或喷油提前角不一致	1. 检查或更换控制阀套、泵柱塞及连杆 2. 检查或更换柱塞弹簧及调整弹簧 3. 检查和调整喷油器 4. 检修或更换齿杆 5. 分离并排除油路中的水或空气 6. 预热发动机和润滑油 7. 检查气缸,更换已损零件 8. 调整喷油器和气门

续表

故障现象	故障原因	处理方法
3. 机油压力太低	1. 机油泵或限压阀工作不正常 2. 油面过低,黏度过小 3. 机油冷却喷嘴控制阀失灵 4. 机油压力感应件或仪表失灵 5. 各部间隙过大或管路漏油	1. 检修或更换泵及阀的已损零件 2. 选用黏度合适的油,并加足油量 3. 检查或更换控制阀 4. 检查或更换已损件 5. 调整间隙,更换密封件
4. 转速达不到额定值	1. 调速器动作失灵 2. 喷油嘴喷射性能恶化,针阀卡滞或燃油雾化不良 3. 内燃机的工作温度太低 4. 加速踏板连接件失灵	1. 调整或更换高速弹簧 2. 检修或更换喷油嘴及针阀 3. 继续预热内燃机 4. 检修踏板及附件
5. 发动机功率不足	1. 油路或滤清器堵塞 2. 输油泵或喷油器损坏 3. 增压器或中冷器工作不正常 4. 气门间隙调整不当 5. 压力太低,配气不正 6. 油路系统有水或空气 7. 发动机过热,温升太高	1. 检查和清洗油路及滤清器 2. 检修或更换油泵及喷油器 3. 检修或更换已损件 4. 重新调整间隙 5. 检查增压器,提高压缩压力 6. 排除水或空气 7. 使发动机冷却降温
6. 发动机排放黑烟	1. 机器负荷过大或连续有冲击载荷 2. 气缸压缩压力不足或气门间隙过大 3. 气温太低,工作温升不够 4. 气路堵塞,进入气缸的空气量减少 5. 燃烧室内积炭过多 6. 燃油质量不好,黏度大 7. 喷入各气缸的油量不均匀或油量过大 8. 个别气缸雾化不良,不工作	1. 操作时避免超载 2. 检查增压器和中冷器,调整气门间隙 3. 预热机器,提高工作温度 4. 清洗滤清器及管道 5. 清洗燃烧室及附件 6. 换用质量符合要求的燃油 7. 调整喷油器的供油量 8. 调节各气缸的供油及雾化系统
7. 发动机排放蓝烟	1. 油底壳油面太高,机油窜入燃烧室 2. 机油温度过高,黏度下降 3. 机油质量不合格 4. 活塞环磨损严重或装反 5. 活塞与缸壁间隙过大或出现反椭圆	1. 适当降低机油油面 2. 冷却机油,使之降温 3. 清洗油底壳,换装合格的机油 4. 检查并更换磨损超限的活塞环 5. 检查并更换磨损超限的活塞及缸套
8. 发动机突然熄火	1. 油中混入水分或空气 2. 输油泵零件损坏,工作不正常 3. 齿轮及齿条系统发生卡滞现象 4. 工作温度过高,零件间抱死 5. 机油压力过低,零件之间润滑不良,零件互相抱死	1. 分离油中的水分和空气 2. 检修或更换出油阀及柱塞弹簧等已损件 3. 检修或更换已损件 4. 检修或更换传动件 5. 检查机油润滑系统,加强润滑
9. 发动机过热	1. 水泵运转不正常,供水量不足 2. 散热器或节温器工作不正常 3. 冷却水液面过低 4. 冷却管路水垢过厚或堵塞 5. 冷却风扇传动带过松或风扇离合器损坏	1. 检修水泵并更换已损零件 2. 检修或更换散热器及节温器 3. 提高冷却水液面 4. 检修管路,除去水垢或其他污物 5. 检修风扇,更换已损件
10. 运转振动严重	1. 气缸压力不均匀 2. 个别气缸不工作或工作不正常 3. 各气缸活塞组合件的重量不平衡 4. 飞轮或曲轴不平衡 5. 曲轴端间隙或轴瓦间隙过大 6. 各气缸供油时间或点火时间不一致	1. 检查增压器及气缸垫,更换已损件 2. 检查和调整喷油泵及喷嘴 3. 调配各活塞组合件,使其重量尽量相等 4. 调整飞轮或曲轴的平衡重 5. 调整轴端间隙及轴瓦的间隙 6. 检查调整喷油泵及正时齿轮

续表

故障现象	故障原因	处理方法
11. 发出不正常声响	1. 曲轴衬瓦间隙过大或合金烧蚀 2. 曲轴弯曲或端隙过大 3. 连杆衬瓦间隙过大或合金烧蚀 4. 连杆弯曲或装置不当,撞击油底壳 5. 活塞销断裂或衬套磨损 6. 活塞碰撞气缸壁 7. 活塞环在环槽中过松、断裂或卡住 8. 气缸漏气,压力不足 9. 气门处有关间隙不合适 10. 喷油压力不当或各气缸供油量不均匀 11. 气缸点火不当或个别气缸不工作 12. 带轮、飞轮或磁电机松动窜位 13. 发电机电枢撞击磁铁或轴承润滑不良 14. 发动机过热,产生早燃现象	1. 检查衬瓦并更换已损件 2. 修理曲轴并调整端隙 3. 修理或更换已损件 4. 调整或更换连杆 5. 检查活塞销,更换已损件 6. 更换活塞,调整活塞与气缸的间隙 7. 检查活塞环及环槽,更换已损或不合适的活塞环 8. 检查或更换密封垫 9. 检查和调整气门、挺杆和导管等处的配合间隙 10. 检查和调整喷油泵,使压力及供油量符合要求 11. 检查和调整正时齿轮间隙 12. 检查并拧紧固定螺栓 13. 调整轴承间隙并加强润滑 14. 检查并调整冷却系统,使发动机降温
12. 发生"飞车"现象	1. 调速器的杆件卡滞 2. 调速器内有水结冰或机油过多且油太黏 3. 两极式调速器连接销松脱 4. 调速器飞块脱落或折断 5. 大量润滑油窜入气缸并燃烧 6. 调节齿杆卡在最大供油位置上	1. 检查和调整调速器 2. 排除水和冰,换用合适的机油 3. 检查并紧固轴 4. 修理或更换飞块 5. 调整润滑油适量并截止窜流 6. 排除卡滞,调回正确位置
13. 离合器打滑	1. 离合器压紧力降低 2. 摩擦片沾有油污,摩擦系数降低 3. 摩擦片磨损严重,铆钉外露,工作失效	1. 调节踏板行程和弹簧压紧力 2. 清洗摩擦片 3. 换装新摩擦片
14. 离合器分离不彻底	1. 踏板行程过大或分离杠杆高度不一致 2. 摩擦片过厚或盘面挠曲不平 3. 中压盘分离机构失灵或分离弹簧折断 4. 工作缸缺油或混入空气 5. 工作缸的压力不足	1. 调整踏板行程和杠杆高度 2. 校正和修磨摩擦片 3. 调整分离机构,更换已损弹簧 4. 排出空气,加足油量 5. 检查密封圈并更换已损件
15. 离合器踏板沉重	1. 助力系统气压不足或管路漏气 2. 气压作用缸活塞密封圈磨损 3. 排气阀漏气 4. 随动控制阀失灵	1. 检查管路,更换失效的密封件 2. 更换已损密封件 3. 检查更换密封件 4. 检修调整控制阀各杆件及管路
16. 变速器发生不正常声响	1. 轴承磨损,发生松旷现象 2. 齿轮间啮合状态恶化,传动时发生撞击 3. 齿轮出现断齿 4. 轴变形或花键严重磨损	1. 检查和更换轴承 2. 检修或更换严重磨蚀的齿轮 3. 更换已损齿轮 4. 修理或更换已损件
17. 变速器跳挡	1. 啮合齿断面已磨损成锥形 2. 自锁机构弹簧力减弱或折断 3. 变速器拨叉轴定位槽磨损超限 4. 变速器拨叉变形和端面磨损严重 5. 轴承松旷,轴心线不正	1. 更换已损齿轮 2. 更换失效的弹簧 3. 修理定位槽或换装新件 4. 修理或更换变速器拨叉 5. 检查和更换磨损的轴承

续表

故障现象	故障原因	处理方法
18. 换挡困难或乱挡	1. 变速器拨叉变形或损坏 2. 远距离操纵机构变形及卡滞 3. 变速杆定位销松旷或折断 4. 变速杆球头磨损严重 5. 各杆件配合间隙过大，挡位感不明显	1. 校正修理或更换 2. 校正和调整操纵杆件 3. 检查变速杆，更换已损件 4. 修理球头或更换变速杆 5. 调整间隙或更换磨损超限的杆件
19. 驱动桥产生不正常声音	1. 轴承松旷或损坏 2. 螺旋锥齿轮间隙过大 3. 行星齿轮与十字轴卡滞 4. 轮边减速器齿轮磨损严重	1. 检查和调整轴承间隙，更换已损件 2. 调整啮合间隙 3. 调整十字轴间隙或更换已损件 4. 调整间隙，更换已损件
20. 制动不良或失灵	1. 制动气压不足 2. 制动压力不稳定 3. 制动液压系统混入空气 4. 制动间隙过大或凸轮轴卡滞 5. 制动蹄与鼓之间有油质或污物 6. 摩擦片贴合面积过小或制动鼓变形失圆 7. 摩擦片磨损严重，铆钉外露	1. 检查或清洗滤清器、气阀及密封装置，更换已损零件 2. 检查和调整压力调节器及安全阀 3. 排除空气，检查加压器、制动分泵和油缸，更换已损密封件 4. 调整制动闸及凸轮轴 5. 清扫制动间隙工作面 6. 修理或更换失效零件 7. 换装新摩擦片
21. 制动时跑偏	1. 某一侧制动器或制动气室失灵 2. 两侧的摩擦片型号和质量不一致 3. 摩擦片磨损不均匀	1. 检查并调整制动器，使两侧制动力平衡 2. 选配型号及质量相同且符合要求的零件 3. 调整摩擦片，使其磨损均匀
22. 制动时锁住	1. 制动蹄与鼓之间的间隙过小 2. 制动蹄回位弹簧力不足或弹簧断裂 3. 制动蹄支承销、凸轮轴与衬套装配过紧或润滑不良 4. 制动阀或快放阀工作不正常 5. 制动液压系统不畅通 6. 制动分泵自动回位机构失效 7. 摩擦片变形或转动盘花键齿卡住	1. 适当调大制动间隙 2. 检查和调整回位弹簧，更换已损件 3. 调整部件装配间隙并加强润滑 4. 调整或更换阀件 5. 清洗系统中的堵塞污物 6. 检查或更换紧固片及紧固轴，使配合松紧合适 7. 校正和修理摩擦片及花键齿
23. 转向沉重	1. 液压系统缺油，使转向加力作用不足 2. 液压系统内有空气 3. 油泵磨损，内部漏油严重，使压力或排量不足 4. 油泵安全阀漏油或弹簧太软使压力不足 5. 驱动油泵的传动带打滑 6. 油泵、动力缸或分配阀的密封圈损坏，泄漏严重，压力不足 7. 滤清器堵塞，使油泵供油不足 8. 压力供油管路接头漏油或管路堵塞 9. 转向器或分配阀轴承预紧力过大，使转向轴转动困难 10. 转向系各活动关节处缺乏润滑油 11. 前轮胎充气不足 12. 主销推力轴承损坏或有缺陷	1. 检查油罐油面高度，按规定加足油并排气；检查并排除漏油现象 2. 排气并检查油面高度和管路及各元件的密封性 3. 更换或拆检油泵，排除故障 4. 修理安全阀，换装合适弹簧并调整油压 5. 调整皮带张力 6. 更换密封圈，排除泄漏故障 7. 清洗滤清器，更换滤芯 8. 更换与清洗管路和接头 9. 重新调整轴承间隙 10. 加注润滑油 11. 按规定压力给轮胎充气 12. 更换轴承

续表

故障现象	故障原因	处理方法
24. 前轮摆头	1. 转向器支架、转向管柱支架、悬挂支架等件松动 2. 转向拉杆球销间隙过大 3. 分配阀定心弹簧损坏或定心弹簧弹力小于转向器逆传动阻力,使滑阀不能保持在中间位置或正常运动 4. 液压系统缺油 5. 液压系统内有空气 6. 油泵流量过大,使系统过于灵敏 7. 前轴安装不正 8. 减振器堵塞或失灵 9. 前轮胎充气压力不同 10. 前轮胎磨损不均匀 11. 前轮毂轴承间隙过大 12. "U"形螺栓松动 13. 转向节臂松动 14. 车轮松动或不平衡	1. 紧固各支架及附件 2. 调整球销间隙 3. 更换弹簧 4. 加足油并排气 5. 排气并充油 6. 重新考虑油泵选型或调整参数 7. 校正前轴 8. 更换减振器 9. 量准轮胎气压并充气 10. 更换轮胎 11. 调整轴承间隙 12. 紧固"U"形螺栓 13. 锁紧转向节臂 14. 紧固轮胎螺母并进行动平衡试验
25. 在行驶中不能保持正确方向	1. 分配阀定心弹簧损坏或定心弹簧弹力小于转向器逆传动阻力,滑阀不能及时回位 2. 分配阀的滑阀与阀体台肩位置偏移,滑阀不在中间位置 3. 分配阀的滑阀与阀体台肩处有毛刺 4. 由于油泵流量过大和管路布置欠妥,使液压系统管路及节流损失过大,在动力缸活塞两侧造成压力差过大而引起车轮摆动 5. 前轴安装不正 6. 前轮胎磨损不均匀 7. 一个前轮胎气压不足 8. 一个前轮经常处于制动状态 9. 一个前轮轴承卡住	1. 更换阀弹簧 2. 更换或调整分配阀总成,消除偏移 3. 清除毛刺 4. 降低管路及节流损失,减小油泵流量,重新布置管路等 5. 校正前轴 6. 更换轮胎 7. 量准轮胎气压并充气 8. 调整、检修制动器 9. 调整轴承间隙或更换轴承
26. 左右转向轻重不同	1. 分配阀的滑阀偏离阀体的中间位置,或因制造误差,虽处在中间位置但台肩两侧的预开间隙不等 2. 滑阀内有污物、棉纱等,使滑阀或反作用柱塞卡住,造成左右移动的阻力不等 3. 整体式转向器中液压行程调节器开启动作过早	1. 更换或调整分配阀总成 2. 清洗分配阀,去除污物、棉纱等 3. 调整液压行程调节器
27. 快转转向盘时感到沉重	1. 油泵供油量不足 2. 选用的油泵流量过小,供油不足,引起转向滞后 3. 高压胶管在高压下变形太大而引起滞后	1. 调整油泵供油量 2. 重新考虑选用的油泵 3. 更换高压胶管
28. 转向盘抖动	1. 液压装置内未完全排除空气 2. 油罐中缺油,使油泵吸入空气 3. 油泵吸油管路密封不良,吸进空气	1. 排气并充油 2. 加油并排气 3. 修复或更换密封元件
29. 转向盘自由间隙太大	1. 转向传动杆件的连接部位磨损严重,间隙过大、松旷 2. 转向摇臂轴承销松动 3. 转向器内部传动副磨损,使间隙增大 4. 转向器支架松动	1. 调整间隙或更换杆件 2. 修复或更换 3. 调整或修复 4. 紧固支架螺栓

续表

故障现象	故障原因	处理方法
30. 转向盘回正困难	1. 转向传动杆连接部位缺少润滑油（脂），使回转阻力增大 2. 转向器阻滞 3. 分配阀中有污物，使滑阀阻滞 4. 转向管柱（轴）轴承咬死或卡滞 5. 分配阀定心弹簧损坏或太软	1. 加注润滑油（脂） 2. 检查转向器，消除阻滞 3. 清洗分配阀，清除污物 4. 更换轴承，加注润滑油（脂） 5. 更换弹簧
31. 液压油消耗严重	1. 油罐盖松动向外窜油 2. 油泵、分配阀和动力缸的油封或密封圈损坏 3. 油管和接头损坏或松动	1. 拧紧油罐盖 2. 更换油封或密封圈 3. 修复或更换油管和接头
32. 油泵压力不足	1. 传动带打滑 2. 安全阀泄漏严重或弹簧压力不够 3. 溢流阀泄漏严重 4. 油泵磨损严重造成泄漏或油泵损坏 5. 油液黏度太低，易于泄漏	1. 调整带的张力 2. 修复安全阀或更换压力弹簧 3. 修复溢流阀 4. 更换油泵及附件 5. 检查油液，更换黏度合适的液压油
33. 油泵压力过高	1. 安全阀堵塞、失灵 2. 安全阀弹簧太硬	1. 检查并消除堵塞 2. 更换合适的压力弹簧
34. 油泵流量不足	1. 传动带打滑 2. 溢流阀弹簧太软 3. 安全阀、溢流阀泄漏严重 4. 油罐缺油或油泵吸油管堵塞 5. 油泵磨损严重	1. 调整带的张力 2. 更换阀弹簧 3. 更换或修复安全阀、溢流阀 4. 加油并检查油管，消除堵塞 5. 更换油泵及附件
35. 油泵流量太大	1. 溢流阀卡住 2. 溢流阀弹簧太硬	1. 修复并调整阀体 2. 更换弹簧
36. 油泵噪声大	1. 油罐中油面过低，使油泵吸入空气 2. 液压系统中的空气尚未排完 3. 机油滤清器堵塞或破裂，使油泵吸油管堵塞 4. 管路和接头破裂或松动而吸进空气 5. 油泵磨损严重或损坏	1. 加油并排气 2. 排气并充油 3. 清洗油罐或管路中的滤清器碎片，更换滤清器 4. 修复或更换管路接头 5. 检查并更换油泵

8.2 露天矿自卸车无人驾驶技术

随着露天开采深度的增大，采矿运输成本增高、车辆调度困难、矿山道路环境复杂，极易引发车辆碰撞及侧翻事故等问题日益凸显。目前，露天矿山偏僻，矿区运输工作环境恶劣，且现有司机老龄化严重、社会人员从业意愿低，即便招工培养出徒也需要一定的周期，而导致卡车司机紧缺。矿山普遍面临用工难和用工成本高的问题。伴随着人工智能、传感检测等高新技术的不断突破，无人驾驶技术成为当前汽车领域的研究热点。矿用运输车辆运行路线固定、且矿区道路封闭，为无人驾驶技术提供了更有利的实施空间。无人驾驶技术的应用可以大大提高露天矿山运输的效率和安全性，从而使得整个生产过程更加智能化、自动化。同时，无人驾驶技术不受环境限制，可以在夜间等特殊时间进行作业，从而使得整个开采过程更加灵活多变。

2013年,美国国家公路交通安全管理局(NHTSA)将自动驾驶功能划分为 Level 0～Level 4 共 5 个级别。美国机动工程师协会(SAE)定义的自动驾驶技术共分为 6 级,如表 8-2 所示。SAE 的定义在 Level0 至 Level3 与 NHTSA 的标准一致,但 SAE 更强调行车对环境与道路的要求,并将 NHTSA 的 Level 4 细分成两个级别。SAE 的 Level 4 及其以下的自动驾驶需要在特定的道路条件下进行,比如封闭的园区或者固定的行车线路等,可以说是面向特定场景下的高度自动化驾驶。SAE 的 Level 5 则对行车环境不加限制,可以自动地应对各种复杂的车辆、行人和道路环境。

表 8-2 自动驾驶汽车分级表

自动驾驶分级		名称	定义	驾驶操作	周边监控	接管	应用场景
NHTSA	SAE						
L0	L0	人工驾驶	由人类驾驶者全权驾驶汽车	人类驾驶员	人类驾驶员	人类驾驶员	无
L1	L1	辅助驾驶	车辆对方向盘和加减速中的一项操作提供驾驶,人类驾驶员负责其余的驾驶动作	人类驾驶员和车辆	人类驾驶员	人类驾驶员	限定场景
L2	L2	部分自动驾驶	车辆对方向盘和加减速中的多项操作提供驾驶,人类驾驶员负责其余的驾驶动作	车辆	人类驾驶员	人类驾驶员	限定场景
L3	L3	条件自动驾驶	由车辆完成绝大部分驾驶操作,人类驾驶员需保持注意力集中以备不时之需	车辆	车辆	人类驾驶员	限定场景
L4	L4	高度自动驾驶	由车辆完成所有驾驶操作,人类驾驶员无需保持注意力,但限定道路和环境条件	车辆	车辆	车辆	限定场景
	L5	完全自动驾驶	由车辆完成所有驾驶操作,人类驾驶员无需保持注意力	车辆	车辆	车辆	所有场景

不同等级实现的自动驾驶功能也是不同的,高级驾驶辅助系统即 ADAS(advanced driving assistant system)属于自动驾驶 Level 0～Level 2。Level 0 中实现的功能仅能够进行传感探测和决策报警,比如夜视系统、交通标志识别、行人检测、车道偏离警告等。Level1 实现单一控制类功能,如支持主动紧急制动、自适应巡航控制系统等,只要实现其中之一就可达到 Level 1。Level 2 实现了多种控制类功能,如具有 EBA 和 LKS 等功能的车辆。Level3 实现了特定条件下的自动驾驶,当超出特定条件时将由人类驾驶员接管驾驶。SAE 中的 Level4 是指在特定条件下的无人驾驶,如封闭园区、固定线路的无人驾驶等。而 SAE 中的 Level5 就是终极目标,完全无人驾驶。无人驾驶就是自动驾驶的最高级,它是自动驾驶的最终形态。

目前,行业中广泛采用 SAE 的无人驾驶分级标准,且认为真正达到现实可用的 Level5 级自动驾驶还需要时日。

矿山无人驾驶有着许多自身独特之处。首先,矿山无人驾驶的车辆通常为重型矿山卡车等大型车辆,这类车辆的尺寸、体积、重量都非常大,行驶速度都比较低;为了保证安全性,对车辆的控制需更加精确。其次,矿山无人驾驶道路环境与条件较差,并不具有铺设良好的沥青或水泥道路以及完善的道路标线、道路标志等设施。此外,矿山无人驾驶的运行环境也较差，通常是碎石土路，道路上充满了煤灰、扬尘等，这对于无人驾驶中所需要的传感器、摄像头等的工作带来不利影响，往往造成成像噪点过多或传感器失灵等。

矿山无人驾驶技术始于 20 世纪 70 年代，但受当时信息化和自动化技术的限制，进展缓慢。进入 21 世纪，以美国卡特彼勒公司的"Mine Star"系统和小松公司的自动化运输系统（Autonomous Haulage System，AHS）为代表的卡车无人驾驶技术发展迅速，并在巴西淡水河谷公司、澳大利亚所罗门（Solomon）铁矿等进行了无人驾驶卡车的试验和应用。

1996 年，小松公司的 5 辆无人驾驶卡车在澳大利亚投入运行，通过架线供电，采用耦合脉冲激光校准制导和 GPS（全球定位系统）准确地引导卡车，以厘米级精度在矿区道路上运行。2008 年，力拓集团（Rio Tinto Group）在澳大利亚的几座铁矿也开始运行小松公司的无人驾驶卡车，卡车没有驾驶员，也没有随车人员，一切全由 1500km 外珀斯市的计算机控制中心来远程控制。2016 年，小松公司发布了一款无人驾驶矿用卡车，直接取消了卡车上的司机驾驶室。新设计的车身重量被平均分配到 4 个轮子上，同时还配备四轮驱动和四轮转向，卡车具有更好的控制性和可操作性。

20 世纪 80 年代末，卡特彼勒公司（Caterpillar，CAT）就开始了无人驾驶自卸矿用卡车的研究，以 785 型 135t 的矿用卡车为基础生产了矿用自动化卡车（autonomous mine truck，AMT）。1994—1995 年，卡特彼勒公司 777 型自动化卡车在前、后、侧面均配备了扫描雷达系统，可检测 100m 内道路上的人员和障碍物，使卡车有足够的时间减速或停车，当卡车到达装车位置时，自动停车。

为解决澳大利亚皮尔巴拉地区地广人稀，人力成本极其高昂的问题。2013 年，福蒂斯丘金属集团（Fortescue Metals Group，FMG）与卡特彼勒公司合作，第一批 8 台无人驾驶的全自动 793F 矿用卡车在矿区投入使用，共 54 辆，无人驾驶卡车累计运量达到 2.4 亿吨。随后增至 59 辆，是世界单一矿区规模最大的无人车队。数据监测显示，无人驾驶卡车车队比普通同类车队的生产效率高 20%；同时，无人驾驶卡车系统可以减少人为失误，使生产的安全系数得到提高。目前，FMG 有 137 台自动驾驶矿车在运营。

此外，力拓集团（Rio Tinto）也曾发布报告，截至 2017 年，其自动驾驶运输车已经在西澳大利亚州的皮尔巴拉（Pilbara）矿区累计运输超过 10 亿吨的矿石物料，每台自动驾驶运输车平均比人工驾驶多运营 700h，装卸单位成本降低了 15% 左右，而且实现"零伤亡"。当时，Rio Tinto 在 Pilbara 矿区约有 400 台运输车，其中 20% 已经实现自动驾驶。

在我国，针对无人驾驶卡车的研制和应用，不仅有传统矿用卡车制造企业，还有各种专门的矿山无人驾驶初创公司，如北京踏歌智行科技有限公司、上海伯镭智能科技有限公司、长沙希迪智驾有限公司等。

2018 年 10 月，内蒙古北方股份有限公司与踏歌智行有限公司开展战略合作，应用踏歌智行有限公司自主研发的智能机器人和车辆线控技术，对 172t 无人驾驶电动轮矿车开展测试，可在矿山现场流畅、精准、平稳地完成倒车入位、挖机装载、精准停靠、自动倾卸、轨迹运行、自主避障等各个环节。2018 年，徐州工程机械集团有限公司展示了 XGA5902D3T 型智能无人驾驶非公路工程自卸车，该车采用毫米波雷达、双目摄像头等诸多先进传感系统，可实现自主装卸、循迹行驶、智能避障等多项无人驾驶功能。

8.2.1 矿山运输无人驾驶系统架构

矿山无人驾驶系统涉及计算机技术、5G 通信技术、高精度定位技术、传感技术、车辆控制技术等多个学科领域。根据露天矿山运输作业、生产组织、生产管理特点和矿山运输无人驾驶系统的作业组织模型，踏歌智行的露天矿无人驾驶系统总体架构如图 8-15 所示，主要由云端、车端、路端、协同作业和网络通信五个技术部分构成。其中，云端包含无人运输作业系统管控平台和远程应急接管系统；车端指矿车无人驾驶系统；路端系统包含定位基站、路侧协同感知系统；车载协同作业系统包含挖机协同系统和辅助车辆终端；网络通信包含对矿区现状进行 5G 网络覆盖，满足矿车行驶过程中数据实时传递的需求。车端、路端和协同作业通过 5G 和 V2X 实现与云端通信，基于 GPS 和 RTK 基站获取定位信息。

图 8-15　露天矿卡车无人驾驶系统架构

基于上述技术架构，无人驾驶运输系统包括调度指挥平台及配套调度中心、无人驾驶系统、网络通信系统、协同作业系统，通过整体技术架构设计，实现无人驾驶车辆调度、运行管理、状态监控，支撑大规模高密度无人驾驶作业。

① 调度指挥平台普遍借鉴成熟的商用车车联网系统和传统的矿用车调度系统，主要包括数字地图、路径规划、作业调度、运行监控、数据记录等。通过大数据挖掘、4G/5G 无线物联与智能远程控制等技术手段，基于分布式架构将复杂的车辆总线信息处理、移动通信云数据处理、负载均衡、大数据管理、深度学习与分析、服务器集群技术等封装在一起，负责无人驾驶卡车的状态监控、生产任务调度、全局路径规划、数据统计分析等。可采集自动驾驶作业信息和道路环境感知信息，并将数据进行统一存储、智能分析，实现装载、运输、卸载等作业场景管理。

② 矿卡无人驾驶系统具备环境感知、融合定位、决策规划和车辆控制等功能，自主完成在装载区、主干路、卸载区等区域的高密度行驶作业。车辆的定位与感知模块负责提供准确定位与周边环境信息，并且依据调度指挥平台规划的任务和路径实现自主运行。

③ 网络通信系统采用 5G 专网覆盖，并建立至调度指挥中心的专用数据链路。5G 专网采用 SA 组网方案，为保障无人驾驶应用数据的安全保密性、业务时延保障性，矿区的用户侧功能下沉到现场矿区内网络边缘部署，数据流量在本地分流，生产数据直传至调度中心，保障数据不出园区，实现无人驾驶业务安全隔离。室外覆盖基站采用"无线/光纤互为备份"技术，基站之间以光纤环网通信为主链路，使用光缆将基站与中心交换机连接形成一套无线

通信网络。露天矿运输无人驾驶通信技术主要包括有线通信和无线通信,有线通信主要以光纤接入为主,矿区无线通信系统主要包括核心网系统、网管系统、室外覆盖基站、集群终端、客户前置设备(Customer Premise Equipment,CPE)接入终端、调度系统等。

矿用重型自卸车之间、监控中心通信的基础设施采用 5G+V2X 无线通信系统。车端配置 V2X 车载单元 OBU,具备 V2N(车和平台)、V2V(车和车)和 V2I(车和基础设施)通信功能。其主要功能包括保证矿用宽体自卸车的安全行驶、保证矿用宽体自卸车与监控中心的信息交互,以及为车辆差分定位信息的采集和传输提供技术保障。

④ 协同装载/卸载作业管理系统是安装在装载设备(电铲、液压铲、履带挖等)或推土机上的终端系统,结合中心端的作业指令,负责对装载/卸载区作业流程进行协同管理,以使矿用宽体自卸车能够高效、准确、安全地完成入场、装载/卸载与离场等工作。

8.2.2 无人驾驶车辆系统架构

无人驾驶车辆系统是无人驾驶运输系统的主要执行机构,其接收云端输入的各种指令,控制车辆的驱动系统、制动系统、转向系统、车厢、车灯等机构执行相应的动作。在指令执行过程中,单车无人驾驶系统通过车载传感器感知周围地形和障碍物信息,实时上报车辆的运行状态,保证安全、高效地完成作业任务,其主要由环境感知、融合定位、决策规划以及运动控制子系统组成。无人驾驶矿山车辆系统架构如图 8-16 所示。

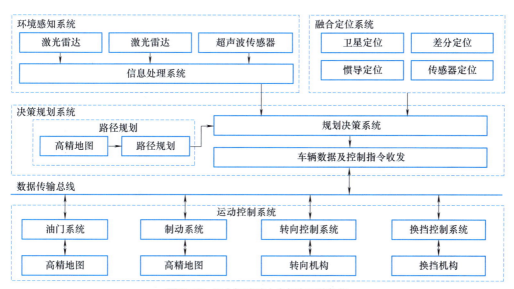

图 8-16 无人驾驶矿山自卸车系统架构

无人驾驶车辆系统在线控矿用重型自卸车的基础上,加装计算平台、激光雷达、毫米波雷达、超声波雷达、组合导航、V2X 通信设备,实现环境感知、融合定位、决策规划、运行控制和车辆电器控制单元等功能。

8.2.3 露天矿无人驾驶核心技术

露天矿无人驾驶技术主要有环境感知、导航定位、路径规划、运动控制 4 项关键技术。

(1) 环境感知技术

在复杂的矿山环境中,大集群部署的无人驾驶矿用卡车需要具备强大的感知与决策能力。这包括对周围环境（如其他车辆、人员地形）的精确感知，以及基于这些感知信息进行实时决策与路径规划，这一过程还需考虑如何处理大量感知数据，以确保车辆的安全性和效率。

露天矿车无人驾驶环境感知系统主要是利用各种传感器采集矿车周围环境的特征信息，实现卡车周围环境模型的建立、车辆位置、速度、加速度等信息的确定，为规划和决策层提供数据支持。环境感知系统主要分为外部环境感知技术和导航定位技术。

露天矿区的外部环境感知系统主要有地面分割、障碍检测等主要任务。环境感知系统主要是通过激光雷达实现地面分割。基于激光雷达的地面分割方法主要有栅格单元法、射线特征法、平面拟合法 3 类。栅格单元法主要是将点云映射到栅格中，以栅格的特征判断点云的属性和特征，但是在使用局部点云信息的同时未考虑全局路面的连续性，易遭受外部环境的影响。射线特征法虽在一定程度上考虑了全局路面的连续性，但其采用线性工作原理只能解决简单的区域地面分割问题，不适用于多坑洼、多障碍物的道路环境。平面拟合法是一种高精度、高鲁棒性的地面分割法，可以在复杂多变的环境中准确获取地面信息。

无人驾驶矿卡需在复杂恶劣环境下实现全天候/全天时工作。为实现对不同类型障碍物精准检测和识别，避免单一传感器失效工况，需要采用多维传感器布置方案。露天矿无人驾驶自卸车感知设备部署如图 8-17 所示。

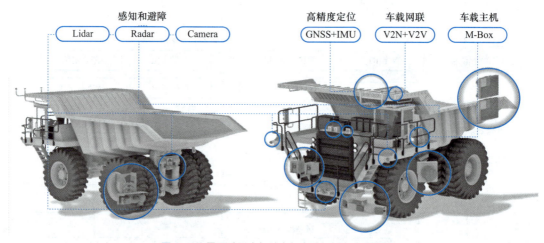

图 8-17　露天矿无人驾驶自卸车感知设备布置图

激光雷达点云分割及聚类、多目标跟踪和目标状态融合模块相互配合，实现无人驾驶自卸车高实时性和高鲁棒性的环境感知功能，多传感器融合感知系统如图 8-18 所示。

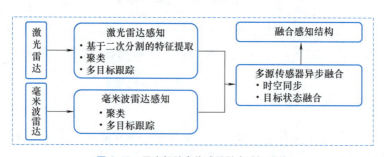

图 8-18　无人驾驶多传感器融合感知系统

障碍检测是环境感知的重要任务，是实现无人驾驶矿车在矿区安全行驶的重要保障。MEI 模型（modified equisolid angular model）等采用基于机器视觉的障碍检测技术，通过高清摄像机对道路障碍物的对称性、纹理等特征进行检测，拟人双目立体视觉感知技术能有效地解决非结构化道路环境光照多变、场景复杂等问题。

为克服单一传感器工作原理和算法的影响，提高采集精度，基于多传感器数据融合的技术手段，通过，以提高矿用无人驾驶卡车对矿区环境感知的性能。如对高清相机和雷达所采集到的数据进行深度融合，采用双向特征融合算法对露天矿区道路障碍检测，可以得到更加准确的障碍物位置信息，以满足露天矿区道路环境复杂多变以及多恶劣天气等特点，具有更强的实用性。

（2）导航定位技术

① 导航定位方法。导航定位技术是实现矿用卡车无人驾驶的重要技术保障。常用的导航定位技术主要有全球导航卫星系统（Global Navigation Satellite System，GNSS）技术、磁导航定位技术、惯性导航定位技术、同步定位与地图构建（Simultaneous Localization and Mapping，SLAM）技术等。它们的优缺点及定位精度对比见表 8-3。

表 8-3 导航定位方法比较

传感器		原理	优点	缺点	精度级别
GPS		三角定位	全天候、全球性、无累积误差、定位精度高	频率低、受区域限制、易丢失卫星定位信号	米级
磁导航		磁信号导航	稳定可靠,精度高,不受温度、天气及周边环境影响	成本高,耗能大,不易维护	厘米级
惯性导航		加速度计和陀螺仪	独立导航,频率高,良好的隐蔽性和较强的抗干扰性	累积误差大	累积误差大
SLAM	激光	点云与高精度地图匹配	算法成熟,精度高,建图直观	探测范围受限,安装要求高、成本高	依赖高精地图
	视觉	视觉里程计	结构简单,成本低,可提取语义信息	可靠性差,易受光照影响,累积误差大	累积误差大

GNSS 技术的优点在于精度高、定位时间短、无累计误差、可全球全天连续定位。但是信号穿透能力差，易被遮挡和丢失。惯性导航定位技术具有抗干扰能力强、频率高、独立性好等优点，保证了数据传输的稳定性和连续性。但是惯性导航系统采用积分的工作原理，经过一定的时间会造成一定的累积误差。磁导航定位技术的优点在于检测结果准确稳定，信号不易被遮挡丢失，不受恶劣环境的影响。但成本高、维护难，不便于大规模地使用。SLAM 技术具有环境适应能力强、定位精度高、可融合多种传感器的优点。但是存在实时性差、易遭受外部环境影响等不足。

多传感器融合的组合导航定位技术可以克服单个定位技术的不足，提高定位能力，增加系统的鲁棒性。常用的融合定位的方式有：

a. 基于点云地图和激光雷达定位，可以实现车辆的高精度定位，但是需要提前构建高精度地图，所需的硬件设备和数据处理成本及地图更新、维护的成本较高。

b. 毫米波雷达和摄像机融合定位，毫米波雷达受光照和天气的影响较小，稳定性好，探测精度较高，距离较远，可以弥补单一视觉传感器精度不够，稳定性差，检测距离近的问题。

c. 摄像机和惯性导航系统的组合定位，主要是对齐时间戳，完成基于视觉里程计信息和 IMU 航迹推算信息的松耦合或紧耦合，估计车体位置和姿态，成本低，理想环境中定位效果好，实际应用中受环境影响较大。

d. GNSS+惯性导航（Inertial Global Navigation System，INS）+激光雷达 SLAM 组合定位是目前矿山最常用的方法。首先，为了保证组合导航可靠性，利用 GNSS 可以弥补 SLAM 累计误差大等不足，在定位算法上提高卫星导航载波相位的模糊度搜索速度，提高导航信号周跳的检测能力，另一方面，为避免矿区由于岩石掌面过高、矿坑过深等原因导致卫星定位失效，利用车载激光雷达 SLAM 技术可以有效改善 GNSS 信号穿透能力差、易丢失等缺点，实时建立车辆周围的点云地图，并结合车辆卫星失效时的车辆全局位置，有效获取车辆的全局位置信息。从而弥补卫星导航的信号缺损问题，提高导航连续性。因此，这种组合定位技术在复杂多变露天矿道路环境具有较大的发展潜力。

② 高精度地图。高密度运行的无人矿用卡车需要实现高精度定位和导航，就需要对矿山地形进行精确的地图构建和实时更新，同时考虑如何遮挡、反射等干扰因素，可以通过高精度地图构建和实时更新的方式进行保障。

a. 高精度地图构建。矿坑环境复杂，高精度地图的构建对于无人驾驶车辆的安全运行至关重要。需要利用激光雷达、摄像头、惯性导航系统等传感器进行数据采集，并通过数据融合技术获取准确的地图信息。对于大规模高密度部署，需要考虑如何快速、高效地构建整个矿坑的高精度地图。

b. 地图实时更新技术。露天矿作业区域需要频繁移动，在装载区，随着电铲的掘进，采掘作业面向固定方向平移，在排土场，随着石料的堆积和排弃，排土线会频繁发生变化。且会出现道路损坏、出现新障碍物等。如何在地图中实时更新露天矿作业环境中频繁变化的地图信息，是实际工程化应用过程中的技术难点。针对上述技术难题，目前采用多源感知地图融合更新技术。

• 基于三维地理信息系统（Geographic Information System，GIS）技术进行高精度地图数据采集，构建露天矿高精地图，具体地图生成流程如图 8-19 所示。采用地图元素编码技术，以点实体表示露天矿运输无人驾驶系统涉及的地图各类元素，包括挡土墙、排土块、车道线、电子围栏等，对所有点按顺序建立索引文件，采用双重独立式生成拓扑表关联地图元素几何图形，以链状双重独立式表示点、弧段、面三层的关系。

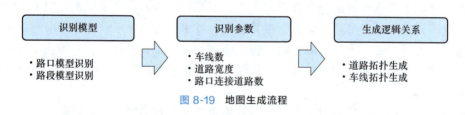

图 8-19 地图生成流程

• 基于 GNSS-IMU 定位数据以及改进的 OpenDrive 地图格式分区构建地图，在电铲、推土机等作业设备上加装激光雷达、摄像头等传感器，基于多源异构数据融合及轨迹数据挖掘技术的增量式地图数据更新系统，在作业过程中实时采集地理信息，在保证高效作业的同时确保数字地图的完整性和精确性，融合更新周期小于 2s。

露天矿无人驾驶系统需要深度融合露天矿山设备协同业务场景，挖掘矿山多维关联数据。无人驾驶系统的实现包括环境传感感知、车辆实时导航定位、路径规划技术以及决策控制技术等,相关层级逐步递进。

(3) 路径规划

无人驾驶矿卡的路径规划是车道级的,其根据导航定位技术与环境感知技术确定的起始点 A 与目标点 B 找到一条连续的运动轨迹后,在避开障碍物的同时尽可能优化路径。

传统的百度、谷歌、高德等地图 APP 所提供的导航服务解决的是通过一系列道路由 A 点最终到达 B 点的问题,这种导航服务的最小元素可能是特定道路上的特定车道,这些车道和道路是由真实的路标和分割线自然定义的。虽然无人驾驶矿车的路径规划问题也是解决从 A 点到 B 点的问题,但它的输出不是给驾驶人的,而是作为诸如行为决策和运动规划等下层模块的输入。因此,车道级的路径规划的道路等级必须达到高精度地图定义的车道水平。这些高精度地图定义的车道与自然分隔的车道或道路是不一样。如图 8-20 所示,箭头代表高精度地图等级道路的车道分割与车道方向,车道 1 至车道 8 组成了一条路径规划序列。

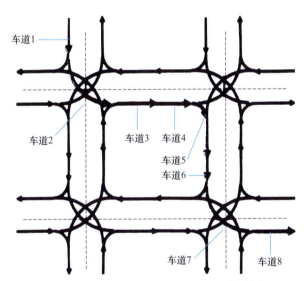

图 8-20　路径规划在高精度地图上的车道级输出

可以看到,高精度地图定义的车道不一定是与实际车道标志相对应的自然车道。例如,车道 2、车道 5、车道 7 代表的就是高清地图定义的虚拟转弯车道。同样地,可以将一条比较长的真实车道分割成几条车道,如车道 3、车道 4。

路径规划作为广义上的计划和控制模块最上层的模块,其输出在很大程度上依赖于高精度地图的创建。根据给出的高精度地图中定义的"道路图"和车道分割,并在某种预定义的最优策略下,路径规划所要解决的问题是计算无人驾驶矿车从出发地到目的地所要经过的最佳车道序列为:

$$\{车道 i,出发点 i,结束点 i\}$$

这里,$\{车道 i,出发点 i,结束点 i\}$ 是指路径规划的片段。一条路径规划片段由所属车道以及出发点和结束点在车道参考线的位置唯一确定。

无人驾驶的路径规划问题有一个显著特点,就是路径规划模块必须考虑车辆在执行最优路径时某些运动的困难性,这与传统的地图导航服务有很大的区别。例如,由于运动规划模块将需要更多的空间和时间来完成短路程的道路切换，此时无人驾驶路径规划将避免切换到平行车道。为了安全考虑，无人驾驶路径规划也会避免生成这种需要在短路程里完成换道的规划路径，不过会为这种路径规划分配高的代价。总之，与人类驾驶相比，自主车辆执行某些动作的困难点可能是非常不同的，路径规划模块将会被定制以适应驱动无人驾驶车辆运动规划模块。从这个意义上讲，无人驾驶车辆的路径输出不需要与普通驾驶人的导航路径输出相同。

（4）车辆运动控制技术

矿山运输无人驾驶控制技术用于实现车辆对精确跟踪规划的路径，控制车辆运行的状态和参数，保证无人驾驶卡车的安全性和稳定性。主要包括横向控制、纵向控制、装载控制、卸载控制，支持装载、运输、卸载、调车等作业任务，能根据作业任务类型和所处的作业环节，以及从辅助作业终端接收到的控制信息，在装、卸载区实现动态泊车停靠，完成装、卸任务。无人驾驶矿卡运动控制原理如图 8-21 所示。

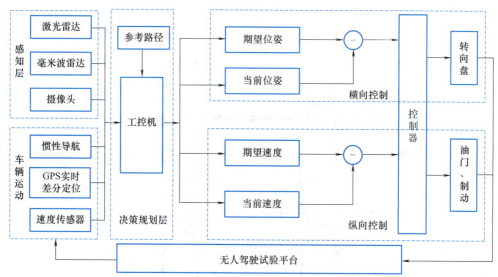

图 8-21　无人驾驶矿卡运动控制原理图

无人驾驶车辆正常行驶时，车身传感器感知周围环境信息，将感知的数据输入给工控机进行数据分析计算，得出车辆行驶的期望速度和期望位姿，同时车辆运动传感器实时检测车辆当前的速度和位姿信息，并将测量信息传输到工控机。工控机将计算得到的期望速度和期望位姿信息与传感器测量的信息进行对比，得出相应加速踏板、制动或者转向盘的控制量，最后通过 CAN 总线控制车辆的执行机构以达到路径跟踪的目的。

控制算法主要有 PID 控制、LQR 控制、模糊控制、模型预测控制和基于机器学习的方法等。无人驾驶领域中常结合 PI 来实现车辆的纵向运动控制，结合 PD 来实现车辆的横向运动控制。

露天矿山复杂的运输作业环境，要求车辆横纵向控制均需具备强鲁棒性。横向控制采用线性二次型调节器（Linear Quadratic Regulator，LQR）控制与改进的后轮反馈控制。LQR 控制算法针对线性系统进行控制，采用被控制系统状态变量的二次型积分作为评价指标，通过求解 Riccati 方程来获得最佳的控制方法，实现闭环控制的目的。LQR 控制模型如图 8-22 所示。

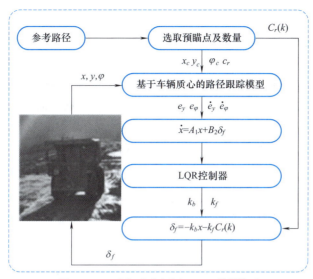

图 8-22 无人驾驶矿山车辆 LQR 控制模型

该方法能实现被控对象状态完全可观可控,可以较便捷地部署并使原系统达到较好的性能指标,在路面条件较差时能保证车辆的跟踪精度。其跟踪误差的状态空间模型如下式所示:

$$\begin{bmatrix} e_y \\ \dot{e}_y \\ e_\varphi \\ \dot{e}_\varphi \end{bmatrix} = \begin{bmatrix} 0 & 1 & 0 & 0 \\ 0 & \dfrac{-\sigma_1}{mv_x} & \dfrac{\sigma_1}{m} & \dfrac{\sigma_3}{mv_x} \\ 0 & 0 & 0 & 1 \\ 0 & \dfrac{\sigma_2}{I_z v_x} & \dfrac{-\sigma_2}{I_z} & \dfrac{\sigma_3}{I_z v_x} \end{bmatrix} x + \begin{bmatrix} 0 \\ \dfrac{2C_{\alpha f}}{m} \\ 0 \\ \dfrac{aC_{\alpha f}}{I_z} \end{bmatrix} \delta_f + \begin{bmatrix} 0 \\ \dfrac{\sigma_2}{m} - v_x^2 \\ 0 \\ \dfrac{\sigma_3}{I_z} \end{bmatrix} C_r$$

式中,e_y 为车辆质心处的横向误差;e_φ 为车辆航向误差。

纵向控制主要采用基于载质量与坡度补偿的分层 PID 控制策略。在平坦路面利用速度误差建立纵向的 PID 速度控制器,利用传感器测得车辆载重信息与坡度信息设计针对车辆期望驱制动力的补偿控制器,最终实现车辆在坡路与重载工况下精确的纵向速度控制;采用均衡前馈横纵向控制方法,实现精确停车,停车横纵向平均误差小于 0.3m。

无论空载还是重载工况,采用上述控制方案,无人驾驶矿卡均能实现对复杂测试路径的准确跟踪,平均横向误差为 0.2m,最大横向误差为 0.5m,实际速度跟随、横纵向运动协同、转向能力动态辨识与速度调整等性能满足要求。

针对以上算法存在的问题,许多学者提出将机器学习的方法应用于无人驾驶卡车运动控制器中,运用其自适应学习的能力,提高鲁棒性和容错性,优化算法参数,提高算法精度,对无人驾驶车辆实现稳定及精确的控制。但机器的方法需要基于大量的实验数据驱动,通过大数据建立控制模型,得到和实测值相近的控制输出,但其控制效果完全依赖于所采集数据的完整度。

综上可知,环境感知、导航定位、路径规划、运动控制算法等新一代信息技术的快速发展,解决了无人驾驶系统架构和数据互通决策及高级计算的问题,然而距离全面感知、动态预测的全流程无人驾驶矿山仍有差距,下一步应集成调度系统、监视系统、高精度地图管理系统、运行仿真及测试系统、大数据存储分析系统等模块，实现矿区自动驾驶车辆的高效运输和安全运行。

未来露天矿无人驾驶技术的发展趋势主要以下几个方面：

① 利用多传感器融合，提高环境感知能力。多传感器数据融合的环境感知技术可以提高无人矿用卡车环境感知性能和鲁棒性，减少外界环境对感知系统的影响。未来多传感器数据融合感知技术，将会是露天矿无人驾驶环境感知技术的发展方向。

② 采用组合导航定位，确定矿卡精准位置。使用组合导航定位技术，可以弥补单一导航定位技术的不足，从而增加无人矿卡定位系统的精度。组合导航定位技术也将会成为无人矿卡的主流定位技术。

③ 融合深度学习技术，优化路径生成。不同的路径规划算法都存在着相应的缺点，对露天矿无人驾驶卡车的路径规划精度存在一定的影响，将深度学习技术应用于路径规划，通过训练神经网络模型来优化路径的生成。

④ 应用深度学习的方法实现车辆精确控制。将深度学习应用至露天矿无驾驶卡车的运动控制技术中，可以利用其自适应学习能力，优化其他算法参数，使其可以在道路环境复杂多变的露天矿区，对无人驾驶卡车实现精准控制，保证卡车的运行效率和行驶安全。

8.3 准轨电机车

8.3.1 露天矿准轨电机车的特点

图 8-23 为 ZG100-1500 型国产准轨直流架线式电机车外形图。该车的机械部分由车体和转向架两部分构成。其两端前后转向架结构完全相同，车体为整体式，车体的底架是由两个中心承和四个旁承支撑在转向架上。每个转向架有两个轮对，每一轮对都由一台牵引电动机驱动。为缓和冲击，轮对和牵引电动机都用弹簧装于转向架上。车体的中部为司机室，每端有一个高压室，用以安装高压电器。高压室旁边有一个辅机室，用以安装压气机、通风机等。两端最外边还有一个电阻室。

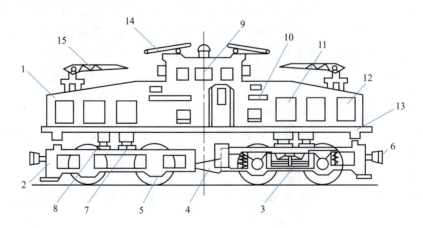

图 8-23　ZG100-1500 型电机车外形图

1—车体；2—转向构架；3—弹簧悬挂装置；4—中间回转平衡装置；5—轮对；6—车钩；7—中心承；8—旁承；9—司机室；10—高压室；11—辅机室；12—电阻室；13—底架；14—正弓受电器；15—旁弓受电器

图 8-24 为 ZG150-1500 型电机车外形图。该车机械部分由两节车体和 3 个转向架组成。两端转向架的结构完全相同。其余结构同 ZG100-1500 型电机车。

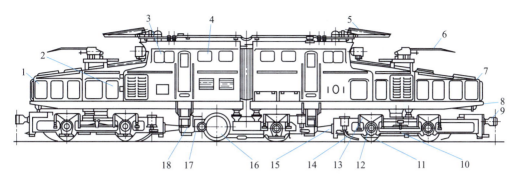

图 8-24 ZG150-1500 型电机车外形图

1—电阻室；2—辅机室；3—司机室；4—高压室；5—正弓受电器；6—旁弓受电器；7—车体；8—底架；
9—车钩；10—转向架构架；11—轮对；12—轴箱；13—弹簧悬挂装置；14—撒砂装置；
15—基础制动装置；16—齿轮传动装置；17—牵引电动机；18—牵引电机悬挂装置

8.3.2 准轨电机车的主要结构

国产准轨电机车的机械结构分成机车下部的转向架和机车上部的车体两部分。转向架包括转向架构架、弹簧悬挂装置、轮对、轴箱、齿轮传动装置、牵引电动机悬挂装置、制动装置、牵引缓冲装置、支承装置、中间回转平衡装置和撒砂装置等。车体包括车体底架、司机室、高压室、辅机室和电阻室等。

8.3.2.1 转向架构架

转向架构架是电机车的主要部件，车体的重量通过支承装置（中心支承和旁承）传至转向架构架。而转向架构架通过弹簧悬挂装置支撑在轮对的轴箱上。牵引电动机、传动装置、制动装置，以及牵引缓冲装置等部分都安装在转向架构架上。转向架构架除承受垂直载荷外，还承受振动和冲击时的附加垂直力、纵向水平力（与轨道平行，如牵引力和制动力）和横向水平力（与轨道垂直，如通过曲线时的离心力和侧向风力）的作用。因此转向架构架的强度，通常应能承受 2~2.5 倍电机车重力的纵向水平力。

根据车轮对于转向架的布置，转向架构架可以分为外架式和内架式两种。外架式是装在轮对的外侧，而内架式是装在轮对的内侧。国产准轨电机车均采用外架式转向架构架。它的主要优点是构架两侧梁的间距大，牵引电动机可装在轮轴近旁而单独传动，由于侧梁之间有较大的距离，可以加大牵引电动机尺寸而使其容量增加。另外，由于外架式的轮对轴颈间的距离大，因而具有较大的横向稳定性。

转向架构架按照结构，可以分为板式和梁式两种。板式转向架构架常用于中小型工矿电机车上。准轨 ZG80 型电机车就是采用板式转向架构架。这种构架是用较厚的钢板焊接而成，它的制造工艺简单。由于这种构架的侧梁是实心的，其中性带不承受载荷，故材料利用率低。此外，由于板式转向架构架的侧梁在轴箱切口处的截面是最危险的，因此在轴箱切口上的侧梁高度不小于 300~400mm，且用另一块厚钢板直接铆在切口的上方以加固侧梁。由于轴箱上面的侧梁高度大，弹簧的吊挂装置只能装在侧梁的外面，因而弹簧吊挂系统的纵向中垂面与侧梁纵向中垂面不重合，这就使侧梁将承受附加的扭曲载荷。梁式转向架构架由两个侧梁、牵引梁和端梁组成。每个梁都用 ZG25 铸钢铸造。两个侧梁与三个横梁之间用铰孔螺栓连接而成，如图 8-25 所示。

侧梁的厚度达 100mm。三个横梁按结构的要求都有较大的厚度。因此梁式转向架构架的机械强度高。由于梁式转向架构架的侧梁高度低，而且将侧梁中性带附近的金属挖空，这不仅提高了材料的利用率，而且可利用此空间来安装板弹簧。这种结构不仅使弹簧装置作用在侧梁上的力位于侧梁的中垂面内，不引起侧梁的扭曲，而且加大了两侧梁的间距，便于布置其他装置。由于两侧梁间距加大，也使构架在水平方向的抗弯刚度增加。

梁式转向架构架的轴箱切口处装有轴箱导框。当车轮通过不平整轨路时，轴箱可沿导框上下滑动。导框用软钢铸造，并从内外两面包夹住侧梁的轴箱切口。因此侧梁的中垂面和导框的中垂面是重合的。轴箱的托板是由下面装到侧梁上的。为便于定位，侧梁上有做成斜面的突出部分，在托板的每端用一个螺栓和一螺钉装在侧梁上，如图 8-26 所示。

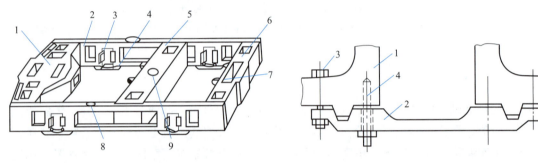

图 8-25　梁式转向架构架示意图
1—牵引梁；2—侧梁；3—轴箱导框；
4—轴箱托板；5—枕梁；6—端梁；
7—牵引电机吊挂孔；8—旁承座；9—中心承座

图 8-26　托板和侧梁的连接
1—侧梁；2—托板；
3—螺栓；4—螺钉

国产 ZG100 和 ZG150 型电机车都采用梁式转向架构架，且两端转向架结构完全相同。在牵引梁中装有标准 3 号车钩和 3 号缓冲器。在牵引架的两端有砂箱。枕梁位于构架的中部，在枕梁的中部设有中心承座，以支撑车体的大部分重量并传递牵引力。在后端梁中部安装弹簧平衡回转装置，端梁的两端也有砂箱。在两侧梁的中部靠近枕梁处，设有旁承座，以承受车体的部分重量。

ZG150 型电机车除两端转向架外，在机车中部还有中间转向架，如图 8-27 所示。中间转向架构架的两端为端梁。在端梁的中部安装弹性平衡回转装置。在构架中部的枕梁上有两个中心承座，以支撑两节车体的部分重量并传递牵引力。在两侧梁顶面中部靠近枕梁处，各装有两个旁承座，以支承车体的部分重量。因此，ZG150 型电机车的两节体中的每一节都是由两个中心承座和四个旁承座支撑在两端转向架和中间转向架上。而 ZG100 型电机车，由于车体是整体式，它是由两个中心承座和四个旁承座支撑在两端转向架上。

8.3.2.2　弹簧装置

弹簧装置包括缓冲元件（板弹簧或螺旋弹簧）、均衡梁和吊杆等。其作用是将电机车重量均匀分配到轮对上，并弹性地传递给钢轨。当电机车通过轨缝、道岔和不平整线路引起冲击和振动时，弹簧装置可以缓冲铁道对电机车的冲击。

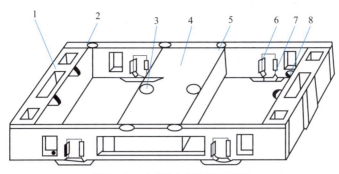

图 8-27 中间转向架构架示意图

1—端梁；2—侧梁；3—中心承座；4—枕梁；5—旁承座；6—轴箱导框；7—轴箱托板；8—牵引电动机吊挂孔

ZG150 型和 ZG100 型电机车的两端转向架的弹簧装置完全相同，在转向架的两侧梁上各由两个螺旋弹簧、两个均衡梁和一个板弹簧组成，如图 8-28 所示。由两块板件组成的均衡梁夹跨在侧梁的两侧，并支撑于轴箱上。板弹簧倒支于侧梁上弦条的下面，螺旋弹簧也支于上弦条的下面。均衡梁的两端通过吊杆与板弹簧和螺旋弹簧相连接，在板弹簧的两端和螺旋弹簧座的下面均有螺栓以调整弹簧的松紧。

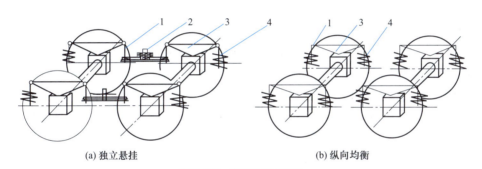

图 8-28 弹簧装置示意图

1—弹簧吊杆；2—板弹簧；3—均衡梁；4—螺旋弹簧

如果各轮轴均采用独立的弹簧悬挂，则传递给每一轴颈上的载荷将视弹簧吊杆收紧程度和弹簧的变形量而定。这样就难以实现各轮间预定的负载分配。为了在各轮间实现规定的负载分配并使之与弹簧的状态无关，就必须采用弹簧负载均衡的方法。将同一轮轴两端车轮的负载均衡称为横向均衡；将同一侧前后两轮的负载均衡称为纵向均衡。ZG150 型和 ZG100 型电机车转向架均采用纵向均衡，均衡梁和板弹簧都采用等臂结构，以实现前后两轮的负载均衡。

在大型工矿电机车上通常是将板弹簧与螺旋弹簧联合使用。板弹簧的特点是，当弹簧上部分产生振动的时候，各弹簧板片之间产生相对移动，从而形成摩擦力。这种摩擦力吸收振动能量，从而使振动衰减。但当弹簧上部分受到轻微振动时，就不能保证振动的缓和，而螺旋弹簧是无摩擦的，它对微幅振动能起缓和作用，因而通常都将板弹簧与螺旋弹簧联合使用。

8.3.2.3 轮对

轮对是由一根车轴和两个车轮按规定的压力和规定的尺寸紧压配合组装成一体的。轮对是机车行走的主要部件,它刚性地承受由于线路不平整而产生的所有垂直与水平方向上的冲击载荷,并引导机车在轨道上运行,轮对的质量直接影响机车运行的安全,因此轮对必须有足够的强度和刚度。在露天矿准轨电机车上,各台牵引电动机分别驱动轮对,且采用外架式转向架构架。轮对使用外轴颈式,如图 8-29 所示。图中先将齿轮 4 压装在轮心 2 的轮毂上,再将轮箍 3 热压在轮心 2 的外缘以形成组件,最后再将轮毂压装在轮轴上。轮轴上的轴颈 5 用以安装牵引电动机的抱轴轴承。

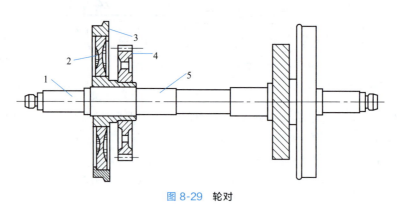

图 8-29 轮对

1—轮轴;2—轮心;3—轮箍;4—轮轴齿轮;5—轴颈

(1) 轮箍

轮箍上的轮缘和踏面是车轮和钢轨直接接触的部位。为使轮对运行平稳且能顺利通过曲线和道岔,轮缘和踏面应有合理的外形,如图 8-30 所示。轮缘是一凸起部分,它必须有一定的厚度和高度,这是为了防止轮缘爬上钢轨而发生脱轨事故。当轮对通过曲线时,外轮轮缘紧靠外侧轨头的内侧面,若轮对所受的横向力很大,车轮就可能顺着轮缘外侧爬上轨面而发生脱轨事故。但由于轮缘由两段小圆弧构成斜度很大的曲面,即使车轮有少量抬起,也会在重力作用下顺着斜坡滑至安全位置。

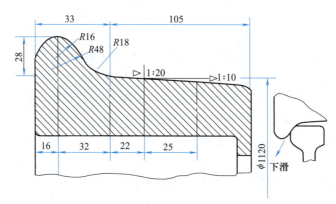

图 8-30 轮箍断面形状和轮缘作用示意图

车轮踏面不是圆柱形,而是包括锥度为 1∶20 和 1∶10 的两个锥形部分。所谓车轮直径是指距车轮内侧面 70mm 处的踏面圆周直径。由于踏面中部具有 1∶20 的锥度,为使轨面与踏面良好接触,铺设钢轨时也使轨面向线路中心倾斜 1∶20 的坡度。因此,轨面对踏面的作用力方向是倾向线路中心的,其水平分力使轮对有处于线路中心的作用。

轮箍材料一方面应有足够的韧性以抵抗冲击载荷，另一方面应有足够的强度和硬度以抵抗磨损和挤压。我国车辆上的轮箍均用轮箍钢制造。在制造车轮时，先将轮箍内表面加热，加热后套在轮心上，然后再按轮距和轮面形状进行车削。为保证轮心与轮箍牢固结合，将轮箍的内径制成比轮心的外径小，将轮箍加热套装到轮心上，在轮箍冷却收缩后在轮箍与轮心之间将产生很大的内应力，若内应力过大会使轮箍崩裂，内应力太小又达不到使轮箍与轮心紧固的目的。

（2）轮轴

轮轴在压装轮心的轮毂处有最大的直径，因为该处最易折损。轮轴的结构可以分为下列几部分（图 8-31）：

① 轴颈，用以安装轴瓦，承受弹簧上部分压力，且以高速转动。因此要求轴颈表面粗糙度低，以减少摩擦阻力和降低轴温。轴颈在精加工后还应进行磨光或滚压强化以提高疲劳强度。

② 扣环座，用以安装扣环和限制轴瓦向内移动。

③ 轮座，用以压装轮心的轮毂。

④ 安装牵引电机抱轴轴承的轴颈。此部分同样应精加工后磨光。

⑤ 轴的中央部分。此部分无配合面，粗加工即可。

轮轴各部分间均用较大的圆弧来过渡连接，以免产生应力集中，一般采用 $15\sim20\mu m$ 的圆弧半径。

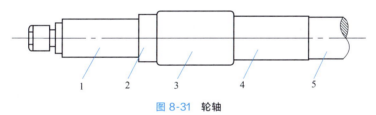

图 8-31 轮轴

1—轴颈；2—扣环座；3—轮座；4—牵引电动机的抱轴轴承轴颈；5—轴的中央部分

8.3.2.4 轴箱

轴箱的主要作用是把车辆的重量传给轴颈，并在运行中不断把润滑油供给轴颈，以减小车辆运行阻力。目前我国露天矿准轨电机车都采用滑动轴承，如图 8-32 所示。由于转向架为外架式，轴箱制成封闭式的。

轴箱两侧面有导槽，槽内装导板，使导板与转向架侧梁的轴箱导框配合，以便轴箱能沿导框上下运动。轴箱顶部有均衡梁座，车辆的垂直载荷经均衡梁座从轴箱的顶部压在轴瓦上，再由轴瓦传至轴颈。

轴箱采用离心润滑，由轴端固定的甩油器 7 将润滑油甩到轴箱的上部且经上轴瓦 8 的油沟落到轴颈上。固定环 4 和扣环 12 的作用是将侧向力由轮对传至车架上。轴颈的后端装有反射环 9，以防止油喷到轴箱的后面。为防止灰尘侵袭车厢内部，装有防尘装置 10。

箱体常用 ZG25 铸钢制成。轴瓦以前用铜合金制成，为节约有色金属，目前多用含铅（占 78%～82%）、锑（占 14%～15%）和锡（占 4%～5.5%）的白合金制成。轴瓦浇铸白合金后，要经过精加工和手工研刮，以使轴瓦与轴颈接触良好。

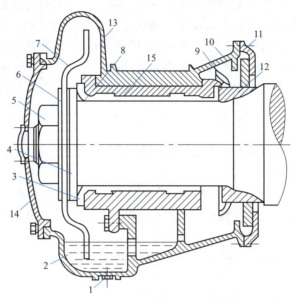

图 8-32 轴箱

1—放油螺塞；2—润滑油；3—下轴瓦；4—固定环；5—轴端螺帽；6—止动环；7—甩油器；
8—上轴瓦；9—反射环；10—防尘装置；11—后盖；12—扣环；13—箱体；14—前盖；15—轴瓦垫

8.3.2.5 牵引电动机悬挂装置

为了将牵引电动机的转矩传到轮轴上，目前我国准轨电机车均采用双边齿轮传动，即在牵引电动机轴的两端装有主动齿轮6，主动齿轮6与轮轴上的从动齿轮3相啮合。为使啮合的齿轮正常工作，必须使齿轮中心距保持不变。当电机车运行时，特别是电机车通过不平整线路时，安装从动齿轮3的轮轴将对机车的弹簧上部分产生向上或向下的垂直运动。为保证齿轮传动的中心距不变，电机车的牵引电动机均采用图8-33所示的悬挂方式，这种悬挂方式一般称为抱轴式。牵引电机的一端用抱轴箱2支持在轮轴上，另一端是由电机的挂鼻7支持在弹簧吊挂的上横梁8和下横梁9之间。当电机下压时，下横梁9通过弹簧座14将弹簧压缩，弹簧座15是支持在转向架枕梁上的下支座12上。当电动机向上振动时，上横梁9牵引两根拉杆13向上压缩弹簧而支持于转向架横梁的上支座11上。

8.3.2.6 电机车制动装置

为使电机车在运行中能随时减速和停车，电机车必须设置制动装置。强有力的制动装置不仅可以提高运行的安全性，缩短制动距离，而且还可以加大行车速度。电机车上设有机械制动装置和电气制动装置，但由于电气制动不能使机车完全停止，因此每台机车上都应装有机械制动装置。

准轨工矿电机车每个转向架都有一套独立的基础制动系统。国产 ZG150 型电机车两端转向架的基础制动系统如图 8-34 所示。在转向架的两侧都装制动闸缸1，虽然两侧的制动杆系都和横杆8相连，但每个制动闸缸却只供一侧制动之用。制动时，压气进入两侧的闸缸1，活塞杆上的力经制动臂2传到拉杆4上，拉杆4借助水平等臂杆7将力均分到前轮的闸瓦6和后轮的拉杆4上。很明显，由于采用了等臂杆7，前后两轮的闸瓦压力是相同的。

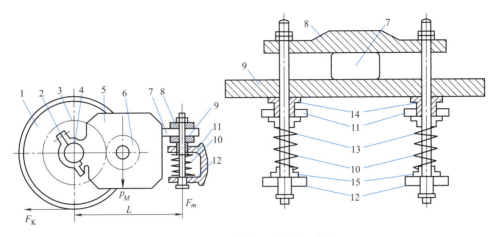

图 8-33　牵引电动机安装悬挂示意图

1—车轮；2—抱轴箱；3—从动齿轮；4—轮轴；5—牵引电动机；6—主动齿轮；7—挂鼻；
8—上横梁；9—下横梁；10—弹簧；11—上支座；12—下支座；13—拉杆；14、15—弹簧座

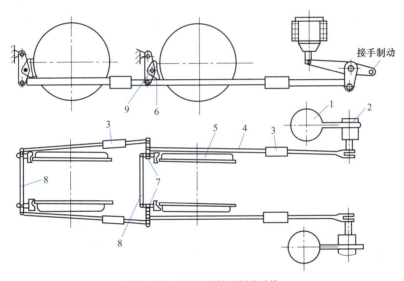

图 8-34　转向架的基础制动系统

1—闸缸；2—制动臂；3—调节螺母；4—拉杆；5—车轮；6—闸瓦；7—等臂杆；8—横杆；9—吊杆

机车上除有压气制动外，还有手制动。手制动仅对一端转向架的轮对产生制动作用。手制动的传动装置如图 8-35 所示。制动手柄 1 经锥齿轮对 2 转动螺杆 3 使与拉杆 5 固定的往复螺母 4 上下运动。通过制动梁 6，链条 7 和拉杆 9 将制动力传到基础制动系统的制动臂上，即可对系统进行制动或缓解。

闸瓦采用抱轮缘式，即闸瓦不仅压在轮面上，而且也抱住轮缘。这种闸瓦结构再加上同一轮轴上左右两闸瓦之间用横杆相连，这就能有效地防止闸瓦偏磨，而且加大了摩擦面，减小了单位面积的压力，也使轮面和轮缘有较均匀的磨损。为了调整闸瓦面与轮面的间隙，在制动杆系中设有调节螺母来调整。

在设计制动传动系统时，应使各闸瓦的压力相同。传动系统应是静定的，以保证闸瓦间的压力分配与系统内个别元件的变形无关，还应保证闸瓦磨损后易于调整，磨损部件易于更

换,且闸瓦磨损后的闸瓦压力变化最小。制动装置的传动系统动作时,不应与车架的其他部件相干涉。

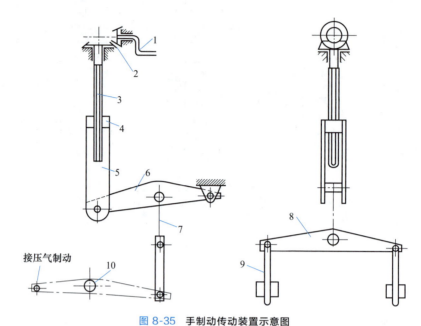

图 8-35 手制动传动装置示意图

1—制动手柄;2—锥齿轮对;3—螺杆;4—往复螺母;5、9—拉杆;
6—制动梁;7—链条;8—制动横梁;10—制动臂

8.3.3 准轨电机车的使用维修与故障排除

8.3.3.1 准轨电机车的使用维护和检修

(1) 准轨电机车的安全使用要点

① 检查确定机车的传动装置、辅助系统、电气装置、保护装置、制动装置、撒砂装置、车钩缓冲装置、行走各部及轮对、灭火器、监视仪器、无线电话、遥控装置等安全可靠。

② 检查并调整制动缸的活塞行程(50~90mm)、闸瓦与车轮踏面的缓解间隙(6~8mm),确保闸瓦厚度≥30mm。

③ 按顺序进行机油泵、空气压缩机、换向器、制动机的启动试验,并确定可以正常工作。

④ 确认机车的各安全保护装置和监督计量器具准确可靠,不得盲目切(拆)除或任意调整其动作参数。

⑤ 保护电器或装置(如油压、水温、接地、过流、超速、超压等)动作后,在未判明原因前严禁盲目启动或切除各种保护装置。

⑥ 各脚梯和手扶杆应牢固并且无开焊及裂纹,脚踏木板应有防滑沟,车顶盖各部应严密,螺栓无松动,无开焊及裂损处,各端灯、汽笛及消声器等安装牢固。

⑦ 闸缸安装应牢固且无漏风处,活塞行程符合标准,制动缓解时应能回至零位,各杆件无损伤,各连接件完好无缺。

⑧ 砂箱安装牢固,无破损漏砂处;砂子干燥且量足,封盖严密;撒砂器及砂管状况良

好,高度符合要求且无堵塞。

⑨ 轮箍、轮芯无松裂透锈现象,踏面应无擦伤和剥离,轮缘磨损不超限(垂直磨损高度不大于 18mm,踏面磨损深度不大于 7mm)。

⑩ 制动组件及传动装置良好,闸瓦无裂纹及偏磨状况,闸瓦间隙符合标准,闸瓦厚度不大于 7mm;制动软管无裂损,卡子无松缓,胶圈良好。

(2) 准轨电机车的运行操作规范

① 启动机车工作之前应进行下列检查:一切可移动的盖子是否盖好,电器开关、电动机、前后防振灯的所有螺栓是否拧紧,齿轮盒子是否牢固或损坏;检查保护导线的外套,验证导线是否完善可靠;机械部分和制动系统是否完整、正常,制动瓦在一度磨损后,所余厚度不应小于 10mm,制动瓦与轮箍间的空隙在 3~5mm 范围内,并要同心;将换向筒放在"向前"和"向后"等位置,控制手柄推到第一位置后立即回至零位,凭借轻微的推动觉察电动机和控制线路是否正常;检查机车各轴承、铰接处和相对移动部分的润滑是否良好。

② 牵引列车启动前要进行简略的试闸,判断连接风管的车辆是否符合所规定的指标。

③ 开车前应压缩车钩和进行撒砂,压缩车钩车辆数不得超过车辆总数的 2/3,以防整个列车移动或超越后部的警冲标,并且在启动前不得将机车的制动力缓解。充满风再启车,适量撒砂,拉开钩再加速,启动电流的显示值不得超过最大允许值。

④ 在运行中要密切监视各仪表及信号显示,确认电机、电器是否正常工作;要注意过渡信号灯的显示,以便了解磁场弱接触器是否按规定动作。手动过渡最好在行驶速度为 50km/h 时进行,以免造成牵引电动机的电压偏高,影响机车功率的发挥。

⑤ 司机在工作时间内必须经常检查轴承和轴瓦是否发热,电缆接头是否正常,运转中是否有不正常的声音或气味,如果轴承箱发热至 80℃,必须停止运行。

⑥ 操作时首先定好换向手柄位置,然后把主手柄顺序地自一位置转至另一位置,机车速度即随之提高。如手柄放置在第一位置时电机车不动,则允许手柄移到下一位置,如果机车仍然不动,则必须查明原因,切不可继续往下推挡,以免损坏电气设备。

⑦ 控制器手柄由一位置转到另一位置时,不应停滞在两个位置之间,因为这样会引起电弧,易使控制器触点烧损。

⑧ 若发现车轮滑转就应把控制手柄放置零位,再逐渐转动手柄到正常运转位置,绝对不许为了预防车轮滑转,主手柄未放置零位就刹住车轮,这会使电动机严重过载以致损坏电动机。

⑨ 运转过程断电或停车时,必须将手柄转回到零位,并抽下换向手柄。

⑩ 电气制动仅能用于两电机同时使用时(即 1+2 位置),顺序是手柄拨至零位,切断电源,手柄拨至制动位置,绝不允许以逆电流使电动机反转来停止机车。

电机车是经常运动的设备,因此各个相对运动的接触面的润滑保护工作很重要,必须遵守设备润滑制度。

8.3.3.2 准轨电机车的主要故障排除(表 8-4)

表 8-4 准轨电机车的主要故障及其排除方法

故障现象	故障原因	处理方法
1. 启动时电动机不转动或拖不动	1. 启动电阻短路 2. 控制器接线松脱 3. 电动机绕组烧坏 4. 传动齿轮卡住	1. 检查修理电阻箱 2. 检查并紧固接线端子 3. 修理更换已损绕组 4. 清除障碍物或更换已损齿轮

续表

故障现象	故障原因	处理方法
2. 在行车中电动机产生不正常的噪声	1. 滚动轴承磨损严重 2. 轴承缺少润滑油 3. 电刷压力过大	1. 更换磨损超限的轴承 2. 加足润滑油 3. 调整弹簧压力
3. 机车运行中,转向架下部冒烟	1. 传动齿轮与齿轮箱体摩擦 2. 齿轮箱漏油严重 3. 电枢轴承温度过高 4. 牵引电动机抱轴瓦发热 5. 齿轮箱传动件损坏,轴承发热	1. 调整间隙并向箱内加油 2. 堵塞漏油处,加足规定用油 3. 停车检查,给轴承注油 4. 检查轴瓦及油线,加足轴用油 5. 拆检齿轮箱,更换已损零件
4. 抱轴发热并脱落碾成碎屑片	1. 抱轴油盒严重缺油 2. 抱轴瓦间隙过小 3. 毛线刷架螺钉脱落 4. 弹簧太弱,毛线与轴接触不良 5. 抱轴瓦与轴的配合尺寸不当	1. 检查油尺油量,加足用油 2. 清洗并调整间隙,然后加油 3. 检查调整刷架,坚固联螺钉 4. 检查并更换压力合适的弹簧 5. 用塞尺检查,重新调整间隙
5. 牵引电动机发出嘣声(放炮)	1. 输入电压过高,继电器动作 2. 电动机太脏 3. 牵引电动机接地,继电器动作 4. 机车严重超速运行	1. 清扫电机并调整电压 2. 及时清扫电机内部积垢 3. 检查电机运行状态,隔离接地处 4. 杜绝违规操作,适速行驶
6. 齿轮运转时产生不正常的噪声	1. 齿轮严重磨损 2. 缺少润滑油 3. 齿轮或罩壳固定装置松弛 4. 电机轴承间隙过大	1. 更换磨损超限的齿轮 2. 加足润滑油 3. 紧固连接螺钉 4. 检查调整轴承间隙
7. 电动机发热	1. 过载 2. 电刷压力过大 3. 绕组线圈短路 4. 轴承缺油或油量过多	1. 减少牵引矿车数量 2. 调整弹簧压力 3. 检查修理或更换绕组 4. 加注适当油量
8. 轴箱发热并有焦味	1. 轴箱缺油或油太多 2. 轴承及保持架损坏 3. 轴承内套及附件损坏 4. 轴挡间隙过小过紧 5. 轴的荷重严重不均匀	1. 检查油箱,加油要适量 2. 更换已损的轴承及保持架 3. 更换已损的构件 4. 调整轴挡盖螺钉,使间隙合适 5. 调试并调整荷重分配
9. 换向手柄变位时,机车不换向	1. 控制器插件接触不良或断路 2. 换向器的线圈烧损或断路 3. 牵引电动机故障,开关动作 4. 离位保护继电器反联锁接触不良 5. 励磁接触器反联锁失效	1. 整修触指和芯子簧片 2. 检修线路或更换已损的线圈 3. 检查牵引电机线路,完善接线 4. 整修触点,检查并完善接线 5. 检查线路并修整损伤的触指
10. 操纵手柄变位时,机车不行走	1. 控制器插件芯子断路 2. 励磁接触器反联锁断路或卡滞 3. 主过电流继电器虚接或未复位 4. 控制风压继电器动作失灵 5. 阻容保护元件损坏失效	1. 检查芯子线路,调整触指和簧片 2. 检查并整修接触器线路 3. 整修线路并按规定复位 4. 检查线路接点,按规定定风压 5. 检查并更换已损的二极管等元件
11. 控制器内产生过大的火花	1. 触点表面不平或不干净 2. 电机电刷弹簧压力过大或过小 3. 控制器接触片间或电枢线圈之间短路 4. 电枢电路断线	1. 修理或更换触点 2. 适当调整弹簧压力 3. 检查修理烧损点 4. 检查修理并去掉废线

续表

故障现象	故障原因	处理方法
12. 控制器操纵不灵活	1. 控制器的铰轴处润滑不良 2. 接触子弹簧质量不好或损坏 3. 可逆鼓轮的接触片松脱 4. 固定接触子弹簧损坏	1. 向铰轴处注油,加强润滑 2. 更换失效或已损弹簧 3. 检查和紧固连接螺钉 4. 更换已损弹簧
13. 控制器闭锁装置失灵	1. 闭锁装置的弹簧损坏 2. 滚柱严重磨损 3. 润滑不良	1. 更换已损弹簧 2. 更换磨损超限的滚柱 3. 适当地滴加润滑油
14. 启动空压机按钮,空压机不能正常工作排风	1. 空压机继电器接触不良 2. 启动泵反联锁装置不良 3. 中间继电器联锁不良或线圈烧损 4. 按钮接触不良或连线松脱 5. 接触器线圈烧损或接触不良	1. 检查并整修继电器触点 2. 检查整定反联锁装置及连线 3. 更换线圈并整修接点 4. 检查按钮并紧固连线 5. 更换线圈,整修接点
15. 空压机启动困难或气压不易上升	1. 二级接触器反联锁接触不良 2. 卸荷阀线圈烧坏或铁芯卡滞 3. 续流二极管击穿失效 4. 空压机启动排气管堵塞 5. 卸荷阀反联锁触电粘连不脱开	1. 整修反联锁并完善连线 2. 整定或更换已损的线圈 3. 检查并更换续流二极管 4. 检查并清扫排风管的污垢杂物 5. 整修各触点使之开闭灵活
16. 空气压缩机排风量不足	1. 缸头衬垫破损严重 2. 进排气阀不严密 3. 进排气管道漏风 4. 电动机转速不符合规定 5. 调节器调定值不合适	1. 检查缸头,更换破损的衬垫 2. 检查并研磨气阀片 3. 检查管道,堵塞漏风处 4. 测试并调整电动机转速 5. 按规定值整定调节器
17. 当空气制动机控制手柄在制动时,均衡气缸排气缓慢或不减压	1. 调整阀的排气阀弧槽太小 2. 调整阀压板螺母排气孔太小 3. 排气阀弹簧过软,不能开阀 4. 调整阀的供气阀泄漏失灵 5. 调整阀凸轮磨损超限	1. 按规定尺寸加工阀的弧槽 2. 调整或加工螺孔到标准尺寸 3. 更换弹簧或加装尺寸合适的垫片 4. 清洗研磨阀口或更换弹簧 5. 修复或更换调整阀凸轮
18. 制动机自阀手柄在运转中,工作气缸和降压气缸充气缓慢	1. 工作气缸充气限制阀和止回阀失灵 2. 管座的工作气缸和降压气缸通路堵塞 3. 附阀柱塞气孔堵塞 4. 工作气缸及管路泄漏 5. 主阀供气阀密封件损坏	1. 检查阀体,去除毛刺或污物 2. 清扫通路的堵塞污物及毛刺 3. 清除两排充气孔的毛刺及污物 4. 检修气缸及管路,修补漏洞 5. 检查胶垫,清洗污物,更换已损件
19. 制动机自阀手柄在制动区,分配阀排气阀口泄漏	1. 主阀空心阀杆的阀口有损伤或污物 2. 进排气通路被堵塞或压死 3. 阀套或柱塞的密封圈失效 4. 工作气缸止回阀泄漏逆流到制动管	1. 修磨阀门伤痕并消除污物 2. 清除通路的污物,更换胶垫 3. 检查并更换已损坏的密封件 4. 清除阀口污物或修磨阀口
20. 制动机自阀手柄在制动区,制动气缸压力上升缓慢	1. 总管道限制堵的孔被堵塞 2. 制动气缸的通路有泄漏现象 3. 限压阀凹槽有污物堵塞 4. 限压阀体被卡滞受阻	1. 检查并修磨阀口,清除污物 2. 更换已损的密封件 3. 检修管路,补堵泄漏之处 4. 检查阀杆,更换已损的密封圈
21. 手柄从过充位至运转位,压力消除太快,引起机车制动	1. 过充气缸的气孔太大 2. 气缸过充管有泄漏现象 3. 缓解柱塞阀的密封圈损坏 4. 分配阀的充气阀通路被堵塞 5. 均衡气缸容积有较大变化	1. 检修充气缸小孔,使之恢复标准值 2. 检查过充管,修补泄漏处 3. 检查并更换已损坏的密封圈 4. 清洗充气阀,除掉通路污物 5. 检测排气量,调整活塞行程

续表

故障现象	故障原因	处理方法
22. 单阀手柄从运转位置移至制动位置时，空行程太大	1. 调整凸轮型线尺寸磨损超限 2. 调整阀柱塞的组装尺寸有误 3. 调整凸轮的支承头部磨损超限 4. 供气阀卡滞或有泄漏现象 5. 手柄与心轴配合位置不正确	1. 修补凸轮型线过渡台阶 2. 按照规定尺寸重新组装调整阀柱塞 3. 更换凸轮支承并补焊支承头部 4. 修磨供气阀并补泄漏处 5. 检查或更换单阀的手柄与心轴
23. 集电弓子工作不正常	1. 弓子铰销润滑不良 2. 滑板磨损超限 3. 弓子与接触导线之间的压力不合适	1. 检查铰销并注油 2. 更换滑板 3. 测试并调整压力
24. 撒砂系统工作不正常	1. 砂子在砂箱中硬结或砂管不畅通 2. 撒砂系统的开放操作沉重或不返回原位 3. 砂子落不到轨面上	1. 清扫砂箱及砂管，并采用筛过的干燥清洁砂子 2. 润滑传动杆铰销，并检查和调整弹簧拉力 3. 校正砂箱位置并拧紧螺钉

 复习思考题

8-1 矿山运输车辆的优缺点是什么？

8-2 矿用重型载重汽车有哪几种类型？

8-3 矿山重型自卸车在结构上应满足哪些基本要求？

8-4 矿山重型自卸车的基本结构包括哪些部分？

8-5 矿山重型自卸车的无人驾驶系统包括几个关键技术？

第 9 章 带式输送机

教学目标

（1）了解带式输送机的类型及其适用条件；
（2）掌握带式输送机的工作原理、基本结构；
（3）掌握带式输送机的选型与计算方法。

9.1 带式输送机的传动原理及其应用

带式输送机是一种以输送带兼作牵引机构和承载机构的连续输送物料的机械，可用于连续输送大宗散装货物，如矿石、煤、砂、粉末状物料和包装好的成件物品。它生产率较高，工作过程中噪声较小、结构简单，广泛应用于冶金、矿山、化工和建材等工业生产中。

矿用带式输送机按主要结构分为普通带式输送机、钢丝绳芯带式输送机和钢丝绳牵引带式输送机等。

（1）普通带式输送机

普通带式输送机是矿山最常用的输运设备，其输送带内的帆布层作为承载构件，同时又以输送带作为持送构件。由于帆布层强度较小，普通带式输送机的单机输送距离受到一定限制。

（2）钢丝绳芯带式输送机

这种输送机的输送带是以钢丝绳代替帆布层作为承载构件。由于钢丝绳强度较大，其单机输送距离长、输送能力大。钢丝绳芯带式输送机还具有拉紧装置行程短、驱动机构简单、外形尺寸小、输送带使用寿命长和经济效果好等优点。其缺点是制作钢丝绳芯输送带的接头工艺和设备复杂，工艺技术要求较高，若接头质量差则易发生跑偏事故；输送带横向强度差，输送带易沿纵向发生撕裂；功率消耗稍大于钢丝绳牵引带式输送机；由于中间支架和托辊数量较多，需要钢材亦多。

钢丝绳芯带式输送机主要用于平硐、斜井和地面长距离输送物料，特别适用于输送运量大、运距长的散装物料,若增加适当的装置和保护措施,亦可用于输送人员。

通用带式输送机工作原理如图 9-1 所示。输送带 2 绕过头部驱动滚筒 1 和尾部拉紧装置的滚筒 7,形成一个无级的环形封闭带。输送带上分支(有载分支)支撑在槽形托辊(上托辊)3 上,下分支(无载分支)支撑在平托辊(下托辊)11 上,拉紧装置给输送带以保证正常运转所需的张力。工作时,驱动滚筒通过摩擦力驱动输送带运行,物料经装载装置(漏斗)5 加到输送带上,随输送带一起运动到头部卸载装置(尾架)9 卸出,利用专门的卸载装置也可在输送机中部任意点卸载。

带式输送机的传动原理是通过驱动装置的驱动滚筒与输送带间的摩擦阻力来传动,同时随着输送带的移动不断地向输送带上增添物料并把物料从装料端输送到卸料端,然后将其卸入运输容器内或矿堆上。带式输送机适用于输送容重为 $0.5\sim2.5t/m^3$ 的块状物料。

带式输送机可用于水平或倾斜方向运送物料,线路的布置形式大致可分为三类:水平方向输送物料、倾斜方向输送物料、水平和倾斜方向输送物料。在倾斜方向上运输时,若物料自重在倾斜方向的分力大于物料与带条间的摩擦力,则物料将产生滑动,所以输送各种物料的最大倾角是不同的。倾斜输送时其倾斜角度将受到一定的限制(通常为 1°~18°)。当倾斜向上输送物料时输送带最大倾角一般为 17°~18°,当向下输送时其倾角一般为 15°~16°。当采用花纹输送带加之其他措施时,向上运送时的倾角可达 28°~30°,向下运送的倾角为 25°~28°。

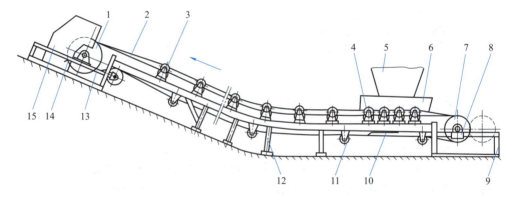

图 9-1 带式输送机总体结构简图(驱动装置未表示)

1—传动滚筒;2—输送带;3—上托辊;4—缓冲托辊;5—漏斗;6—导料拦板;7—改向滚筒;8—螺杆拉紧装置;9—尾架;10—空载段清扫器;11—下托辊;12—中间架;13—头架;14—弹簧清扫器;15—头罩

带式输送机按其结构不同可分为多种型号。表 9-1 所列是 JB 2389—78《起重运输机械产品型号编制方法》中所规定的带式输送机分类及代号。

表 9-1 带式输送机分类及代号(JB 2389—78)

名称	代号	类、组、型代号
通用带式输送机	T(通)	DT
轻型带式输送机	Q(轻)	DQ
移动带式输送机	Y(移)	DY
钢丝绳芯带式输送机	X(芯)	DX
大倾角带式输送机	J(角)	DJ
钢丝绳牵引带式输送机	S(绳)	DS

续表

名称	代号	类、组、型代号
压带式输送机	A(压)	DA
气垫带式输送机	D(垫)	DD
磁性带式输送机	C(磁)	DC
钢带输送机	G(钢)	DG
网带输送机	W(网)	DW

9.2 带式输送机的结构

不同类型的带式输送机适应在不同条件下使用，但其基本组成部分相同，只是具体结构有所区别。其中用得最多的是通用型带式输送机，国内目前采用的是DTⅡ型固定式带式输送机系列，该系列带式输送机由许多标准部件组成，各部件的规格也都成系列，按不同的使用条件和工况进行选型设计，组合成整台带式输送机。

带式输送机的基本组成部分包括输送带、托辊、驱动装置（包括传动滚筒）、机架、拉紧装置和清扫装置。

9.2.1 输送带

在带式输送机中，输送带既是承载构件，又是牵引构件，用它来载运物料和传递牵引力。输送带是带式输送机中最重要也是最昂贵的部件，占输送机总成本的25%～60%，所以应正确地选择并在运转中加强维护管理，延长其使用寿命，一条输送带至少应使用5～10年。我国目前使用的输送带有织物芯输送带和钢丝绳芯输送带。

9.2.1.1 织物芯输送带

织物芯输送带（简称胶带）在实践中应用最广泛，如图9-2所示。它是由天然棉纤维按

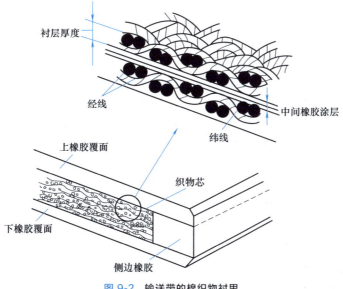

图9-2 输送带的棉织物衬里

一定方式（单股棉线按一经一纬或二经一纬）织成衬里帆布。衬里帆布挂上芯胶之后按照所需层数粘贴滚压成带芯。芯胶是一种高弹性、高黏结力混炼胶，但硬度低、不耐磨，主要用于各衬里帆布层之间和带芯与上、下覆盖胶间的黏结。在制成的带芯上再滚压上覆盖胶和边胶之后就成为带坯。带坯经大型平板硫化器分段硫化就成为输送带。

上覆盖面是输送带的承载面，直接与物料接触并承受物料的冲击和磨损，所以上覆盖层一般较厚，厚度为3～6mm；下覆盖面是输送带与支承托辊接触的一面，主要承受压力和摩擦力，厚度为1.5～2mm。侧面与机架接触时，保护其不受机械损伤，所以采用耐磨橡胶。织物芯带上覆盖胶层的厚度根据被运物料特性不同来选取。

在织物芯带中，衬里帆布层数有一定限度，增多层数固然能提高输送带破断强度，但也增加了输送带的刚性，使输送带柔性下降，并使其绕过滚筒时弯曲疲劳强度下降，输送带运转时改向阻力增加，因此使用中一般采用不大于7层的输送带，实践证明5～6层较好。衬里帆布层数过少会使输送带过薄以致使用性能下降，造成输送带横向刚度不足，使输送带在托辊间易摊平撒料。带宽与衬里帆布层数之间应保持一定的关系。

9.2.1.2 钢丝绳芯输送带

随着长距离、大运量带式输送机的出现，一般的帆布层芯输送带的强度已远远不能满足需要，取而代之的是钢丝绳芯输送带，如图9-3所示。钢丝绳芯输送带的特点是以一组平行的高强度钢丝绳代替了帆布层，钢丝绳一般由七根直径相同的钢丝缠绕制成，中间有软钢芯。芯胶的材料可稍次于面胶，但必须具备与钢丝有较好的浸透性和黏合性。钢丝的排列采用左绕和右绕相间，以保证输送带的平整。国产钢丝绳芯的带芯强度 σ_d 可达40000N/cm。

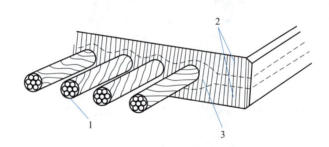

图 9-3 钢丝绳芯输送带结构
1—高强度钢丝绳；2—上下橡胶覆面；3—嵌入胶

9.2.1.3 输送带的连接

为了便于制造和搬运，输送带的长度一般制成每段100～200m，因此，使用时必须根据需要进行连接。橡胶输送带的连接方法有机械接法与硫化胶接法两种。硫化胶接法又可分为热硫化和冷硫化胶接。塑料输送带则有机械接头与塑化接头两种。

(1) 机械接头

机械接头是一种可拆卸的接头。它对带芯有损伤，接头强度低（只有25%～60%），使用寿命短，并且接头通过滚筒时对滚筒表面有损害，常用于短运距或移动式带式输送机上。织物层芯输送带常采用的机械接头形式有铰接活页式、铆钉固定夹板式和钩状卡子式，如图9-4所示。钢丝绳芯输送带一般不采用机械接头方式。

(2) 硫化（塑化）接头

硫化（塑化）接头是一种不可拆卸的接头形式。它具有承受拉力大、使用寿命长、对滚筒表面不产生损害、接头强度高（达 60%～95%）的优点，但存在接头工艺过程复杂的缺点。

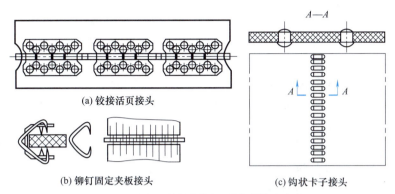

图 9-4　织物层芯输送带常用的机械接头方式

对于分层织物层芯输送带，硫化应将其端部按帆布层数切成阶梯状，如图 9-5 所示，然后将两个端头互相很好地贴合，用专用硫化设备加压加热并保持一定时间即可完成。值得注意的是，其接头静强度为原来强度的 $(i-1)/i \times 100\%$，其中 i 为帆布层数。

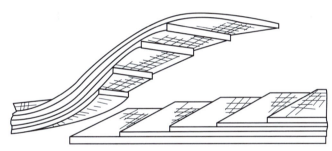

图 9-5　分层织物芯输送带的硫化接头

对于钢丝绳芯输送带，在硫化前将接头处的钢丝绳剥出，然后将钢丝绳按某种排列形式接好（图 9-6），涂上硫化胶料，即可在专用硫化设备上进行硫化连接。

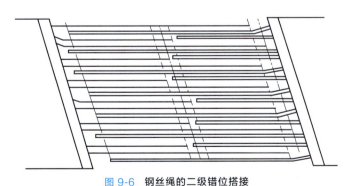

图 9-6　钢丝绳的二级错位搭接

（3）冷粘连接法（冷硫化法）

冷粘连接法与硫化连接主要不同点是冷连接使用的胶料涂在接口后不需加热，只需施加适当的压力并保持一定时间即可。冷连接只适用于分层织物层芯的输送带。

9.2.2 托辊

托辊用来支承输送带和输送带上的物料，减少输送带的运行阻力，保证输送带的垂度不超过规定值，使输送带沿预定的方向平稳运行。带式输送机上大量的和主要的部件是托辊，其成本占输送机总成本的25%～30%，托辊总重约占整机重量的30%～40%，因此，对运行中的输送机来说，维护和更换的主要对象是托辊，它们的可靠性与寿命决定其效能及维护费用。转动不灵活的托辊将增加输送机的功率消耗；堵转的托辊不仅会磨损价格昂贵的输送带，严重时，还可能导致输送带着火等严重事故。

尽管托辊具体结构形式众多，但结构原理是大体相同的。它主要由心轴、管体、轴承座、轴承和密封装置等组成，并且大多做成定轴式。图9-7是托辊典型结构简图。

托辊按其用途不同可分为一般托辊和特种托辊。前者主要包括承载托辊（又称上托辊）与回程托辊（又称下托辊），后者则主要包括缓冲托辊等。

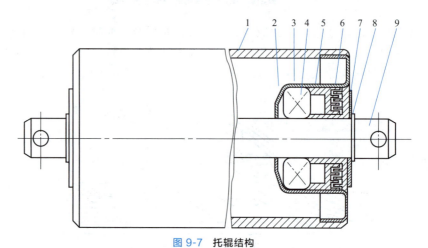

图 9-7 托辊结构
1—管体；2,7—垫圈；3—轴承座；4—轴承；5,6—密封圈；8—挡圈；9—心轴

(1) 承载托辊

承载托辊安装在有载分支上，起着支承该分支上输送带与物料的作用。在实际应用中，要求它能根据所输送的物料性质差异，使输送带的承载断面形状有相应的变化。如果运送散状物料，为了提高生产率和防止物料撒落，通常采用槽形托辊；而对于成件物品的运输，则采用平行承载托辊。

槽形托辊组一般由三个或三个以上托辊组成，其中刚性三节槽形托辊与串挂三节槽形托辊尤为常见，如图9-8所示。

对于刚性三节托辊，由于三个托辊被相互独立地安装在刚性托辊架上，并且一般布置在同一平面内，因此这种托辊具有更换方便、固定性强、运行阻力小等特点，但存在防冲击与振动性能差、调整困难等缺点。该种托辊常使用在载荷比较稳定、冲击振动小、工作条件较好的带式输送机上。对于串挂三节槽形托辊组，托辊相互之间用铰链连接，悬挂到刚性机架或者弹性机架（钢丝绳）上。这种托辊组的优点是重量较轻，安装和整组更换容易，可以在不停机的情况下更换整套托辊组，可以根据载荷情况自动做垂直方向的弹性调整，且可由挠性连接装置吸收系统的振动与冲击，从而使噪声大大降低。为适应不同宽度的输送带，可以方便地增减托辊数量,如六节 450mm 长的托辊可用于 2400～2600mm 宽的输送带。

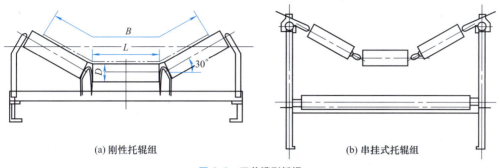

(a) 刚性托辊组　　　　　　　　(b) 串挂式托辊组

图 9-8　三节槽形托辊

(2) 回程托辊

回程托辊是一种安装在空载分支上,用以支承该分支上输送带的托辊。常见布置形式如图 9-9 所示。

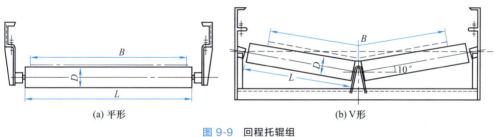

(a) 平形　　　　　　　　　　(b) V 形

图 9-9　回程托辊组

(3) 缓冲托辊

缓冲托辊大多安装在输送机的装载点,以减轻物料对输送带的冲击。在运输密度较大的物料的情况下,有时需要沿输送机全线设置缓冲托辊。缓冲托辊的一般结构如图 9-10 所示。它与一般托辊的结构相似,不同之处是在管体外部加装了橡胶圈。

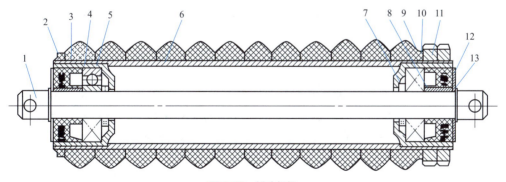

图 9-10　缓冲托辊

1—轴;2,13—挡圈;3—橡胶圈;4—轴承座;5—轴承;
6—管体;7,8,9—密封圈;10,12—垫圈;11—螺母

(4) 调心托辊

输送带运行时,由于张力不平衡、物料偏心堆积、机架变形、托辊损坏等,会产生跑偏

现象。为了纠正输送带的跑偏，通常采用调心托辊。

调心托辊被间隔地安装在承载分支与空载分支上。承载分支通常采用回转式槽形调心托辊，其结构如图 9-11 所示。空载分支常采用回转式平形调心托辊，其结构如图 9-12 所示。调心托辊与一般托辊相比较，在结构上增加了两个安装在托辊架上的立辊和转动轴，其除具有支承作用外，还可根据输送带跑偏情况绕垂直轴自动回转以实现调偏的功能。

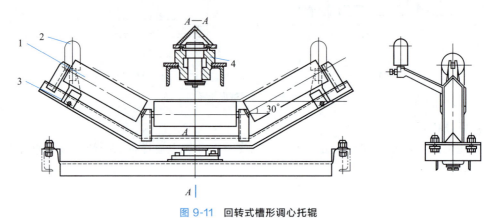

图 9-11 回转式槽形调心托辊
1—槽形托辊；2—立辊；3—回转架；4—轴承座

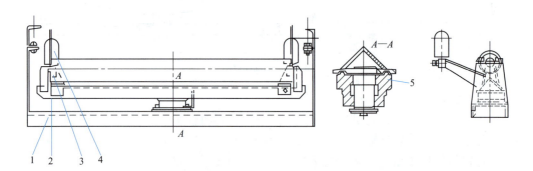

图 9-12 回转式平形调心托辊
1—下横梁；2—回转架；3—下平形托辊；4—立辊；5—轴承座

9.2.3 驱动装置

驱动装置是带式输送机的动力来源，主要由电动机、减速器、联轴器、驱动滚筒等组成，有倾斜段的带式输送机还设有制动器和停止器。驱动装置按驱动滚筒的数目分为单滚筒驱动、双滚筒驱动及多滚筒驱动，每个滚筒可配置一台或两台电动机，见图 9-13。

9.2.3.1 滚筒类型与特点

(1) 电动机

带式输送机驱动装置常用笼型电动机，它具有结构紧凑、工作可靠、线路实现自动化方便等优点。但是当笼型电动机与减速器之间采用刚性联轴器时，启动电流大，启动力矩无法控制，输送带产生动张力，引起输送带在滚筒上打滑，所以仅限于长度小于 100~300m、驱动功率小于 80~160kW 的输送机，电动机和减速器之间才允许采用刚性联轴器。

功率更大的笼型电动机应与液力联轴器配套使用，以降低输送机启动时的输送带动张力，并且使各驱动滚筒之间的牵引力保持一定的比例。

长距离带式输送机，功率为 200～1600kW 时，采用绕线式电动机。其优点是：在转子回路中串联电阻，可解决输送机各驱动滚筒之间功率平衡问题。

（2）联轴器

新系列带式输送机功率在 110kW 以内的高速轴采用柱销联轴器或带制动轮的联轴器（配 Y 系列电动机）；对于 115～200kW 的采用液力联轴器（配 S 系列电动机）；低速轴均采用十字滑块联轴器。DX 系列钢丝绳芯带式输送机的高速轴仍采用柱销联轴器、带制动轮柱销联轴器、液力联轴器，而低速轴采用棒销联轴器。

（3）减速箱

新系列 TD75 型带式输送机和现代大型带式输送机除采用平行出轴减速箱以外，还采用垂直出轴减速箱。垂直出轴减速箱有整机结构紧凑、布置更加合理、降低工程造价等优点。其布置见图 9-13。

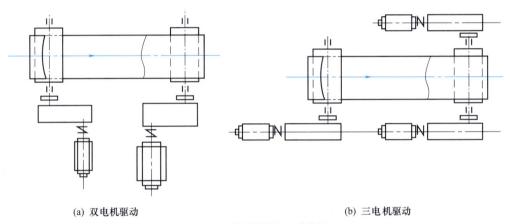

(a) 双电机驱动　　　　　(b) 三电机驱动

图 9-13　带式输送机驱动装置

（4）驱动滚筒

驱动滚筒的表面形式有钢制光面滚筒和包胶滚筒等，钢制光面滚筒主要缺点是表面摩擦系数小，所以一般用在周围环境湿度小的短距离输送机上。包胶滚筒的主要优点是表面摩擦系数大，适用于环境湿度大、运距长的输送机。包胶滚筒按其表面形状又可分为光面包胶滚筒、人字形沟槽包胶滚筒和菱形包胶滚筒。

① 人字形沟槽包胶滚筒：为了增大摩擦系数，在钢制光面滚筒表面上，冷粘一层带人字沟槽的橡胶，如图 9-14 所示。这种滚筒有方向性，不得反向运转。

人字形沟槽包胶滚筒的沟槽能使水的薄膜中断，不积水，同时输送带与滚筒接触时，输送带表面能挤压到沟槽里。由于这两种原因，即使在潮湿的场合下工作，其摩擦系数的降低也很小。

② 菱形包胶滚筒：在钢制光面滚筒表面冷粘一层菱形橡胶层，见图 9-15(a)。这种滚筒没有方向性，适用于可逆输送机。试验证明，菱形包胶滚筒的摩擦系数比人字形沟槽包胶滚筒略小，因而在菱形包胶滚筒之后又出现一种带有轴向沟槽的菱形包胶滚筒，见图 9-15(b)，克服了上述不足。

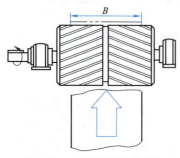

图 9-14 人字形沟槽包胶滚筒

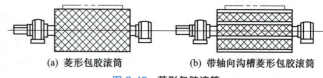

(a) 菱形包胶滚筒　　　(b) 带轴向沟槽菱形包胶滚筒

图 9-15 菱形包胶滚筒

(5) 改向滚筒

改向滚筒常用于改变输送带的运行方向，也用于压紧输送带，使之在某一滚筒上保持一定围包角度。改向滚筒仅承受压力，不传递转矩，结构上无特殊要求。

改向滚筒有钢制光面滚筒和光面包（铸）胶滚筒。包（铸）胶的目的是减少物料在其表面黏结，以防输送带的跑偏与磨损。

9.2.3.2 滚筒直径

在带式输送机的设计中，正确合理地选择滚筒直径具有很大的意义。直径增大可改善输送带的使用条件，但将使其重量和驱动装置、减速器的传动比相应提高。因此，滚筒直径应尽量不要大于确保输送带正常使用条件所需的数值。

在选择传动滚筒直径时需考虑以下几方面的因素：

① 输送带绕过滚筒时产生的弯曲应力；

② 输送带的表面比压；

③ 覆盖胶或花纹的变形量；

④ 输送带承受弯曲载荷的频次。

(1) 传动滚筒直径

为限制输送带绕过传动滚筒时产生过大的附加弯曲应力，对于织物层芯输送带推荐传动滚筒直径 D（mm）与帆布层数 i，按如下规定确定：

采用硫化接头时，$D \geq 125i$；

采用机械接头时，$D \geq 100i$；

对于移动式和井下便拆装式输送机，$D \geq 80i$；

钢丝绳芯输送带，$D \geq 150d$，其中 d 为钢丝绳直径。

(2) 改向滚筒直径的计算

改向滚筒直径一般为

$$D_1 = 0.8D$$

$$D_2 = 0.8D$$

式中　D_1，D_2——尾部改向滚筒直径和其他改向滚筒直径，mm。

对于高张力区的改向滚筒直径应按传动滚筒直径的计算方法进行计算。

根据以上滚筒直径的计算值，对照标准选择合适的滚筒直径。

9.2.4 制动装置

对于倾斜输送物料的带式输送机，为了防止有载停车时发生倒转或顺滑现象，或者对于停车特性与时间有严格要求的带式输送机，应设置制动装置。制动装置按其工作方式不同可分为逆止器和制动器。

(1) 逆止器

常用的逆止器有滚柱逆止器、非接触楔块逆止器和塞带逆止器等。滚柱逆止器靠挤紧滚柱制止输送机倒转，广泛应用于中、小功率的带式输送机中。塞带逆止器依靠制动带与输送带之间的摩擦力制止输送带倒转，只适用于小功率的带式输送机。非接触楔块逆止器依靠楔块实现回转轴的单向制动。正常运行时楔块与内、外圈脱离接触，可避免磨损（图9-16）。若干楔块排列在内圈和外圈形成的滚道中，在弹簧作用下楔块的两个偏心圆柱面与内、外圈接触，外圈固定，内圈可连着楔块一起沿逆时针方向转动。

当速度超过一定值时，楔块在离心力作用下产生偏转，与内圈和外圈脱离接触，从而避免了它们之间的磨损，延长了使用寿命。当停车后向相反方向逆转时，楔块将内、外圈楔紧，将其制动。这种逆止器磨损小、寿命长、许用力矩大、结构紧凑，已广泛应用于带式输送机。

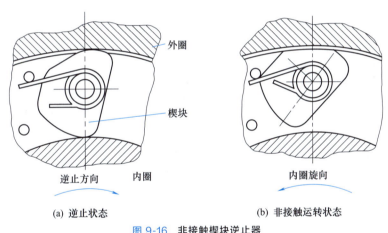

图 9-16 非接触楔块逆止器

(2) 制动器

带式输送机常用的制动器分为闸瓦制动器和盘式制动器两大类。

闸瓦制动器通常采用电动液压推杆制动器，如图 9-17 所示。该制动器装在减速器输入轴的制动轮联轴器上，闸瓦制动器通电后，由电液驱动器推动松闸，断电时弹簧抱闸。

盘式制动器是安装在减速器的第二轴、第三轴或输出轴上的一套制动装置，如图 9-18 所示。盘式制动器由制动盘、制动闸和液压系统组成，通过调节液压控制系统的电液比例阀的控制电流可以调节系统压力，从而调节制动装置的制动力。

闸瓦制动器的结构紧凑，但制动副的散热性能不好，不能单独用于下运带式输送机；盘式制动器的制动力矩可调，制动副的散热条件比闸瓦制动器好，可用于功率不大的下运带式输送机。当制动盘采用具有自冷却能力的空心盘时，可用于发电运行的下运带式输送机制动，但在煤矿井下应采用防爆元器件。

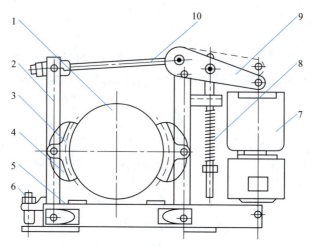

图 9-17 电动液压推杆制动器

1—制动轮；2—制动臂；3—制动瓦衬垫；4—制动瓦块；5—底座；6—调整螺钉；
7—电液驱动器；8—制动弹簧；9—制动杠杆；10—推杆

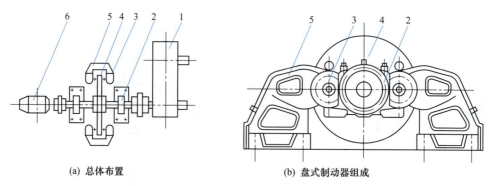

(a) 总体布置　　　　　　　　(b) 盘式制动器组成

图 9-18 盘式制动器

1—减速器；2—制动盘轴承座；3—制动缸；4—制动盘；5—制动缸支座；6—电动机

9.2.5 拉紧装置

9.2.5.1 拉紧装置的作用与位置

拉紧装置又称张紧装置，它是调节输送带张紧程度，以及产生摩擦驱动所需张力的装置，是带式输送机必不可少的部件。其主要作用有：

① 使输送带有足够的张力，以保证输送带与传动滚筒间能产生足够的驱动力以防止打滑。

② 保证输送带各点的张力不低于某一给定值，以防止输送带在托辊之间过分松弛而引起撒料和增加运行阻力。

③ 补偿输送带的弹性及塑性变形。

④ 为输送带重新接头提供必要的行程。

带式输送机的总体布置中，选择合适的拉紧装置，确定合理的安装位置，是保证输送机正常运转、启动和制动时输送带在传动滚筒上不打滑的重要条件。通常确定拉紧装置的位置时需考虑以下几点：

① 拉紧装置应尽量安装在靠近传动滚筒的空载分支上，以利于启动和制动时不产生打滑现象，对于运距较短的输送机可布置在机尾部，并将机尾部的改向滚筒作为拉紧滚筒。

② 拉紧装置应尽可能布置在输送带张力最小处，这样可减小拉紧力。

③ 应尽可能使输送带在拉紧滚筒的绕入和绕出分支方向与滚筒位移线平行，且施加的拉紧力要通过滚筒中心。

9.2.5.2 常用的拉紧装置

带式输送机拉紧装置的结构形式很多，按其工作原理不同主要分为重锤式、固定式和自动式三种。

(1) 重锤式拉紧装置

重锤式拉紧装置是利用重锤的重力产生拉紧力并保证输送带在各种工况下均有恒定的拉紧力，可以自动补偿由于温度改变和磨损而引起的输送带的伸长变化。其结构简单、工作可靠、维护量小，是一种应用广泛的较理想的拉紧装置。它的缺点是占用空间较大，工作中拉紧力不能自动调整。其布置方式如图 9-19 所示。

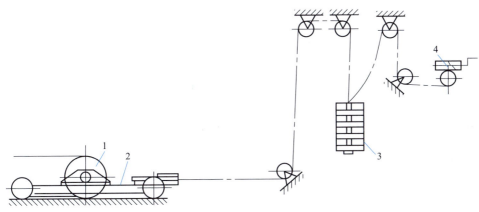

图 9-19　重锤式拉紧装置
1—拉紧滚筒；2—滚筒小车；3—重锤；4—手摇绞车

(2) 固定式拉紧装置

固定式拉紧装置的拉紧滚筒在输送机运转过程中的位置是固定的。其拉紧行程的调整有手动和电动两种方式。其优点是结构简单紧凑、工作可靠；缺点是输送机运转过程中无法适时补偿输送带弹性变形和塑性伸长从而导致拉紧力下降，可能引起输送带在传动滚筒上打滑。

常用的固定式拉紧装置有螺旋拉紧装置（拉紧行程短、拉紧力小，故仅适用于短距离的带式输送机上）、钢丝绳-绞车拉紧装置（适用于较长距离的带式输送机）等。

(3) 自动拉紧装置

自动拉紧装置是一种在输送机工作过程中能按一定的要求自动调节拉紧力的拉紧装置，在现代长距离带式输送机中使用较多。它能使输送带具有合理的张力值，自动补偿输送带的弹性变形和塑性变形；它的缺点是结构复杂、外形尺寸大等。

自动拉紧装置的类型很多，按作用原理分为连续作用式和周期作用式两种；按拉紧装置的驱动力分为电力驱动式和液压力驱动式两种。图 9-20 所示为某自动拉紧装置的系统布置图。

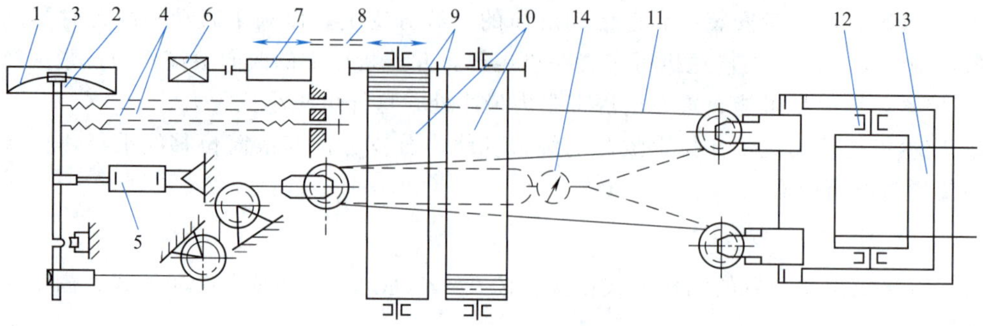

图 9-20 自动拉紧装置的系统布置图

1—控制箱；2—控制杆；3—永磁铁；4—弹簧；5—缓冲器；6—电动机；7—减速器；
8—链传动；9—传动齿轮；10—滚筒；11—钢丝绳；12—拉紧滚筒及活动小车；13—输送带；14—测力计

9.2.6 机架

机架主要由机头传动架、中部架、中间驱动架、受料架和机尾架等组合而成。机头传动架用于安装头部驱动装置和传动滚筒等零部件；中部架主要安装支承上、下二股输送带的托辊组，由多节架逐节连接而成；中间驱动架用于安装整套中间助力驱动装置，其结构随直线带式摩擦或卸载滚筒摩擦的不同拖动方式而异；受料架设在输送机受料装载处，具有较强的耐冲击能力，架上装有上、下两层可与相邻机架衔接的托辊组，上层为较密集的缓冲托辊组，下层托辊组与中部架上的相同，架上还装有导料槽；机尾架用于安装机尾改向滚筒，输送带在此转向回程，并设有调偏机构。小型带式输送机还附设输送带的张紧装置。

9.2.7 储带装置

由于综合机械化工作面推进速度较快，所以顺槽的长度和运输距离变化也较快，这就要求顺槽运输设备能够快速进行伸长或缩短。可伸缩带式输送机就是为了适应这种需要而设计的，它与普通带式输送机的区别在于机头后面加了一套储带装置，也称储带仓，如图 9-21 所示。

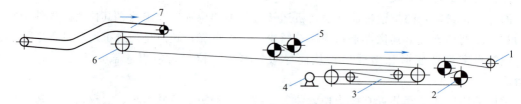

图 9-21 可伸缩带式输送机与转载机的布置系统图

1—卸载滚筒；2—机头传动滚筒；3—储带装置；4—张紧装置；5—中间传动滚筒；6—机尾改向滚筒；7—转载机

储带装置包括过渡架、储带转向架、游动小车、张紧装置和张紧小车等。过渡架用螺栓与机头架和储带转向架相连。储带转向架上装有固定改向滚筒，它与游动小车上的改向滚筒匹配，供存储的输送带往复导向。张紧装置使输送带得到适当的张紧力。

顺槽转载机 7 与可伸缩带式输送机的机尾有一段搭接长度，转载机的机头和桥身部分可在输送机机尾架上纵向移动。图 9-21 表示转载机已经移至极限位置，此时必须将输送机的机尾缩回，办法是将机尾前面的中间机架拆除一部分，然后利用机尾推移装置（绞车或液压推移装置）移动机尾与前面中间机架对接，同时利用张紧装置 4 将机尾前移后多余的输送带储存在储带装置 3 中。当储带装置所储输送带的长度为一卷输送带的长度时，拆开输送带接头，开动收发输送带装置将多余输送带卷成一卷取出。

前进式采煤时，转载机后退，输送机逐渐伸长，机尾后移，加装中间架，储带装置里的输送带放完后，再加入一卷。其工作过程与后退式采煤相反。

9.2.8 清扫装置

在带式输送机运行过程中，不可避免地有部分细块和粉末粘到输送带的表面，通过卸料装置后不能完全卸净，当表面粘有物料的输送带通过导向滚筒或回程托辊时，物料的积聚使它们的直径增大，加剧了输送带的磨损，引起输送带跑偏，同时沿途不断掉落的物料又污染了场地环境。如果粘有物料的输送带表面与传动滚筒表面相接触，除有上述危害外，还会破坏多滚筒传动的牵引力分配关系，致使某台电机过载（或欠载）。因此，清扫黏结在输送带表面的物料，对于延长输送带的使用寿命和保证输送机的正常运转具有重要意义。

对清扫装置的基本要求是：清扫干净，清扫阻力小，不损伤输送带的覆盖层，结构简单而又可靠。常用的清扫装置有刮板式清扫器、清扫刷，此外，还有水力冲刷、振动清扫器等。采用哪种装置，应视所输送物料的黏性而定。

清扫装置一般安装在卸载滚筒的下方，在输送带进入空载分支前将黏附在输送带上的物料清扫掉，有时为了清扫输送带非承载面上的黏附物，防止物料堆积在尾部滚筒或拉紧滚筒处，还需在机尾空载分支安装刮板式清扫装置。

9.3 带式输送机的使用与维修

9.3.1 使用维护内容

① 开车前要检查输送机和输送带是否成一直线，机头和机尾的固定是否稳妥。检修信号的作用是否灵敏及安全可靠。
② 检查所有供电电缆及接地连线是否安全可靠。
③ 检查通过传动装置的输送带运行是否正常，有无卡、磨、偏等不正常现象。
④ 检查减速器、联轴器、电动机及所有滚筒轴承的温度是否正常。
⑤ 检查输送带清扫器与输送带的接触是否正常并进行调整。
⑥ 检查各减速器及液力联轴器是否漏油。
⑦ 检查输送带接头是否平直良好，连接扣件是否完整无缺。
⑧ 检查输送带张力大小，必要时进行调整。
⑨ 检查输送带张紧车的运行情况，并清扫轨道上的物料及杂物。
⑩ 检查拉紧绞车钢丝绳的磨损及滑轮的运转情况。
⑪ 检查各润滑部位的润滑情况，并按规定及时补充润滑油。

9.3.2 检修制度和内容

带式输送机的检修工作分为小修、中修和大修三种制度。小修工作每 2～3 个月进行一次，中修工作每 12 个月进行一次，大修工作每 24 个月进行一次。

(1) 小修的主要工作内容
① 全面检查和清扫输送机的机架、传动装置和储带装置,以及其他各转动部分。
② 详细检查各托辊及滚筒的运转情况,并校正支承架的变形。
③ 检查机身及各部件的固定情况,拧紧各部位的连接螺栓。
④ 检查减速箱内的齿轮啮合情况及轴承的磨损情况。
⑤ 检查张紧车及滑轮的润滑情况,并添加润滑油。
⑥ 检查拉紧钢丝绳的磨损情况,涂油并校正扭曲现象。

(2) 中修的主要内容
① 完成小修的全部工作内容。
② 部分拆卸输送机的主要机构,进行检查清洗并注油。
③ 更换已损的齿轮、轴及轴承。
④ 更换已损的输送带,做好新接头。
⑤ 更换张紧钢丝绳及滑轮。
⑥ 更换托辊及滚筒的轴承及密封件。

(3) 大修的主要工作内容
① 完成中修的全部工作内容。
② 全部拆卸输送机的各部件,彻底进行检查和清洗,更换已损零件。
③ 各部位全部更换润滑油。
④ 解体各拖动电动机,进行清洗和彻底修理。
⑤ 校正机身、输送带架及辊子支承架的变形。
⑥ 对全机进行调直和刷漆。
⑦ 进行整机性能测试。

9.3.3 常见故障与处理方法

带式输送机的常见故障及其处理方法见表 9-2。

表 9-2 带式输送机的常见故障及其处理方法

故障现象	故障原因	处理方法
1. 输送带跑偏	1. 输送带质量不好,钢丝绳芯受力不均匀 2. 输送带接口与输送带中心不垂直 3. 有的托辊及滚筒轴线与带式输送机中心线不垂直 4. 滚筒上黏结物料太多,使工作面直径不相等 5. 装载物料偏向输送带一侧	1. 更换质量符合要求的输送带 2. 重新接好接口 3. 调整托辊及滚筒的安装轴线 4. 清扫滚筒及输送带工作面 5. 装料正位平衡
2. 输送带在主动滚筒上打滑	1. 输送带比较松弛,摩擦力太小 2. 滚筒、托辊或输送带上黏结有物料,使摩擦系数降低 3. 输送带被大块物料或杂物卡住 4. 主动滚筒上粘有水或油等污物	1. 调整输送带的松紧程度,使之合适 2. 清扫滚筒,托辊或输送带工作面 3. 检查清理障碍物 4. 彻底清扫滚筒工作面
3. 托辊转动不灵活或不能转动	1. 轴承支座变形,托辊轴线方向出现较大偏差 2. 托辊周围黏结大量物料或杂物 3. 密封损坏,润滑不良,污物进入轴承 4. 制造及装配质量不符合标准	1. 检修和调整托辊支座 2. 清扫托辊 3. 检查和更换密封件并加足润滑油 4. 换装质量较好的托辊

续表

故障现象	故障原因	处理方法
4. 电动机启动时有剧烈响声或不能启动	1. 熔断器或接触器烧坏 2. 传动齿轮损坏、卡滞 3. 主动滚筒处有杂物,阻力过大	1. 检修或更换元件 2. 检查传动系统,更换已损齿轮 3. 清扫滚筒周围
5. 减速箱有噪声且发热	1. 传动齿轮啮合不良 2. 齿轮或轴承过度磨损 3. 润滑油太脏或变质 4. 散热不好,冷却不良	1. 调整齿轮啮合侧隙 2. 更换已损齿轮或轴承 3. 清洗箱体,换装新润滑油 4. 清扫箱体表面及周围
6. 机尾滚筒不转	1. 有物料或杂物卡滞 2. 轴承密封损坏 3. 润滑不良	1. 清扫滚筒周围 2. 检修轴承并更换已损密封件 3. 加足润滑油
7. 减速器漏油	1. 箱体或轴承盖密封损坏 2. 减速器箱体结合面结合不严,连接螺栓紧固力不均匀 3. 轴承盖螺钉不紧或紧固力不均匀	1. 更换已损密封件 2. 校正箱体结合面并调整各连接螺栓的紧固力达到均匀 3. 拧紧螺钉并使其紧固力均匀

复习思考题

9-1 按结构分类,矿山常用带式运输机有哪些类型?

9-2 简述带式输送机的基本机构组成和工作原理。

9-3 带式输送机有哪些驱动方式和系统?

9-4 张紧装置的作用是什么?带式输送机主要有哪几种张紧装置?

第 10 章 矿井提升设备

教学目标

（1）了解矿井提升的任务及其主要系统；
（2）了解常用提升容器的类型、基本结构及其规格；
（3）了解矿井提升设备的电力拖动系统；
（4）掌握提升容器、提升钢丝绳、矿井提升机及天轮的选型与计算。

10.1 矿井提升设备概述

矿井提升设备是井下与地面工业厂区相互连接的纽带，在矿山生产的全过程中占有极其重要的地位。"运输是矿井的动脉，提升是矿井的咽喉"形象地说明了矿井提升运输系统的重要性。矿井提升是利用容器沿井筒提升矿石和废石、升降人员和设备、下放材料工具和机械设备的生产活动。为保证矿井生产和人员的安全，要求矿井提升设备运行平稳，安全可靠，必须配备性能良好的控制设备和保护装置。矿井提升设备的耗电量一般占矿井总耗电量的 1/3～1/2，所以矿井提升设备的选型应遵守技术先进和经济合理的原则，以期降低采矿总成本。

矿井提升设备主要由提升容器（罐笼、箕斗等）、提升机（包括拖动控制系统）、井架、天轮、提升钢丝绳以及装卸载设备等组成。矿井提升设备一般按如下方式进行分类：

① 按矿井用途，矿井提升设备分为主井提升设备（专门用于提升矿石）和副井提升设备（用于提升废石、升降人员、运送材料和设备）。

② 按提升机的类型，矿井提升设备分为单绳提升设备和多绳提升设备。

③ 按井筒倾角，矿井提升设备分为竖井提升设备和斜井提升设备。

④ 按提升容器，矿井提升设备有罐笼、箕斗和吊桶。罐笼和箕斗是常用提升容器，其作用是提升矿石、升降人员、下放材料和设备。竖井提升常用罐笼和箕斗，斜井提升常用矿

车串车，吊桶仅用于竖井掘进和井筒延伸。

⑤ 按拖动装置，矿井提升设备分为交流提升设备和直流提升设备。

⑥ 按提升系统平衡性，矿井提升设备分为平衡提升设备和不平衡提升设备。

根据井筒条件（竖井或斜井）及选用的提升容器和提升机类型的不同，上述各类矿井提升设备可组成各有特点的矿井提升系统。常见的提升系统有以下几种。

(1) 竖井单绳缠绕式提升系统

图 10-1 为立井底卸式箕斗提升系统示意图。井下采出的矿石运到井底车场翻笼硐室，经翻车机 8 将矿石卸入井下矿仓 9 内，通过给矿机 10 将矿石装入定量斗箱 11 中（定量斗箱的容积与箕斗载重相对应）。当空箕斗 4 到达井底时，通过自动控制元件或机械装置使定量斗箱闸门打开，溜槽伸向箕斗进行装载。当装够箕斗载重时，测重元件就发出信号，使给矿机自动停止装载。与此同时，井口重箕斗上的滚轮进入安装在井架上的卸载曲轨 5 内，箕斗闸门被打开将矿石卸入地面矿仓。上、下两个箕斗分别与两根钢丝绳 7 连接，而两根钢丝绳的另一端通过井架 3 上的天轮 2 引入提升机房，分别固定在提升机的两个滚筒上，并从滚筒的上、下方出绳。开动提升机便可带动滚筒转动，一根钢丝绳向滚筒上缠绕，另一根自滚筒上放出，即可将井下重箕斗上提，地面空箕斗下放，进行往返提升。

另一种是立井普通罐笼提升系统，它与箕斗提升系统的不同之处主要是采用的容器不同，因而装卸载方法也不同：地面没有卸载设备而装有承接设备，井下也没有装载设备只有承接装置；井口与井底车场的罐笼通过人工或机械装卸矿车。这种提升系统主要用于副井，作为辅助提升。小型矿井也可用于主井提升。

(2) 多绳摩擦式提升系统

如图 10-2 所示，主提升钢丝绳 3（四根或六根）搭在摩擦式提升机 1 的主导轮绳槽中，其两端分别与提升容器 8 相连接，提升容器的下端由两根尾绳 6 连接构成环形系统。当电动机带动主导轮转动时，由于钢丝绳与主导轮绳槽中的衬垫间产生摩擦力，带动钢丝绳运动，完成容器提升或下放工作。提升容器可以是箕斗，也可以是罐笼。导向轮 2 用于增大钢丝绳在主导轮上的围包角。

(3) 斜井提升系统

斜井提升系统有斜井箕斗提升系统和斜井串车提升系统。

图 10-3 所示为斜井串车提升系统。两根钢丝绳 2 的一端与若干个矿车组成的串车组相连，另一端绕过井架 4 上的天轮 3，缠绕并固定在提升机的滚筒上。通过井底车场、井口车场的一些装卸载辅助工作，滚筒旋转即可带动串车组在井筒中往复运行，进行提升工作，这就是斜井串车提升。

在倾斜角度大于 25° 的斜井使用矿车提升易撒矿，其主井宜采用箕斗提升。斜井箕斗多用后卸式的。

与斜井箕斗提升相比较，串车提升系统不需要复杂的装卸载设备，具有投资少、投产快的优点，是中小型斜井常用的一种提升系统。

矿山提升设备的主要组成部分包括提升容器、提升钢丝绳、提升机、井架和天轮（或井塔）以及装卸载附属装置等。

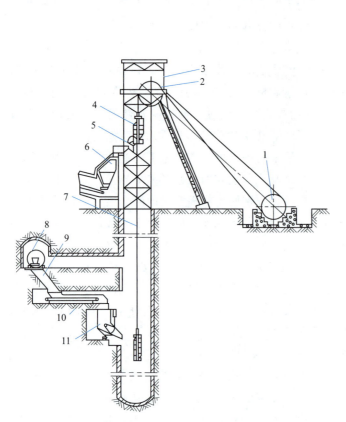

图 10-1 立井箕斗提升系统示意图

1—提升机；2—天轮；3—井架；4—箕斗；5—卸载曲轨；6—地面矿仓；7—钢丝绳；8—翻车机；9—井下矿仓；10—给矿机；11—定量斗箱

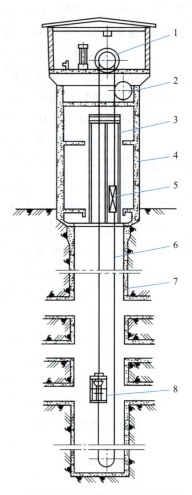

图 10-2 塔式多绳摩擦式矿井提升系统

1—摩擦式提升机；2—导向轮；3—提升钢丝绳；4—井塔；5—平衡锤；6—尾绳；7—井筒；8—双层普通罐笼

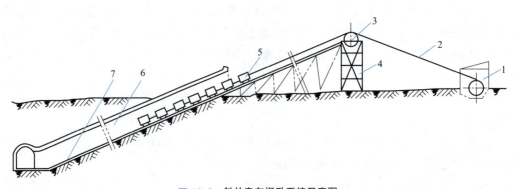

图 10-3 斜井串车提升系统示意图

1—提升机；2—钢丝绳；3—天轮；4—井架；5—矿车；6—井筒；7—轨道

10.2 矿井提升设备结构

10.2.1 提升容器

提升容器按结构可分为罐笼、箕斗、矿车、人车及吊桶五种。我国金属矿竖井普遍采用箕斗和罐笼，斜井常用后卸式箕斗、矿车和人车，开凿竖井和井筒延深时则用吊桶。下面介绍竖井使用的罐笼和箕斗两种提升容器及其附属装置。

10.2.1.1 罐笼

罐笼按层数分有单层罐笼、双层罐笼和多层罐笼。我国金属矿山广泛采用单层罐笼和双层罐笼。图 10-4 所示为单绳单层普通罐笼结构示意图。罐体是由横梁 7 和立柱 8 组成的金属框架结构，两侧包有钢板。罐笼顶部设有半圆弧形的淋水棚 6 和可打开的罐盖 14，以方便运送长材料。罐笼两端装有帘式罐门 10。为了将矿车推进罐笼，罐笼底部铺设有轨道 11。为了防止提升过程中矿车在罐笼内移动，罐笼底部还装有阻车器 12 及自动开闭装置。在罐笼上装有罐耳 15 及橡胶滚轮罐耳 5，以使罐笼沿装设在井筒内的罐道运行。在罐笼上部装

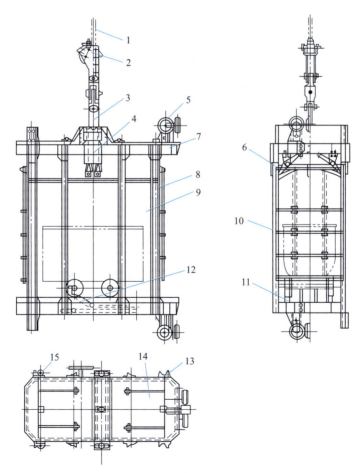

图 10-4 单绳普通罐笼结构图
1—提升钢丝绳；2—双面夹紧楔形环；3—主拉杆；4—防坠器；5—橡胶滚轮罐耳；6—淋水棚；7—横梁；8—立柱；9—钢板；10—罐门；11—轨道；12—阻车器；13—稳罐罐耳；14—罐盖；15—套管罐耳（用于绳罐道）

有动作可靠的防坠器 4，以保证生产及升降人员的安全。罐笼通过主拉杆 3 和双面夹紧楔形环 2 与提升钢丝绳 1 相连。为保证矿车能顺利地进出罐笼，在井上及井下装卸载位置设承接装置。

多绳罐笼结构不设防坠器，使用专用悬挂装置可与数根提升钢丝绳连接并可实现钢丝绳张力的调整，罐笼底部设有尾绳悬挂装置。

10.2.1.2 承接装置及稳罐设备

(1) 承接装置

为了便于矿车出入罐笼，必须使用罐笼承接装置，罐笼的承接装置有承接梁、罐座及摇台三种形式。承接梁是最简单的承接装置，只用于井底车场，且易发生蹾罐事故。罐座是利用托爪将罐笼托住，故可使罐笼的停车位置准确。推入矿车的冲击由托爪承担，但要下放位于井口罐座上的罐笼时，必须先将罐笼提起，托爪靠配重自动收回，使操作复杂化。罐笼落在井底罐座上，钢丝绳容易松弛，因而提升时钢丝绳受到冲击负荷。当操作不当时，容易发生蹾罐事故。

过去设计的矿车，一般井口用罐座，井底用承接梁，中间水平用摇台。但在新设计的矿井中不采用罐座和承接梁，而采用摇台。摇台是由能绕转轴转动的两个钢臂组成，如图 10-5 所示。它安装在通向罐笼进出口处。当罐笼停于卸载位置时，动力缸 3 中的压缩空气排出，装有轨道的钢臂 1 靠自重绕轴 5 转动，下落并搭在罐笼底座上，将罐笼内轨道与车场的轨道连接起来。固定在轴 5 上的摆杆 6 用销与活套在轴 5 上的摆杆套 9 相连，摆杆套 9 前部装有滚子 10。矿车进入罐笼后，压缩空气进入动力缸 3，推动滑车 8。滑车 8 推动摆杆套 9 前的滚子 10，致使轴 5 转动而使钢臂抬起。当动力缸发生故障或因其他原因不能动作时，也可以临时用手柄 2 进行人工操作。此时要将销 7 去掉，并使配重 4 的重力大于钢臂部分的重力。这时钢臂 1 的下落靠手柄 2 转动轴 5，抬起靠配重 4 实现。

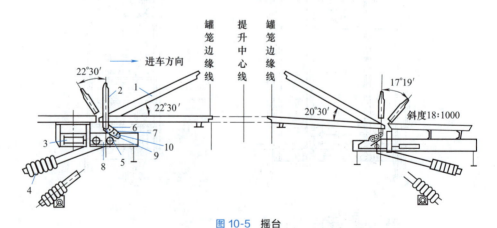

图 10-5 摇台

1—钢臂；2—手柄；3—动力缸；4—配重；5—轴；6—摆杆；
7—销；8—滑车；9—摆杆套；10—滚子

摇台的应用范围广，井底、井口及中间水平都可使用，特别是多绳摩擦提升必须使用摇台。由于摇台的调节受摇臂长度的限制，因此对停罐准确性要求较高，这是摇台的不足之处。

(2) 稳罐设备

使用钢丝绳罐道的罐笼，用摇台作为承接装置时，为防止罐笼由于进出时的冲击摆动过大，在井口和井底专设一段刚性罐道，利用罐笼上的稳罐罐耳进行稳罐。在中间水平因不能安设刚性罐道，必须设置中间水平的稳罐装置。稳罐装置可采用气动或液动专门设备，当罐笼停于中间水平时，稳罐装置可自动伸出凸块将罐笼抱稳。

10.2.1.3 箕斗及其装载设备

(1) 箕斗

箕斗只能用来提升矿石和废石，金属矿所用箕斗按卸载方式可分为翻转式和底卸式两种，翻转式箕斗适用于单绳提升，底卸式箕斗适用于多绳提升。

图 10-6 所示为底卸式箕斗，箕斗由斗箱 4、框架 2、连接装置 12 及闸门 5 等组成。箕斗的导向装置可以采用钢丝绳罐道，也可以采用钢轨或组合罐道。采用钢丝绳罐道时，除应考虑箕斗本身平衡外，还要考虑装矿后仍维持平衡，所以在斗箱上部装载口处安设了可调节的溜矿板 3，以便调节矿堆顶部中心的位置。

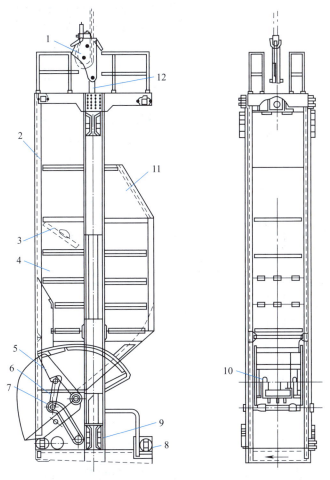

图 10-6 单绳立井箕斗

1—楔形绳环；2—框架；3—可调节溜矿板；4—斗箱；5—闸门；6—连杆；7—卸载滚轮；
8—套管罐耳（用于绳罐道）；9—钢轨罐道罐耳；10—扭转弹簧；11—罩子；12—连接装置

图 10-6 所示为箕斗采用曲轨连杆下开折页平板闸门的结构形式。这种闸门具有结构简单、严密；关闭门的冲击力小；卸载时撒矿石少；由于闸门是向上关闭的，对箕斗存矿石有向上捞回的趋势，故当矿石未卸完（矿石仓已满）时产生卡箕斗而造成断绳坠落事故的可能性小；箕斗卸载时闸门开启主要借助矿石的压力，因而传递到卸载曲轨上的力较小，改善了井架受力状态；过卷时闸门打开后，即使脱离卸载曲轨，也不会自动关闭，因此可以缩短卸载曲轨的长度。这种闸门的主要缺点是：箕斗运行过程中由于矿石重力作用，闸门处于被迫打开的状态，因此箕斗必须装设可靠的闭锁装置（两个防止闸门自动打开的扭转弹簧 10）。如果闭锁装置失灵，闸门就会在井筒中自行打开。打开的箕斗闸门将会撞坏罐道、罐道梁及其他设备，因此必须经常认真检查闭锁装置。

为了克服上述闸门的缺点，有些矿井使用了插板式和带圆板闸门的底卸式箕斗。

（2）箕斗装载设备

目前国内外广泛采用的定量装载设备有定量斗箱式和定量输送机式两种。图 10-7 所示为立井箕斗定量斗箱装载设备示意图。

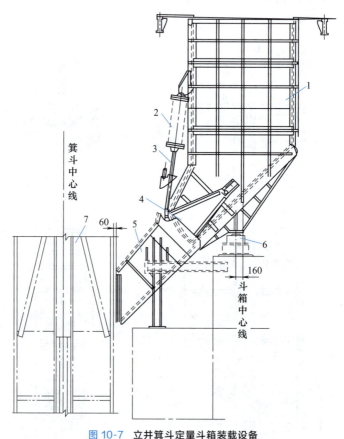

图 10-7　立井箕斗定量斗箱装载设备

1—斗箱；2—控制缸；3—拉杆；4—闸门；5—溜槽；6—压磁测重装置；7—箕斗

这种装载设备主要由斗箱、溜槽、闸门、控制缸和测重装置组成。当箕斗到达井底装矿位置时，通过控制元件开动控制缸 2，将闸门 4 打开，斗箱 1 中的矿石便沿溜槽 5 全部装入箕斗。利用压磁测重装置 6 来控制斗箱中的装矿量。

定量斗箱装载设备具有结构简单、环节少、装载时不用其他辅助机械等优点，在我国已定为标准装载设备。

图 10-8 所示为定量输送机装载设备示意图。输送机 2 安放在称重装置（负荷传感器）6 上。输送机 2 先以 0.15~0.3m/s 的速度通过矿仓闸门 7 装矿石，当装矿石量达到规定重力时，由负荷传感器发出信号，矿仓闸门 7 关闭，输送机停止运行。待空箕斗到达装矿石位置时，输送机以 0.9~1.2m/s 的速度开动，将输送带上的矿石全部快速装入箕斗。

(3) 斜井箕斗

斜井箕斗有后壁卸载式（简称后卸式）及翻转式两种形式。斜井提升主要采用后卸式箕斗，结构如图 10-9 所示。斗箱 1 与主框 2 在箕

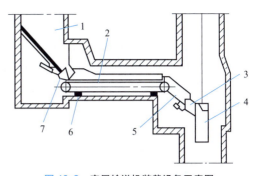

图 10-8　定量输送机装载设备示意图
1—矿仓；2—输送机；3—活动过渡溜槽；4—箕斗；
5—中间溜槽；6—负荷传感器；7—矿仓闸门

斗中部以铰链连接。斗箱后部安有与其铰接的扇形闸门 3，闸门上安有一对卸载滚轮 6。斗箱上还安有前后两对车轮，前轮 4 的轮缘宽，后轮 5 的轮缘窄。箕斗前后轮缘宽度不一致，目的是当箕斗进入卸载位置时斗箱倾斜，箕斗顺利卸载。

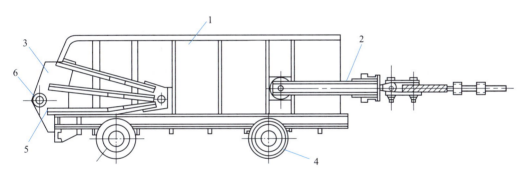

图 10-9　斜井后卸式箕斗示意图
1—斗箱；2—主框；3—扇形闸门；4—前轮；5—后轮；6—卸载滚轮

10.2.1.4　容器的导向装置

提升容器在井筒内运行需设导向装置，提升容器的导向装置（罐道）可分为刚性和挠性两种。挠性罐道采用钢丝绳，刚性罐道一般用钢轨、各种型钢和方木。刚性罐道固定在型钢罐道梁上。以前的提人罐道多用木罐道，木罐道具有变形大、磨损快、易腐烂和提升不平稳等缺点，因此逐渐被钢罐道和钢丝绳罐道所代替。钢罐道的形式有钢轨罐道和用型钢焊接而成的矩形组合罐道。钢轨罐道的主要缺点是侧向刚度小，易造成容器横向摆动，刚性罐耳磨损太大，所以钢轨罐道一般用于提升速度和终端载荷都不大的提升容器。

(1) 刚性组合罐道

刚性组合罐道的截面是空心矩形，一般由槽钢焊接而成。国外也有采用整体轧制型钢的。其主要优点是侧向弯曲和扭转强度大，罐道刚性强，可配合使用摩擦系数小的橡胶滚动罐耳（由一个端面橡胶滚轮和两个侧面橡胶滚轮组成一组橡胶滚轮罐耳）。这种罐道使容器运行平稳，罐道与罐耳磨损小，因此服务年限长。近年来国内外使用这种罐道的矿井逐渐增多，尤其是在终端负荷和提升速度都很大时，使用这种罐道更为合适。

(2) 钢丝绳罐道

钢丝绳罐道与刚性罐道相比具有安装工作量小、建设时间短、维护简便、高速运行平稳、无罐道梁可适当减小井壁厚度、通风阻力小等优点。但使用钢丝绳罐道时,容器之间及容器与井壁之间的间隙要求较大,因此就必须增大井筒净断面积,且使井塔或井架的荷重增大,这些都限制了钢丝绳罐道的使用。特别是当地压较大,井筒垂直中心线发生错动,甚至井筒发生弯曲时,不能采用钢丝绳罐道,此时应采用刚性罐道。

每个容器一般采用四根罐道绳。罐道绳应采用刚性大、耐磨和防腐性强的钢丝绳,因此使用密封式(锁股)钢丝绳较好。也可以采用三角股和普通圆股钢丝绳。罐道绳上端用双楔块固紧式固定装置固定在井架上,下端采用连接装置和重锤拉紧。拉紧重锤的重力根据《冶金矿山安全规程》规定:每 100m 钢丝绳的张紧力不得小于 10000N。为避免绳罐道共振,每个重锤的重力不必相同,各钢丝绳罐道张紧力差不得小于 5%;内侧张紧力大,外侧张紧力小。

(3) 断绳防坠器

断绳防坠器是罐笼上的一个重要组成部分,为了保证升降人员的安全,《冶金矿山安全规程》规定:提升人员或物料的罐笼,必须装设安全可靠的防坠器。断绳防坠器的作用是,当提升钢丝绳或连接装置断裂时,可以使罐笼平稳地支撑到井筒中的罐道或制动绳上,避免罐笼坠入井底,造成重大事故。

由于断绳防坠器担负的任务重要,在井筒中运转条件较差,而且经常处于备用状态,一旦发生断绳事故又要求其动作灵活可靠,对于断绳防坠器的要求是:

① 保证在任何条件下,无论提升速度和终端载荷多大,都能平稳可靠地制动住下坠的罐笼;

② 在制动下坠的罐笼时,为了保证人身和设备的安全,在最小终端载荷时(空罐只乘1人)制动减速度不应大于 $50m/s^2$,延续时间不超过 $0.2\sim0.5s$,在最大终端载荷时(矸石罐)制动减速度不应小于 $10m/s^2$;

③ 结构简单,动作灵活,便于检查和维护,不误动作,重力要轻;

④ 防坠器的空行程时间,即从断绳到防坠器发生作用的时间不大于 0.25s;

⑤ 防坠器每天要有专人检查,每半年进行一次不脱钩检查性试验,每年进行一次脱钩性试验,对大修后的防坠器或新安装的防坠器必须进行脱钩试验,合格后方可使用。

断绳防坠器一般由开动机构、传动机构、抓捕机构及缓冲机构等四部分组成。其工作过程是:当发生断绳时,开动机构动作,通过传动机构传动抓捕机构,抓捕机构把罐笼支撑到井筒中的支承物上(罐道或制动绳),罐笼下坠的动能由缓冲机构来吸收。一般开动机构和传动机构连在一起,抓捕机构和缓冲机构有的联合作用,有的设有专门缓冲机构以限制制动力的大小。

我国生产的断绳防坠器可以分为木罐道切割式防坠器、钢轨罐道摩擦式防坠器和制动绳摩擦式防坠器。由于前两种防坠器的制动力不易控制,除在老矿山有应用外,已不再推广使用。制动绳摩擦式防坠器设有专用的制动钢丝绳,可以用于任何形式罐道。实践证明,这种防坠器性能良好,将作为标准防坠器(BF)加以推广。

图 10-10 所示是 BF 型制动绳防坠器系统布置图。图 10-11 所示是防坠器抓捕机构示意图。图 10-12 所示是缓冲器示意图。

BF 型防坠器是标准防坠器的一种,配合 1.5t 矿车双层双车单绳罐笼作用。在缓冲器中，制动绳 7 的上端通过连接器 6 与缓冲绳 4 相连，缓冲绳通过装于天轮平台上的缓冲器 5，再绕过圆木 3 而在井架的另一边自由悬垂，绳端用合金浇铸成锥形杯 1，以防缓冲绳从缓冲器中全部拔出。制动绳的另一端穿过罐笼 9 上的抓捕器 8 伸到井底，用拉紧装置 10 固定在井底水窝的梁上。

抓捕器的开动机构为图 10-11 中的弹簧 1，正常提升时，提升钢丝绳拉起主拉杆 3，通过传动横梁 4 和连板 5，使两个拔杆 6 的外伸端处于最低位置，滑楔 2 则在最下端位置。发生断绳时，主拉杆 3 下降，在弹簧 1 的作用下，拔杆 6 的外伸端抬起，使滑楔 2 与制动绳 7 接触，并挤压制动绳实现定点抓捕，把下坠的罐笼支承到制动绳上；制动绳在罐笼动能作用下拉动缓冲绳，靠缓冲绳在缓冲器中的弯曲变形和摩擦阻力产生制动力，吸收罐笼下坠的能量，迫使罐笼停住。每个罐笼有两根制动绳，视制动力大小每根制动绳可以与一根或两根缓冲绳相连接，通过调节缓冲绳在缓冲器中的弯曲程度来改变制动力的大小。

10.2.2 提升钢丝绳

提升钢丝绳的用途是悬吊提升容器并传递动力。当提升机运转时，钢丝绳带动容器沿井筒做上下直线运动。所以钢丝绳是矿山提升设备的一个重要组成部分。它对矿井提升的安全和经济运转起着重要作用。

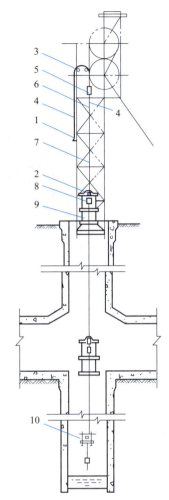

图 10-10　BF 型制动绳防坠器系统布置图
1—锥形杯；2—导向套；3—圆木；4—缓冲绳；
5—缓冲器；6—连接器；7—制动绳；
8—抓捕器；9—罐笼；10—拉紧装置

提升钢丝绳是由数个用相同数目钢丝捻成的绳股绕一绳芯捻制而成，一般由 6 个绳股组成。钢丝直径为 1.0～3.0mm，有光面和镀锌的两种，镀锌钢丝可防止生锈和腐蚀。钢丝由于韧性不同而分为特号、Ⅰ号及Ⅱ号 3 种，提升人员的设备应用特号钢丝制成的钢丝绳。钢丝绳的极限抗拉强度（亦称提升钢丝绳的公称抗拉强度）为 1400～2000MPa，竖井提升一般用 1550～1700MPa 的钢丝绳。公称抗拉强度更高的钢丝绳，不易弯曲且较脆。钢丝绳的绳芯是用具有较大抗拉强度的有机纤维——麻捻制而成，称为有机质绳芯或麻芯。其作用是储存绳油、防锈和减少内部钢丝的磨损，而且可以起衬垫作用，增加钢丝绳的柔软性，在一定程度上能吸收钢丝绳工作时产生的振动和冲击。

常用钢丝绳的分类和使用范围如下：

① 按捻制方向分：
- 左捻的［图 10-13(b)、(d)］绳股捻成钢丝绳时是自右向左捻转（左螺旋）；
- 右捻的［图 10-13(a)、(c)］绳股是自左向右捻转（右螺旋）。

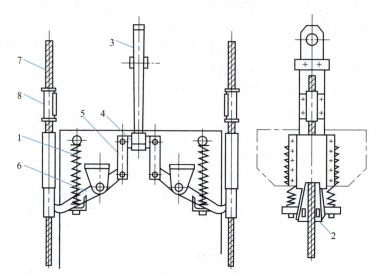

图 10-11　BF 型防坠器抓捕机构示意图
1—弹簧；2—滑楔；3—主拉杆；4—横梁；5—连板；6—拔杆；7—制动绳；8—导向套

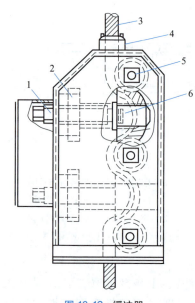

图 10-12　缓冲器
1—螺杆；2—螺母；3—缓冲绳；
4—小轴；5—滑块；6—外壳

当钢丝绳缠绕在卷筒上呈左螺旋时，则选用左捻钢丝绳，反之选用右捻钢丝绳，这主要是为了避免钢丝绳松捻。现场安装时应注意识别。

② 按捻制方法分：

• 交互捻（逆捻）绳中，股与股中丝的捻向相反，有交互右捻［交右，图 10-13（a）］和交互左捻［交左，图 10-13（b）］两种；

• 同向捻（顺捻）绳中，股与股中丝的捻向相同，也有同向右捻［同右，图 10-13（c）］和同向左捻［同左，图 10-13（d）］两种。

同向捻的钢丝绳较柔软、表面光滑、使用寿命长，但悬挂困难，容易松散和卷成环状。同向捻钢丝绳在我国竖井提升中使用较普遍，在架空索道牵引索和钢丝绳牵引带式输送机中也都采用。交互捻的钢丝绳多用于斜井提升。

③ 按钢丝的直径分：

• 等直径钢丝，如图 10-14（a）所示为 6 股 7 丝的钢丝绳（标记为 6×7），图 10-14（b）所示为 6 股 19 丝的钢丝绳（标记为 6×19），此外还有 6 股 37 丝的钢丝绳（标记为 6×37）等。6×7 的钢丝绳抗磨性强，但较硬。钢丝越多则钢丝绳越软，但耐磨性差。我国竖井提升多用 6×19 的钢丝绳，斜井提升和架空索道牵引宜用 6×7 的钢丝绳。

• 不等直径钢丝，如图 10-14（c）所示为西鲁型钢丝绳，其内层钢丝直径较外层小，但内外层钢丝数目相同［标记为 6X(19)］；图 10-14（d）所示为瓦林吞型钢丝绳，绳股的外层钢丝大小相同［标记为 6W(19)］；图 10-14（e）所示为填丝钢丝绳［标记为 6T(25)］。这 3

种钢丝绳股中的钢丝接触呈线状，故称为线接触钢丝绳。它们的主要优点是较柔软、紧密性好、使用寿命长。X 型钢丝绳适用于竖井、斜井提升及钢丝绳带式输送机，国外也用于多绳摩擦提升中。

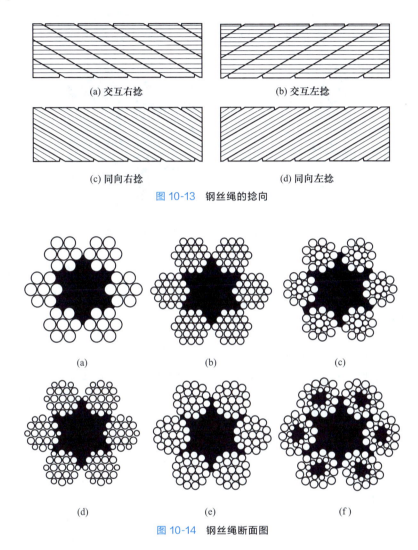

(a) 交互右捻　　　　(b) 交互左捻
(c) 同向右捻　　　　(d) 同向左捻

图 10-13　钢丝绳的捻向

图 10-14　钢丝绳断面图

④ 按绳股的断面形状和钢丝直径特征分：

- 圆形股，如图 10-14(a)～(e) 所示；
- 异形股，如图 10-14(f) 所示三角股钢丝绳［标记为 6△(21)］，此外，还有椭圆股钢丝绳等。

异形股钢丝绳较圆形股钢丝绳可以增加支承面积，从而减轻钢丝绳的磨损，增加使用寿命，当然制造上也相应复杂一些。三角股钢丝绳在我国多绳摩擦提升中得到广泛使用，也可用于绳罐道和架空索道的承载索。

⑤ 其他种类钢丝绳：

- 多层股（不旋转）钢丝绳如图 10-15 所示，其各相邻层股的捻向相反［标记为 18×7］。其特点是受终端载荷作用后旋转较小，最适合作尾绳和用于凿井时不用罐道的吊桶提升，也可作钢丝绳罐道。它的缺点是刚性大，不能很好地充满金属。

• 密封（锁股）钢丝绳如图 10-16 所示，由外层的 Z 型断面钢丝和内层的圆钢丝（或在内外层之间增加一层或二层梯形断面钢丝）一次捻成（标记为：密封钢丝绳 32-110-Z，数字分别表示钢丝绳直径和钢丝的极限抗拉强度，Z 表示外层钢丝为 Z 型断面）。它的接触面大、耐磨、钢丝密度大，但刚性也大，检查内部困难。它适用于钢丝绳罐道和架空索道承载索，国外也用于竖井提升，特别是摩擦提升。

图 10-15　多层股（不旋转）钢丝绳

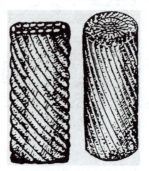

图 10-16　密封钢丝绳

• 扁钢丝绳是由左右捻向相反的偶数小钢丝绳并列起来，再用小细绳缝制而成。它受载荷作用后也不旋转，主要作尾绳用，但由于其生产率低，供货困难，新矿井设计一般不用。

10.2.3　JK 型矿井提升机

目前我国生产的单绳缠绕式提升机按卷筒个数分为单筒提升机和双筒提升机两种。双筒提升机（图 10-17）在主轴上装有两个卷筒，其中一个用键固定在主轴上，称为死卷筒（固定卷筒）；另一个套装在主轴上，通过调绳装置与轴连接，称为活卷筒（游动卷筒）。双筒提升机用作双钩提升，每个卷筒上固定一根钢丝绳，两根钢丝绳的缠绕方向相反，因此，当卷筒旋转时，其中一根向卷筒上缠绕，另一根则自卷筒上松放，此时悬吊在钢丝绳上的容器一个上升一个下放，从而完成提升重容器，下放空容器的任务。因双筒提升机有一个活卷筒，故更换中段、调节绳长和换绳都比较方便。单筒提升机可用作单钩提升，也可用作双钩提升，双钩提升时，卷筒缠绕表面为两根钢丝绳所共用，下放绳空出卷筒表面时，上升绳即向该表面缠绕，这样，卷筒缠绕表面，每次提升都得到了充分利用。因此，它较双筒提升机具有结构紧凑、质量轻的优点。缺点是当双钩提升时，不能用于多中段提升，且调节绳长、换绳也不太方便。

JK 型双筒提升机的结构如图 10-17 所示。它由下列主要部件组成：主轴装置（包括卷筒 1、主轴 2、主轴承 4、调绳装置 3）、制动装置（包括盘式制动器 8、液压站 17）、减速器 13、联轴器 12 和 15、深度指示器 9（或 16）等。

(1) 主轴装置

双筒主轴装置由主轴、主轴承、两个卷筒、四个轮毂、调绳离合器等主要零部件组成（见图 10-18）。固定卷筒装在主轴的传动侧，其与轮毂的连接与单筒主轴装置相同。游动卷筒在主轴的非传动侧，游动卷筒与游动卷筒右轮毂的连接采用数量各一半的精制配合螺栓和普通螺栓。游动卷筒右轮毂为两半结构，通过两半铜瓦滑装在主轴上，左辐板上用精制配合螺栓固定调绳离合器内齿圈，内齿圈右端装有尼龙瓦，支撑在游动卷筒左轮毂上。游动卷筒左轮毂压配在主轴上，并通过强力切向键与主轴连接。

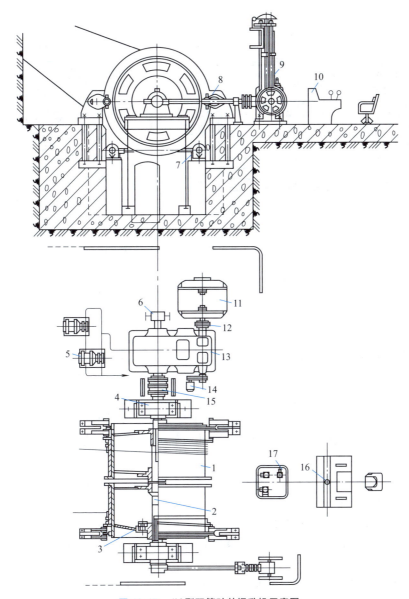

图 10-17 JK 型双筒矿井提升机示意图

1—卷筒；2—主轴；3—调绳装置；4—主轴承；5—润滑油站；6—圆盘深度指示器传动装置；7—锁紧器；8—盘形制动器；9—牌坊式深度指示器；10—斜面操纵台；11—电动机；12—弹簧联轴器；13—减速器；14—测速发电机装置；15—齿轮联轴器；16—圆盘式深度指示器；17—液压站

(2) 调绳装置

在双卷筒提升机中，都设有调绳装置，它的用途是使活卷筒与主轴分离或连接，以便调节绳长、更换中段或更换钢丝绳时，使两个卷筒产生相对运动。

对调绳装置的要求是：在尺寸不大的条件下完全承担加在卷筒上的静力和动力；调绳装置的结构应当允许活卷筒与主轴能迅速而又容易地分离或连接；为了能精细地调节绳长，卷筒的允许最小相对转动数值愈小愈好，一般在钢丝绳缠绕圆周上不应超过 150～200mm，当然，相对转角越小就会使调绳装置构造越复杂。此外为了使调绳装置能快速动作，就必须对调绳装置进行远距离操纵。

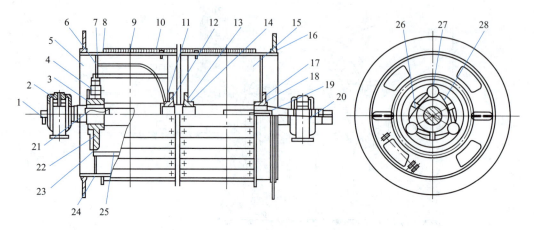

图 10-18　JK 型双筒提升机主轴装置

1—密封头；2—主轴承；3—游动卷筒左轮毂；4—齿轮式调绳离合器；5—游动卷筒；6,14—润滑油杯；
7—尼龙套；8—挡绳板；9—筒壳；10—木衬；11—铜制轴套；12—游动卷筒右轮毂；13—固定卷筒左轮毂；
15—固定卷筒；16—制动盘　17—精制螺栓；18—固定卷筒右轮毂；19—切向键；20—主轴；21—切向键；
22—外齿轮；23—内齿轮；24—辐板；25—角钢；26—联锁阀；27—调绳液压缸；28—油管

　　JK 型提升机调绳装置采用遥控齿轮离合器，其结构如图 10-19 所示。它由一个内齿轮、一个外齿轮、三个油缸、三个联锁阀、一个密封头等组成。活卷筒的左轮毂用切向键固定在主轴上，外齿轮 4 活动地装在左轮毂上，三个调绳油缸 2 安放在外齿轮 4 和左轮毂 1 沿圆周均布的 3 个孔中，把二者联系在一起。调绳油缸的活塞通过活塞杆和右端盖固定在左轮毂上，而缸体则通过左端盖固定在外齿轮 4 上。外齿轮 4 与固定在轮辐上的内齿轮 3 相啮合，即离合器处在合上的位置。

　　离合器的分离动作是利用油缸 2 进行的，当压力油由液压站通过主轴轴端密封头 9、主轴中心孔经管路 8、联锁阀 7 及管路 6 输入各油缸的前腔时，缸体（活塞不动）带动外齿轮 4 向左移动，直至与内齿轮 3 脱离啮合，使活卷筒与主轴分离。反之，当压力油经管路 5 输入各油缸的后腔时，缸体带动外齿轮向右移动，直至与内齿轮啮合，使活卷筒与主轴连接牢靠为止。

　　联锁阀 7 固定在外齿轮 4 上，平时阀中的活塞销在弹簧作用下插在轮毂 1 的环形槽中，以防止提升机在正常工作时离合器的外齿轮 4 自动离开而造成事故。

　　调绳联锁装置 10 安在基础上，用于调绳时发出信号，告诉司机离合器"结合"或"分离"以及与液压站上的安全阀联锁。

　　这种齿轮离合器的优点是能远距离操纵，调绳速度较快；缺点是结构不够完善，且调节绳长的最小数值受齿距的限制，它等于卷筒周长被啮合齿数除得的商，一般为 200～250mm，不能完全满足矿井提升的实际需要。

　　老产品 4～6m 提升机采用遥控气动齿轮离合器，其动作原理同上。KJ 型 2～3m 提升机采用蜗轮蜗杆离合器，能较准确地调节绳长，但不能远距离操纵。

　　为了克服齿轮离合器的缺点，最好采用摩擦离合器，从理论上讲，它对绳长的调节是没有限制的，同时它的动作也较齿轮离合器更迅速，但在超载时，可能发生滑动。我国今后应研究发展摩擦离合器。

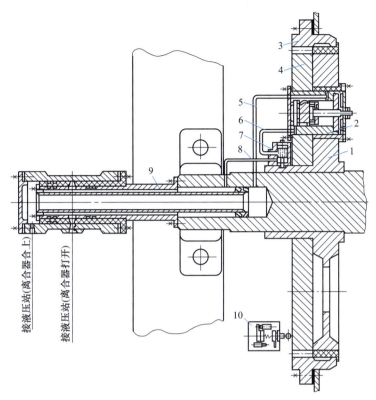

图 10-19 齿轮离合器示意图

1—左轮毂；2—油缸；3—内齿轮；4—外齿轮；5,6,8—管路；7—联锁阀；9—密封头；10—调绳联锁装置

(3) 减速器

矿井提升机的主轴转速，根据提升速度的要求，一般在 20～60r/min 之间，而用于拖动提升机的电动机转速，通常在 290～980r/min 的范围内。因此，除采用低速直流电动机拖动外，不能把电动机与主轴直接连接，必须经过减速器减速。

提升机减速器分为一级的和二级的。一般传动比小于 11.5 时制成一级的，传动比大于 11.5 时制成二级的。

JK 型提升机主要采用侧动式圆弧齿轮减速器，老产品提升机采用侧动式渐开线齿轮减速器。它们的高速轴用弹性联轴器与电动机轴相连，低速轴用齿轮联轴器与主轴装置相连。减速器各个轴的支承除 ZLR-200 采用滚动轴承外，其他均采用滑动轴承。各轴承和啮合齿面由单独的润滑油站供油进行强迫润滑。

10.2.4　深度指示器

深度指示器是矿井提升机的一个重要部件，其用途是：

① 向司机指示容器在井筒中的位置；

② 容器接近井口车场时发出减速信号；

③ 当提升容器过卷时，打开装在深度指示器上的终点开关，切断保护回路，进行安全制动，以便处理事故；

④ 在减速阶段，通过限速装置，进行过速保护。

我国生产的矿井提升机主要采用机械牌坊式深度指示器和圆盘式深度指示器。

(1) 牌坊式深度指示器

牌坊式深度指示器的结构如图 10-20 所示，它是由四根支柱 13、两根丝杠 5、两个限速圆盘 15、数对齿轮及蜗轮副 16 等组成。

矿井提升机主轴的旋转运动经传动系统传给两根垂直丝杠 5，使两丝杠以相反方向旋转，带动套在丝杠上装有指针的螺母 14 上下移动。显然，螺母运动的方向、位置完全与提升容器的运动相适应。标尺 12 上标有相当于提升高度的刻度，以便指针指示出提升容器在井筒中的位置。

当提升容器接近井口卸载位置时，螺母 14 上的凸块通过信号拉条 7 上的销，将拉条抬起并将撞针 9 推向一边，继续运动，拉条上的销就从凸块上脱落下来，撞针就敲击信号铃 10，发出提升减速开始的信号。信号铃可以发出若干次连续的信号，同时在信号拉条旁边的杆 6 上固定着一个减速极限开关 8，以便提升容器到达一定位置时，信号拉条上的角板可以碰上减速开关的滚子进行减速直至停车。

当提升容器发生过卷时，螺母 14 上的碰铁就将过卷极限开关顶开，提升机的制动系统进行安全制动。

信号拉条上的销可根据需要移动其位置，使其与提升容器的位置相适应。减速和过卷极限开关的位置可以很方便地调整。

限速圆盘 15 由蜗轮副 16 带动，在一次提升过程中，每个圆盘的转角小于 360°。两圆盘上各装有一块限速凸板 17，在减速时碰压装在机座 1 上的限速自整角机 18（对角各一个）的自整角机滚子，使提升机在减速阶段不致超速。

利用离合器 4，可使从动丝杠脱离传动系统，提升机主轴传动时，只能使主动丝杠上的螺母指针移动，以适应提升高度改变时的指示需要。

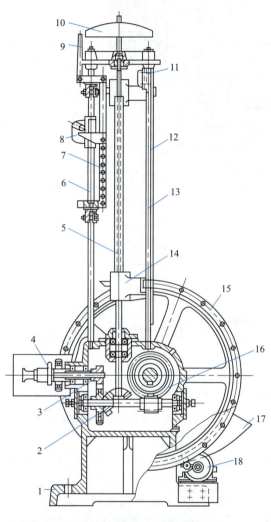

图 10-20 牌坊式深度指示器

1—机座；2—伞齿轮；3—齿轮；4—离合器；5—丝杠；6—杆；7—信号拉条；8—减速极限开关；9—撞针；10—信号铃；11—过卷极限开关；12—标尺；13—支柱；14—左旋梯形螺母；15—限速圆盘；16—蜗轮副；17—限速凸板；18—限速自整角机（对角和一个）

这种深度指示器是指针上下移动，形象直观，便于操纵人员观看，但不够精确，且结构较复杂。

(2) 圆盘式深度指示器

圆盘式深度指示器由传动装置和深度指示盘组成。

深度指示器传动装置的传动系统如图 10-21 所示，其传动轴 2 与减速器输出轴 1 相连，通过更换齿轮对 3 一方面带动发送自整角机 8 转动；另一方面经蜗轮副 4 带动前后限速圆盘 5 和 9。在一次提升过程中圆盘的转角为 250°～350°（可适当选配更换齿轮对 3 来保证）。

每个圆盘上装有几块碰板（图中未表示出）和一块限速凸板 7，用来碰压减速开关、过卷开关及限速自整角机 6，从而发出信号，进行减速和安全保护。深度指示盘装在操纵台上，其结构如图 10-22 所示，当传动装置发送自整角机转动时，发出信号使深度指示盘上的接收自整角机 4 相应转动，经过三对减速齿轮带动粗针 5（粗针在一次提升过程中仅转动 250°～350°）进行粗指示；经过一对减速齿轮带动精针 3 进行精指示（精针的转速为粗针的 25 倍），以便在提升终了时比较精确地指示容器的停止位置。

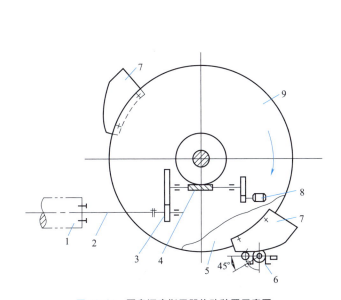
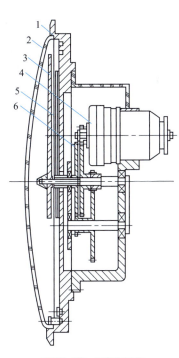

图 10-21　圆盘深度指示器传动装置示意图
1—减速器输出轴；2—传动轴；3—更换齿轮对；
4—蜗轮副；5—前限速圆盘；6—限速自整角机；
7—限速凸板；8—发送自整角机；9—后限速圆盘

图 10-22　深度指示盘
1—指示圆盘；2—玻璃罩；3—精针；
4—接收自整角机；5—粗针；6—齿轮对

10.2.5　制动装置

制动装置由制动器（也称闸）和传动系统组成。制动器按结构形式分为盘闸及块闸。传动系统控制并调节制动力矩。制动器按传动能源分为油压、气压或弹簧制动装置。JK 系列提升机采用油压盘闸制动系统，旧型 KJ 系列采用油压和气压块闸系统。

10.2.5.1　制动器的作用和对制动装置的要求

制动器的作用有四个：

① 在提升机正常操作中，参与提升机的速度控制，在提升终了时可靠地夹住提升机，即通常所说的工作制动。

② 当发生紧急事故时,能迅速按要求减速,制动提升机,以防止事故的扩大,即安全制动。

③ 在减速阶段参与提升机的速度控制。

④ 对于双卷筒提升机,在调节绳长、更换水平及换钢丝绳时,应能分别夹住提升机活卷筒及死卷筒,以便主轴带动死卷筒一起旋转时活卷筒夹住不动(或锁住不动)。

制动装置不仅是一个工作机构,同时也是重要的安全机构,为了确保提升工作安全顺利地进行,矿山安全规程中对它提出了一系列要求,归纳起来主要有两点:一是制动器必须给出一个恰当的制动力矩;二是安全制动必须能自动、迅速和可靠地实现。

10.2.5.2 盘闸制动器的工作原理和结构

盘闸制动器的制动力矩是靠闸瓦沿轴向从两侧压向制动盘产生的,为了使制动盘不产生附加变形、主轴不承受附加轴向力,盘闸都是成对使用,每一对叫做一副盘闸制动器。根据所要求制动力矩的大小,每台提升机可布置多副制动器。

盘闸制动器的结构如图10-23所示。液压缸12用螺栓固定在整体铸钢支座14上。支座经过垫板21,用地脚螺栓固定在基础上。液压缸12内装活塞10、柱塞1、调整螺母9、蝶形弹簧11等,筒体5可在支座内往复移动,闸瓦固定在衬板3上,液压缸12上还装有放气螺钉13、塞头19、垫20。

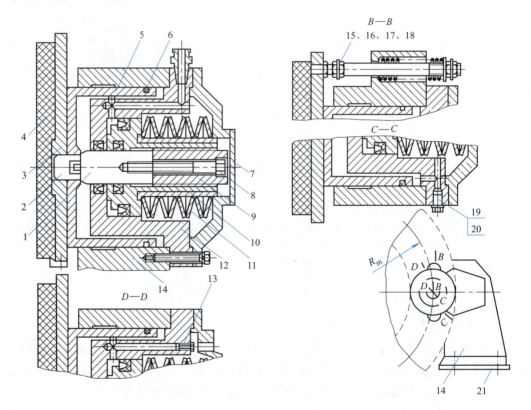

图 10-23 盘闸制动器结构

1—柱塞;2—销;3—衬板;4—闸瓦;5—筒体;6—密封圈;7—盖;8—螺钉;
9—调整螺母;10—活塞;11—蝶形弹簧;12—液压缸;13—放气螺钉;14—支座;
15—回复弹簧;16—螺栓;17—垫;18—螺母;19—塞头;20—垫;21—垫板

制动力靠碟形弹簧产生，松闸靠油压。当压力油充入油缸，推动活塞压缩碟形弹簧，并带动调整螺母9、螺钉8及柱塞1右移时，筒体和闸瓦在回复弹簧15和螺栓16的作用下一起右移，闸瓦离开制动盘，呈松闸状态。当油缸内油压降低时，碟形弹簧恢复其压缩变形，推动活塞10向左移动，同时带动调整螺母9、螺钉8、柱塞1推动筒体左移，使闸瓦压向制动盘，达到制动的目的。

10.2.6 多绳摩擦提升

由于矿井深度和产量的不断增加，缠绕式提升机的卷筒直径和宽度也随之加大，使得提升机卷筒体积庞大而笨重，给制造、运输、安装等带来很大的不便。为了解决这个问题，1877年法国人戈培提出将钢丝绳搭在摩擦轮上，利用摩擦衬垫与钢丝绳之间的摩擦力来带动钢丝绳，以实现提升容器的升降，这种提升方式称为摩擦提升。与单绳缠绕式提升机相比，摩擦轮的宽度明显减小，而且不会因井深的增加而增大。同时，主轴跨度的减小使得主轴的直径和长度均有所降低，整机的质量大为下降，而且由于提升机回转力矩的减小，提升电动机容量降低，能耗减少。

但是，单绳摩擦式提升机只解决了提升机卷筒宽度过大的问题，而没有解决卷筒直径过大的问题。因为全部终端载荷由一根钢丝绳承担，故钢丝绳直径很大，摩擦轮直径也很大（$D = 80d$），因此就出现了用多根钢丝绳代替一根钢丝绳的多绳摩擦提升机。这样，终端载荷由多根钢丝绳共同承担，使得每根钢丝绳直径变小，从而摩擦轮直径也随之变小。图10-24所示为多绳摩擦提升系统示意图。

多绳摩擦提升机可分为井塔式和落地式两种。井塔式的优点是：布置紧凑省面积，不需设置天轮；全部载荷垂直向下，井塔稳定性好；钢丝绳不裸露在雨雪之中，对摩擦系数和钢丝绳使用寿命不产生影响。其缺点是：井塔造价较高，施工周期较长，抗地震能力不如落地式；井塔式系统为了保证两提升容器的中心距离和增大钢丝绳在摩擦轮上的围包角，可设置导向轮，但与此同时却增加了提升钢丝绳的反向弯曲，缩短了提升钢丝绳的使用寿命。

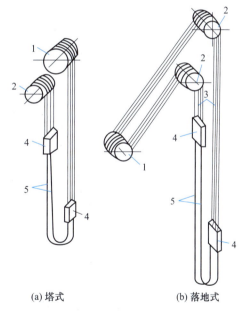

(a) 塔式　　(b) 落地式

图10-24　多绳摩擦提升系统示意图

1—主导轮；2—天轮；3—提升钢丝绳；
4—容器；5—尾绳

采用多绳摩擦提升，多根提升钢丝绳同时断裂的可能性很小，故安全性较好。而多绳摩擦提升的钢丝绳数，通常均取偶数（多采用2～10根），其目的是利于选用左捻和右捻绳各半，以减少罐耳与罐道之间的摩擦阻力。同时，为了减少钢丝绳因物理力学性质上的差异而影响各提升钢丝绳的张力分配，故必须在同一批制造的钢丝绳中，选取左、右捻钢丝绳各一根，然后根据提升钢丝绳的绳数分别在已选取的左、右捻钢丝绳上截取。

图10-25所示为JKM系列提升机布置图。

多绳摩擦提升机的结构有如下特点：

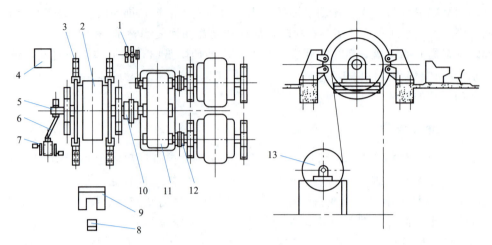

图 10-25 JKM 多绳提升机布置图

1—测速发电机装置；2—主轴装置；3—盘形制动装置；4—液压站；5—精针发送装置；6—万向联轴器；7—深度指示器；8—司机椅；9—操纵台；10—齿轮联轴器；11—减速器；12—弹性联轴器；13—导向轮

① 主轴装置。图 10-26 所示是多绳摩擦提升机的一种主轴装置结构。主轴法兰盘（或轮毂）与摩擦轮轮辐采用高强度螺栓连接，借助螺栓压紧轮辐与夹板间的摩擦力传递扭矩。这种结构便于拆装及运输，但制造要求较高，轴向两法兰盘间的尺寸与摩擦轮轮辐尺寸应吻合，以便于连接。

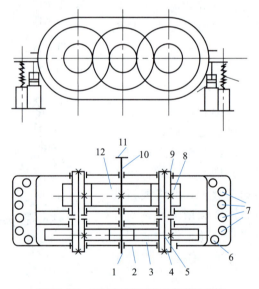

图 10-26 多绳摩擦提升机主轴装置结构

1—高速轴；2—高速小齿轮；3—高速大齿轮；4—高速轴套；5—弹性轴；6—减振器；7—弹簧机座；8—低速小齿轮；9—低速轴套；10—输出轴；11—刚性联轴器；12—低速大齿轮

摩擦衬垫用倒梯形截面的压块把衬垫固定在筒壳上。衬垫绳槽初车槽深为 1/3 绳径，槽距约为绳径的 10 倍。目前国内衬垫主要采用 PVC 和聚氨酯。

② 车槽装置。为使各钢丝绳绳槽直径不超过规定值，以保持各钢丝绳张力均衡，多绳摩擦提升机均设有车槽装置。

③ 减速器。为了消除机器传给井塔的振动，有些井塔式摩擦提升机采用弹簧基础减速器，如图 10-27 所示。

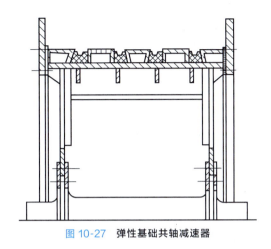

图 10-27　弹性基础共轴减速器

④ 深度指示器。多绳摩擦提升机为了补偿钢丝绳蠕动和滑动对深度指示器位置的影响，设置了深度指示器自动调零装置。

⑤ 尾绳悬挂装置。多绳摩擦提升设备一般均有尾绳，为了在使用圆尾绳时避免打结，在罐笼底部下方设有尾绳悬挂装置。

10.3　矿井提升设备使用与维修

在矿山固定设备中，提升设备是矿井的重要设备之一，是井下与地面联系的主要工具。矿井提升设备一旦发生事故，矿井生产将会中断，或造成人员伤亡。所以，为保证生产和人员安全，应掌握矿井提升设备的性能情况，在生产中做到正确使用和及时有效维修。

10.3.1　提升设备的检查和试验

① 提升容器、连接装置、防坠器、罐耳、罐道、阻车器、摇台、装卸设备、天轮和钢丝绳以及提升机的各部分，包括卷筒、制动装置、防过卷装置、限速器、调绳装置、深度指示器、传动装置、电动机和控制设备等，每天必须有专人检查一次，每月还必须由机电科长组织检查一次。如果发现问题，必须立即处理，检查和处理的结果，都应留有记录。

② 倾斜井巷的运输工作，必须建立严格的岗位责任制，由各专业人员负责对轨道、钢丝绳、绞车、驱动装置、人车、矿车、连接装置、保险装置和其他有关装置进行检查、维修和调试，保持这些装置一直处于良好状态。

③ 矿井主要提升装置每年必须由机电部门组织各矿依次进行检查和试验。检查和试验的项目包括：《冶金矿山安全规程》中规定的各种安全保护装置；天轮的垂直和水平程度，有无轮缘变位和轮辐弯曲现象；电气传动装置和控制系统的情况；各种调整和自动记录装置以及深度指示器的动作状况和精密程度；检查工作闸和保险闸的工作性能，并验算其制动力矩；测试保险闸空动时间和制动减速度；井架的变形、损坏、锈蚀和振动情况；井筒罐道及其固定情况和垂直度。检查和试验结果必须写成报告书，对检查和试验所发现的缺陷，必须

提出改进措施，并限期解决。

除以上定期检查和试验外，提升机房的值班司机还应按巡回检查图表，对提升机进行巡回检查。各组成部分应符合提升机的完好标准，运转正常，无异常响声和温升。钢丝绳、连接装置、罐道、罐耳、天轮、防坠器等的检查和试验结果，应符合《冶金矿山安全规程》的各项规定。

10.3.2 提升设备安全操作

① 每班开车前应检查提升机各部分的螺栓紧固情况、深度指示器的完好情况，并给各润滑部位注油。每一主要提升设备必须配备有正、副司机。运转中操作司机不准离开司机台，不得丢开操作手柄。在交接班、人员上下井的时间内，必须由正司机开车，副司机在旁监护。在每班开始升降人员前，应先开一次空车。在未收到和听清开车信号之前，不准开车。未听清的信号，一律按停车处理。运转中司机要注意深度指示器的指针指示位置，以及各种仪表和灯响信号，如果有异常情况，要及时停车。

② 运转中对缠绕式提升机要注意钢丝绳摆动情况，若发现有松绳、卡绳情况，要及时缠紧或停车处理。对于摩擦轮式提升机如果发现有钢丝绳打滑现象，要立即停车。到达减速点后，若发现减速开关不好用，应立即手动减速，并用工作制动闸控制提升速度。

③ 箕斗超载时，不允许开车。罐笼提升和下放重物时，应采用动力制动。斜井提升、下放重物时，应接电运行（发电制动）。罐笼，升降特殊设备时（如管子、铁道、大型机件、电机车等），应按专人联系信号开车；除更换提升水平外，未经领导批准，不准单罐提升（单钩）。更换提升水平和调整闸瓦间隙时，严禁带重载荷进行。

④ 巡回检查中若发现电动机温度超过 80℃、电动机轴承温度超过 60℃、制动气泵回水温度超过 40℃ 以及其他异常情况，应立即停车或不准开车，并报告机电科设法处理。

⑤ 检修井筒或处理事故时，如果需要人员站在罐笼或箕斗顶上工作时，必须遵守下列规定：在罐笼或箕斗顶上，必须装设保险伞和栏杆；人员必须佩戴保险带；提升容器的速度一般为 0.3~0.5m/s，最大不超过 2m/s；检修用的信号必须齐全可靠。

⑥ 人员上下井时，必须严格遵守乘罐制度，听从把钩工的指挥。开车信号发出后，严禁进出罐笼。严禁在同一层罐笼内，人员和物料混合提升。

⑦ 倾斜井巷提升时，严禁蹬钩。有车时，严禁行人。运送物料时，每次开车前把钩工必须检查牵引车数、各车的连接和装载情况。牵引车数超过规定，连接不良或装载物料超重、超高、超宽时，都不得发出开车信号。倾斜井巷运送人员的列车必须有跟车人，跟车人必须坐在列车行驶方向的第一辆车内的第一排座位上，面向前方；手动防坠把手或制动器把手也必须装在该车内。

⑧ 每部提升装置必须具备下列文件，并妥善保管：提升机的说明书、总装配图、制动装置结构图和系统图、电气控制系统图、提升设备（提升机、钢丝绳、天轮、提升容器、防坠器和罐道等）的检查记录簿、钢丝绳的试验和更换记录簿、司机交接班记录簿。制动系统图、电气系统图、提升装置的技术特征和岗位责任制等，必须悬挂在提升机房内。

10.3.3 提升设备的维修

(1) 小修内容

① 打开减速器上盖，检查齿轮的啮合及磨损情况、轮辐和轮齿有无裂纹，必要时更换；

② 打开主轴轴承上盖，检查轴颈与轴瓦间隙，必要时撤换垫片；
③ 检查和清洗润滑系统各部件，处理漏油，更换润滑油，必要时更换密封件；
④ 检查和调整制动系统各部件，必要时更换闸瓦和销轴等已磨损零件；
⑤ 检查和处理滚筒焊缝是否开裂，铆钉、螺钉、键等有无松动或变形，必要时加固或更换；
⑥ 检查深度指示器和传动部件是否灵活准确，必要时进行调整处理；
⑦ 检查各种安全保护装置动作是否灵活可靠，必要时进行重新调整；
⑧ 检查联轴器的销轴与胶圈磨损是否超限，内、外齿轮啮合间隙或蛇形弹簧磨损是否超限，必要时更换磨损零件；
⑨ 检查各连接部件，如基础螺钉有无松动和损坏，必要时进行更换；
⑩ 进行钢丝绳的串绳、调头和更换工作；
⑪ 检查和调整电气设备的继电器、接触器和控制线等，必要时进行更换；
⑫ 检查日常维修不能处理的项目，保证设备能正常运行到下次检修期。

（2）中修内容
包括小修的全部检修内容，同时还进行下列项目：
① 更换减速器各轴承或对使用中轴瓦进行刮研处理；
② 调整齿轮啮合间隙，或更换齿轮对；
③ 更换制动系统的闸柱和转动销轴；
④ 车削闸轮外径闸面，必要时进行更换；
⑤ 更换滚筒木衬和车削绳槽；
⑥ 处理或更换电控设备的零部件；
⑦ 检修不能保证到下次中修，而小修又不能处理的项目。

（3）大修内容
包括中修的全部检修内容，同时还进行下列项目：
① 检修或更换减速器的传动轴、齿轮和轴承，并重新进行调整；
② 重新加固或更换卷筒；
③ 更换主轴轴瓦并抬起主轴检查下瓦，调整主轴水平；
④ 检测找正各轴间的水平度和平行度；
⑤ 更换联轴器；
⑥ 进行机座和基础加固；
⑦ 检修或更换主电动机和其他电控设备。

10.3.4　矿井提升设备常见故障及处理

矿井提升设备的常见故障及处理见表 10-1 所列。

表 10-1　矿井提升设备常见故障及处理

故障现象		故障原因	处理方法
1. 主轴装置	1. 主轴折断或弯曲	1. 各支承轴的同心度和水平度偏差过大，轴局部受力过大，反复疲劳折断 2. 多次重负荷重复冲击 3. 加工质量不合要求	1. 调整同心度和水平度 2. 防止重负荷重复冲击 3. 保证加工质量

续表

	故障现象	故障原因	处理方法
1. 主轴装置	1. 主轴折断或弯曲	4. 材料不佳或疲劳 5. 放置时间过久,由于自重作用而产生弯曲变形	4. 改进材质,调整或更换材质 5. 经常进行转动调位,勿使一面受力过久
	2. 滚筒产生异响,即发出"咯吱、吱"的响声	1. 连接件松动或断裂产生相对位移和振动 2. 滚筒筒壳产生裂纹 3. 筒壳强度不够、变形 4. 游动滚筒衬套与主轴间隙过大 5. 蜗轮蜗杆离合器有松动 6. 切向键松动	1. 进行紧固或更换 2. 进行补焊 3. 用型钢作筋来增补强度 4. 更换衬套,适当加油 5. 调整蜗轮蜗杆离合器 6. 紧固键或更换键
	3. 滚筒壳产生裂缝	1. 局部受力过大,连接件松动或断裂 2. 由于计算误差太大,筒壳钢板太薄 3. 木衬磨损或断裂	1. 在筒壳内部加立筋或支环,拧紧螺栓 2. 进行精确计算,更换筒壳 3. 更换木衬
	4. 滚筒轮毂或内支轮松动	1. 连接螺栓松动或断裂 2. 加工和装配质量不合要求	1. 紧固或更换连接螺栓 2. 检修和重新装配
	5. 轴承发热、烧坏	1. 缺润滑油或油路阻塞 2. 油质不良 3. 间隙小或瓦口垫磨轴 4. 与轴颈接触面积不够 5. 油环卡塞	1. 加油、疏通油路 2. 清洗过滤器或换油 3. 调整间隙及瓦口垫 4. 刮瓦研磨 5. 维修油环
2. 调绳离合器	1. 离合器发热	离合器沟槽口为污物或金属碎屑污染	用煤油清洗、擦拭、加强润滑
	2. 离合器油缸(气缸)内有敲击声	1. 活塞安装不正确 2. 活塞与缸盖的间隙太小	1. 进行检查,重新安装 2. 调整间隙,使之不小于2~3mm
3. 制动装置	1. 制动器和制动手把跳动或偏摆,制动不灵,降低和丧失制动力矩	1. 闸座销轴及各铰接轴松旷、锈蚀、黏滞 2. 传动杠杆有卡塞地方 3. 三通阀活塞的位置调节不适当 4. 三通阀活塞和缸体内径磨损间隙超限,使压力油和回油窜通 5. 制动器安装不正 6. 压力油脏或黏度过大,油路阻滞	1. 更换销轴,定期加润滑剂 2. 处理和调控 3. 更换三通阀 4. 更换三通阀 5. 重新调整找正 6. 清洗换油
	2. 蓄压器活塞上升不稳或太慢	1. 密封皮碗压得过紧 2. 油量不足	1. 调整密封皮碗,以不漏油为宜 2. 加油
	3. 制动闸瓦、闸轮过热或烧伤	1. 用闸过多过猛 2. 闸瓦螺栓松动或闸瓦磨损过度,螺栓触及闸轮 3. 闸瓦接触面积小于60%	1. 改进操作方法 2. 更换闸瓦,紧固螺栓 3. 调整闸瓦的接触面
	4. 制动油缸顶缸	工作行程不当	调整工作行程
	5. 制动油缸活塞卡缸	1. 活塞皮碗老化变硬,卡缸 2. 压力油脏,过滤器失效 3. 活塞皮碗在油缸中太紧 4. 活塞面的压环螺钉松动脱落 5. 制动油缸磨损不均匀	1. 更换 2. 清洗、换油 3. 调整、检修 4. 修理、更换 5. 处理或更换油缸

续表

故障现象		故障原因	处理方法
3. 制动装置	6. 蓄压器活塞明显自动下降或下降过快	1. 管路接头及油路漏油 2. 密封不好 3. 安全阀有过油现象或放油阀有漏油现象	1. 检查管路，处理漏油 2. 更换密封圈 3. 调整安全阀弹簧的顶丝，或更换放油闸阀
	7. 盘形闸闸瓦断裂、制动盘磨损	1. 闸瓦材质不好 2. 闸瓦接触面不平，有杂物	1. 更换质量好的闸瓦 2. 调整、处理
4. 深度指示器	1. 牌坊式深度指示器的丝杠晃动、指示失灵	1. 上下轴承不同心或传动轴轴承调整得不合适，轴向窜量大 2. 丝杠弯曲 3. 丝杠螺母磨损严重 4. 传动伞齿轮脱键 5. 多绳摩擦式提升机的电磁离合器有黏滞现象，不调零	1. 调整或更换 2. 调直或更换丝杠 3. 更换 4. 修理紧固键 5. 检修调整
	2. 圆盘式深度指示器精针盘运转出现跳动现象，或者传动精度有误差	1. 传动轴心线歪斜和不同心 2. 传动齿轮变形或磨损	1. 加套处理调整 2. 更换
5. 减速器	1. 减速器声音不正常，即出现噼啪声、不停的号叫声等或振动过大	1. 齿轮装配啮合间隙不合适 2. 齿轮加工精度不够或齿形不对 3. 轴向窜量过大 4. 各轴水平度及平行度偏差太大 5. 轴瓦间隙过大 6. 齿轮磨损过大 7. 键松动 8. 地脚螺栓松动 9. 润滑不良	1. 调整齿轮间隙 2. 进行修理或更换 3. 调整窜量 4. 调整各轴的水平度和平行度 5. 调整轴瓦间隙或更换 6. 进行修理或更换齿轮 7. 紧固键或更换 8. 紧固地脚螺栓 9. 加强润滑
	2. 齿轮严重磨损，齿面出现点蚀现象	1. 装配不当，啮合不好、齿面接触不良 2. 加工精度不符合要求 3. 负荷过大 4. 材质不佳、齿面硬度偏小，跑合性和抗疲劳性能差 5. 润滑不良或润滑油选择不当	1. 调整装配 2. 进行修理 3. 调整负荷 4. 更换或改进材质 5. 加强润滑或更换润滑油
	3. 齿轮打牙断齿	1. 齿间掉入金属物体 2. 重载荷突然或反复冲击 3. 材质不佳或疲劳	1. 清除异物 2. 采取措施，杜绝反常的重载荷 3. 改进材质，更换齿轮
	4. 传动轴弯曲或折断	1. 齿间掉入金属异物后，轴受弯曲应力过大 2. 断齿进入另一齿轮间空隙，使两齿轮顶相互顶撞 3. 材质不佳或疲劳 4. 加工质量不符合要求，产生大的应力集中	1. 检查取出或者更换，并杜绝异物掉入 2. 经常检查，发现断齿或出现异响立即停机处理 3. 改进材质或更换 4. 改进加工方法，保证加工质量

续表

故障现象		故障原因	处理方法
5. 减速器	5. 减速器漏油	1. 减速器上下壳之间的对口微观不平度较大,接触不严密,有间隙,或对口螺栓少或直径小 2. 轴承的减速器内回油沟不通,有堵塞现象,造成减速器轴端漏油 3. 供油指示器漏油 4. 轴承螺栓孔漏油	1. 在凹形槽内加装耐油橡胶绳和石棉绳,在对口平面处用石棉粉和酚醛清漆混合涂料加以涂抹;或者对口采用耐油橡胶垫,石棉绳掺肥皂膏封堵;对口螺栓直径加粗或螺线加密 2. 疏通回油沟;在端盖的密封槽内加装"Y"形弹簧胶圈或"O"形胶圈 3. 更换供油指示器,适当调节供油量,管和接头配合要严密,用石棉绳涂铅油拧紧 4. 在轴承对口靠瓦口部分垫以耐油橡胶或肥皂片;在螺栓孔内垫以胶圈,拧紧对口螺栓
6. 联轴器	1. 齿轮联轴器连接螺栓切断	1. 同心度及水平度偏差超限 2. 螺栓材质较差 3. 螺栓直径较细,强度不够	1. 调整找正 2. 更换 3. 更换
	2. 齿轮联轴器齿轮磨损严重或折断	1. 油量不足,润滑不好 2. 同心度及水平度偏差超限 3. 齿轮间隙超限	1. 定期加润滑剂,防止漏油 2. 调整找正 3. 调整间隙
	3. 蛇形弹簧联轴器的蛇形弹簧或螺栓折断	1. 端面间隙大 2. 两轴倾斜度误差太大 3. 润滑脂不足 4. 弹簧和螺栓材质差	1. 调整 2. 调整 3. 补润滑脂 4. 更换
7. 提升电动机	1. 电动机完全不明启动,声音不正常,三相电流不平衡,定子绕组局部过热	1. 电源进线一相断线,开关一相断开或接触不良,定子进线接线盒端子一相断开 2. 转子出线或启动电阻断线(二相或三相) 3. 定子绕组一相断线,转子绕组二相或三相断线 4. 轴瓦磨损过限或轴承移动,使转子与定子间隙不均匀	1. 检查电源开关和接线盒,处理断线和接触不良现象 2. 检修转子连线,更换烧断电阻 3. 检修定子或转子绕组 4. 更换轴瓦、校正轴承、调整转子与定子间隙
	2. 电动机启动力矩不足,有载不能启动或负载增大时停下来,声音异响,局部过热,定子电流摆动	1. 定子绕组为三角形接线时,内部一相断线 2. 定子绕组匝间短路 3. 启动电阻选择太大或匹配不合适 4. 启动电阻或启动电阻一相烧坏断线或接触不良	1. 检修断线,更换或重缠 2. 检修或更换绕组 3. 调整启动电阻 4. 检修处理
	3. 电动机启动响声很大,电流大且不平衡,不带负载运转,电流超过额定值,甚至使电源开关跳闸	1. 定子绕组一相接反 2. 定子绕组两相短路 3. 启动电阻过小或短路	1. 检查重接 2. 检修或更换绕组 3. 检修或调整启动电阻
	4. 启动后,转速低于额定转速	1. 电源电压降低,电动机转矩减小 2. 转子绕组与滑环、电刷与启动电阻或滑环接触不良 3. 转子绕组端部或中性点焊接处接触不良 4. 启动电阻未完全切除	1. 限制负荷 2. 检查电源,暂停运行 3. 加强通风 4. 检查处理

续表

故障现象		故障原因	处理方法
7. 提升电动机	5. 电动机过热	1. 长期过负荷运行 2. 电源电压过高或过低 3. 电动机通风不良 4. 运行中电动机一相进线断开	1. 限制负荷 2. 检查电源,暂停运行 3. 加强通风 4. 检查处理
	6. 电动机局部过热,有"嗡嗡"声或有焦味与冒烟	1. 绕组匝间短路 2. 绕组短路	1. 检查处理 2. 更换电动机
	7. 电动机振动,切断电源后仍有振动现象	1. 同心度及水平度偏差过大 2. 地脚螺栓松动 3. 轴瓦间隙过大,转子不平衡	1. 调整 2. 拧紧螺母 3. 调整处理
	8. 转子扫膛	轴瓦磨损过限或轴承移动使转子与定子之间的间隙不均匀	更换轴瓦,调整轴承
8. 高压开关柜	1. 油开关合不上	1. 电压互感器高压侧或低压侧熔断器烧断 2. 电压互感器高压侧或低压侧断线 3. 失压脱扣线圈断线	1. 更换熔断器或熔体 2. 处理或更换 3. 处理或更换
	2. 油开关切不断,脱扣机构失灵	1. 脱扣电路断线、脱扣线圈烧毁、脱扣机构卡住 2. 熔断器烧断	1. 检查处理,更换线圈 2. 更换
9. 高压换向器	1. 换向器的接触器不吸合	1. 接触器的线圈断线 2. 接触器的线圈回路中闭锁触点接触不良 3. 机械活动部分润滑不够被卡塞,阻力大	1. 检修或更换 2. 检查、打磨触点并调整压力 3. 检修、清洗、加润滑油
	2. 换向器不断开合	接触器线圈的电阻损坏或连线断开	检修,或更换电阻
	3. 换向器闭合时产生短路现象,油开关跳闸	1. 熄弧室受潮 2. 电气或机械闭锁失灵 3. 换向太快	1. 清扫、干燥 2. 检查、消除故障 3. 调整电弧闭锁继电器,使其动作时间不小于 0.5~1s
	4. 换向接触器的磁铁吸合不严,振动有响声,线圈过热	1. 磁铁的短路环断裂或失落 2. 衔铁接触歪斜,表面不平或有杂物 3. 固定铁芯螺栓松动 4. 主触点弹簧压力太大	1. 更换短路环 2. 调整锉平,清扫衔铁 3. 拧紧螺栓 4. 调整压力
10. 交流接触器	1. 接触器不吸合	1. 接触器线圈烧毁、断线或接头松动 2. 电压过低,吸力不够 3. 触点被灭弧罩住,衔铁铁芯和触点上有杂物,或衔铁卡塞 4. 接触器的轴承润滑不好,转动不灵	1. 处理更换 2. 检查电源电压 3. 检修、清除故障 4. 清洗加油
	2. 主触点过热,甚至熔断	1. 负荷电流过大 2. 触点磨损严重或太脏 3. 触点压力太大或太小 4. 电源电压低而造成吸力不够	1. 更换接触器、主触点或限负荷 2. 打磨、清洗或更换 3. 调整压力或更换弹簧 4. 检查电源

复习思考题

10-1 矿井提升系统主要有哪些类型?

10-2 罐笼和箕斗的功能有什么区别?主要用于哪些提升系统?

10-3 安全装置的功能是什么?安全规程对其基本要求是什么?

10-4 罐笼承接装置的作用是什么?

10-5 矿井提升机和天轮有哪些类型?

10-6 矿井提升机的基本结构是什么?

10-7 调绳离合器的功能与结构原理是什么?

10-8 深度指示器的作用是什么?有哪几种类型?

第四篇 矿山辅助设备

第11章 矿山排水设备
第12章 矿井通风设备
第13章 矿山压气设备

第 11 章
矿山排水设备

教学目标

(1) 了解矿山排水系统及其几种类型；
(2) 掌握离心式水泵的基本结构和工作原理；
(3) 掌握离心式水泵轴向推力的平衡方法；
(4) 了解离心式水泵工作性能的测定原理。

11.1 概述

在矿山基础设施建设和生产过程中，会有涌水进入采场和矿井（坑）。采场和矿井（坑）的涌水主要来源于大气降水、地表水和地下水，以及老窿、旧井巷积水和水沙充填的回水。矿山排水设备的任务就是将采场和矿井（坑）水及时排至地面或坑外，为矿山开采创造良好的条件，确保矿山安全生产。

矿井水中含有各种矿物质，并且含有泥沙、煤屑等杂质，故矿井水的密度比清水大。矿井水中含有的悬浮状固体颗粒，进入水泵后，会加速金属表面的磨损，所以矿井水中的悬浮颗粒应在进入水泵前加以沉淀，而后再经水泵排出矿井。

有的矿井水有酸性，会腐蚀水泵、管路等设备，缩短排水设备的正常使用年限，因此，对酸性矿井水，特别是 pH<3 的强酸性矿井水必须采取措施。一种办法是在排水前用石灰等碱性物质对水进行中和，减弱其酸度后再排出地面；另一种办法是采用耐酸泵排水，对管路进行耐酸防护处理。

11.1.1 矿井排水设备的组成

矿井排水设备的组成如图 11-1 所示。滤水器 5 装在吸水管 4 的末端，其作用是防止水中杂物进入泵内。滤水器应插入吸水井水面 0.5m 以下。滤水器中的底阀 6 用以防止灌入泵内和吸水管内的引水以及停泵后的存水漏入井中。调节闸阀 8 安装在排水管路 7 上，位于逆止阀 9 的下方，其作用是调节水泵的流量和在关闭闸阀的情况下启动水泵，以减小电动机的启动负荷。逆止阀 9 的作用是当水泵突然停止运转（如突然停电）时，或者在未关闭调节闸阀 8 的情况下停泵时，能自动关闭，切断水流，使水泵不致受到水力冲击而遭损坏。漏斗 11 的作用是在水泵启动前向泵内灌水，此时，水泵内的空气经放气栓 16 放出。水泵再次启动时，可通过旁通管 10 向水泵内灌水。在检修水泵和排水管路时，应将放水管 12 上的放水闸阀 13 打开，通过放水管 12 将排水管路中的水放回吸水井。压力表 15 和真空表 14 的作用是检测排水管中的压力和吸水管中的真空度。

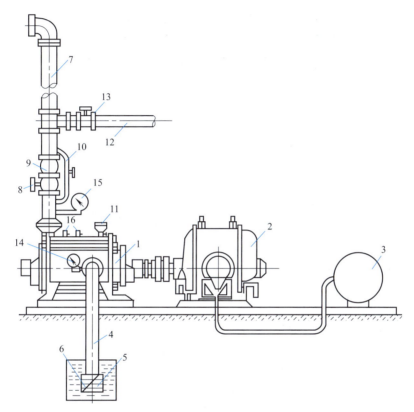

图 11-1　矿井排水设备示意图

1—离心式水泵；2—电动机；3—启动设备；4—吸水管；5—滤水器；6—底阀；7—排水管；8—调节闸阀；9—逆止阀；10—旁通管；11—漏斗；12—放水管；13—水闸阀；14—真空表；15—压力表；16—放气栓

11.1.2　矿井排水系统

矿井排水系统由矿井深度、开拓系统以及各水平涌水量的大小等因素来确定。

矿山排水分露天采场排水、矿井排水两种。

矿山排水方法有自流式和扬升式两种。在地形条件许可的情况下利用自流排水最经济、最可靠，但它受地形限制，而多数矿山需要借助水泵将水扬至地面或坑外。

扬升式排水系统有集中排水系统和分段排水系统两种。

(1) 集中排水系统

集中排水是把上部中段的水，用疏干水井、钻孔或管道引至下部主排水设备所在的水仓中，然后由主排水设备集中排至地面。如图 11-2(a) 所示。

多水平开采时，如果上水平的涌水量不大，可将水放到下一水平的水仓中，再由主排水设备集中排至地面，如图 11-2(b) 所示。这样，便省去了上水平的排水设备，但增加了电耗。

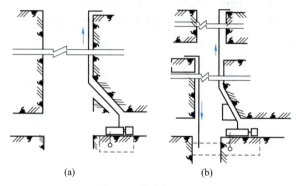

图 11-2 集中排水系统

斜井集中排水时，除沿副井井筒铺设管道外，还可以通过钻垂直孔，在其中铺设垂直排水管，如图 11-3 所示，以减少管材的投资和管道的沿程损失。

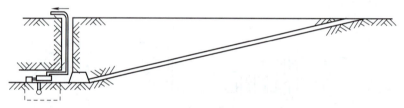

图 11-3 钻垂直孔铺设排水管排水系统

（2）分段排水系统

深井单水平开采时，若水泵的扬程不足以直接把水排至地面，可在井筒中部开辟泵房和水仓，把水先排至中间水仓，再排至地面，如图 11-4(a) 所示。对于多水平开采的矿井，当各水平涌水量较大时，则可分别设置排水设备，将各水平涌水分别排至地面，如图 11-4(b) 所示。当下水平的涌水较小时，可将下水平涌水用辅助水泵排至上水平水仓中，然后由上水平主排水泵将水一起排至地面，如图 11-4(c) 所示。

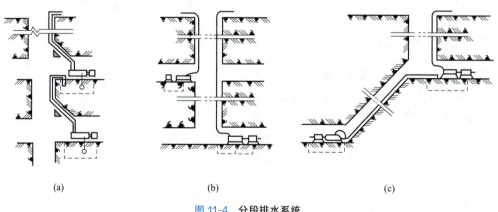

图 11-4 分段排水系统

11.2 离心式水泵的结构

11.2.1 离心式水泵的工作原理

图 11-5 为单级离心式水泵的简图。水泵的主要工作部件有叶轮 1，其上有一定数目的叶片 2，叶轮固定在轴 3 上，由轴带动旋转。水泵的外壳 4 为一螺旋形扩散室，水泵的吸水口与吸水管 5 相连接，排水口与排水管 7 连接。

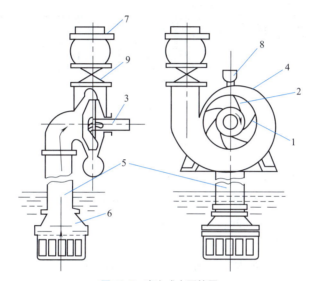

图 11-5 离心式水泵简图
1—叶轮；2—叶片；3—轴；4—外壳；5—吸水管；6—滤水器底阀；7—排水管；8—漏斗；9—闸阀

水泵启动前，先由注水漏斗 8 向泵内灌注引水，然后启动水泵，叶轮随轴旋转，叶轮中的水也被叶片带动旋转。这时，在离心力的作用下，水从叶轮进水口流向出水口。在此过程中，水的动能和压力能均被提高。被叶轮排出的水经螺旋形扩散室后，大部分动能又转变为压力能，然后沿排水管输送出去。这时叶轮进水口处则因水的排出而形成真空。吸水井中的水在大气压力作用下，经吸水管进入叶轮。叶轮不断旋转，排水便不间断地进行。

11.2.2 离心式水泵的类型与结构

11.2.2.1 离心式水泵的类型

矿井排水常用的是离心式水泵。离心式水泵是工作涡轮的一种，其结构形式与离心式风机相似。矿山中常用的有 D 型、DA 型和 TSW 型多级离心式水泵；而井底水窝和采区局部排水则常用 B 型、BA 型和 BZ 型单级离心式水泵。

（1）D 型离心式水泵

D 型泵是单吸、多级、分段式离心泵，其构造如图 11-6 所示。

水泵的定子部分主要由前段 1、中段 2、后段 7、尾盖 10 及轴承架 11 等零部件用螺栓 6 连接而成。转子部分主要由装在轴 5 上的数个叶轮 3 和一个平衡盘 9 组成。整个转子部分支承在轴两端的轴承 15 上。

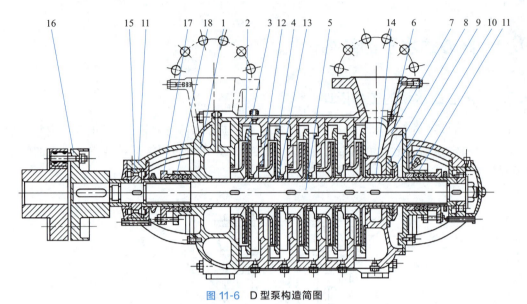

图 11-6 D 型泵构造简图

1—前段；2—中段；3—叶轮；4—导水圈；5—轴；6—螺栓；7—后段；8—平衡板；9—平衡盘；10—尾盖；11—轴承架；12—大口环；13—小口环；14—轴套；15—轴承；16—弹性联轴器；17—填料压盖；18—填料

泵的前、中、后段间用螺栓 6 固定在一起，各级叶轮及导水圈之间靠叶轮前后的大口环 12 和小口环 13 密封。为改善泵的吸水性能，第一级叶轮的吸入口直径大一些，其大口环也相应加大。泵轴穿过前后段部分的密封靠填料 18、填料压盖 17 组成的填料函来完成。水泵的轴向推力采用平衡盘 9 平衡。

D 型泵的流量和扬程范围很大，目前这类泵的最高扬程可达近 1000m，流量达 450m^3/h，能够满足矿井排水的需要，且效率曲线平坦，工业利用区较大。

(2) B 型离心式水泵

B 型泵是单吸、单级、悬臂式离心泵。其构造如图 11-7 所示。泵轴的一端在拖架内用轴承支承，另一端悬出称为悬臂端，在悬臂端装有叶轮。轴承可以用润滑油或润滑脂润滑。

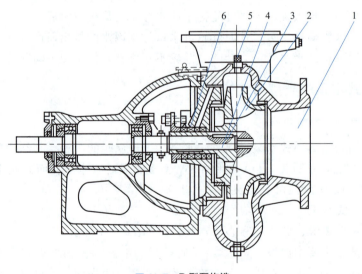

图 11-7 B 型泵构造

1—进水口；2—叶轮；3—键；4—轴；5—放气阀孔；6—填料

B型泵体积小、重量轻、结构简单、工作可靠、便于搬运和维护检修。其流量范围为4.5～360m³/h，扬程为8～98m，常用于排出采区、井底水窝的积水，也可作为其他辅助供、排水设备。

11.2.2.2 离心式水泵的主要部件

(1) 水泵的工作轮

离心式水泵的工作轮一般用铸铁制成，除极特殊的情况（如排送腐蚀性很强的水）外，很少用有色金属（如铜等）来制造水泵的工作轮，虽然铜制工作轮的寿命要长一些。

工作轮按吸水口数目可分为单面进水和双面进水，在构造上工作轮又可分为封闭式与敞开式（图11-8）。离心式水泵中封闭式单面进水的工作轮较多。敞开式工作轮多用于污水泵或砂泵，其敞开的叶道由泵壳前盖遮住，前盖可拆开以清除叶道污垢和堵塞物。

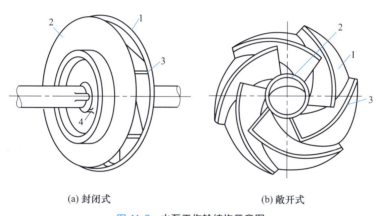

(a) 封闭式　　　　　　(b) 敞开式

图11-8　水泵工作轮结构示意图

1—后轮盘；2—轮壳；3—叶片；4—轮毂

(2) 水泵的其他流通部分

旋转着的工作轮将它吸入的水以很快的速度（绝对速度可达50m/s）向四周排出。固定不动的流通部分的作用是将这些水流汇集，引导并降低其速度后送入排水管或下一个工作轮中（速度降低为1～5m/s）。为了使水泵获得较高的效率，应当避免水流在固定的流通部分中发生冲击、涡流，并逐渐降低其速度，变动压为静压。

① 螺壳。螺壳式水泵壳如蜗牛形（图11-9）。由工作轮出来的水流进入螺道时速度降低，而螺道断面逐渐扩大以汇集全部水流，最后水经扩散器（接管部分）再次降低速度后排出。对于多级离心式水泵，则导流器和回流道依次把水引入下一个工作轮，最后由螺壳经扩散器进入排水管道。

② 导流器。水泵的导流器也叫导水轮，装于工作轮外围，上面具有扩散形的流道，与由工作轮出来的水流方向相符合（图11-10）。导流器通常用于分段离心式水泵，图11-10所示为水在带导流器的分段离心式水泵中的流动情况。由工作轮1排出来的水进入导流器2，在此减速后导入回流道3，最后引入下一个工作轮。最后一个工作轮排出的水经过导流器引入螺道4，汇集后流入扩散器5再次降低速度送入排水管道中。

分段式水泵中间各段的构造相同，段数可以增减以改变水泵的压头。分段式水泵比多级螺壳式水泵结构紧凑，占地小。但多级螺壳式水泵在使用过程中拆装非常方便。水泵的泵壳用铸铁或铸铜（高压）铸成。

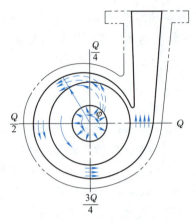

图 11-9 水在螺壳中的流动

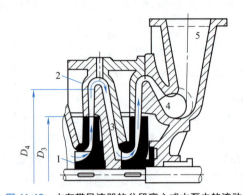

图 11-10 水在带导流器的分段离心式水泵中的流动
1—工作轮；2—导流器；3—回流道；4—螺道；5—扩散器

11.2.2.3 密封及其他

(1) 密封环

密封环装设在工作轮入口处的泵壳上，防止压力水由泵壳与工作轮之间的间隙返回入口。密封环的好坏不仅关系着水泵的流量，而且对效率也有很大的影响。密封环构造样式繁多，最常见的密封环如图 11-11(a) 所示。密封环 K 固定在泵壳上，它与工作轮颈之间需要有一定的径向间隙和一定的间隙长度。图 11-11(b) 所示 K 为水泵的密封环，此环活动地装在泵壳上。当水泵工作时环借水的压力紧贴于壳壁上。因此环与壁的径向间隙可以做得相当大 (1.5～2mm)。这种环和固定的密封环相比，前者允许水泵的轴有较大的挠度，环与工作轮颈之间的径向间隙却做得很小，因此不需要很长的间隙长度即能满足要求。

(2) 填料箱

在水泵的轴伸出泵壳处设置有填料箱作为密封，水泵排水端的填料箱用来防止压力水漏出，而吸水端的填料箱则防止空气透入。

填料箱 (图 11-12) 由以下零件组成：箱 (泵壳的一部分) 内塞填料 2 (石棉线或浸过油的棉线或麻)，其左有插套 4，右为压盖 1，当拧紧压盖上的螺钉时，压盖填料挤紧抱于轴 5 或轴套 6 (保护轴用) 上，即达到密封的目的。

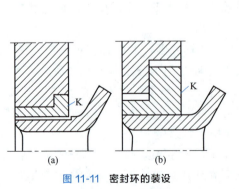

图 11-11 密封环的装设

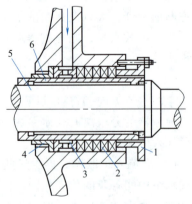

图 11-12 水泵的填料箱
1—压盖；2—填料；3—水封环；4—插套；5—水泵轴；6—轴套

水泵吸水端的填料箱中有水封环3,由水泵中引入压力水,以阻止空气透入并润滑填料。对于排送污水和泥浆的水泵,则两端的填料箱均应具有水封环,并用高于该水泵压力的清水注入其中。

水泵在运转中填料箱应当有少量水滴出方为正常。

(3) 轴

离心式水泵的轴由碳素钢锻制或机制而成(对于酸性水则选用不锈钢)。水泵的工作轮通常用键固定于轴上,轴的两端安装滚动轴承。

(4) 轴承

水泵可用滚动轴承或滑动轴承。滑动轴承允许带平衡盘的水泵转子做轴向移动。现代水泵制造中多采用滚动轴承,带平衡盘的水泵亦用之。轴承装于特设的套中。

此外,深井泵的中间支持轴承采用橡胶或塑料轴承,以水作润滑剂。

11.2.2.4 轴向推力及其平衡方法

在离心式水泵中,单面进水的工作轮在工作时由于其两侧盘面受到的水的总压力不同,而产生朝向进水方面的轴向推力,其大致情况如图 11-13 所示。水在叶轮入口处的压力为 P_1,出口处的压力为 P_2。因为叶轮在外壳内转动,故与外壳之间有间隔形成空腔,在空腔内部充满压力为 P_2 的高压水,并作用在叶轮的前、后盖板上。由于叶轮前、后盖板面积不等,所以作用力不平衡,对叶轮产生向吸水侧的推力,称为轴向推力。大型多级离心泵的轴向推力往往很大,若不加以平衡,将使离心泵无法正常工作。

平衡轴向推力的方法有下列几种。

(1) 按对称原则平衡

利用双面进水的工作轮,其两盘面受到的推力大约相等。但是双面进口的密封环磨损不均匀时,两侧受的压力就不相等,也会产生剩余的轴向推力(向左或向右)。因此,这种水泵还需要装备双向止推轴承来平衡可能产生的轴向推力。

消除单面进水的工作轮的轴向力,可在轮盘上利用密封环 K,形成空间 E(图 11-14),开孔 A 或用管子使空间 E 和吸水侧相通。这样便使空间 E 内的压力与进口压力相等。因而,工作轮两侧受到的推力就大约相等了。同样,当密封环磨损后也还会产生剩余轴向推力。

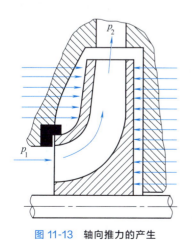

图 11-13 轴向推力的产生

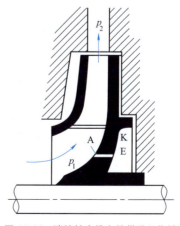

图 11-14 消除轴向推力的带孔工作轮

在多级离心式水泵中,利用工作轮对称排列(图 11-15)以互相抵消其轴向推力,这类水泵的密封要求很严格,尤其是如图 11-15(b)所示的水泵,装配不好时可能产生很大的剩余轴向推力。

在上述各种平衡方法中必须利用止推轴承来平衡剩余的轴向力。

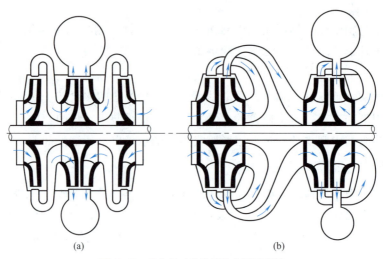

图 11-15 工作轮对称排列的水泵示意图

(2)水力平衡装置

分段离心式水泵通常采用平衡盘来平衡轴向推力。平衡盘又叫水力止推器,位于水泵的最末一个工作轮之后,并固定在水泵轴上。

平衡盘的作用原理如图 11-16 所示,平衡盘 A 在左面的空间由特设的径向间隙 l_1 与最末一级的高压部分相通;而右面的空间与大气相通或用管子通向水泵的吸水管。因此它在水的压力作用下产生向右的推力,与工作轮上产生的轴向推力相反。为了可靠起见,平衡盘的面积做得比抵消轴向推力所需要的面积略大。在工作过程中,当平衡盘产生过剩的推力时,盘带着转子往右移动(即往水泵的排水端移动)。这时轴向间隙 l_2 增大,流出的水量增多,因而水流经间隙 l_1 所产生的阻力增大,盘中的压力 P_2' 降低,于是平衡盘产生的推力降低,它和转子又一起往回移动。这样 l_2 又减小,P_2 又增加,再重复上述过程,直到工作轮产生的指向水泵入口方向的轴向推力和平衡盘所产生的指向排水端的轴向推力相平衡为止。平衡盘流出的水量不应超过水泵流量的 1.5%~3%。

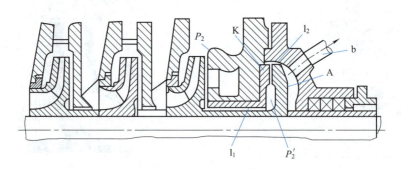

图 11-16 平衡盘装置示意图

(3) 止推轴承平衡

按对称原则平衡轴向推力的水泵，应装设双向止推轴承以辅助抵消可能产生的任一方向的轴向推力。立式水泵通常用止推轴承来平衡轴向推力，一般水泵用滚动轴承，大型吊泵和深井泵也用滑动轴承。

11.3 排水设备的选择与计算

11.3.1 地下矿排水

地下矿排水设备选择有关规定如下。

① 水泵房要设在井筒附近，并应与井下主变电所联合布置。井底主要泵房的通道不应少于两个：其中一个通往井底车场，通道断面应能满足泵房内最大设备的搬运，出口处应装设密闭防水门；另一个应用斜巷与井筒连通，斜巷上口应高出泵房地面 7m 以上，泵房地面应高出井底车场轨面 0.5m。

② 水泵宜顺轴向单列布置；当水泵台数超过 6 台，泵房围岩条件较好时，也可采用双排布置。

③ 水泵电动机功率超过 100kW 时，泵房内应设起重梁或手动单梁起重机，并应铺设轨道与井底车场连通。

④ 水泵机组之间的净距离应取 1.5~2m，并应能顺利抽出水泵主轴和电动机转子。基础边缘距墙壁的净距离：吸水井侧为 0.8~1m；另一侧为 1.5~2m。

⑤ 泵房地面应向吸水井或排污井方向设有 3‰ 的排水坡度。潜没式泵房内应设排污井和排污泵，并考虑泵房内的排水管破裂时的事故排水。

⑥ 水仓应由两条独立的巷道组成，涌水量较大、水中含泥量多的矿井，可设置多条水仓。每条水仓的断面和长度，应能满足最小泥沙颗粒在进入吸水井前达到沉淀的要求。多条水仓组成 2~3 组，每组应能独立工作。每条（组）水仓容积应能容纳 2~4h 正常涌水量。井下主要水仓的总容积应能容纳 6~8h 正常涌水量。

⑦ 井下主要排水设备，至少应由同类型的 3 台泵组成，其中任意一台泵的排水能力，必须能在 20h 内排出一昼夜的正常涌水量，两台同时工作时，能在 20h 内排出一昼夜的最大涌水量。井筒内应装设两条相同的排水管，其中一条工作，一条备用。最大涌水量超过正常涌水量一倍的矿井，除备用水泵外，其余水泵应能在 20h 内排出一昼夜最大涌水量。

⑧ 水泵选择应根据流量、扬程和水质情况，优先选用水平中开式多级泵。当涌水量较小或水平中开式多级泵的扬程不能满足要求时，可选用普通多级泵。

⑨ 对于 pH 小于 5 的酸性水，要进行酸性水处理或选择性能良好的耐酸泵。也可采取在排水管道内衬塑料管、涂衬水泥浆或其他防腐涂料等防酸措施，也可采用耐酸材料制成的管道。

⑩ 确定水泵扬程时，应计入水管断面淤泥后的阻力损失。对于较浑浊的水，应按计算管路损失的 1.7 倍选取。对于清水，可按计算管路损失选取。水泵吸入扬程应按水泵安装地点的大气压力和温度进行验算。

⑪ 排水管应选用无缝钢管或焊接钢管。管壁厚度应根据压力大小来选择。排水管中水流速度可按 1.2~2.2m/s 选取，但不应超过 3m/s。

⑫ 在竖井中，管道应铺设在管道间内，并应按法兰尺寸留有检修及更换管道的空间。

⑬ 在斜道与竖井相连的拐弯处，排水管应设支承弯管。竖井中的排水管长度超过200m时，每隔150～200m应加支承直管。

⑭ 管道沿斜井铺设，管径小于200mm时，可用支架固定于巷道壁上。当架设在人行道一侧时，净空高度不应小于1.8m。管径大于200mm时，宜安装在巷道底板专用的管墩上。

⑮ 每台水泵应能分别向两条或两条以上排水管输水。排水管道最低点至泵房地面净空高度不应小于1.8m，并应在管道最低点设放水阀。

⑯ 井底水窝应有两套排水装置，一套工作，一套备用。当涌水量很少时亦可采用压气排泥罐排水。竖井井底水窝最高水面距托罐梁、楔形罐道井底清理平台或钢丝绳罐道拉紧重锤的距离不应小于1.5m；距尾绳环最低点的距离不应小于5m；井底水窝最高水面距井底的深度不应小于5m。

11.3.2 排水设备选择计算

(1) 按涌水量和排水高度初选水泵

① 按正常涌水量确定排水设备所必需的排水能力。

$$Q' = Q_{zh}/20 \tag{11-1}$$

式中　Q'——正常涌水期间排水设备所必需的排水能力，m^3/h；

　　　Q_{zh}——矿井正常涌水量，m^3/d。

② 按最大涌水量计算排水能力（按排出最大涌水量有关规定计算排水设备必需的排水能力）。

③ 按排水高度估算排水设备所需要的扬程。

$$H' = KH_P \tag{11-2}$$

式中　H'——排水设备所需要的扬程，m；

　　　K——扬程损失系数（对于竖井，$K=1.08～1.1$，井筒深度大时取小值，井筒浅时取大值；对于斜井，$K=1.1～1.25$，倾角大时取小值，倾角小时取大值）；

　　　H_P——排水高度，可取与配水巷连接处水仓底板至排水管出口中心的高差，m。

④ 初选水泵。水泵的型号规格应根据 Q'、H' 和水质情况选择。在选择水泵时，还应注意以下两点：

• 在满足扬程 H' 的前提下，应尽可能选择高效率、大流量的水泵，以节约能源，减少水泵台数，增加排水工作的可靠性。

• 应注意所选水泵的"允许吸上真空高度"或"必需汽蚀余量"，使之能满足水仓和泵房在配置上的需要。矿山常用水泵的技术性能和性能曲线可以参考各厂家的产品样本。

⑤ 确定所需水泵台数。所需水泵总台数应根据水泵流量和上述的原则及有关规定确定，使之既能满足正常排水的需要，又能满足排出最大涌水量有关规定要求，确保安全。

(2) 排水管直径的选择

$$d'_P = \sqrt{\frac{4nQ}{3600\pi v_{jj}}} \tag{11-3}$$

式中　d'_P——排水管所需要的直径，m；

　　　n——向排水管中输水的水泵台数；

　　　Q——单台水泵的流量，m^3/h；

v_{jj}——排水管中的经济流速,随管径、管材和地区电价而定,一般可取 $1.2\sim2.2\mathrm{m/s}$(管径大时取大值,管径小时取小值;管材昂贵时取大值,管材低廉时取小值;电价高时取小值,电价低时取大值。如因流速降低,管径增大,将导致井筒断面增大,经方案比较,可适当提高流速,最大不宜超过 $3.0\mathrm{m/s}$)。

根据计算的 d'_P 选择标准管径 d_P。

(3) 排水管中水流速度

$$v_P = \frac{4nQ}{3600\pi d^2} \tag{11-4}$$

式中 v_P——排水管中水流速度,m/s。

(4) 吸水管直径的选择

吸水管直径一般比水泵出口直径大 $25\sim50\mathrm{mm}$,即

$$d'_z = d_{ch} + 25\sim50\mathrm{mm} \tag{11-5}$$

式中 d'_z——吸水管直径的计算值,mm;

d_{ch}——水泵出水口直径,mm。

根据计算的 d'_z 选择标准管径 d_z。

(5) 吸水管的水流速度

$$v_x = \frac{4Q}{3600\pi d_z^2} \tag{11-6}$$

式中 v_x——吸水管中的水流速度,m/s。

(6) 管道中扬程损失的计算

① 扬程损失的一般方程为

$$h = \sum h_y + \sum h_{ju} \tag{11-7}$$

$$h_y = \lambda \frac{Lv^2}{2dg} \tag{11-8}$$

$$h_{ju} = \varepsilon \frac{v^2}{2g} \tag{11-9}$$

式中 h——计算管段的总扬程损失,m;

h_y——计算管段的沿程阻力损失,m;

h_{ju}——计算管段的局部阻力损失,m;

v——计算管段的水流速度,m/s;

g——重力加速度,m/s²;

L——计算管段的直线长度,m;

d——计算管段的内径,m;

ε——计算管段的局部阻力系数;

λ——计算管段的沿程阻力系数[对于钢管和铸铁管,当 $v \geq 1.2\mathrm{m/s}$ 时,$\lambda = 0.021/d^{0.3}$,当 $v < 1.2\mathrm{m/s}$ 时,$\lambda = \frac{0.0179}{d^{0.3}}\left(1 + \frac{0.867}{v}\right)^{0.3}\Big/d^{0.3}$;对于塑料管,$\lambda = 0.01344/(dv)^{0.226}$;对于橡胶软管,可取 $\lambda = 0.02\sim0.05$]。

② 水泵吸水管和排水管中的扬程损失为

$$h_x + h_p = \sum\left(\lambda_x \frac{L_x}{d_x} + \sum\varepsilon_x\right)\frac{v_x^2}{2g} + \sum\left(\lambda_p \frac{L_p}{d_p} + \sum\varepsilon_p\right)\frac{v_p^2}{2g} \tag{11-10}$$

式中 h_x——吸水管扬程损失；

h_p——排水管扬程损失。其余符号同前。

$$H_z = H_p + K(h_x + h_p) \tag{11-11}$$

式中 H_z——水泵所需总扬程，m；

H_p——排水系统最低吸水位（一般可取水仓底板）至排出口中心的高度，m；

K——考虑排水管内壁淤泥而使阻力增加的系数。此系数随各矿水质和净化效果不同，出入颇大，一般较浑浊的矿水，可取 $K=1.7$；对于清水，可取 $K=1$。其余符号同前。

(7) 选定水泵

根据以上计算之 H_z 和 Q' 校验初选水泵是否合适。如果合适，即可使用；如果不合适，则需要重新选择。

由于水泵型号规格所限，很难满足全部需要，必要时可与制造厂家协商，单独订货。当水泵流量、扬程在一定范围内大于实际需要时，常可利用切削叶轮直径的办法解决。

独立运行不能满足排水需要的流量或扬程时，可采用多台水泵并联或串联运行方式。

串联时，流量不变，扬程相加，即：

$$H_R = H_A + H_B + H_C \tag{11-12}$$

并联时，扬程不变，流量相加，即：

$$Q_R = Q_A + Q_B + Q_C \tag{11-13}$$

① 泵的串联运行。当使用一台泵不能达到所需要的扬程时，可以将两台或多台相同特性泵向一条管路输水串联使用，按要求增大扬程。串联运行一般只适用于叶片式泵（如离心泵）一般不适用于容积式泵（如往复泵）。考虑到后续泵体、泵轴的强度和密封，串联的泵选配电动机时按串联条件下的参数选配功率。

② 泵的并联运行。当一台水泵不能满足流量要求时，可以将两台相近特性的泵向一条管路输水并联使用。并联运行适用于叶片式泵，也适用于容积式泵。两台泵并联后，在装置特性曲线不变时，扬程和流量都增加，其增加程度也和装置特性曲线有关。

当需有大型备用泵时，可选用两台泵（流量各为50%）并联，一台泵备用，即一开一备的方式。对某些大型泵，可选用两台流量各为所需流量65%～70%的泵并联（不设备用泵）。当一台泵停车检修时，装置仍有65%～70%的流量供应。往复泵的并联实际上相当于一台多缸泵，但电动机数目多，安装拆卸困难，因此，应优先选用多缸泵。

③ 串、并联运行的选择。泵的串联、并联均能使泵的流量有所提高（见图11-17）。一般情况下增加流量采用并联的方式，但在装置特性曲线较陡的情况（如 H_{V2} 曲线），与并联方式相比，采用串联方式不但扬程高而且流量也大。当装置特性曲线在 H_V 曲线左边，即装置特性曲线较陡时，采用串联（工作点为 A_2）比并联（工作点为 A_1）增加的流量、扬程更大一些；当装置特性曲线在 H_V 曲线右边，即装置特性曲线较平坦时，采用并联（工作点为 A_4）比串联（工作点为 A_3）增加的流量、扬程更大一些。但是在实际工程应用中，几乎不采用串

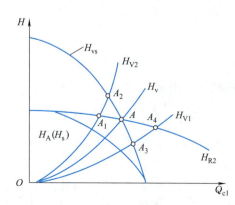

图 11-17 两台泵串、并联运转的选择

(8) 水泵流量的调节

生产中常需要根据实际的操作条件的变化情况对泵的流量进行调节，可选择常用的流量调节方法中的一种方法，也可多种调节方法并用。

11.3.3 选择水泵电动机

(1) 计算电动机功率

根据下面的式子计算水泵电动机的功率。

$$N_e = \frac{KH_z Q \rho g}{3600 \times 1000 \eta_b \eta_c} \tag{11-14}$$

式中 N_e——水泵电动机功率，kW；

H_z——水泵正常运行工况时的最大扬程，m；

Q——水泵正常运行工况时的最大流量，m³/h；

η_b——水泵的排水工作效率（参考产品样本）；

ρ——矿井水的密度，一般取 $\rho=1020\text{kg/m}^3$；

g——重力加速度，$g=9.81\text{m/s}^2$；

η_c——传动效率，直联时取 $\eta_c=1$，采用联轴器时取 $\eta_c=0.98\sim0.95$；

K——功率储备系数，根据流量选取（当 $Q<20\text{m}^3/\text{h}$ 时，取 $K=1.5$；$Q=20\sim80\text{m}^3/\text{h}$ 时，取 $K=1.3\sim1.2$；$Q=80\sim300\text{m}^3/\text{h}$ 时，取 $K=1.2\sim1.15$；$Q>300\text{m}^3/\text{h}$ 时，取 $K=1.1$）。

(2) 水泵电动机的选择

电动机转速的选择：驱动恒定转速泵的电动机，其额定转速应与泵的工作转速相对应；需经过固定转速比传动装置的（固定速比齿轮箱），必须考虑变速装置的传动比；对于需要调速的泵，电动机的最高转速应与泵的最高工作转速相适应。

直接驱动离心泵、转子泵的电动机，一般常用同步转速为 3000r/min、1500r/min 的电动机（国外也有用 3600r/min、1800r/min 电动机的）。

11.4 水泵的使用与维修

11.4.1 排水设备的运转、维护和检修

排水设备消耗的电能很大，所以做好维护检修对保证设备的安全运转、提高设备效率具有更重要的意义。正确的维护检修是执行计划性、预防性的维护制度，根据设备的特点和工作具体条件，经常组织维护和制定周期检查图表（如大、中、小检修），有计划地进行检修，以便保证机器能长时期地在高效率下安全运转。水泵应当按工作图表转换工作，使每台水泵在一昼夜中运转的时间均等，水泵的工作图表根据生产现场的变电所载荷情况和储水仓容积拟定。

水泵设备应当装备有各种必需的仪表，如真空表、压力表、流量计、电压表、电流表等，借助于仪表经常检查水泵的工作情况以便及时采取必要的措施。在排水设备的管理方面，司机必须经过一定的训练。值班司机除按运转规程进行操作外，对机组每班至少要检查一次，并将结果记录于登记簿中，而检查的结果是司机交接班的主要内容。当值班司机发现

故障时应立即通知调度人员，以便检修人员及时处理。技术人员负责对设备进行定期检查。

排水管道中的积垢须定期进行清洗，以免缩小管道的流通断面，增加阻力，积垢严重时附加的阻力可能达到总压头的 10% 以上，大大地增加了排出每立方米水的电能消耗。

排水管道的清洗方法如下：

① 机械方法——利用带刺的球刷洗。球由手摇绞车牵引下放到管道中，上下移动时注入清水，使被刷掉的积垢和铁锈随水冲下。

② 冻裂方法——使管道空气温度从 25℃ 急剧下降到 0℃ 以下，引起积垢中的水冻结而破裂脱落。此法适合在北方的冬天进行。

③ 化学方法——管道中注入加热的盐酸溶液（8%～10%）来清洗积垢。

11.4.2　水泵的检修制度及检修内容

水泵的检修工作分为小修、中修和大修三种制度。小修工作每 3～6 个月进行一次，中修工作每 12～24 个月进行一次，大修工作每 48～60 个月进行一次。各种检修工作的具体工作内容分述如下。

（1）小修的主要工作内容

① 检查或更换密封装置的零件。

② 清洗、检查轴承，并更换润滑油。

③ 检查或更换联轴器零件。

④ 检查各部位螺钉的紧固情况。

⑤ 检查修理吸入阀、逆止阀、闸阀和其他阀门。

⑥ 检查调整 DA 型水泵的轴向窜动量。

⑦ 检查修理冷却水管及油管。

⑧ 检查修理电动闸阀的离合器。

（2）中修的主要工作内容

① 完成小修工作的全部内容。

② 更换联轴器。

③ 检查水泵各零部件的磨损、腐蚀和冲蚀程度，必要时进行修理或更换。

④ 检查、修理轴承，必要时进行更换。

⑤ 检查、调整水泵与电动机的水平度和平行度。

⑥ 修理或更换吸入阀、逆止阀或闸阀。

⑦ 检修常用机型水泵的附属设备。

如果水泵壳体破裂、轴弯曲或有其他严重破损，需解体修整或更换；叶轮、导叶、轴和轴承磨损，以致扬水能力降低，在额定转速下达不到规定扬程，或在规定扬程下的排水量不足额定的 50%，则必须进行大修。

（3）大修的主要工作内容

① 完成中修工作的全部内容。

② 校正、修理或更换水泵轴。

③ 修理或更换泵体。

④ 修补或重新浇灌基础，必要时更换机座。

⑤ 泵体除锈喷漆。

11.4.3 水泵的常见故障与处理方法

离心式水泵常见故障及排除方法见表 11-1。

表 11-1 离心式水泵常见故障及处理方法

故障现象	故障原因	处理方法
1. 开泵前引水灌不满	底阀未关闭或吸水部分漏水	关闭底阀或堵住漏水部分
2. 水泵不吸水,真空表指示数据为真空	1. 底阀未打开或滤水部分淤塞 2. 吸水管路阻力太大 3. 吸水高度太高 4. 吸水部分浸没深度不够	1. 检查底阀或清洗滤水部分 2. 清洗或更换吸水管 3. 适当降低吸水高度 4. 增大浸没深度,直至能够吸水
3. 水泵不吸水,压力表及真空表的指针剧烈振动	1. 开泵前泵内灌水不足 2. 吸水管或仪表漏气 3. 吸水口没有全部浸在水中 4. 吸水管接头不严密或冻裂	1. 停泵将泵内灌满水 2. 检查吸水管和仪表密封部位 3. 降低吸水口使之全部浸入水中 4. 修理或更换吸水管接头
4. 水泵启动负荷过大	1. 启动时没有关闭排水管路上的闸阀 2. 填料压得太紧,使润滑水进不去,或水封管不通水 3. 叶轮和平衡盘安装不正或有摩擦现象 4. 平衡盘导水管堵塞 5. 轴与轴承接触面或润滑不良 6. 水泵轴已经弯曲	1. 关闭闸阀,重新启动水泵 2. 放松填料或水封部分,仔细检查有无故障,并针对情况消除之 3. 检查、调整叶轮和平衡盘间隙 4. 检查、修理平衡盘导水管 5. 检查、处理轴承,改善润滑 6. 校直或更换水泵轴
5. 运转过程中消耗功率太大	1. 泵体内转动部分发生摩擦,如叶轮与口环的摩擦等 2. 泵内吸进了泥沙或其他杂物 3. 轴承部分磨损或损坏 4. 填料压得过紧或填料函体内不能进水 5. 流量增加幅度大 6. 流速增加很快 7. 轴弯曲或轴线偏扭	1. 先检查轴的窜动情况,再检查其他部位,加以调整修理 2. 拆卸清洗,清除泥沙和杂物 3. 更换损坏的轴承 4. 放松填料压盖及检查水封管等 5. 适当关闭出水管的闸阀 6. 降低转速至合适挡位 7. 拆下轴,进行校直及修理
6. 流量达不到要求	1. 吸水部分的滤水网淤塞或管堵、管漏 2. 口环磨损,使口环与叶轮间隙过大 3. 出口阀门开得不够 4. 排水管路漏水或堵塞 5. 有杂物混入叶轮并堵塞通道 6. 吸水部分浸没深度不够 7. 底阀太小,阻力大,流量小 8. 转速达不到额定值 9. 叶轮磨损 10. 叶轮加工质量低劣 11. 叶轮与导翼安装不正确 12. 填料密封严重漏气	1. 清洗浊水网及吸水管,修理密封处 2. 更换口环,调整叶轮间隙 3. 适当开启闸阀并检测流量 4. 堵住漏水处或更换不能畅通的水管 5. 清洗叶轮各部位 6. 增加浸入深度使流量增大 7. 更换底阀并检测流量 8. 提高到要求的转速 9. 更换磨损超限的叶轮 10. 更换或修理不符合要求的叶轮 11. 调整叶轮与导翼的安装间隙 12. 更换填料,完善密封
7. 轴承过热	1. 轴承安装得不正确或间隙不适当 2. 轴承已磨损或松动 3. 轴承润滑不良 4. 若为带有油圈的轴承,可能是油圈带不上润滑油 5. 压力润滑系统中,油循环不良 6. 水泵轴与电动机轴中心线不在一条线上	1. 检查、修理和清洗轴承体 2. 检查或更换轴承 3. 将脏油放出,用煤油或润滑油清洗轴承,然后再灌入合格的新油 4. 检查并消除不能带油的原因,若油圈磨损则应更换 5. 检查循环系统是否严密、油压是否正常 6. 调整两轴中心线达到要求的同轴度

续表

故障现象	故障原因	处理方法
8. 填料过热	1. 填料压得太紧 2. 填料函体内冷却水进不去 3. 轴表面有损伤	1. 适当放松填料并观察进水情况 2. 松弛填料或检查水封管有无堵塞 3. 修理轴表面损伤处
9. 填料函漏水过多	1. 填料磨损,已不能密封 2. 填料压得不紧 3. 轴有弯曲或有摆动 4. 填料缠法错误 5. 通入填料函体内的冷却水不清洁,使轴磨损	1. 更换填料,完善密封 2. 拧紧填料压盖或补加一层填料 3. 校直或换装新轴 4. 重新缠填料,使之松弛 5. 更换清洁的冷却水并修理轴的磨损处
10. 有噪声而且不上水	1. 流量阀开启太大 2. 吸水管阻力太大 3. 吸水高度太高 4. 吸水侧有空气渗入 5. 水温过高	1. 适当关闭闸阀,使流量合适 2. 检查吸水管底阀及滤水网 3. 适当降低吸水高度 4. 检查吸水管路有无漏气或适当压紧填料压盖 5. 降低吸水高度或降低水温
11. 泵体产生振动现象	1. 水泵转子或电动机的转子不平衡 2. 联轴器安装不当 3. 轴承磨损间隙增大 4. 地脚螺栓松动 5. 轴有弯曲现象 6. 基础不坚固 7. 管路支架不牢或布置不合理 8. 转动部分有摩擦现象 9. 转动部分零件松弛或破裂 10. 机座不平或垫板窜动	1. 检查水泵与电动机的轴线是否一致,并找平衡,调正轴线 2. 调整、消除联轴器的安装缺陷 3. 修理或更换轴承 4. 拧紧地脚螺栓,加固基础 5. 校直或更换泵轴 6. 加固基础,拧紧地脚螺栓 7. 检查并加强管路支架或调整布置 8. 查出原因,消除摩擦,更换磨损件 9. 消除松动现象或更换损坏的零件 10. 找正、调整机座垫板
12. 发生水击现象	水泵或管路中积聚气体	放出积聚气体,并消除产生原因
13. 水泵局部发热	1. 水泵在闸阀关闭的情况下长时间运行,使泵壳发热 2. 平衡盘导水管堵塞或开放不够	1. 水泵在启动后,应及时打开阀门 2. 清理、修理管路及平衡盘导水管
14. 压力表指针不正常	1. 压力表弹簧失效或指针松动 2. 压力表内进入杂物 3. 逆止阀阀片脱落	1. 检查或更换弹簧 2. 清理压力表,取出杂物 3. 检修或更换逆止阀
15. 压力表虽有指示,但排水管不出水	1. 排水管阻力太大 2. 水泵转向不对 3. 叶轮流道堵塞 4. 转速不足	1. 适当缩短排水管或增大排水管直径,在允许情况下可减少一些流量,增加一些压力 2. 检查电动机相位是否接错 3. 清洗叶轮各部位 4. 提高到水泵要求的转速

 复习思考题

11-1 矿井排水设备的主要组成及其各组成部分的作用是什么?

11-2 简述离心式水泵的工作原理。

11-3 多级分段离心式水泵的主要组成部件及其作用是什么?

11-4 离心式水泵轴向推力的产生原因是什么?可以采用什么方法进行调节?

第 12 章 矿井通风设备

教学目标

（1）了解矿井通风的目的及矿井通风系统；
（2）掌握矿井通风机的主要结构及其工作原理；
（3）掌握矿井通风机的工作性能参数；
（4）掌握矿井通风机的运转工况及其调节方法。

12.1 矿井通风设备概述

12.1.1 矿井通风设备的作用

在矿山井下开采作业过程中，有害和有毒气体涌出、矿尘飞扬、人员呼吸、坑木腐烂、钻孔爆破产生炮烟等使工作环境十分恶劣，同时，随着矿井不断加深，地热和机电设备散发的热量，使井下空气温度和湿度也随之增高。矿井工作人员长期在这种环境中工作，不仅影响健康，甚至还会窒息。为了保证矿井工作人员的健康和安全生产，必须使井下巷道和工作面中的污浊空气与地面的新鲜空气不断地进行交流，进行矿井通风，从而改善劳动条件。

矿井通风设备的作用就是向井下输送新鲜空气，稀释和排除有毒、有害气体，调节井下所需风量、温度和湿度，改善井下工作环境，保证生产安全。所需风量主要包括以下几个方面：

① 井下工作人员呼吸所需要的风量；
② 把爆矿后产生的一氧化碳、氧化氮等有害气体稀释到安全浓度所需要的风量；
③ 稀释沼气或二氧化碳所需要的风量；
④ 井下火药库、机械房、变电所和其他硐室降低温度所需要的风量。

在矿井生产过程中，井下生产条件是不断变化的，为此，要根据不同的季节、温度及其他变化，及时对风量进行调节，以满足通风的需要。

12.1.2 矿井通风方式和通风系统

根据我国《煤矿安全规程》规定,所有矿井都必须采用机械通风,其通风方式可分为抽出式和压入式两种。矿井通风设备包括通风机组、电气设备、通风网路及辅助装置。

图 12-1(a) 所示为抽出式通风方式。装在地面的通风机 9 运行时,在其入口处产生一定的负压,由于外部大气压的作用,迫使新鲜空气进入风井 1,流经井底车场 2、石门 3、运输平巷 4,到达回采工作面 5,与工作面的有害气体及煤尘混合变成污浊气体,沿回风巷 6、出风井 7、风硐 8,最后由通风机 9 排出地面。通风机连续不断地运转,新鲜空气不断流入矿井,污浊空气不断地排出,在井巷中形成连续的风流,从而达到通风目的。

压入式通风方式如图 12-1(b) 所示是将地面的新鲜空气用通风机压入井下巷道和工作面,再由风井排出。

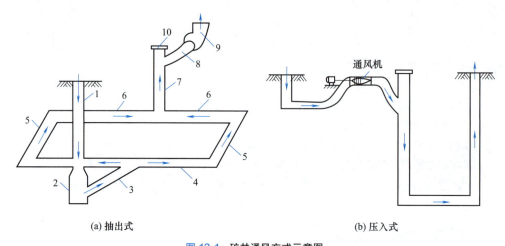

图 12-1 矿井通风方式示意图

1—风井;2—井底车场;3—石门;4—运输平巷;5—回采工作面;
6—回风巷;7—出风井;8—风硐;9—通风机;10—风门

连接在一起的所有通风巷道及通风机组成了矿井通风系统。按通风机和巷道布置方式的不同,有三种通风系统,如图 12-2 所示。

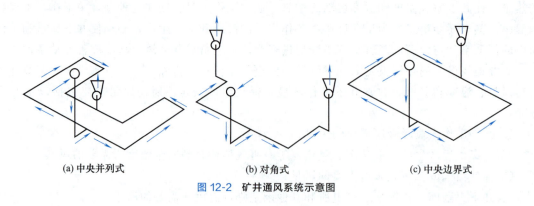

图 12-2 矿井通风系统示意图

图 12-2(a) 所示为中央并列式通风系统。其特点是进风井和出风井均在通风系统中部,一般布置在同一工业广场内。

图 12-2(b) 所示为对角式通风系统。它是利用中央主要井筒作为进风井，在井田两翼各开一个出风井进行抽出式通风的通风系统。

图 12-2(c) 所示为中央边界式通风系统。它是利用中央主要井筒作为进风井，在井田边界开一个出风井进行抽出式通风的通风系统。

12.1.3 矿井通风机的分类

根据通风机的用途不同，通风机可分为主要通风机和局部通风机。主要通风机是负责全矿井或某一区域通风任务的通风机，局部通风机是负责掘进工作面或加强采煤工作面通风用的通风机。

根据气体在叶轮内部的流动方向不同，通风机可分为离心式通风机和轴流式通风机。离心式通风机是气体沿轴向流入叶轮，在叶轮内转为径向流出；轴流式通风机是气体沿轴向进入叶轮，经叶轮后仍沿轴向流出。

12.1.4 矿井对通风机的要求

(1)《煤矿安全规程》对矿井主要通风机的要求

① 主要通风机必须连续运转，当发生故障或需要停机检查时，应立即报告矿山总工程师。

② 每台主要通风机必须具有相同型号和规格的备用电动机，并有能迅速调换电动机的装置。

③ 主要通风机应有使矿井风流在 10min 内反向的措施，每年至少进行一次反风试验，并测定主要风路反风后的风量。主要通风机的反风，根据矿井救灾计划，由矿总工程师下令执行。

④ 主要通风机房应设有风压、风量、电流、电压和轴承温度等测量仪表。每班都应对通风机运转情况进行检查，并填写运转记录。有自动监控及测试的主要通风机，可每两周进行一次自控系统的检查。

(2)《煤矿安全规程》对局部通风机的要求

① 掘进工作面和个别通风不良的采场必须安装局部通风机。用局部通风机进行局部通风时，应有完善的保护装置。

② 局部通风时，压入式通风的风筒口与工作面的距离不得超过 10m；抽出式通风不得超过 5m。混合式通风时，压入式通风的风筒口与工作面的距离不得超过 10m，抽出式的风筒口应滞后压入式风筒口 5m 以上。

③ 风筒要安装平直，接头严密，并经常维护，以减少漏风和降低阻力。

④ 进入独头工作面之前，必须开动局部通风设备。独头工作面有人作业时，局部通风设备必须连续运转。

⑤ 停止作业而又已撤除通风设备的独头上山（巷道的一种）或较长的独头巷道，应设栅栏，防止人员进入。需要重新进入时，必须进行通风和分析空气成分，确认安全后方准进入。

12.1.5 矿井通风机的工作原理

离心式通风机（图 12-3）主要部件有叶轮 1、机壳 4、扩散器 6 等。其中叶轮 1 是传送能量的关键部件，它由前、后盘和均布在其间的弯曲叶片组成，如图 12-4 所示。当叶轮 1 被电动机拖动旋转时，叶片流道间的空气受叶片的推动随之旋转，在离心力的作用下，由叶轮中心以较高的速度被抛向轮缘，进入螺旋机壳 4 后经扩散器 6 排出。与此同时，叶轮入口处形成负压，外部空气在大气压力作用下，经进风口 3 进入叶轮，叶轮连续旋转，形成连续的风流。

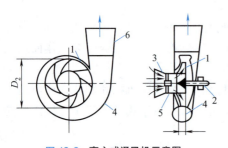

图 12-3　离心式通风机示意图

1—叶轮；2—轴；3—进风口；
4—机壳；5—前导器；6—扩散器

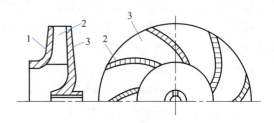

图 12-4　叶轮结构示意图

1—前盘；2—叶片；3—后盘

轴流式通风机（图 12-5）的主要部件有叶轮 3、5，导叶 2、4、6，机壳 10，主轴 8 等。当电动机带动叶轮旋转时，叶轮流道中的气体受到叶片的作用而增加能量，经固定的各导叶校正流动方向后，以接近轴向的方向通过扩散器 7 排出。

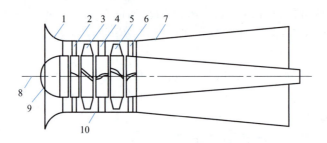

图 12-5　轴流式通风机示意图

1—集流器；2—前导叶；3—第一级叶轮；4—中导叶；5—第二级叶轮；
6—后导叶；7—扩散器；8—主轴；9—疏流器；10—机壳

12.2　通风机的结构

12.2.1　离心式通风机的结构

12.2.1.1　离心式通风机的组成及主要部件的作用

离心式通风机主要组成如图 12-3 所示。叶轮的作用是将原动机的能量传送给气体，它由前盘、后盘、叶片和轮毂等零件焊接或铆接而成（图 12-4）。叶片有前弯、径向、后弯三种，煤矿道风机大多采用后弯叶片。叶片的形状一般可分为平板、圆弧和机翼形，目前多采用机翼形叶片来提高通风机的效率。

机壳由一个截面逐渐扩大的螺旋流道和一个扩压器组成,用来收集叶轮处吹来的气流,并导向通风机出口,同时将气流部分动压转变为静压。

改变前导器中叶片的开启度,可控制进气大小或叶轮入口气流方向,以扩大离心式通风机的使用范围和改善调节性能。

集流器的作用是引导气流均匀地充满叶轮入口,并减少流动损失和降低入口涡流噪声。进气箱(图12-6)安装在进口集流器之前,主要应用于大型离心式通风机入口前需接弯管的场合(如双吸离心式通风机)。因为气流转弯会使叶轮入口截面上的气流很不均匀,安装进气箱则可改善叶轮入口气流状况。

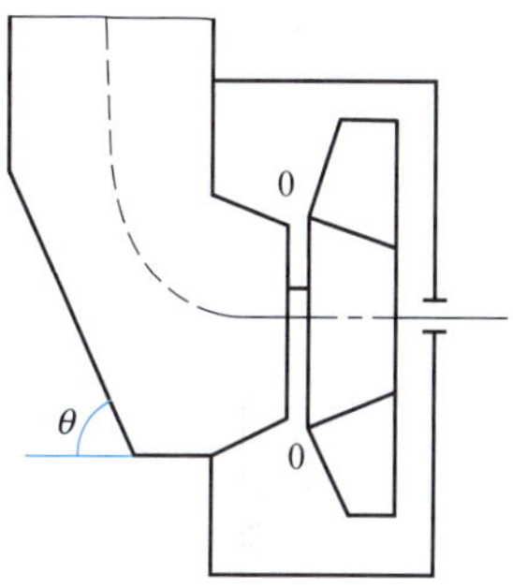

图12-6 进气箱形状示意图

12.2.1.2 典型离心式通风机的结构

离心式通风机的品种及形式繁多,下面介绍两种典型离心式通风机的结构和特点。

(1) 4-72-11型离心式通风机

4-72-11型离心式通风机是单侧进风的中、低压通风机,主要特点是效率高(最高效率达91%以上)、运转平稳、噪声较低,风量范围为1710～204000 m^3/h,风压范围为290～2550Pa,适用于小型矿井通风。

4-72-11型离心式通风机结构如图12-7所示。其叶轮采用焊接结构,由10个后弯式的机翼形叶片、双曲线形前盘和平板形后盘组成。该通风机从No2.8～No20共有13种机号。机壳有两种形式:No2.8～No12机壳做成整体式,不能拆开;No16～No20机壳做成三部分,沿水平方向能分成上、下两半,并且上半部分还沿中心线垂直分为左、右两半,各部分间用螺栓连接,易于拆卸、检修。为方便使用,出口位置可以根据需要选择或安装。进风口为整体结构,装在风机的侧面,其沿轴向截面的投影为曲线状,能将气流平稳地引入叶轮,以减少损失。传动部分由主轴、滚动轴承和带轮等组成。4-72-11型离心式通风机有右旋、左旋两种形式。从原动机方向看通风机,叶轮按顺时针方向旋转称为右旋;按逆时针方向旋转称为左旋(应注意叶轮只能顺着蜗壳螺旋线的展开方向旋转)。

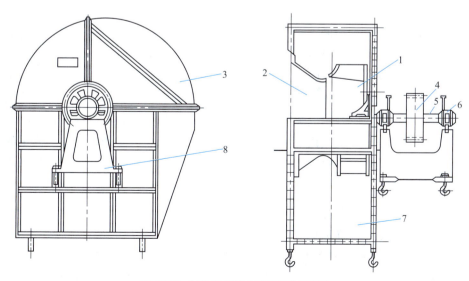

图12-7 4-72-11型离心式通风机结构图

1—叶轮;2—集流器;3—机壳;4—带轮;5—传动轴;6—轴承;7—出风口;8—轴承座

（2）G4-73-1 型离心式通风机

G4-73-1 型离心式通风机是单侧进风的中、低压通风机。它的风压及风量较 4-72-11 大，效率高达 93%，适用于中型矿井通风。

G4-73-1 型离心式通风机结构见图 12-8。该通风机从 No0.8～No28 共 12 种机号。其与 4-72-11 型的最大区别是装有前导器，其导流叶片的角度可在 0°～60°范围内调节通风机的特性。

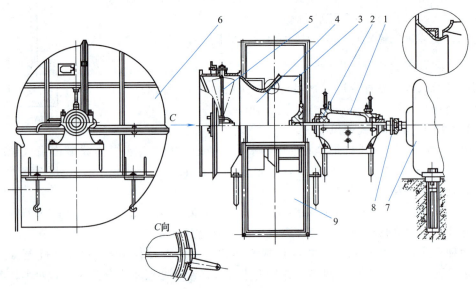

图 12-8 G4-73-11 型离心式通风机结构
1—轴承箱；2—轴承；3—叶轮；4—集流器；5—前导器；6—外壳；7—电动机；8—联轴器；9—出风口

12.2.2 轴流式通风机的结构

12.2.2.1 轴流式通风机的组成及主要部件的作用

轴流式通风机主要组成如图 12-5 所示。叶轮由若干扭曲的机翼形叶片和轮毂组成，叶片以一定的安装角度安装在轮毂上。导叶固定在机壳上，根据叶轮与导叶的相对位置不同，导叶分为前导叶、中导叶和后导叶，其主要作用是确保气流按所需的方向流动，减少流动损失。对于后导叶，还有将叶轮出口旋绕速度的动压转换成静压的作用，而前导叶若做成可以转动的，则可以调节进入叶轮的气流方向，改变通风机工况。各种导叶的数目与叶片数互为质数，以避免气流通过时产生共振现象。集流器和疏流器的主要作用是使进入风机的气流呈流线形，减少入口流动损失，提高风机效率。扩散器的作用是使气流中的一部分动压转变为静压，以提高风机的静压和静压效率。

12.2.2.2 典型轴流式通风机的结构

目前矿山常用的轴流式通风机有 2K60 型、GAF 型等，下面介绍 2K60 型。

2K60 型矿井轴流式通风机结构如图 12-9 所示。该通风机有 No18、No24、No28 三种机号，最高静压可达 4905Pa，风量范围为 20～25m³/s，最大轴功率为 430～960kW，主轴转速有 1000r/min、750r/min 和 650r/min 三种。

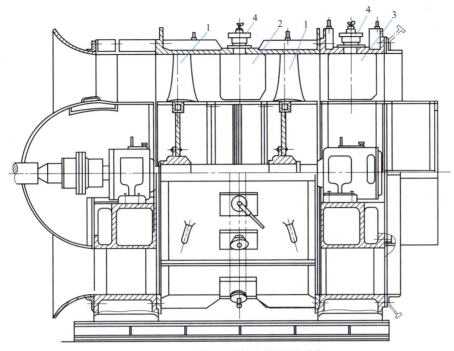

图 12-9　2K60 型矿井轴流式通风机结构
1—叶轮；2—中导叶；3—后导叶；4—绳轮

2K60 型矿井轴流式通风机为双级叶轮，轮毂比（轮毂直径与叶轮直径之比）为 0.6，叶轮、叶片为扭曲机翼形叶片，叶片安装角可在 15°～45°范围内做间隔 5°的调节，每个叶轮上可安装 14 个叶片，装有中、后导叶，后导叶亦采用扭曲机翼形叶片，因此，在结构上保证了通风机有较高的效率。

该通风机根据使用需要，可以用调节叶片安装角或改变叶片数的方法来调节其性能，以求在高效率区内有较大的调节幅度（考虑到动反力原因，共有三种叶片组合：两级叶片均为 14 片；第一级为 14 片、第二级为 7 片；两级均为 7 片）。

该通风机为满足反风的需要，设置了手动制动闸及导叶调节装置。当需要反风时，用手动制动闸加速停车制动后，既可用电动执行机构遥控调节装置，也可利用手动调节装置调节中、后导叶的安装角，实现倒转反风，其反风量不小于正常风量的 60%。

12.2.3　离心式与轴流式通风机的比较

离心式与轴流式通风机在矿井通风中均广泛使用，它们各有不同的特点，现从以下几方面做简单比较。

（1）结构

轴流式通风机结构紧凑，体积较小，重量较轻，可采用高转速电动机直接驱动，传动方式简单，但结构复杂，维修困难；离心式通风机结构简单，维修方便，但结构尺寸较大，安装占地大，转速低，传动方式较轴流式复杂。目前新型的离心式通风机由于采用机翼形叶片，提高了转速，使体积与轴流式接近。

（2）性能

一般来讲，轴流式通风机的风压低、流量大、反风方法多；离心式通风机则相反。在联合运行时，由于轴流式通风机的特性曲线呈马鞍形，因此可能会出现不稳定的工况点，联合工作稳定性较差；而离心式通风机联合运行则比较可靠。轴流式通风机的噪声较离心式通风机大，所以应采取消声措施。离心式通风机的最高效率比轴流式通风机要高一些，但离心式通风机的平均效率不如轴流式高。

(3) 启动、运转

离心式通风机启动时，闸门必须关闭，以减小启动负荷；轴流式通风机启动时，闸门可半开或全开。在运转过程中，当风量突然增大时，轴流式通风机的功率增加不大，不易过载，而离心式通风机则相反。

(4) 工况调节

轴流式通风机可通过改变叶轮叶片或静导叶片的安装角度、改变叶轮的级数、叶片数、前导器等多种方法调节通风机工况，特别是叶轮叶片安装角度的调节，既经济又方便可靠；离心式通风机一般采用闸门调节、尾翼调节、前导器调节或改变通风机转速等调节通风机工况，其总的调节性能不如轴流式通风机。

(5) 适用范围

离心式通风机适用于流量小、风压大、转速较低的情况，轴流式通风机则相反。通常当风压在 3~3.2kPa 以下时，应尽量选用轴流式通风机。另外，由于轴流式通风机的特性曲线有效部分陡斜，适用于矿井阻力变化大而风量变化不大的矿井；而离心式通风机的特性曲线较平缓，适用于风量变化大而矿井阻力变化不大的矿井。

一般来讲，大、中型矿井的通风应采用轴流式通风机；中、小型矿井应采用叶片前弯式叶轮的离心式通风机，因为这种通风机的风压大，但效率低；对于特大型矿井，应选用大型的叶片后弯式叶轮的离心式通风机，主要因为这种通风机的效率高。

12.3 通风机的选型计算与布置

12.3.1 选型计算

所谓选型，是根据设计和生产要求，在已有系列型号产品样本中，选用通风机和电动机，购进安装调试后进行运行，而不再重新设计制造新产品。主要通风机是矿山主要耗能设备之一，选择的通风机性能要与通风系统相匹配。

(1) 选型主要依据

① 矿井需要的风量、通风阻力（可按服务年限分为初、中、末期）和通风系统简图；预选通风机的特性曲线；

② 矿井服务年限、通风方式及反风要求；

③ 安装通风机的井口标高及其附近的局部地形图、常年风向；

④ 高海拔地区的主要气象资料（大气压力、空气温度和空气密度）；

⑤ 排送有害或腐蚀性气体的主要成分；

⑥ 自然风压、风压随四季变化而改变的状况与特点。

(2) 主要参数计算

① 通风机的计算风量为

$$Q_j = KQ \tag{12-1}$$

式中 Q_j——通风机的计算风量，m^3/s；

Q——矿井所需的风量，m^3/s；

K——通风装置的漏风系数（包括井口、反风装置、风道等处的漏风），一般取 1.1~1.15，当风井有提升任务时，取 1.2。

② 通风机的计算风压为

$$H_j = H + \Delta h + H_d + h_0 + H_Z \tag{12-2}$$

$$H_d = \xi \frac{v^2}{2} \rho \tag{12-3}$$

式中 H_j——通风机的计算风压，Pa；

H_d——矿井通风阻力，Pa；

h——通风装置阻力，Pa（一般取 150~200Pa）；

h_0——消声装置阻力，Pa（无资料时，可取 50~100Pa）；

H_Z——自然风压（当自然风压起阻力作用时，取正号；启动力作用时，取负号），Pa；

H_d——扩散器的动压损失（当采用抽出式通风方式，风机又只有全压性能时才计算动压损失），Pa；

ξ——动压损失系数，一般取 0.25~0.45；

v——扩散器出口处的风速，m/s；

ρ——空气密度，kg/m^3。（当大气压力 $p=101.325kPa$，空气温度 $t=20℃$，空气湿度 $\psi=50\%$ 时，$\rho=1.205kg/m^3$）。

③ 通风机工作网路的计算风阻为

$$R_j = H_j / Q_j^2 \tag{12-4}$$

式中 R_j——通风机工作网路的计算风阻，$Pa \cdot s^2 \cdot m^{-6}$；其他符号意义同前。

(3) 矿用通风机的选择

① 选型原则：

- 图解所得通风机工况点的风量不得小于计算风量，但也不应多得太多，通风机效率一般不低于 0.7；
- 为保证通风机运转稳定，图解所得通风机工况点应处于通风机性能曲线峰点的右侧，而对于轴流式通风机，该工况点的风压不得超过通风机性能曲线上最大风压的 90%~95%（曲线平缓的取大值，反之，取小值）；
- 在满足计算风量的情况下，应选用轴功率最低的风机（即实际耗能最低者）；
- 通风机的选型应以满足初、中期内某一特定的时间要求为主，经改变叶片角或叶轮转速后，即能兼顾较长一段时间矿井生产对风量和风压的要求；
- 当矿井通风等积孔变化较大或服务时间较长时，一台通风机不宜兼顾整个时期的工况要求，应考虑分期去设置通风机的经济合理性，为不影响生产，应在井口或风道上留有另接风道和修建新机房的空间；
- 主要通风机应配置一台备用电动机，有多台主要通风机工作的矿井，相同的备用电动机其台数应适当减少；
- 在同一风井应尽量采用单一通风机工作制，采用双机并联运行时以相同通风机为好；
- 配置离心式通风机时要注意通风机出风口的角度，使机房和风道与所处的地形相适应。

② 通风机选型及工况点的确定：用通风机的工作范围综合曲线初选通风机。通风机主要技术性能参数及其特性见厂家产品样本。

作图法是确定通风机工况最简便的方法。网路的计算风阻曲线与通风机性能曲线的交点即为工况点。风阻曲线按 $R_j = H_j/Q_j^2$ 公式绘制。

当通风机的性能表或单独特性曲线没有给出效率时，可将工况点的风量通过下式换算为无因次风量 Q'，然后在 Q'-H' 无因次曲线上查出其效率。

$$Q_j = \frac{D^3}{24.3} Q' \tag{12-5}$$

$$H_j = \frac{D^2 n^2}{306} H' \tag{12-6}$$

式中　Q_j——通风机风量，m³/s；
　　　Q'——通风机风压，Pa；
　　　Q'——无因次风量；
　　　H'——无因次风压；
　　　D——通风机工作轮直径，m；
　　　n——通风机工作轮的转速，r/min。

通风机的静压性能曲线可由其全压性能曲线减去扩散器在相对应的风量下的动压损失而获得。

③ 电动机的选择：电动机的功率按式(12-7)计算。

$$N_1 = K \frac{Q_1 H}{1000 \eta_1 \eta_m} \rho \tag{12-7}$$

式中　N_1——与工况点 1 相对应的电动机功率，kW；
　　　K——电动机功率备用系数（轴流式通风机取 1.1～1.2；离心式通风机取 1.2～1.3）；
　　　η_m——机械传动效率（联轴器直联传动时取 0.98；三角皮带传动取 0.92；液力偶合器按样本提供数据及速比计算）；
　Q_1、H_i、η_1——工况点 1 的风量 (m³/s)、风压 (Pa) 和效率 (%)。

电动机一般选用交流电动机。功率过大时，为了调整电网功率因数，可选用同步电动机。电动机的功率应满足通风机运转期间所需的最大功率要求。

对于轴流式通风机，或叶轮直径超过 2m 的离心式通风机，应校核电动机的启动能力。

④ 高海拔地区对通风机和电动机性能的影响：通风机的性能曲线一般是以大气压 $P=101.325$ kPa，空气温度 $t=20$ ℃，空气湿度 $\psi=50\%$ 和空气密度 $\rho=1.2$ kg/m³ 为标准状态绘制的，高海拔地区的大气状态与规定的大气状态不同，因此通风机的性能曲线须按工作环境的空气密度进行换算。基于空气的湿度对空气的密度影响不大，为简便计算，只按大气温度和压力进行换算。

$$Q' = Q \tag{12-8}$$

$$H' = H \frac{\rho'}{1.2} = 2.9 \frac{P'}{D'} H \tag{12-9}$$

$$N' = N \frac{\rho'}{1.2} = 2.9 \frac{P'}{T'} N \tag{12-10}$$

式中　Q'——高海拔地区下，通风机的风量，m^3/s；
　　　Q_j——标准状态下，通风机的风量，m^3/s；
　　　H'——高海拔地区下，通风机的风压，kPa；
　　　H——标准状态下，通风机的风压，kPa；
　　　ρ'——高海拔地区的空气密度，kg/m^3；
　　　P'——高海拔地区的大气压力，kPa；
　　　T'——高海拔地区的大气温度，K；
　　　N'——高海拔地区下，通风机的功率，kW；
　　　N——标准状态下，通风机的功率，kW。

如果缺乏气象资料，可根据主通风机房的海拔从表 12-1 中选取空气的近似密度进行换算。

表 12-1　不同海拔标高的空气近似密度

海拔/m	0	500	1000	1500	2000	2500	3000	3500	4000
空气密度/(kg/m^3)	1.2	1.13	1.06	1.00	0.95	0.89	0.84	0.78	0.73

随着海拔的上升，空气密度相应减小，对电动机的冷却不利。但是随着海拔的上升，空气的温度却相应下降，改善了电动机的工作环境温度。实验证明，在海拔 1000～4000m，环境温度的降低可以补偿空气密度的减小对电动机冷却的不利。换言之，电动机的功率，在 1000～4000m 海拔之间，不受海拔的影响。

12.3.2　通风机布置

（1）主要通风机房

① 主要通风机一般宜设在地面，当受地形或地质条件（如泥石流）限制时可设在地下；

② 轴流式通风机的机身一般布置在室外，但在严寒地区，如果抽出的气体湿度大，通风机停机后叶片和机壳有可能被冻结，此时应布置在室内；

③ 机房内设值班室使人免受噪声的影响；

④ 通风机和电动机周围通道应满足通风机检修及操作的需要；

⑤ 通风机房的高度应满足检修设备起吊的要求，当设备部件质量超过 1 吨时，应设起重梁或手动起重设备；

⑥ 离心式通风机应设启动闸门，一个机房内设置两台并联运转的离心式通风机时，宜采用旋转方向相反的通风机对称布置；

⑦ 一个机房内设置两台并联运转的轴流式通风机时，应设风门以防风机反转及用于检修风机。

（2）风道

① 扩散器水平布置时，其出口应顺大气主导风向布置；

② 为满足测定压力的需要，测压点应设在长度不小于风道直径或高度六倍的直线段中间；

③ 风道内的风速一般取 10～12m/s，最大不得超过 15m/s，空气通过百叶窗的速度一般取 4～5m/s；

④ 为便于拆装轴流式通风机的主轴，在通风机集流器前的风道上应装吊钩；

⑤ 在进出风道上均应设检查门；

⑥ 为避免积水流向机身，风道底板应设有千分之五的坡度，将积水集中后排出；

⑦ 在进、出风道中布置消声装置时，应保证通风有效面积不小于原风道的有效面积。为减少通风机的动压损失，在通风装置的出口应设置扩散器。为连接方便，扩散器一般采用矩形断面。

一般矿井皆有事故反风的要求，当选用不能反转反风的通风机（如离心式通风机）或虽能反转反风，但反风量不足的轴流式通风机时，都须加设反风设施。该设施应能在 10min 之内使风流反向，且使风量满足要求。

12.4 通风机的使用与维修

12.4.1 通风机的使用

12.4.1.1 操作前的准备工作

（1）通风机启动前的检查

① 轴承润滑油油量合适，油质符合规定，油圈完整灵活。

② 各紧固件及联轴器防护外罩齐全，紧固牢靠。传动带松紧适度，无裂纹。

③ 电动机电刷完整，接触良好。滑环清洁无烧伤。

④ 继电器整定合格，各保险装置灵活可靠。

⑤ 电器和电动机接触良好。

⑥ 各指示仪表、保护装置齐全可靠。

⑦ 各启动开关手把都处于断开位置。

⑧ 电压要求：20kV 以下时，电压偏差为标称电压的 ±7%；220V 时，电压偏差为标称电压的 +7%～-10%（GB/T 12325—2008）。

⑨ 风道内无杂物。

（2）正确开启和关闭风门

① 轴流式通风机应打开风门启动，即应将通往井下的进风门关闭，同时将地面进风门打开，并要支撑牢靠，以防吸地面风时自动吸合关闭。

② 离心式通风机应关闭风门启动，即将通往井下的风门和地面进风门全部关闭。

12.4.1.2 操作、运行方法

（1）启动操作

① 采用磁力站自动、半自动启动装置时，应按设计说明书操作。

② 绕线式异步电动机采用变阻器手动启动时，电动机滑环手把应在启动位置，将电阻全部接入，启动器手把在"停止"位置，等启动电流开始回落时，逐步扳动手把缓缓切除电阻，直至全部切除，将转子短路，电动机进入正常转速，然后将电动机滑环手把扳到"运行"位置，再将启动器手把返回"停止"位置。

③ 笼型异步电动机采用电抗器启动时，启动前电动机定子应接入全部电抗。启动后，待启动电流回落后，立即手动（或自动）切除全部电抗，使电动机进入正常运行。

④ 同步电动机异步启动后，在达到额定异步转速后及时励磁牵入同步，不宜过早。励

磁调至过激时，直流电压、电流要符合所用励磁装置工作曲线。同步电动机允许连续启动两次，如需进行第三次启动，必须查明前两次未能启动的原因及设备状况后，再决定是否启动。

(2) 通风机启动后风门操作

① 轴流式通风机：打开通往井下的风门，同时关闭地面进风门。

② 离心式通风机：打开通往井下的风门。

(3) 主要通风机的正常停机操作

① 接到主管上级的停机命令。

② 断电停机。

③ 关闭所停通风机的进风门。

④ 根据停机命令决定是否开动备用通风机。

⑤ 如需开动备用通风机，则应按 12.4.1.4 节的第（2）条进行检查。

⑥ 不开备用通风机则要打开井口防爆门和有关风门，以充分利用自然通风。

(4) 主要通风机的紧急停机操作

① 直接断电停机（高压先关闭供油开关）。

② 立即报告矿井调度室和主管部门。

③ 按领导决定，关闭和开启有关风门。

④ 电源失压自动停机时，先关闭油开关，后打开隔离开关，并及时报告矿井调度室和主管部门，待查明原因并处理后，再行开机。

(5) 主要通风机允许先停机后汇报的情况

① 各主要传动部件有严重异响或意外振动。

② 电动机单相运转或冒烟冒火。

③ 进风闸门掉落关闭，无法立即恢复。

④ 突然停电或电源故障停电造成停机，先关闭机房电源开关后再汇报。

⑤ 其他紧急事故或故障。

(6) 主要通风机的反风操作

① 反风应在矿长或总工程师现场指挥下进行。

② 用反风道反风时：保持通风机正常运转；用地锁将防爆门或防爆盖固定牢固；根据现场指挥的指令操作各风门，改变风流方向，使抽出式通风机风流由通风机压入井下，使压入式通风机风流由通风机抽入大气。

③ 反转电动机反风时：停止通风机运转；用地锁将防爆门（盖）固定牢固；用换向装置反转启动电动机；各风门保持原状不变；对于导翼固定的通风机直接反转启动通风机；对于导翼可调角度的通风机，则先调整导翼调整器，改变导翼角度，然后反转启动电动机。

④ 其他形式通风机按说明书要求进行。

(7) 主要通风机班中巡回检查

① 巡回检查的周期一般为每小时一次。

② 巡回检查内容为：各转动部位应无异响；轴承温度不得超限；电动机温升不超过厂家或主管部门的规定；各仪表指示正常；电动机和电器的接地系统应符合规定；电压应在额定值允许的范围内 [见 12.4.1.1 节的第（1）条中的第⑧点]，否则应经主管技术人员审核，确定是否继续运行；地面进风侧进风门固定牢固。

③ 巡回检查中发现的问题及处理经过，必须及时填入运转日记。

12.4.1.3 日常维修（点检内容）

通风机操作工的日常维护内容（部分内容由电工或维修工指导进行）：

① 主电动机：

• 电动机的清洁。电动机在运行过程中必须注意清洁，避免水、油及大量灰尘进入机内。积存在电动机内部的灰尘或杂物可用 0.2～0.3MPa 的干燥而清洁的压缩空气或除尘器来清除。可用破布或棉纱头擦净电动机的机座、端盖、轴承等，可用浸有少许煤油的清洁破布将滑环擦干净。

• 温升检查。运转的电动机要注意各部分的温度，查看量热仪表读数。当周围环境温度＜35℃时，铁芯和绕组的温升：对于 A 级绝缘应≤65℃，对于 B 级绝缘应≤75℃，滑环温度不准许超过周围环境温度 70℃。每小时检查并记录一次。

• 轴承的维护。必须每小时检查一次轴承的温度、油位及油环的工作情况。油位应保持在油位标记以上。油环应能自由地带油转动（不卡住也不摇晃）。对于油环润滑的轴承，温度应≤8℃；对于循环油润滑的轴承应≤65℃；对于滚动轴承应≤95℃。轴承内的油每日至少补充一次，每三个月至少换一次，灌注新油之前，要用煤油清洗轴承。

• 滑环检查。滑环表面应清洁光亮，运转时基本上应无火花产生，并检查电刷的磨损情况，电刷被磨损严重时必须更换同型号的新电刷。试验电刷的压力应符合要求。同一刷架上每个电刷的压力其相互之间差值不应超过 10％。

② 高压开关柜在不停电的情况下进行检查，主要从外部观察，一般内容为：

• 开关柜外表是否完好，螺栓是否齐全，电缆头是否漏油或承受外力。

• 各瓷瓶、瓷套管有无裂纹、损坏及表面放电的痕迹。

• 油开关是否漏油，油位计的油面高度不应低于油标线以下。

• 检查油开关操作机构的拉杆、弹簧、开口锁是否有脱落变形等情况。

• 检查母线、隔离开关与油开关连接线的接头是否有因过热而发红（夜间观察较为明显）或焊接头的焊锡滴落等异状。

• 听一听有无异常声音（如轻微的放电声等）。

• 开关柜上仪表读数是否正常，若不准确应进行校正。

• 检查信号装置及指示灯是否正常。

• 检查柜内的电气设备表面是否清洁，有无灰尘及油污。

• 检查接地是否良好。

③ 操作工每班应对设备外部清擦一次，并经常保持室内外的清洁。旋转部分的清擦必须在停机后进行。

④ 叶轮-叶片部件、轴承部件、齿轮箱部件、联轴器等的各部位螺栓不得松动。

⑤ 设备运转中应无异声、异味和异热。

⑥ 轴承润滑：

• 轴承温度应正常；日常运行中要及时加油，保持规定油位，润滑系统应无漏油现象；油泵运行应正常，油压应在规定范围内，油泵电动机温度应正常，运转中无异声。

• 滑动轴承每 2000～2500h 换油一次。

• 滚动轴承按说明书用油，若无规定，可用二硫化钼式钙基脂润滑，油量≤油腔容积的 1/3。

- 禁止不同油号的油混用。

12.4.1.4 定期维修（点检内容）

（1）叶片维护

通风机的轮毂在出厂时均做了严格的静平衡试验，安装或维修中，端盖、叶片不得随意调换。检查叶片时，可用硬刷清除掉叶片上的粉尘，用手摇动叶片看叶柄有无松动，叶片因腐蚀和磨损出现小孔时必须更换。新、旧叶片的重量应相同，并应做力矩平衡试验。通风机均可长期连续运行，一般不需要进行经常维修，但每月应对叶轮进行一次外部清洁和检查，每隔半年对各大部件全部拆卸清理和检查（也可根据实际状况适当延长）。

（2）备用通风机维护

- 备用通风机应经常保持完好的技术状态。
- 每1~3个月进行一次轮换运行，最长不超过半年。
- 轮换超过一个月的备用通风机应每月空运转一次，每次不少于1h，以保证通风机正常完好，使其可在10min内投入运行。

（3）备用电动机维护

备用电动机（存放在仓库内的或在安装地点长期间断工作的）应放在空气温度不低于5℃和一昼夜的温度变化范围不超过10℃的干燥地方。电刷必须从刷握上取下来，用油纸包好，放在刷握环上，这时铜辫不需断开。

（4）电动机准备启动前的一般检查内容

对于长期不工作的电动机在启动前需很好地清扫（扫掉灰尘、赃物和清除异物），用压缩空气或吸尘器清扫电动机。电动机清洁以后，需做下述检查：

① 检查螺钉的连接。

② 检查电刷和刷握。电刷的高度应高出刷握的表面约5~10mm。电刷和刷握内壁一般保持0.1~0.2mm的游隙，以保证电刷在刷握内有一定的游移余地。电刷应该很好地紧贴在滑环接触表面并能在刷握内自由地滑动（不卡住）。

③ 烘干电动机并检查它的绝缘。

④ 观察电动机内部有无杂物。盘车检查电动机，内部应无碰撞声响与摩擦等不正常现象。并检查油环是否自由地旋转。

⑤ 各端应良好紧固，引出线应有良好的绝缘。

⑥ 检查电动机线路的连接及导线的连接是否正确。

⑦ 电刷与刷架相连接的铜辫（相间）应无短接或过于靠拢的情况。

（5）电动机定期检查内容

电动机运行3000h或半年以上，应做一次定期检查，检查内容如下：

① 各部位螺钉、螺栓应紧固。

② 定子与转子绕组外表有无破损；定子绕组端线的绑扎和转子绑扎是否牢固；定子和转子的槽楔有无活动情况等，并消除发现的问题。

③ 定子和转子绕组的绝缘情况。对于500V以上的电动机可用1000V或2500V摇表，对于500V以下的电动机使用500V摇表进行测定。测定应在电动机发热后进行，并且应断开电缆线，否则会影响测量的准确性。测得的绝缘电阻数值应同过去的记录校对一下。如果绝缘电阻很低或显著下降，应查明原因并清除之，如果受潮应干燥。

一般要求高压电动机的定子绕组的绝缘电阻每千伏工作电压不低于1mΩ，转子绕组和低压电动机绕组的绝缘电阻不低于 0.5mΩ。

④ 测量定子和转子间的间隙,用塞尺从上、下、左、右四点进行测量,要求各间隙之差与平均值之比不超过 10%,即

$$\frac{最大间隙-最小间隙}{平均间隙} \times 100\% \leqslant 10\%$$

⑤ 检查电刷装置的工作情况,需更换电刷时则应选用与磨损的电刷同型号的电刷,更换时必须进行研磨,使新电刷接触面与滑环曲率相符,且电刷在刷握内应能自由活动。检查滑环,清除滑环上的污物,如果滑环起伏不平、跳动,或表面变黑,有严重烧痕时,必须研磨或车光。

(6) 研磨新更换的电刷

用 00 号玻璃砂布背面贴在滑环上,安上新电刷,加上弹簧压力,然后用手沿着滑下表面左右移动砂布,使新电刷接触面与滑环曲率相符。用弹簧测力计检查电刷的压力,压力符合一般要求即可。

(7) 电刷压力的标准

电刷的压力应参照电刷标号、制造厂规定的数值调整到不产生火花为宜,一般压力要求 $1.05 \sim 1.23 \text{N/cm}^2$。

12.4.1.5 检修

一般矿山通风机的检修工作分为小修、中修和大修 3 种制度。小修工作每 3~6 个月进行一次;中修工作每 12~24 个月进行一次,大修工作每 48~60 个月进行一次。各种检修工作的具体工作内容分述如下。

(1) 小修的主要工作内容

① 检查、清洗各轴承,更换轴承润滑脂,并调整止推轴承间隙。
② 检查各部位密封情况,清扫内部尘垢。
③ 检查并清洗联轴器,更换润滑脂。
④ 检查叶片有无裂纹、锈蚀、角度变化和螺栓松动等情况,并进行处理。
⑤ 检查和紧固各部位螺栓。
⑥ 检查、修理反风装置,保证其灵活可靠。

(2) 中修的主要工作内容

① 完成小修工作的全部内容。
② 更换叶片,并做静平衡试验。
③ 修理或更换联轴器。
④ 检查或更换轴承。
⑤ 检查、调整传动轴和主轴同心度及水平度。
⑥ 修理或更换轴承座。
⑦ 除锈防腐。

(3) 大修的主要工作内容

① 完成中修的全部工作内容。
② 修理或更换传动轴及主轴。
③ 更换叶轮总成,并做静平衡试验。
④ 修理或更换部分机壳。

⑤ 修理或重新浇筑基础。
⑥ 喷防锈漆，并做性能试验。

12.4.2 通风机常见故障与维修

通风机的常见故障及处理方法见表 12-2。

表 12-2 通风机的常见故障及处理

故障现象	故障原因	处理方法
1. 压力过高，排出流量减小	1. 气体成分改变，气体温度过低，或气体所含固体杂质增加，使气体密度增大 2. 出气管道和闸门被尘土、烟灰和杂物堵塞 3. 进气管道、阀门或网罩被尘土、烟灰和杂物堵塞 4. 出气管道破裂，或其管法兰不严密 5. 密封圈磨损过大，叶轮的叶片磨损	1. 测定气体密度，消除密度增大的原因 2. 打开出气阀门，或进行清扫 3. 打开进气阀门，或进行清扫 4. 焊接裂口，或更换管法兰垫片 5. 更换密封圈、叶片或叶轮
2. 压力过低，排出流量增大	1. 气体成分改变，气体温度过高，或气体所含固体杂质减少，使气体密度减小 2. 进气管道破裂，或其管法兰不严密	1. 测定气体密度，消除密度减小的原因 2. 焊接裂口，或更换管法兰垫片
3. 通风系统调节失误	1. 压力表失灵，阀门失灵或卡住，以致不能根据需要来进行流量和压力的调节 2. 需要流量减小；管道堵塞，流量急剧减小或停止，使风机在不稳定区（飞动区）工作，产生逆流反击风机转子的现象	1. 修理或更换压力表，修复阀门 2. 如系流量减小，应打开旁路阀门，或减低转速；如系管道堵塞应进行清扫
4. 叶轮损坏或变形	1. 叶片表面或铆钉头腐蚀或磨损 2. 铆钉和叶片松动 3. 叶轮变形后歪斜过大，使叶轮径向跳动或端面跳动过大	1. 如系个别损坏，应更换个别零件；如系过半损坏，应换叶轮 2. 用小冲子紧住，若仍无效，则需更换铆钉 3. 卸下叶轮后，用铁锤校正，或将叶轮平压入轴盘某侧边缘校正
5. 机壳过热	在阀门关闭的情况下，通风机运转时间过长	停车，待通风机冷却后再开车
6. 密封圈磨损或损坏	1. 密封圈与轴套不同心，在正常运转中磨损 2. 机壳变形，使密封圈一侧磨损 3. 转子振动过大，其径向振幅之半大于密封径向间隙 4. 密封齿内进入硬质杂物，如金属屑、焊渣等 5. 推力轴衬熔化，使密封圈与密封齿接触而磨损	先消除外部影响因素，然后更换密封圈，重新调整和找正密封圈的位置，排除金属屑等杂物
7. 齿轮油泵轴承和外壳过热	1. 油泵轴承孔与齿轮轴间的间隙过小，外壳内孔与齿轮间的径向间隙过小 2. 齿轮端面与轴承面和侧盖端面的间隙过小 3. 轴承孔心与齿轮轴心同心度的偏差过大 4. 齿轮两端的泵壳与侧盖上缺少卸荷槽，或卸荷槽位置不当和污塞 5. 轴承的进油槽或出油槽制作不当或污塞 6. 轴承内残留或落进污物、砂粒、漆片等 7. 润滑油质量不良、黏度大小不合适或水分过多 8. 壳体振动过大或管道堵塞，使油压过高	1. 修刮内孔 2. 修刮端面或调整侧盖与壳之间的垫片 3. 修刮轴承内孔，进行校正 4. 进行补修和清洗 5. 进行修补和清洗 6. 进行彻底的清洗 7. 更换合适的润滑油 8. 消除振动及管道故障

续表

故障现象	故障原因	处理方法
8. 管道上机件损坏或失效	1. 管法兰螺栓未拧紧,法兰间垫片破坏,油管破裂或管道堵塞,积垢过多 2. 逆止阀开度不足、卡住、堵塞或漏油 3. 安全阀卡住或漏油 4. 油过滤器或过滤网太密而堵塞或安装不当 5. 油压表由于导管堵塞或表内机件损坏而指示不准或失灵 6. 温度计损坏失效	1. 拧紧螺栓,更换破损件,清洗管路通道 2. 进行修理或调整 3. 进行修理和调整 4. 更换或重装油过滤器,进行清洗 5. 清洗污垢,修理或更换油压表 6. 更换温度计
9. 轴衬磨损、损坏	1. 轴与轴衬歪斜,主轴与直联电动机轴不同心,推力轴承与支承轴承不垂直,使磨损过度,顶隙、侧隙和端隙过大 2. 刮研不良,使接触弧度过小或接触不良,上方或两侧有接触痕迹,间隙过大或过小,下半轴衬中分面处的存油沟斜度太小 3. 表面出现裂纹、破损、夹杂、擦伤、剥落、熔化、磨纹及脱壳等缺陷 4. 合金成分质量不良,或浇铸不良	1. 进行补焊或装前浇铸,再仔细刮研 2. 重新刮研找正并改善存油沟 3. 重新浇铸或进行补焊 4. 重新浇铸合金

复习思考题

12-1　简述离心式通风机和轴流式通风机的工作原理。

12-2　简述离心式通风机和轴流式通风机的基本结构及各部分的作用。

12-3　试比较离心式通风机和轴流式通风机的特点和性能。

12-4　矿井通风机性能的主要参数及其定义。

12-5　通风机工况点的调节方法有哪些?试比较各调节方法的特点。

第 13 章
矿山压气设备

 教学目标

（1）了解矿山压气设备及其分类；
（2）掌握矿山压气设备的结构及其工作原理。

13.1 概述

  矿山中广泛使用着各种由压缩空气驱动的机械及工具，如采掘工作面的气动凿岩机、气动装岩机，凿井使用的气动抓岩机，地面使用的锻钎机、空气锤，以及在煤矿安全工作中用的压风自救系统等。空气压缩设备就是指为这些气动机械提供压缩空气的整套设备。

  在矿井下使用这些气动机械和气动工具的主要原因有四个：一是自由空气可以取之不尽、用之不竭；二是它比较安全，尤其是在危险的矿井（如煤矿的瓦斯）当中，可以避免产生电火花而引起爆炸；三是容易实现风镐、气动凿岩机等冲击机械高速、往复和强冲击的要求，比电力有更大的过负荷能力；四是气动机械排出的废气可帮助通风和降温，在某种程度上有助于改善矿井下的工作环境。虽然整个气动系统（包括压缩空气的生产和输送，以及在气动机具中的使用）效率很低，运行成本较高，但由于它的优点是其他动力不能代替的，因此无论目前和将来，压缩空气仍是矿山不可缺少的动力源。

13.1.1 矿山空气压缩设备的组成

  矿山压气设备主要由空气压缩机（简称空压机）、电动机、电控设备（包括空气过滤器、储气罐、冷却水循环系统等）和输气管道等组成，系统组成如图 13-1 所示。矿山压气设备运行时，电动机带动空压机主轴旋转，空气通过空气过滤器时将空气中的尘埃和机械杂质清除，清洁的空气进入吸器管、卸荷器，然后进入低压气缸。经过一级压缩后的空气进入中间冷却器进行冷却，冷却后的气体进入第二级压缩气缸（高压缸）再次被压缩。被压缩后的高温、高压气体经过后冷却器、止回阀进入储气罐。储气罐除了能储存压缩空气外,还能消除空压机排送出来的气体压力的波动,并能将压缩空气中所含的油分和水分分离出来。从储气罐出来的压缩气体经输气管道送到井下供气动工具使用或送到其他使用压缩气体的场所。

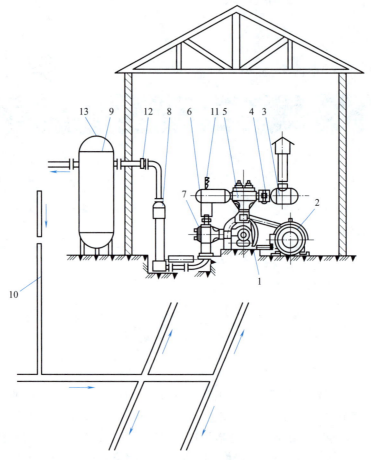

图 13-1 矿山压气系统示意图

1—空压机;2—电动机;3—空气过滤器;4—卸荷器;5—低压缸;6—中间冷却器;
7—高压缸;8—后冷却器;9—储气罐;10—压气管路;11、13—安全阀;12—逆止阀

13.1.2 空气压缩机的分类

常见空压机有往复式、回转式、螺杆式和离心式等几种不同形式。其中活塞式空压机(又称往复式空压机)在矿山中得到了广泛的应用。回转式空压机一般用于移动式压气设备系统。螺杆式和离心式空压机的排气量和压力较大,适用于空气消耗量和压力较大的设备网路。

活塞式空压机又可按照不同特征进行分类。

(1) 按压缩级数分

① 单级 [图 13-2(a)];

② 双级 [图 13-2(b)、(d)、(e)、(f)、(g)];

③ 多级 [图 13-2(c)]。

(2) 按主轴每转内吸气次数分

① 单作用式——活塞往复一次工作一次。

② 双作用式——活塞往复一次工作两次。矿用空压机多数为双作用式。

(3) 按气缸中心线的相对位置分

① 卧式——气缸中心线与地面平行，如图 13-2(f)、(g) 所示。

② 立式——气缸中心线与地面垂直，如图 13-2(a)、(e) 所示。

③ 角度式——气缸中心线之间成一定角度，按其角度不同又分为 L 形（直角型）、V 形和 W 形，如图 13-2(b)、(c)、(d) 所示。

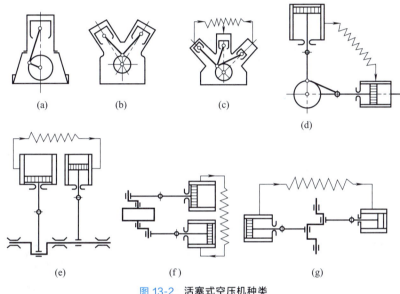

图 13-2 活塞式空压机种类

(4) 按冷却方式分

① 水冷——排气量为 $18\sim100\text{m}^3/\text{min}$ 的空压机都是水冷。

② 风冷——排气量小于 $10\text{m}^3/\text{min}$，一般都用空气冷却，称为风冷。

13.1.3 活塞式空气压缩机的工作原理

图 13-3 为双作用活塞式空压机工作原理图。电动机带动曲轴旋转，通过连杆、十字头和活塞杆带动活塞在气缸中做往复运动。活塞上装有活塞环，把气缸分成左、右两个密封腔。当活塞从左端位置向右移动时，左腔压力降低。当低于缸外大气压力时，空气推开左侧吸气阀进入气缸，直到活塞到达右端位置为止，这是吸气过程。同时活塞右侧气缸容积逐渐减小，空气被压缩，压力逐渐升高，这个过程叫压缩过程。当气体被压缩到一定压力时，右排气阀打开，压缩空气便由右排气阀排出，直到活塞移动到气缸的最右端时，压缩空气被全部排出，这是排气过程。活塞在气缸内往复运动一次称为一个工作循环，移动的距离叫行程。

可见，对于这种活塞式空压机，一个工作循环分别完成两次吸气和两次压缩、两次排气过程，所以称为双作用活塞式空压机。活塞式空压机是利用往复运动的活塞与气缸内壁所构成容积的变化进行工作的，所以属于容积式空压机。

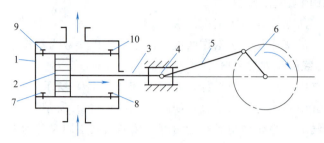

图 13-3 活塞式空压机工作原理图

1—气缸；2—活塞；3—活塞杆；4—十字头；5—连杆；6—曲柄；7,8—吸气阀；9,10—排气阀

13.2 活塞式空压机的结构与调节

13.2.1 空压机的主要结构部件

矿山常用的活塞式空压机为 L 型空压机，即高、低压气缸布置成相互垂直的 L 形，低压缸为立式，高压缸为卧式。图 13-4 所示为 4L-20/8 型空压机的结构。活塞式空压机的主要结构部件，按其作用可分为动力传递系统、压缩空气系统、冷却系统、润滑系统、调节系统与控制保护系统 6 大部分。

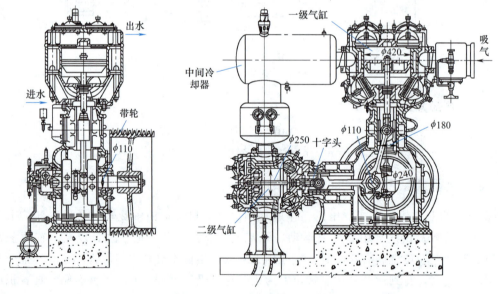

图 13-4 4L-20/8 型空压机结构图

① 动力传递系统：主要由曲轴、连杆、十字头、飞轮及机架等组成，其作用是传递动力，将电动机的旋转运动转变成活塞的往复运动。

② 压缩空气系统：主要由气缸、吸气阀、排气阀、密封装置和活塞等部件组成。

③ 冷却系统：主要由中间冷却器、气缸冷却水套、冷却水管、后冷却器和润滑油冷却器等组成。

④ 润滑系统：主要由齿轮油泵、注油器和滤油器等组成。
⑤ 调节系统：主要由减荷阀、压力调节器等组成。
⑥ 控制保护系统：主要由安全阀、油压继电器、断水开关和释压阀等组成。

其主要系统工作流程如下：

- 压缩空气流程：外界自由空气→过滤器→卸荷阀→一级吸气阀→一级气缸→一级排气阀→中间冷却器→二级吸气阀→二级气缸→二级排气阀→后冷却器→储气罐。
- 动力传递流程：电动机→三角带轮→曲轴→连杆→十字头→活塞杆→活塞。

这种空气压缩机的优点是结构紧凑，两连杆在一个曲轴上，简化了曲轴结构；气缸互成90°角，中间距离较远，气阀和管路布置较方便；管路短，流动阻力小，动力平衡性能好，机器运转平稳；等等。

(1) 机架

机架为灰铸铁制成的一个整体，外形呈直角 L 形，结构如图 13-5 所示。两端面 1 和 2 组装高、低压气缸，其水平和垂直的颈部 3 和 4 是机架的滑道部分，十字头就在其中做往复运动。曲轴箱 5 内装曲轴、连杆，两侧壁上安装有曲轴轴承，下部放置润滑油箱，底部通过地脚螺栓与地基固结。总的来说，机架起连接、承载、定位、导向、储油等作用。

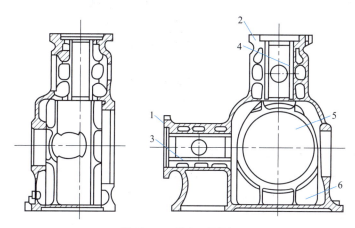

图 13-5　L 形空压机机架
1, 2—端部贴合面；3, 4—十字头导轨；5—曲轴箱；6—机身底部油池

(2) 气缸

气缸由缸体、缸盖、缸座等用螺栓连接而成，整个气缸连接在机架上。一般中、低压气缸都用铸铁铸成，缸体壁通过铸成的隔板分为进气通路、排气通路和水套几部分，缸壁上还有小孔用以供给润滑油，缸盖、缸座上也有水套和气路与缸体的相应部分连通。

(3) 活塞部件

活塞部件由活塞、活塞杆、紧固螺母等组成。活塞杆一端利用紧固螺母固定在活塞上，另一端则借螺纹与十字头相连，靠机架滑道对十字头的导向作用，保证活塞杆运动时不偏离其轴线位置。活塞用铸铁铸成，为了防止高压侧的气体漏往低压侧，活塞周围表面的槽内装有几道活塞环（又称胀圈）。活塞环用铸铁铸成，它有弹性，以便紧贴在气缸的内壁上，各道活塞环的缺口应互相错开。由于活塞环和气缸壁之间有摩擦，故气缸壁内使用润滑油（一般用空压机油），活塞环同时也起布油和导热的作用。

(4) 传动机构

传动机构由曲轴、连杆、十字头、带轮等组成，其作用是将电动机的旋转运动转化成为活塞的往复运动。L型空压机的曲轴是球墨铸铁制件。其机构如图13-6所示，曲柄上固定着平衡铁，用以平衡偏心曲拐转动时的惯性。曲轴左端有一小传动轴用以驱动润滑油泵，右侧外伸端供安装带轮用。

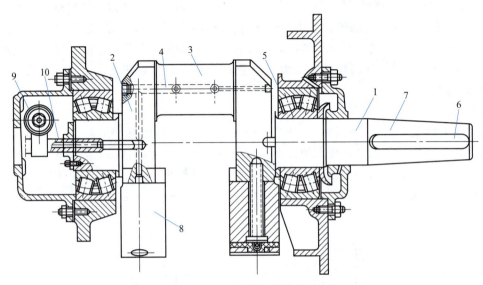

图 13-6　4L 型空压机曲轴

1—主轴颈；2—曲柄；3—曲拐轴颈；4—曲轴中心油孔；5—轴承；
6—键槽；7—曲轴外伸端；8—平衡铁；9—蜗轮；10—传动小轴

连杆部件由优质碳素钢或球墨铸铁制成，其结构如图13-7所示。小头通过销轴与十字头连接，连杆大头部分装在曲拐轴颈上，内嵌有巴氏合金轴瓦；曲轴中心钻有油孔，通过齿轮泵供油润滑曲拐轴颈，同时向连杆供油；连杆内有通孔，接受的油除供小头轴颈润滑外，还润滑十字头的通道。

由于活塞近似做简谐运动，惯性力很不均匀，在一个循环内活塞上所受气体压力也是变化的，所以作用在曲轴上的阻力矩周期性波动，对机械、基础都会产生较大的振动负荷，甚至引起电动机转速的波动。为了缓和这一矛盾，曲轴上装有相当质量的飞轮，L型空压机的大带轮同时也起到飞轮的作用。

(5) 气阀

气阀是空压机内最关键也最容易发生故障的部件。其工作条件有如下特点：

① 动作频繁。活塞每往复一次阀片应启闭一次，即每分钟启闭数百、上千次，受到很大冲击；并且为了减小其惯性和冲击力，要求阀片轻而薄，只有 1～2mm 厚，强度不高。

② 温度高（尤其是排气阀）。阀片是在常温下制造、研磨的，在高温下极易发生内应力重新分布而翘曲，造成漏气。

③ 阀片靠弹簧力加速闭合，而几条弹簧的作用力很难均匀（高温时更是如此），使阀片关闭不平稳，易发生阀片跳动，加重冲击和漏气。

④ 气缸内润滑油受热分解而产生炭粒，它与进气中的灰尘和润滑油混合成油垢黏结在阀片上，使阀片关闭不严而漏气。

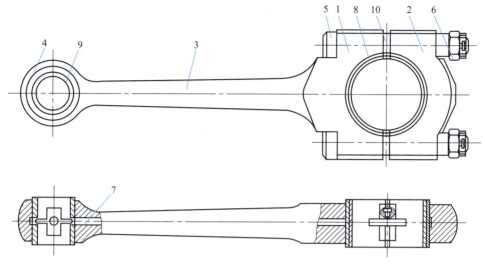

图 13-7 4L 型空压机连杆

1—连杆大头；2—大头瓦盖；3—杆体；4—连杆小头；5—螺栓；
6—螺母；7—油孔；8—大头轴瓦；9—小头轴瓦；10—调整垫片

进气阀漏气会降低效率；排气阀漏气不仅降低效率，而且由于高温压气漏回气缸，提高了气缸进气的温度，压气温度也相应提高，更恶化了阀片工作的条件，造成恶性循环。

气阀应满足闭合严密、启闭及时、阻力小、易拆装、坚固等要求。图 13-8 所示为 4L 型空压机用环状气阀，（a）为进气阀，（b）为排气阀。由图可以看出，它们在结构上完全相同，只是螺栓的安装方向相反，同时气阀本身与气缸的相对位置也相反，进气阀把升程限制器靠近气缸，排气阀把阀座靠近气缸。

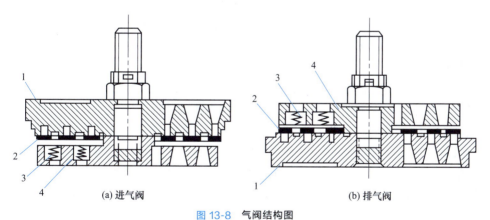

图 13-8 气阀结构图

1—阀座；2—阀片；3—弹簧；4—升程限制器

13.2.2 冷却系统与润滑系统

（1）冷却系统

冷却系统的主要作用是降低压气的温度。

空压机的冷却系统由冷却水管、气缸水套、中间冷却器和后冷却器等组成。图 13-9 所示为 L 型两级空压机常采用的串联冷却系统。气缸冷却水套的作用是降低气缸温度，保证气缸、活塞的正常润滑，防止活塞环烧伤，增加排气能力等。中间冷却器的主要任务是降低进入二级气缸的压气温度，以节省功耗并分离出压气中的油和水。

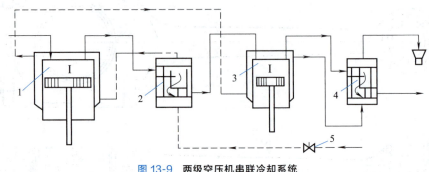

图 13-9　两级空压机串联冷却系统

1—一级气缸；2—中间冷却器；3—二级气缸；4—后冷却器；5—闸阀

"──▶"为气流方向；"－－▶"为冷却水流方向

（2）润滑系统

空压机有两套润滑系统。一套靠齿轮泵输送润滑油润滑曲轴、连杆、十字头等传动系统，其润滑油池位于机架内底部，润滑油通过粗过滤器、油冷却器后被吸进齿轮泵，增压后通过精过滤器进入空压机内润滑部位，最后又流回油池。另一套靠注油器将空压机油压入气缸进行润滑，油进入气缸后即随着压气排走。图 13-10 所示为 L 型空压机润滑系统。

13.2.3　活塞式空压机的调节

空压机站生产的压气，主要供井下气动工具使用。由于井下气动工具开动的台数经常变化，因此耗气量也经常变化。当耗气量大于空压机的排气量时，可启动备用空压机；小于空压机的排气量时，多余的压气虽然可以暂时储存在储气罐中，但如果时间较长，储气罐内压气量较多，气压增加太大，容易产生危险，因此必须进行空压机排气量的调节。

（1）打开进气阀调节

如图 13-11 所示，图中左侧为压力调节器，由缸体 1、滑阀 2（带有阀杆 3）、弹簧 4 等组成，经管 5 与储气罐或压气管相连，用管 6 通往右侧的减荷装置。

储气罐中气压正常时，弹簧 4 把滑阀 2 推到缸内最上端位置，此时管 5 被滑阀上端面堵死。当储气罐中气压超过正常值时，滑阀 2 被压到下侧位置，使管 5 和管 6 连通。此时储气罐中的压缩空气进入减荷装置 7 的缸体内，推动活塞 8 克服弹簧 9 的弹力而向下移动，利用杆 10 的叉头将进气阀 11 的阀片压开。气缸 12 与大气相通，当气缸 12 的活塞左行时，气缸进气；右行时，又将吸进气缸的气体由进气阀排到大气中，此时空压机空转，不向压气管网供应压气。

对于双作用式气缸，可将两侧工作腔的进气阀分别连接两个压力调节器 A 和 B，同时将两个压力调节器的动作压力、恢复压力整定成不同的值，则可实现 100%、50%、0% 排气量的三级调节。当储气罐中压力升到某一额定数值时，压力调节器 A 起作用，打开气缸一侧的进气阀，排气量减为额定值的 50%。若此时排气量仍然大于耗气量，则储气罐中压力继续上升，压力调节器 A 随后起作用，打开气缸另一侧的进气阀，空压机进入空转。恢复情况类似。

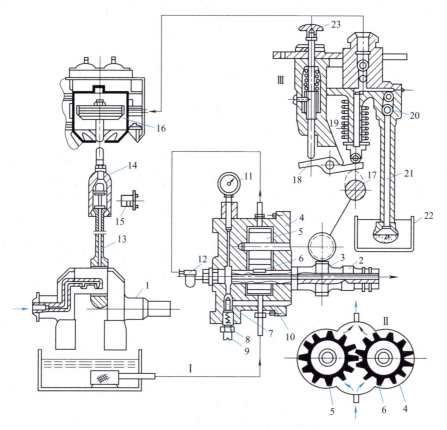

图 13-10 L型空压机润滑系统原理图

1—曲轴；2—传动空心轴；3—蜗轮蜗杆；4—外壳；5—从动轮；6—主动轮；7—油压调节阀；8—螺帽；9—调节螺钉；10—回油管；11—压力表；12—滤油器；13—连杆；14—十字头；15—十字头销；16—气缸；17—凸轮；18—杠杆；19—柱塞阀；20—球阀；21—吸油管；22—油槽；23—顶杆

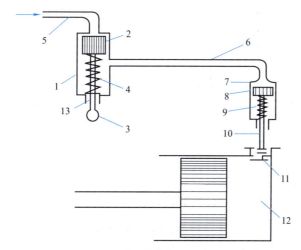

图 13-11 打开进气阀调节示意图

1—缸体；2—滑阀；3—阀杆；4—弹簧；5—通储气罐气管；6—通减荷器气管；7—减荷装置；8—活塞；9—弹簧；10—带叉头的杆；11—进气阀；12—气缸；13—放气槽孔

这种调节方法简便易行，缺点是调节器动作时，负荷立即下降，产生的惯性力较大。为了不使惯性力太大，需加大飞轮质量以产生较大的惯性。

(2) 关闭进气管调节

目前，矿山使用的 L 型空压机不少采用关闭进气管的调节方式，其结构简图如图 13-12 所示。与打开进气阀调节法一样，关闭进气管调节也是靠压力调节器来调节的。当储气罐中气压超过整定值时，压力调节器起作用，储气罐中的高压气体通过管路进入减荷缸 1，推动活塞 2 带动盘形阀 3，克服弹簧 4 的压力而向上移动，把进气管通路堵死，从而使空压机不能进气，因而也不能排气，空压机空转。储气罐中气压降低时，其作用与上述打开进气阀调节时类似。

当储气罐中有相当的气压时，为了能够不带负荷启动空压机，备有手轮 6，启动前把活塞 2 托起，封闭进气管，于是空压机可以空载启动。在空压机转速达到额定值时，再转动手轮 6 脱离活塞 2，利用弹簧 4 的力量使活塞 2 连同盘形阀 3 一起下降，恢复原位，进气管打开，空压机开始正常工作。

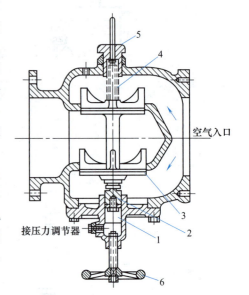

图 13-12 关闭进气管调节减荷装置
1—减荷缸；2—活塞；3—盘形阀；
4—弹簧；5—调节螺母；6—手轮

(3) 改变余隙容积调节

如图 13-13 所示，气缸壁上带有附加的余隙容积 1，此附加余隙容积靠阀 2 的作用可以和气缸连通或隔断。当储气罐中压力增大超过整定值时，压力调节器起作用，压气通过压力调节器后沿气管 3 进入减荷气缸 4 内，克服弹簧 6 的作用，推动活塞 5，将阀 2 打开从而使余隙容积增大，空压机的排气量减小。

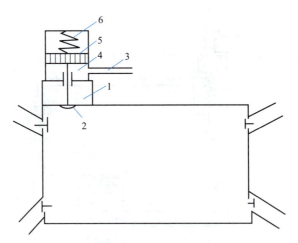

图 13-13 改变余隙容积调节示意图
1—附加余隙容积；2—阀；3—气管；4—减荷气缸；5—活塞；6—弹簧

用改变余隙容积法调节时，往往在气缸上带有四个附加的余隙容积，分别由四个整定成不同压力的压力调节器控制。当各个余隙容积依次和气缸连通时，空压机的排气量将依次减少 25% 左右，于是能进行五级调节，分别给出 100%、75%、50%、25% 和 0% 的排气量。

13.3 空压机主要技术参数计算

13.3.1 活塞式空压机参数计算

(1) 活塞式空压机的排气量

在空压机排气管道上装设流量计，可以测出单位时间内流过的空气容积，把它换算成大气温度和大气压力下所占的容积，便得出空压机的实际排气量 V_k。根据气缸尺寸和转速可以求出空压机的理论排气量。

① 对于单作用式空压机，有

$$V_T = \frac{\pi}{4} D^2 Sn \tag{13-1}$$

式中　V_T——空压机的理论排气量，m^3/min；
　　　D——气缸的内直径，m；
　　　S——活塞冲程，m；
　　　n——空压机的转速，r/min。

② 对于双动式空压机，有

$$V_T = \frac{\pi}{4} (2D^2 - d^2) Sn \tag{13-2}$$

式中　d——活塞杆的直径，m。其余符号同上。

若为两级或多级空压机，计算其排气量时，式(13-1) 和式(13-2) 中 D 则为低压气缸的内直径。如果有两个或多个吸气气缸，则公式的右边应乘以相应的倍数。

实际排气量是指空压机按实际工作循环工作时的排气量，影响实际排气量的主要因素包括：余隙容积，吸、排气阻力，吸气温度，漏气和空气湿度等。将实际排气量与理论排气量之比值称为供气效率，即

$$\eta = V_K / V_T \tag{13-3}$$

η 值一般在 0.75~0.9 范围内。在单级压气机中，由于压缩比较高，η 值较小。

(2) 空压机的功率

空压机的功率是评价空压机经济性能的重要指标。空压机消耗的功，一部分用于压缩气体，另一部分则用于克服机械摩擦。前者称为指示功，后者称为摩擦功，两者之和为主轴所需的总功，称为轴功。

空压机按理论工作循环工作时所需的功率，称为理论功率。当压缩过程为等温过程时，空压机所需功率称为等温理论功率。当空压机的压缩过程为绝热过程时，则所需功率称为绝热理论功率。

① 等温理论功率 N_{T1} 按式(13-4) 计算。

$$N_{T1} = \frac{L_{v1} V_K}{60 \times 10^2} \tag{13-4}$$

式中　L_{v1}——空压机按等温压缩时对 $1m^3$ 吸入空气的全功；
　　　V_K——空压机的排气量，m^3/min。

② 绝热理论功率 N_{T2} 按式(13-5) 计算。

$$N_{T2}=\frac{L_{v2}V_K}{60\times 10^2} \tag{13-5}$$

式中　L_{v2}——空压机按绝热压缩时对 $1m^3$ 吸入空气的全功。

空压机的实际功率需用实验方法来求。实际功率有好几种。

空压机活塞上所需功率为指示功率，其值一般可由空压机的实际示功图中求出平均指示压力后，再按公式计算。设 h 为示功图的平均高度，l 为示功图的长度，都用 mm 做单位。h 和 l 的乘积等于示功图中的面积 Ω。根据 Ω 与 l 的值求出 h 后，即可按下式求平均指示压力 P_i：

$$P_i = h/m \tag{13-6}$$

式中　m——示功器内弹簧的尺标，mm/at。

③ 对于单气缸单作用式空压机，指示功率 N_i 为

$$N_i=\frac{P_iFSn}{60\times 10^2} \tag{13-7}$$

式中　F——活塞的工作面积，m^2；
　　　S——活塞的行程，m；
　　　n——空压机转速，r/min。

对于单气缸双动式空压机或多气缸空压机，则指示功率为活塞两侧指示功率或各个气缸指示功率的总和，即

$$N_i=\frac{\sum P_iFSn}{60\times 10^2} \tag{13-8}$$

13.3.2　螺杆式空压机参数计算

(1) 螺杆式空压机的排气量

螺杆式空压机排气量计算如下：

$$Q=(F_1Z_1+F_2Z_2)L_n\lambda \tag{13-9}$$

式中　F_1、F_2——阳、阴转子两个齿间面积，m^2；
　　　Z_1、Z_2——阳、阴转子齿数；
　　　L——转子长度，m；
　　　λ——供气系数（考虑空气通过转子泄漏损失），一般 $\lambda=0.85\sim 92$。

(2) 空压机的功率

压缩轴功率：

$$N_t=\frac{q_tQ}{60\times 100\eta_M} \tag{13-10}$$

$$N_j=\frac{q_jQ}{60\times 100\eta_M} \tag{13-11}$$

式中 N_t, N_j——轴功率,kW;
Q——空气压缩机的排气量,m^3/min;
q_t——单位体积空气等温压缩功,Nm/m^3;
q_j——单位体积空气绝热压缩功,Nm/m^3;
η_M——机械传动效率,可取 $\eta_M = 0.95 \sim 0.98$。

13.3.3 离心式空压机参数计算

(1) 离心式空压机的排气量

离心式空气压缩机的排气量:

$$Q = \frac{\pi}{4} D^2 u \phi \tag{13-12}$$

式中 D——叶轮外径;
u——叶轮圆周速度;
ϕ——叶轮的流量系数,见表 13-1。

$$Q = \pi D b u \psi \tag{13-13}$$

式中 b——叶轮出口宽度;
ψ——容积流量系数,见表 13-1。

表 13-1 各种不同形式叶轮主要特性数据表

叶片形式	叶片出口角 $\beta/(°)$	容积流量系数 ψ	能量头系数 φ	流量系数 ϕ	叶轮圆周速度/(m/s)	单级压缩比 ε	临界流量比 $\frac{Q_{临界}}{Q_{最佳}}$	叶片数目 Z
正常后曲	40~50	0.21~0.32	0.8~1.3	0.035~0.08	≤320	1.9	0.5~0.75	18~32
强后曲(水泵式)	15~30	0.08~0.13	0.8~1.05	0.013~0.04	≤300	1.7	0.3~0.4	6~9
径向叶片	90	—	1.4	—	≤500	4	约 0.85	16~28

(2) 空压机的功率

离心式空压机的轴功率:

$$N = \frac{HG}{10^2 \eta_d \eta_m} \tag{13-14}$$

式中 H——气流的能量头,kg·m/kg,$H = \varphi u^2 / 2g$;
φ——能量头系数,见表 13-1;
G——质量流量,kg/s,$G = Qr$;
Q——吸入状态的输气量,m^3/s;
r——空气的密度,kg/m^3;
η_d——空压机的多变效率,可取 $\eta_m = 0.6 \sim 0.8$;
η_m——机械传动效率,可取 $\eta_m = 0.95 \sim 0.98$。

13.4 压气设备的故障诊断与维护

13.4.1 维护检修

13.4.1.1 维护检修工作要求

空气压缩机的定期维护与检修是保证设备正常运转的必要手段,维护分值班点检和周期巡检两项。值班点检的主要内容包括查看温度、压力是否正常,冷却系统和润滑系统的水量和油量是否充足,各运行部件是否有不正常响声,各连接处是否松动及泄漏,各指示仪表是否有异常情况等并填写好运行记录。周期巡检的主要内容除包括值班点检的内容外,还有清洗或修理阀片座,检查与调整安全阀的压力调节器,详细检查主轴轴承、连杆轴承、十字头轴承及连接螺钉的配合情况等,如果发现有零部件已磨损或损坏时,应立即进行检修。

在正常运转中的活塞式空气压缩机,其润滑油温度应低于50℃;一级及二级排气温度应低于160℃;曲轴轴承、连杆轴承、十字头滑板和活塞杆等摩擦部位的温度不得超过50℃;冷却水进出水温度差不应大于15℃;排气量应符合额定值。

13.4.1.2 活塞式空压机的检修制度及工作内容

往复活塞式空气压缩机的检修工作分为小修、中修、大修三种制度,对于排气压力在1MPa以下、排气量在 $40m^3/min$ 以上的往复式空气压缩机,其小修工作每3~6个月进行一次,中修工作每12~24个月进行一次,大修工作每48~60个月进行一次。各种检修工作的具体工作内容分述如下。

(1) 小修的主要工作内容

① 清洗、检查气阀,修理或更换其零部件。
② 清洗气缸水套及冷却器。
③ 检查气缸、活塞、活塞环的磨损情况,必要时更换活塞环。
④ 检查、修理活塞杆的密封装置。
⑤ 检查十字头的磨损和紧固情况,并调整十字头销轴、滑板间隙。
⑥ 检查、调整连杆大头轴瓦间隙,测量连杆螺栓的变形情况,必要时更换。
⑦ 检查、调整曲轴轴瓦的间隙或滚动轴承的磨损情况。
⑧ 检查、清洗润滑系统或更换润滑油。
⑨ 清洗、调整安全阀及压力调节器。
⑩ 检查、清扫过滤器。
⑪ 检查各部位螺栓紧固和损坏情况,必要时进行更换。
⑫ 清扫储气罐及其进气管路。
⑬ 检查和调整活塞止点间隙。

(2) 中修的主要工作内容

① 完成小修工作的全部工作内容。
② 处理气缸内壁擦伤、拉痕。
③ 修理或更换活塞杆,必要时更换密封装置。

④ 修理或更换十字头的零件。
⑤ 检查、测量曲轴各轴颈的磨损情况。
⑥ 刮研或更换连杆大头轴瓦、曲轴瓦或更换滚动轴承。
⑦ 更换润滑系统零部件。
⑧ 储气罐做耐压试验。
⑨ 校验全部压力表及安全阀。
⑩ 修理冷却器并做耐压试验。
⑪ 修理或更换联轴器。

(3) 大修的主要工作内容

① 完成中修工作的全部工作内容。
② 镗缸或更换缸体。
③ 更换活塞总成。
④ 更换连杆及十字头总成。
⑤ 修理或更换曲轴。
⑥ 修理或更换机体。
⑦ 修理或重筑基础。
⑧ 进行各项技术性能的测定。
⑨ 修理或更换储气罐。
⑩ 除锈喷漆。

13.4.2 主要故障排除

活塞式空气压缩机的主要故障及其处理方法见表13-2。

表13-2 活塞式空气压缩机的主要故障及其排除方法

故障现象		故障原因	处理方法
1. 折断与断裂	1. 曲轴裂纹或折断	1. 曲轴在轴承上安装不当使曲轴和轴瓦的支承面接触配合不均匀,引起大的过负荷 2. 剧烈冲击、紧急刹车或基础不均匀下沉而引起大的过负荷 3. 机箱座和基础间的垫不平或运行中垫串动,引起大的过负荷 4. 轴承过热引起轴瓦上的巴氏合金熔化或过负荷,使曲轴产生弯曲变形 5. 曲轴材质或加工质量不符合要求以及有裂纹等缺陷	1. 在装配曲轴和轴承时,其水平度、同心度和间隙均应符合要求的标准,并注意检查与及时调整。如在运行中发现带轮摇晃或轴承过热时,就应检查曲轴有无裂纹现象 2. 在工作中如果发现这类情况时,除检查、解决产生这种情况的原因的同时,还应立即检查曲轴有无损伤 3. 注意检查与及时调整 4. 防止轴承过热,当轴瓦熔化时,必须进行轴的检查、修理或更换 5. 检定材质和适当的加工工艺,并对加工成品进行严格的质量检查
	2. 活塞卡住或顶裂	1. 气缸与活塞的装配间隙过小或气缸中掉入金属碎片及其他坚硬物体 2. 曲轴-连杆机构偏斜,使个别活塞摩擦不正常,过分发热,因而咬住 3. 活塞变形或铸造用铁芯掉出卡住或顶裂	1. 调整装配间隙,禁止气缸中掉入金属碎片及其他坚硬物体,发现掉入时,必须立即取出 2. 调整曲轴-连杆机构的同心度和垂直度 3. 更换或加强铸造质量

续表

故障现象		故障原因	处理方法
1. 折断与断裂	2. 活塞卡住或顶裂	4. 冷却水供应不充分,气缸温度高,润滑失效或在气缸过热之后突然进行强烈的冷却,引起气缸急剧收缩,因而使活塞咬住 5. 润滑油品质低劣或供应中断,使活塞在气缸中的摩擦加大,温度急剧上升,热胀而卡住	4. 适当供应冷却水,确保连续不断;禁止对过热的气缸进行强烈的冷却 5. 选择适当的润滑油,注意润滑油的供应情况
	3. 连杆螺钉拉断	1. 连杆螺母松动或轴瓦在轴承中因间隙过大而晃动,连杆螺钉则承受过大的冲击而被拉断 2. 紧固时,产生偏斜,连杆螺钉因承受不均匀的载荷而被拉断 3. 装配时,拧得过紧,连杆螺钉因承受过大的预紧力而被拉断 4. 连杆材质和加工质量不符合要求或有裂纹等缺陷 5. 连杆轴承过热、活塞卡住或超负荷运转时,连杆螺钉因承受过大的应力而被拉断	1. 当连杆螺钉装配好后,必须穿上开口销,紧固,以免松动,及时检查调整轴瓦间隙 2. 应使连杆螺母的端面与连杆体上的接触面紧密配合,必要时,用涂色法进行检查,瓦垫两侧厚度应相同 3. 应松紧适当,以能用扳手扳动为宜,必要时可用微分卡尺或固定卡规检查其伸长度 4. 选择规定的材质和适当的加工工艺,并对加工成品进行严格的质量检查 5. 尽量防止轴承过热、活塞卡住或超负荷运转,如果发生,应立即检查连杆螺钉有无损伤
2. 过度发热	1. 轴承发热	1. 接触面配合不均匀或接触面小,单位面积上的比压过大 2. 间隙不适当 3. 轴承偏斜或曲轴弯曲 4. 润滑油油压过低、供应不充分或者中断 5. 润滑油质量低劣或者污垢过多	1. 用涂色法刮研或改善单位面积上的比压 2. 调整 3. 校正或更换曲轴 4. 检查油泵或输油管 5. 更换润滑油
	2. 气缸发热	1. 冷却水供应不足 2. 冷却管道堵塞,供水中断 3. 给水温度过高 4. 水套水垢多 5. 气缸、气阀垫不严密 6. 气缸油质不良 7. 余隙过大	1. 适当加大冷却水的供应 2. 检查并进行疏通 3. 降低水温 4. 清洗水套 5. 调整或更换垫圈 6. 更换气缸用油 7. 调整余隙
	3. 活塞杆过热	1. 活塞杆与填料函配合间隙不适合 2. 活塞杆与填料函装配时产生偏斜 3. 活塞杆与填料函的润滑油污染或供应不足	1. 适当调整配合间隙 2. 重新进行装配 3. 更换润滑油或调整供油量
3. 排气量降低	1. 气缸盖或水套裂	1. 水套积水未放出 2. 气缸中掉入金属物顶裂	1. 及时放出积水 2. 取出金属物
	2. 气缸故障	1. 气缸磨损或擦伤超过最大的允许限度,形成漏气,影响气量 2. 气缸盖与气缸体贴合不严,形成漏气,影响气量 3. 气缸冷却不良,气体经过阀室进入气缸时形成预热,影响气量 4. 活塞与气缸装配不当,间隙过大,形成漏气,影响气量	1. 以车削或研磨的方法修理磨损或擦伤的气缸并换以适当尺寸的新活塞 2. 刮研结合面或更换新垫片 3. 改善冷却条件,或加大冷却水供应量 4. 调整两者间隙

续表

故障现象		故障原因	处理方法
3. 排气量降低	3. 进、排气阀故障	1. 进、排气阀装配不当，彼此位置相互弄错，不但影响气量，还会引起压力在各级中重新分配 2. 阀座与阀片之间落入金属碎片而关闭不严，形成漏气，影响气量 3. 阀座与阀孔接触不严形成漏气，影响气量 4. 进气阀弹簧刚性不适当，过强的刚性使吸气时阀片开启迟缓，刚性太弱则压缩时关闭不及时，这样，均会影响气量 5. 吸气阀弹簧折损压缩时也会产生关闭不及时的现象，影响气量 6. 阀座与阀片磨损，密封不严形成漏气，影响气量 7. 进气阀升起高度不够，流速加快，阻力增大，影响气量 8. 阀门压开装置的活塞被咬住或弹簧断裂	1. 应立即将装错的进、排气阀互换到自己的位置上 2. 分别检查进、排气阀装置，若进气阀盖发热，则进气阀有故障，不然，故障有可能出现于排气阀 3. 刮研接触面或更换新的垫片 4. 检查弹簧刚性，调整或更换适当的弹簧 5. 更换折损的弹簧 6. 以研磨方法加以修理，或更换新的阀座、阀片 7. 调整升起高度、更换适当的高度限制圈 8. 修理被咬住的活塞或更换弹簧
	4. 活塞环故障	1. 活塞环因润滑质量不良或者气缸内温度过高，形成咬死现象，不但影响气量，还有可能引起压力在各个级中重新分配 2. 活塞环磨损，影响气量和引起压力在各级中重新分配	1. 自气缸中取出活塞，对活塞环和活塞环槽进行清洗，并更换润滑油或改善冷却条件 2. 更换磨损的活塞环（通常活塞环工作2～3年后就必须更换）
	5. 其他部位故障	1. 填料函或活塞杆磨损形成漏失，影响气量 2. 润滑油供应不足，气缸-填料部分的气密性恶化，形成漏气，影响气量 3. 驱动装置的转速降低，影响气量	1. 修理或更换磨损的填料密封圈或活塞杆 2. 打开进、排气阀进行检查，如果发现干爆现象，应增加润滑油的供应量 3. 调整驱动装置的转速
	6. 排气量降低，但进气阀盖没有过分发热	1. 进气阀故障 2. 阀门压开装置故障 3. 调整器关闭	1. 检查低压缸进气阀 2. 检查阀门压开装置 3. 检查调整器
	7. 排气量降低，排气阀发热不正常	排气阀故障	检查调整，更换已损零件
	8. 排气量降低，中间冷却器压力增大，但低压缸并不过热，只高压缸的进气阀发热	高压缸进气阀故障	检查调整，更换已损零件
	9. 排气量降低，中间冷却器压力低于正常压力，低压缸排气阀盖发热	低压缸排气阀故障	检查调整，更换已损零件

续表

故障现象		故障原因	处理方法
3. 排气量降低	10. 排气量降低，中间冷却器压力增高，高压缸排气阀盖过热	高压缸排气阀故障	检查调整，更换已损零件
	11. 空气过滤器故障	过滤器因冬季结冰或积垢而堵塞，阻力增大，影响气量	更换或清扫过滤
4. 不正常的声响	1. 突然冲击	1. 气缸中积聚水分 2. 气缸中掉入金属碎片或硬物 3. 活塞环或活塞破裂	1. 检查积水的原因并进行修复 2. 取出掉入的碎片或硬物 3. 立即检查、更换
	2. 撞击声	1. 曲拐瓦或主轴瓦松弛（或间隙过大） 2. 十字头销松弛（十字轴） 3. 十字头与活塞杆连接处松弛 4. 活塞与活塞杆紧固螺母松弛	1. 进行检查，采取措施加以紧固、调整 2. 进行检查，采取措施紧固 3. 进行检查，采取措施紧固 4. 进行检查，采取措施紧固
	3. 气缸的敲击声	1. 活塞或活塞环磨损 2. 活塞或活塞环轻微卡住 3. 气缸或气缸套磨损，与活塞间隙扩大，出现噪声（尤其空车时） 4. 曲轴-连杆机构与气缸中心线不一致 5. 气缸余隙容积过小 6. 活塞杆弯曲或连接螺母松弛 7. 润滑油过多或污染，使气缸与活塞的磨损加大 8. 进、排气阀有响声（多数为阀门压开装置的活塞或销钉松弛） 9. 吸入卸荷器出现声音	1. 修理或更换 2. 加强润滑，必要时还可以适当地加强冷却水的供应，若仍无效就必须停车调整其与气缸的配合间隙 3. 镗缸或更换新的气缸套 4. 检查调整其相互之间的同心度 5. 适当调整余隙容积 6. 校正或更换活塞杆，拧紧连接螺母 7. 适当地调整供应量或更换新油，并对活塞及气缸进行清洗 8. 取出有响声的进、排气阀，加以检查、调整与修理 9. 检修，可能是卸荷器弹簧失效或活塞环磨损严重
	4. 冷却器中有小响声	1. 隔板松动 2. 水管间发生摩擦或漏气严重	1. 检查、固定 2. 检查、修理
	5. 吸、排气阀的敲击声	1. 阀片折断，由于中间冷却器中回声关系，在气缸中的噪声有时成金属声 2. 弹簧松软失效或折断 3. 阀座深入气缸与活塞相碰 4. 间隙过大 5. 气阀螺钉松动	1. 更换新的阀片 2. 更换适当的弹簧 3. 用加垫的方法使阀座升高 4. 调整或更换 5. 紧固
5. 不正常的工作情况	1. 油压降低	1. 油管破裂 2. 油安全阀有故障 3. 油泵故障 4. 油箱油量不足 5. 轴承过度磨损 6. 油过滤器阻塞 7. 油冷却器阻塞、油温高 8. 润滑油黏度下降 9. 管路系统连接处漏油	1. 更换或焊补破裂的油管 2. 修理或更换新的安全阀 3. 检查并进行修理 4. 增加润滑油量 5. 修理或更换新的轴承 6. 清洗油过滤器 7. 清洗油冷却器 8. 更换新的润滑油 9. 加以紧固、防止泄漏

续表

故障现象		故障原因	处理方法
5. 不正常的工作情况	2. 油泵效率低、压力不足；没有流量或流量过小	1. 吸油管不严密,有空气吸入 2. 油泵填料函不严密 3. 油泵壳不严密 4. 吸油阀不灵或凸轮磨损 5. 油箱的油太少 6. 油泵齿轮磨损甚 7. 油压力调整器压力太低 8. 漏油严重	1. 检查修理 2. 检查修理 3. 检查修理 4. 检修或更换 5. 加足油量 6. 更换失效齿轮 7. 调整油压系统,使压力值正常 8. 检查、紧固、密封
	3. 冷却效率降低	1. 水量不足 2. 水质不良,冷却性能不好 3. 冷却水温增高 4. 冷却器水管或水套水垢过多 5. 管路堵塞	1. 增大水量 2. 进行水质处理 3. 采取措施降低冷却水温或增大水池容积 4. 清洗管路,除掉杂物 5. 检修或更换管件
	4. 排气压力增高	1. 压力调整器失灵 2. 安全阀失灵	1. 检查调整或更换 2. 检查调整或更换
	5. 排出的冷却水中有气泡或发白,有时断流	1. 冷却器封口断裂 2. 气缸给水管垫损坏 3. 冷却器胀管边缘锈蚀破坏或管子破裂 4. 缸盖垫不严或螺钉拧紧不够	1. 检查修理 2. 更换已损垫圈 3. 检修或更换 4. 调整垫圈,紧固螺钉
	6. 气缸水套和中间冷却器水垢形成过快、过多	1. 水硬度高 2. 水不清洁 3. 压缩空气温度高 4. 水的冷却不良 5. 没及时清洗	1. 软化处理 2. 过滤处理 3. 加强冷却 4. 加强冷却 5. 及时检查、清洗
	7. 油温升高	1. 油冷却不够 2. 油的质量低劣或污染	1. 清洗油冷却器或加强冷却 2. 更换适当的润滑油
	8. 油压降低	油压表有故障	更换或修理油压表

 复习思考题

13-1 矿山压气设备主要由哪些部分组成？

13-2 简述活塞式空压机的基本结构和工作原理。

13-3 空压机排气量调节的目的是什么？常用的调节方法和装置有哪几种？

13-4 空压机冷却系统的目的是什么？

参 考 文 献

[1] 高澜庆编著. 液压凿岩机理论、设计与应用. 北京：机械工业出版社，1998.
[2] 宁恩渐主编. 采掘机械. 北京：冶金工业出版社，1991.
[3] 何清华著. 隧道凿岩机器人. 长沙：中南大学出版社，2004.
[4] 田新邦主编. 矿山机械. 北京：冶金工业出版社，2020.
[5] 李金，金晓红主编. 矿山无人驾驶技术. 徐州：中国矿业大学出版社，2021.
[6] 魏大恩主编. 矿山机械. 北京：冶金工业出版社，2017.
[7] 孔德文，赵克利，徐宁生等编著. 液压挖掘机. 北京：化学工业出版社，2007.
[8] 杨占敏，王智明，张春秋等编著. 轮式装载机. 北京：化学工业出版社，2006.